中国国家标准汇编

2018 年修订-15

中国标准出版社 编

中国标准出版社

北 京

图书在版编目(CIP)数据

中国国家标准汇编:2018年修订.15/中国标准出版
社编.—北京:中国标准出版社,2020.6
ISBN 978-7-5066-9592-3

Ⅰ.①中… Ⅱ.①中… Ⅲ.①国家标准-汇编-中国
-2018 Ⅳ.①T-652.1

中国版本图书馆 CIP 数据核字(2020)第 068872 号

中 国 标 准 出 版 社 出 版 发 行
北京市朝阳区和平里西街甲 2 号(100029)
北京市西城区三里河北街 16 号(100045)

网址 www.spc.net.cn
总编室:(010)68533533 发行中心:(010)51780238
读者服务部:(010)68523946
中国标准出版社秦皇岛印刷厂印刷
各地新华书店经销

*

开本 880×1230 1/16 印张 33.25 字数 1 007 千字
2020 年 6 月第一版 2020 年 6 月第一次印刷

*

定价 220.00 元

出 版 说 明

《中国国家标准汇编》是一部大型综合性国家标准全集。自1983年起,每年按国家标准顺序号分册汇编出版,分为"制定"卷和"修订"卷两种形式。

"制定"卷收入上一年度我国发布的、新制定的国家标准,视篇幅分成若干分册,封面和书脊上注明"20××年制定"字样及分册号,分册号一直连续。各分册中的标准是按照标准编号顺序连续排列的,如有标准顺序号缺号的,除特殊情况注明外,暂为空号。

"修订"卷收入上一年度我国发布的、被修订的国家标准,视篇幅分设若干分册,但与"制定"卷分册号无关联,仅在封面和书脊上注明"20××年修订-1,-2,-3,……"字样。"修订"卷各分册中的标准,仍按标准编号顺序排列(但不连续);如有遗漏的,均在当年最后一分册中补齐。需提请读者注意的是,个别非顺延前年度标准编号的新制定国家标准没有收入在"制定"卷中,而是收入在"修订"卷中。

读者购买每年出版的《中国国家标准汇编》"制定"卷和"修订"卷则可收齐由我社出版的上一年度制定和修订的全部国家标准。

2018年我国制修订国家标准共2 684项。本分册为《中国国家标准汇编》"2018年修订-15",收入新制修订的国家标准37项。

中国标准出版社

2020 年 3 月

目　　录

ICS 71.100.70
Y 42

中华人民共和国国家标准

GB/T 13531.6—2018

化妆品通用检验方法
颗粒度(细度)的测定

General methods on determination of cosmetics—
Determination of partical size

2018-02-06 发布　　　　　　　　　　　　　2018-09-01 实施

中华人民共和国国家质量监督检验检疫总局
中国国家标准化管理委员会　发布

1

前　言

GB/T 13531《化妆品通用检验方法》分为以下几个部分：
——GB/T 13531.1《化妆品通用检验方法　pH 值的测定》；
——GB/T 13531.3《化妆品通用检验方法　浊度的测定》；
——GB/T 13531.4《化妆品通用检验方法　相对密度的测定》；
——GB/T 13531.6《化妆品通用检验方法　颗粒度（细度）的测定》；
——GB/T 13531.7《化妆品通用检验方法　折光指数的测定》。
本部分为 GB/T 13531 的第 6 部分。
本部分按照 GB/T 1.1—2009 给出的规则起草。
本部分由中国轻工业联合会提出。
本部分由全国香料香精化妆品标准化技术委员会（SAC/TC 257）归口。
本部分起草单位：上海市日用化学工业研究所、无限极（中国）有限公司、珀莱雅化妆品股份有限公司、欧诗漫生物股份有限公司、广东芭薇生物科技股份有限公司、苏州世谱检测技术有限公司。
本部分主要起草人：王姝、王涛、孙淑蓉、王菁、冷群英、刘瑞学、车文军。

化妆品通用检验方法
颗粒度(细度)的测定

1 范围

GB/T 13531 的本部分规定了化妆品颗粒度(细度)的测定方法。
本部分适用于粉状、颗粒状化妆品颗粒度(细度)的测定。

2 规范性引用文件

下列文件对于本文件的应用是必不可少的。凡是注日期的引用文件,仅注日期的版本适用于本文件。凡是不注日期的引用文件,其最新版本(包括所有的修改单)适用于本文件。
GB/T 6003.1 试验筛 技术要求和检验 第 1 部分:金属丝编织网试验筛

3 术语和定义

下列术语和定义适用于本文件。

3.1

颗粒度(细度) partical size
用规定孔径的标准筛筛分颗粒状或粉状试样,试样通过标准筛的质量占试样质量的百分比。

4 仪器和设备

4.1 标准筛:应符合 GB/T 6003.1 的要求,约为直径 60 mm 的圆形筛,根据产品标准要求选用规定的孔径。
4.2 软毛刷:刷毛长 50 mm,刷毛宽 40 mm。
4.3 电子天平:精度 0.01 g。

5 试验环境条件

室温 20 ℃～27 ℃,相对湿度 40%～70%。

6 试验过程

6.1 试验步骤

称量标准筛和软毛刷的总质量 m_0(精确至 0.01 g),将试样充分混匀后,取试样 5 g 置于标准筛内,称量试样、标准筛和软毛刷的总质量 m_1(精确至 0.01 g),手持标准筛往复摇动,并用软毛刷轻轻地将粘附在标准筛上的颗粒及粉末刷落,往复摇动至少 3 min,直至筛分完全后,再次称取未过筛试样、标准筛和软毛刷总质量 m_2(精确至 0.01 g)。

6.2 计算

颗粒度(细度)的数值按式(1)计算:

$$X = \frac{m_1 - m_2}{m_1 - m_0} \times 100 \quad\quad\quad\cdots\cdots\cdots\cdots\cdots\cdots\cdots\cdots\cdots\cdots (1)$$

式中:

X ——颗粒度(细度),%;

m_0 ——标准筛和软毛刷的总质量,单位为克(g);

m_1 ——试样、标准筛和软毛刷的总质量,单位为克(g);

m_2 ——未过筛试样、标准筛和软毛刷的总质量,单位为克(g)。

计算结果保留1位小数。

7 结果表示

以两次平行测试结果的算术平均值为最后结果。

8 精密度

平行试验结果的绝对误差应不大于1.5%。

ICS 71.100.70
Y 42

中华人民共和国国家标准

GB/T 13531.7—2018

化妆品通用检验方法 折光指数的测定

General methods on determination of cosmetics—
Determination of refractive index

2018-02-06 发布

2018-09-01 实施

中华人民共和国国家质量监督检验检疫总局
中国国家标准化管理委员会 发布

GB/T 13531.7—2018

前　言

GB/T 13531《化妆品通用检验方法》分为以下几个部分:
——GB/T 13531.1《化妆品通用检验方法　pH 值的测定》;
——GB/T 13531.3《化妆品通用检验方法　浊度的测定》;
——GB/T 13531.4《化妆品通用检验方法　相对密度的测定》;
——GB/T 13531.6《化妆品通用检验方法　颗粒度(细度)的测定》;
——GB/T 13531.7《化妆品通用检验方法　折光指数的测定》。
本部分为 GB/T 13531 的第 7 部分。
本部分按照 GB/T 1.1—2009 给出的规则起草。
本部分由中国轻工业联合会提出。
本部分由全国香料香精化妆品标准化技术委员会(SAC/TC 257)归口。
本部分起草单位:上海市日用化学工业研究所、奥地利安东帕(中国)有限公司、广东芭薇生物科技股份有限公司、珀莱雅化妆品股份有限公司、贝亲母婴用品(上海)有限公司、爱茉莉化妆品(上海)有限公司。
本部分主要起草人:王艳平、沈敏、陈瑾、冷群英、蒋丽刚、戴维宁、刘瑞学。

化妆品通用检验方法　折光指数的测定

1 范围

GB/T 13531 的本部分规定了液态、半固态化妆品折光指数的测定方法。

本部分第一法适用于透明液态化妆品的折光指数测定。

本部分第二法适用于液态或半固态化妆品的折光指数测定。

2 术语和定义

下列术语和定义适用于本文件。

2.1 折光指数　refractive index

当具有一定波长的光线从空气射入保持在恒定的温度下的样品时,入射角的正弦与折射角的正弦之比。

注:波长规定为(589.3±0.3)nm,相当于钠光谱中的 D_1 与 D_2 线。

3 第一法　阿贝折光仪法

3.1 原理

阿贝折射仪测定样品折光指数是基于折射定律测定临界角的原理。直接测量折射角或者观察全反射的临界线,被测样品应保持各向同性和透明性的状态。

3.2 试剂

3.2.1 除非另有说明,所用试剂均为分析纯,水为蒸馏水或纯度相当的水。

3.2.2 标准物质,测折光指数(RI)用的试剂,用于校正折光仪,如下:

    a)　蒸馏水,20 ℃时的折光指数为 1.333 0;

    b)　对异丙基甲苯,20 ℃时的折光指数为 1.490 6;

    c)　苯甲酸苄酯,20 ℃时的折光指数为 1.568 5;

    d)　1-溴萘,20 ℃时的折光指数为 1.658 5。

3.3 仪器

3.3.1 阿贝折光仪:可直接读出 1.300 0～1.720 0 范围内的折光指数,精密度为±0.000 2。

3.3.2 恒温水浴或可恒定温度的装置:保证循环水流通过阿贝折光仪时能保持在规定测试温度±0.2 ℃。

3.3.3 光源:钠光。用漫射光或电灯光作折光仪光源时,应使用消色补偿棱镜。

3.3.4 玻璃片(供选用),已知折光指数。

3.4 步骤

3.4.1 试样制备

使试样温度接近测定温度。

3.4.2 阿贝折光仪的校准

3.4.2.1 通过测定标准物质(3.2.2)的折光指数来校正阿贝折光仪(3.3.1)。

注:有些仪器可按仪器制造商提供的指南直接用玻璃片(3.3.4)调节。

3.4.2.2 保持阿贝折光仪(3.3.1)的温度恒定在规定的测定温度上。

在测定过程中,该温度波动范围应在规定的温度±0.2 ℃内。

注:参考温度为20 ℃。具体温度参见产品标准。

3.4.3 测定步骤

3.4.3.1 测定前清洗棱镜表面,可用脱脂棉先后蘸取易挥发溶剂乙醇和乙醚轻擦,待溶剂挥发,棱镜完全干燥。

3.4.3.2 将恒温水浴与棱镜连接,调节水浴温度,使棱镜温度保持在所要的操作温度。

3.4.3.3 按3.4.2规定校正折光仪读数。重复3.4.3.1和3.4.3.2操作。

3.4.3.4 用滴管向下面棱镜加几滴试样,迅速合上棱镜并旋紧。试样应均匀充满视野场而无气泡。静置数分钟,待棱镜温度恢复到所要的操作温度上。

3.4.3.5 对准光源,由目镜观察,转动补偿器螺旋使明暗两部分界限清晰,所呈彩色完全消失。再转动标尺指针螺旋,使分界线恰通过接物镜上"╳"线的焦点上。

3.4.3.6 准确读出标尺上折光指数至小数点后四位。

3.5 结果表示

测定结果以两次测定的平均值表示,结果保留至小数点后三位。

3.6 精密度

两次平行试验绝对误差不大于0.002。

4 第二法 自动折光仪法

4.1 原理

自动折光仪测量样品的折光指数是以全反射临界角的测定为基础的。

LED光源从各种不同角度将光散发到与样品接触的棱镜表面。由于样品和棱镜的折射率不同,光线会发生部分折射及反射,或全反射(α临界)。

采用高分辨率传感器阵列测量反射光的强度,可以算出全反射的临界角,随后便可以根据临界角确定样品的折光指数(RI)。

4.2 仪器

4.2.1 自动折光仪:有自动温度控制功能,如Abbemat200,或相当者。

4.2.2 自动折光仪准确度如下:

   a) 温度:±0.05 ℃(10 ℃~60 ℃);

   b) 折光指数:±0.000 1(1.30 nD~1.72 nD)。

4.3 步骤

4.3.1 测试前按照仪器说明书的要求对仪器进行校准。

4.3.2 设定仪器的温度至待测温度。

4.3.3 用滴管将试样注入清洁干燥的测量池中,试样需没过棱镜。

4.3.4 当仪器稳定的显示出折光指数时,记录该值。

4.3.5 测量结束后,使用无尘擦试纸或擦镜纸对棱镜进行擦拭。

4.4 结果表示

测定结果以两次测定的平均值表示,结果保留至小数点后四位。

4.5 精密度

两次平行试验结果的绝对误差不大于 0.000 5。

ICS 31.220.10
L 23

中华人民共和国国家标准

GB/T 13536—2018
代替 GB/T 13536—1992

飞机地面供电连接器

Connectors for aircraft ground electrical supplies

（ISO 461-1:2003，Aircraft—Connectors for ground electrical
supplies—Part 1:design,performance and test requirements；
ISO 461-2:1985，Aircraft—Connectors for ground electrical
supplies—Part 2:dimensions,MOD)

2018-02-06 发布

2018-02-06 实施

中华人民共和国国家质量监督检验检疫总局
中国国家标准化管理委员会 发布

前　言

本标准按照 GB/T 1.1—2009 给出的规则起草。

本标准代替 GB/T 13536—1992《飞机地面供电连接器》，与 GB/T 13536—1992 相比主要变化如下：

——删除了原第 3 章"飞机地面供电连接器"术语，增加了 3.1"飞机固定连接器"和 3.2"地面电源自由连接器"术语；

——删除了原 4.1 基本类型、4.2 尾端连接型式、4.3 产品型号、4.4 额定电压、额定电流和接触偶数；

——删除原第 5 章技术要求，按 ISO 461-1:2003 增加第 4 章设计与性能要求；

——删除原第 6 章试验方法、第 7 章检验规则，按 ISO 461-1:2003 增加第 5 章检查与试验；

——删除原第 8 章标志、包装、运输、贮存，按 ISO 461-1:2003 增加第 6 章产品标识和订货程序；

——删除原第 9 章质量保证期。

本标准使用重新起草法修改采用 ISO 461-1:2003《飞机地面电源连接器　第 1 部分:设计、性能及试验要求》和 ISO 461-2:1985《飞机地面电源连接器　第 2 部分:尺寸》。

本标准与 ISO 461-1:2003、ISO 461-2:1985 相比，结构调整如下：

——将 ISO 461-1:2003 中"5.3.1.1　1、2、3 型"改为"5.3.1.1 试验程序"和"5.3.1.2　1、2、3 型"，"5.3.1.2　4 型"改为"5.3.1.3　4 型"。

——将 ISO 461-2:1985 的第 1 章调整为 7.1，第 4 章调整为 7.2，删除了第 2 章和第 3 章。

本标准还做了下列编辑性修改：

——4.1.5 增加"注:105 ℃ 为环境温度加温升"；

——将 ISO 461-1:2003 中 5.3.7 图 8-5、图 8-6 之前增加了"ISO 7137"（图的来源）。

本标准由中国航空工业集团公司提出。

本标准由全国航空器标准化技术委员会(SAC/TC 435)归口。

本标准起草单位:沈阳兴华航空电器有限责任公司、安徽至一科技咨询有限公司、中国航空综合技术研究所、中国人民解放军驻一一七厂军事代表室。

本标准主要起草人:马飞、王宏霞、杨雨松、金惠杰、孙海航、于慧敏、董德荣。

本标准所代替标准的历次版本发布情况为：

——GB/T 13536—1992。

飞机地面供电连接器

1 范围

本标准规定了飞机地面供电连接器(以下简称连接器)的设计要求、性能要求、试验方法和连接器的尺寸。

本标准适用于飞机地面供电连接器。

2 规范性引用文件

下列文件对于本文件的应用是必不可少的。凡是注日期的引用文件,仅注日期的版本适用于本文件。凡是不注日期的引用文件,其最新版本(包括所有的修订单)适用于本文件。

ISO 7137 飞机 机载设备环境条件与试验方法(Aircraft—Environmental conditions and test procedures for airborne equipment)

3 术语和定义

下列术语和定义适用于本文件。

3.1

飞机固定连接器(插座) aircraft fixed connector(receptacle)
安装在飞机上的连接器,通过地面电源自由连接器接受外部电源向飞机供电。

3.2

地面电源自由连接器(插头) ground supply free connector(plug)
安装在外部地面电源电缆上的连接器,与飞机固定连接器插配,向飞机供电。

4 设计与性能要求

4.1 总则

4.1.1 结构

插头结构应牢固,具有一定的机械强度,能承受使用过程中产生的机械振动和磨损,保证安全操作,无锐边。

4.1.2 耐霉菌性

插座和插头所采用的材料应是防霉的。

4.1.3 金属材料

所用金属应耐腐蚀或经过耐腐蚀处理。

4.1.4 不相容材料

不相容材料直接接触使用时,应具有防止电解腐蚀的保护措施。

4.1.5 温度

插座和插头应能在 −65 ℃~65 ℃的环境温度下插合、分离和使用。考虑载流时会产生温升,连接器应能在 105 ℃下工作。

注：105 ℃为环境温度加温升。

4.1.6 自动分离

4 型连接器应装有能自动分离的装置,在进行分离操作前,飞机和地面电源应断开,插座及其底座应无损伤。

4.2 极性及相序

插座和插头靠近接触件之处(见 7.2 有关图中所示),应永久性地标出极性或相序。并应永久清晰地标在插座绝缘体的正、反面上。

4.3 电流额定值

4.3.1 插座和插头的每个主载流接触件(与连接在其上的电缆有所不同)应能持续通 300 A(1 型、2 型、3 型)或 350A(4 型)电流(直流或交流有效值),通电时间为 1 h 或更长。

4.3.2 每个控制插针接触件和控制插孔接触件应能持续通 35 A 的电流。

4.4 控制插孔接触件

直流插头的控制插孔接触件可以分为彼此绝缘的两个部分,只能通过插座的控制插针接触件插入连接。控制插孔接触件也可以是一个整体结构。

4.5 电压额定值

插座和插头应能在 7.1 规定的电压下连续工作。

4.6 插头接触件的可更换性

所有插头都应该能被替换或者维修,并保证与插头相连接的线缆是可再利用的。

5 检查和试验

5.1 检查

应对电连接器进行检查,以便确保与本标准中的要求相符。

5.2 试验

5.2.1 型式试验

应进行型式试验以保证产品与本标准的要求相符。除非另有说明,试验应该在 15 ℃~25 ℃环境温度下进行。应按表 1 中给定的样件分配和试验顺序,用 11 套试验样件(A~K)进行 5.3.1~5.3.10 规定的各项试验。每套样件包括一个插座和与之相配合的一个插头。

表 1 型式试验——样件分配和试验顺序

序号	试 验	样件分配及试验顺序		
		A	B	C
1	插拔力试验(见5.3.1)	1	—	—
2	侧向负荷试验(见5.3.2)	2	—	—
3	耐久性试验(见5.3.3)	3	—	—
4	电流过载和电压降试验(见5.3.4)	4	—	—
5	盐雾试验(见5.3.5)	—	1	—
6	耐电压和绝缘电阻试验(见5.3.6)	—	2	—
7	振动试验(仅插座)(见5.3.7)	—	3	—
8	跌落试验(仅插头)(见5.3.8)	—	—	1
9	极限温度插拔试验(见5.3.10)	—	—	2
10	流体敏感性试验 (仅适用于初始合格鉴定)(见5.3.9)	样件 D～K(每种液体使用一套)		

5.2.2 质量控制试验

应从每100个连接器中抽取一个插座和一个插头进行质量控制试验,至少每年进行一次。样件应进行5.3.4.1和5.3.6中规定的试验。如果样件未能成功通过5.3.4.1和5.3.6中任何一项试验,则认为该批产品不符合本标准的要求。

5.3 试验方法

5.3.1 插拔力

5.3.1.1 试验程序

应为每种插头配置两个测试插座,每个插座的插针接触件用经过硬化处理和研磨的钢材加工而成,其表面粗糙度应为 0.1 μm～0.4 μm,安装在7.2相应图中所示中心位置,接触件位置公差应为±0.025 mm。不应安装防护罩。

一个试验用插座的插针接触件应具有最大尺寸,公差为±0.005 mm;另一个试验用插座的插针接触件应具有最小尺寸,公差为±0.005 mm。

用具有最大尺寸的试验插座与插头完全插合与分离,试验50次,然后再用具有最小尺寸的试验插座进行此项试验5次。插合与分离可通过机器完成。

5.3.1.2 1、2、3 型

分别测量第一次和最后一次插头与每个插座插配时的插合力与分离力。对于三芯连接器,插合力应不大于223 N,分离力应在134 N～223 N之间;对于五芯和六芯连接器,插合力应不大于445 N,分离力应在267 N～445 N之间。插合和分离速度应在177 mm/min～229 mm/min之间。

5.3.1.3 4 型

连接器的插合力应不大于534 N,分离力应在400 N～534 N之间。

5.3.2 侧向负荷

5.3.2.1 1、2、3 型

经过 5.3.1.1 所述试验之后,将插头与按水平轴线安装的适配插座插配。

将主载流插针接触件插入 1/3,对插头主体的端部施加 890 N 的侧向负载,试验后,插座和插头应无损伤或永久性变形。

5.3.2.2 4 型

经过 5.3.1.2 所述试验之后,将插头与按水平轴线安装的适配插座插配并锁紧。对插头主体的端部施加 890 N 的侧向负载,试验后,插座、插头和锁紧装置应无损伤或永久性变形。

5.3.3 耐久性

经过 5.3.1 和 5.3.2 所述试验之后,将插头与按水平轴线安装的适配插座完全插合与分离 500 次。插合与分离速率不应超过 15 次/min。

试验结束后测量产品的电压降,应符合 5.3.4.2 的要求。

5.3.4 电流过载和电压降

5.3.4.1 电流过载

通过一对插合的连接器连接电源与电路,并通以直流或交流电。连接电源和主载流接触件的电线应是 00 号(AWG)或者更大的;连接控制接触件的电线应是 12 号(AWG)或者更大的。通过主载流接触件的电流为 700 A(1、2、3 型)或 900 A(4 型);通过控制接触件的电流为 35 A,保持 3 min。在过载电流施加的过程中及施加之后,插头和插座不应有短路、瞬断、燃烧、破裂或其他不利损伤。如果连接器没有其他损伤,单纯的冒烟则不算试验失败。过载电流去除后,允许连接器冷却到环境温度,然后根据 5.3.4.2 测试连接器在额定电流下的电压降。

5.3.4.2 额定电流下的电压降

使用 5.3.4.1 电流过载试验中相同的电路为连接器的接触件提供直流或交流电流。通过主载流接触件的电流为 300 A(1、2、3 型)或 350 A(4 型),通过控制接触件的电流为 15 A,保持 5 min,然后测量所有接触件的电压降。测量从插座中接触件末端到距离插头与线缆连接处 25 mm 之内线缆的电压降。线缆中的电线可通过测量电压仪器的探针相连接。如果插头的控制接触件被导线串联在一起,可以测量插座中两个接触件尾端的电压降。每个主载流接触件的电压降应不大于 45 mV,每个控制接触件的电压降应不大于 30 mV。

5.3.5 盐雾

未插合的插座和插头按 ISO 7137 的规定进行试验(仅 S 类试验)。

暴露 48 h 后,将插座和插头置于正常试验大气条件下,温度为 15 ℃～25 ℃。在 1 h～1.5 h 之后,插合连接器并测量电压降,应符合 5.3.4.2 的要求。

5.3.6 耐电压和绝缘电阻

5.3.6.1 经过 5.3.5 所述盐雾试验之后,立刻对插座和插头进行下述耐电压和绝缘电阻试验。

5.3.6.2 在两个相邻接触件之间或所有串联在一起的接触件与护套之间,施加有效值为 2 000 V,50 Hz 或 60 Hz 的交流电压,持续 1 min,应无电击穿。

5.3.6.3 如果使用了控制接触件（见4.4），在所有相邻接触件之间或所有串联在一起的接触件与护套之间，施加500 V的直流电压，绝缘电阻不应小于100 MΩ。

5.3.6.4 在每个控制插孔接触件的两个绝缘部分之间用500 V的直流电压进行绝缘试验，绝缘电阻不应小于20 MΩ。

5.3.7 振动（仅插座）

插座按ISO 7137的规定进行振动试验，但不要求被试设备工作。

将00号（AWG）的线缆连接到插座的每一个主载流插针接触件上，将16号（AWG）的线缆连接到每一个控制插针接触件上，线缆应固定在距离插座不小于400 mm的振动试验台上。

采用下列剧烈振动环境测试曲线：

a) 振动响应测量，ISO 7137中图8-6，曲线W；

b) 强度试验，正弦振动，ISO 7137中图8-6，曲线W；

c) 强度试验，随机振动，ISO 7137中图8-5，曲线D。

试验结束后，固定件或线缆端接处应无松动。

5.3.8 跌落（仅插头）

将带有6 m长线缆的插头从3.6 m的高度向混凝土地面跌落10次。试验时，线缆的自由端应固定在一点，使插头在分离前，线缆与水平面夹角约为45°。试验后，该插头与相配合的插座应能满足5.3.10的要求。

5.3.9 流体敏感性（仅适用于初始合格鉴定）

插座和插头在未插合的情况下，按ISO 7137（适用类别为XC、XD、XF、XG、XJ、XL和XM）的规定进行喷雾试验，无流体试验标记要求。应按如下所述进行试验操作并使之与ISO 7137相一致：

a) 用三氯甲烷清洗连接器并用洁净的干布将其擦干；

b) 而后，连接器应符合耐电压和绝缘电阻试验要求（见5.3.6）；

c) 连接器应能用手插拔并经鉴定机构认可。

5.3.10 极限温度插拔

连接器在温度为−65 ℃和65 ℃时应能用手插拔并经鉴定机构认可。

6 产品标识和订货程序

6.1 产品标识

连接器的外罩上应清晰地标出本标准编号并按7.2要求标出产品型号。

示例：

GB/T 13536-1A。

6.2 包装

每一个电连接器应单独包装在一个包装箱内以便能安全运输和顺利验收，包装箱应按照运输规则采取适当的方式运输。

6.3 订货

订货时应标明如下内容：

GBAT 13536—2018

a) 本标准号；

b) 按 7.2 规定标出型号及说明；

c) 除 6.1 要求之外所需的任何打印标记细节；

d) 对组装说明书条款的要求；

e) 包装要求。

7 尺寸

7.1 范围和用途

本标准规定的地面电源向飞机供电时采用下列连接器的尺寸：

a) 1A 型 28 V 直流飞机固定连接器基本尺寸（见图 1）；

b) 1B 型 28 V 直流地面电源自由连接器基本尺寸（见图 2）；

c) 2A 型 112 V 直流飞机固定连接器基本尺寸（见图 3）；

d) 2B 型 112 V 直流地面电源自由连接器基本尺寸（见图 4）；

e) 3A 型 200 V、400 Hz 三相交流飞机固定连接器基本尺寸（见图 5）；

f) 3B 型 200 V、400 Hz 三相交流地面电源自由连接器基本尺寸（见图 6）。

7.2 尺寸

飞机固定连接器及地面电源自由连接器应视不同情况分别与图 1～图 6 中所示尺寸及公差相符。

注：图中尺寸单位为毫米。

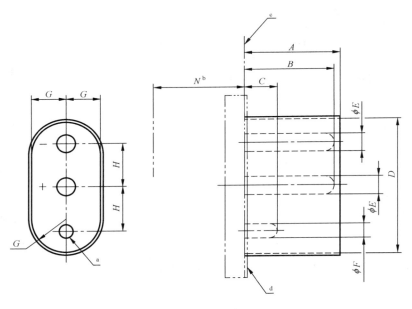

a) 外形尺寸

图 1 1A 型 28 V 直流飞机固定连接器基本尺寸

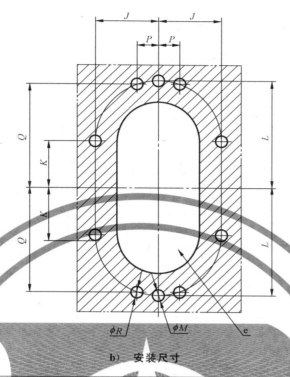

b）安装尺寸

尺寸符号	基 本 尺 寸	尺寸符号	基 本 尺 寸
A	54.00 ± 0.80	J	28.35
B	50.80 ± 0.40	K	21.25
C	19.10 ± 0.40	L	49.00
D	$77.77 {}^{+1.00}_{0}$	M	5.40
E	$11.10 {}^{0}_{-0.05}$	N	57.20 max
F	$7.92 {}^{0}_{-0.05}$	P	9.53 ± 0.13
G	19.43 ± 0.50	Q	47.63 ± 0.40
H	25.40 ± 0.25	R	5.10

注：尺寸 P、Q、R 是可选用的4孔安装方法。

[a] 控制插针接触件应接在正极上，其电压为主正极插针接触件电压。

[b] 插座背面最大突出部分。

[c] 插针在插孔内的接合长度不应受飞机插座安装方法的影响。

[d] 在增压密封装置上，当屏蔽罩穿过飞机结构时，此面应能形成密封结合。

[e] 孔的尺寸应和特定的插座相适应。

图 1（续）

GB/T 13536—2018

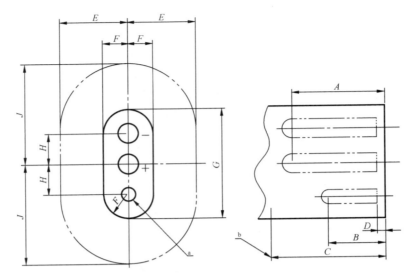

尺寸符号	基 本 尺 寸	尺寸符号	基 本 尺 寸
A	51.60 min	F	16.64±0.25
B	31.80 min	G	$76.20_{-1.60}^{0}$
Cᵃ	63.50	H	25.40±0.25
D	2.50 min、4.45 max	J	63.50
E	41.90	—	—
ᵃ 横截面增加前的最小长度。			

注：各个插孔接触件应有最大 0.50 mm 的侧向间隙。主插针与插孔的配合要保证每次插合时的电压降(不包括电缆接头)与5.3.4.2 要求相符。

ᵃ 控制插孔接触件应接在正极上,其电压为主正极插孔接触件电压。

ᵇ 除此点外,全部尺寸不应超过此平面图上点划线所示范围。

图 2　1B 型 28 V 直流地面电源自由连接器基本尺寸

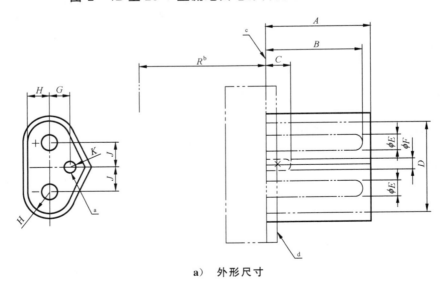

a)　外形尺寸

图 3　2A 型 112 V 直流飞机固定连接器基本尺寸

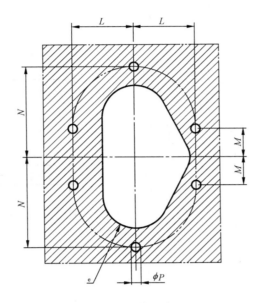

b) 安装尺寸

尺寸符号	基 本 尺 寸	尺寸符号	基 本 尺 寸
A	54.00±0.80	J	17.45±0.25
B	50.80±0.40	K	$R10.31±0.50$
C	19.10±0.40	L	26.20
D	$65.02^{+1.00}_{0}$	M	19.05
E	$11.10^{0}_{-0.05}$	N	42.85
F	$7.92^{0}_{-0.05}$	P	6.10
G	14.27±0.50	R	57.20
H	15.06±0.50	—	—

[a] 控制插针接触件应接在正极上,其电压为主正极插针接触件电压。

[b] 插座背面最大突出部分。

[c] 插针在插孔内的接合长度不应受飞机插座安装方法的影响。

[d] 在增压密封装置上,当屏蔽罩穿过飞机结构时,此面应能形成密封结合。

[e] 孔的尺寸应和特定的插座相适应。

图 3（续）

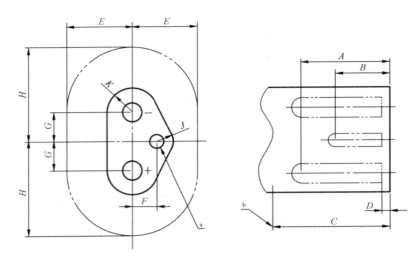

尺寸符号	基 本 尺 寸	尺寸符号	基 本 尺 寸
A	51.60 min	F	14.27±0.25
B	31.80 min	G	17.45±0.25
Cᵃ	63.50	H	57.20
D	2.50 min、4.45 max	J	R9.53±0.25
E	38.10	K	R14.57±0.25

ᵃ 横截面增加前的最小长度。

注：各个插孔接触件应有最大 0.50 mm 的侧向间隙。主插针与插孔的配合要保证每次插合时的电压降(不包括电
缆接头)与5.3.4.2要求相符。

ᵃ 控制插孔接触件应接在正极上,其电压为主正极插孔接触件电压。

ᵇ 除此点外,全部尺寸不应超过此平面图上点划线所示范围。

图 4 2B型 112 V 直流地面电源自由连接器基本尺寸

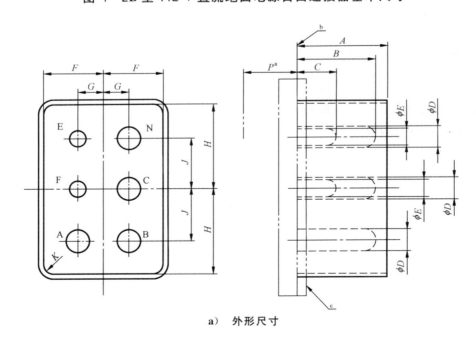

a) 外形尺寸

图 5 3A型 200 V、400 Hz 三相交流飞机固定连接器基本尺寸

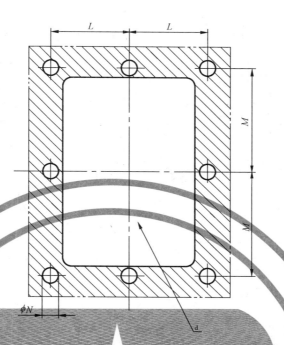

b) 安装尺寸

尺寸符号	基 本 尺 寸	尺寸符号	基 本 尺 寸
A	41.70 ± 0.80	H	$41.90^{+0.50}_{0}$
B	38.10 ± 0.40	J	25.40 ± 0.25
C	19.10 ± 0.40	K	$R\ 3.80 \pm 0.25$
D	$11.10^{0}_{-0.05}$	L	34.93
E	$7.92^{0}_{-0.05}$	M	47.63
F	$29.2^{+0.51}_{0}$	N	6.50
G	12.70 ± 0.13	P	44.50 max

a 插座背面最大突出部分。

b 插针在插孔内的接合长度不应受飞机插座安装方法的影响。

c 在增压密封装置上,当屏蔽罩穿过飞机结构时,此面应能形成密封结合。

d 孔的尺寸应和特定的插座相适应。

图 5（续）

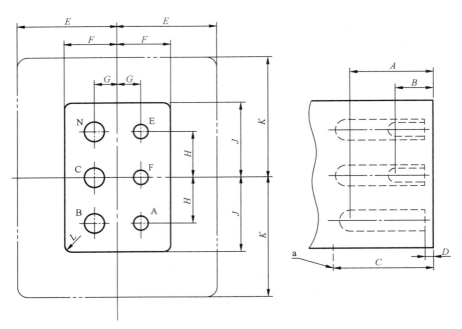

尺寸符号	基 本 尺 寸	尺寸符号	基 本 尺 寸
A	46.90 min	G	12.70±0.13
B	20.60 min	H	25.40±0.25
Cª	54.00	J	41.3
D	2.50 min、4.45 max	K	66.7
E	54.00	L	R3.2±0.4
F	28.58±0.25	—	—
ª 横截面增加前的最小长度。			

注：各个插孔接触件应有最大 0.50 mm 的侧向间隙。主插针与插孔的配合要保证每次插合时的电压降（不包括电缆接头）与5.3.4.2要求相符。

ª 除此点外,全部尺寸不应超过此平面图上点划线所示范围。

图 6　3B 型 200 V、400 Hz 三相交流地面电源自由连接器基本尺寸

ICS 75.160.30
P 45

中华人民共和国国家标准

GB/T 13611—2018
代替 GB/T 13611—2006

城镇燃气分类和基本特性

Classification and basic characteristics of city gas

2018-03-15 发布

2019-02-01 实施

中华人民共和国国家质量监督检验检疫总局
中国国家标准化管理委员会 发布

前　　言

本标准按照 GB/T 1.1—2009 给出的规则起草。

本标准代替 GB/T 13611—2006《城镇燃气分类和基本特性》,与 GB/T 13611—2006 相比主要技术变化如下:

——修改了城镇燃气分类原则(见4.1,2006年版的4.1);

——修改了城镇燃气的类别及特性指标(见4.3,2006年版的4.3);

——增加了液化石油气混空气、二甲醚气、沼气(见4.3);

——修改了城镇燃气的试验气(见4.4,2006年版的4.4);

——增加了城镇燃气燃烧器具试验气测试压力(见4.5);

——增加了试验用气的配制方法(见附录B);

——删除了本标准与 BS EN437:1994 和 EN 30-1-1:1999 的对比(见2006年版的附录C)。

本标准由中华人民共和国住房和城乡建设部提出并归口。

本标准起草单位:中国市政工程华北设计研究总院有限公司、石油工业天然气质量监督检验中心、深圳市燃气集团股份有限公司、济南港华燃气有限公司、北京市燃气集团研究院、中国燃气控股有限公司、昆仑能源有限公司、青岛经济技术开发区海尔热水器有限公司、宁波方太厨具有限公司、艾欧史密斯(中国)热水器有限公司、芜湖美的厨卫电器制造有限公司、广东万家乐燃气具有限公司、广东万和新电气股份有限公司、北京菲斯曼供热技术有限公司、能率(中国)投资有限公司、浙江帅丰电器有限公司、博西华电器(江苏)有限公司、中山百得厨卫有限公司、上海梦地工业自动控制系统股份有限公司、瑞必科净化设备(上海)有限公司、国家燃气用具质量监督检验中心。

本标准主要起草人:高文学、王启、周理、刘建辉、郭军、刘丽珍、高慧娜、苗永健、刘云、郑军妹、毕大岩、徐国平、余少言、张华平、邵柏桂、张坤东、邵于佶、王海云、高强、金建民、白学萍、渠艳红。

本标准所代替标准历次版本发布情况为:

——GB/T 13611—1992、GB/T 13611—2006。

城镇燃气分类和基本特性

1 范围

本标准规定了城镇燃气的分类原则、特性指标计算方法、类别和特性指标要求、城镇燃气试验气,以及城镇燃气燃烧器具试验气测试压力。

本标准适用于作为城镇燃料使用的各种燃气的分类。

2 规范性引用文件

下列文件对于本文件的应用是必不可少的。凡是注日期的引用文件,仅注日期的版本适用于本文件。凡是不注日期的引用文件,其最新版本(包括所有的修改单)适用于本文件。

GB/T 11062 天然气 发热量、密度、相对密度和沃泊指数的计算方法

3 术语和定义

下列术语和定义适用于本文件。

3.1

城镇燃气 city gas

符合规范的燃气质量要求,供给居民生活、商业(公共建筑)和工业企业生产作燃料用的公用性质的燃气。

注:城镇燃气一般包括人工煤气、天然气、液化石油气、液化石油气混空气、二甲醚气、沼气。

3.2

基准状态 reference conditions

温度为15 ℃,绝对压力为101.325 kPa条件下的干燥燃气状态。

[GB/T 16411—2008,定义3.1]

3.3

热值 heating value;calorific value

规定量的燃气完全燃烧所释放出的热量。

注:其中,释放出的包括烟气中水蒸气汽化潜热在内的热量称为高热值,释放出的不包括烟气中水蒸气汽化潜热的热量称为低热值。

[改写 GB/T 12206—2006,定义3.1]

3.4

相对密度 relative density;specific gravity

一定体积干燃气的质量与同温度同压力下等体积的干空气质量的比值。

注:相对密度为无量纲量,以符号 d 表示。

[GB/T 12206—2006,定义3.5]

3.5

华白数 Wobbe number;Wobbe index

燃气的热值与其相对密度平方根的比值。

3.6

基准气 reference gas

基准燃气

代表某一类燃气的标准气体。

3.7

界限气 limit gas

界限燃气

根据燃气允许的波动范围配制的标准气体。

4 分类原则

城镇燃气应按燃气类别及其特性指标华白数 W 分类,并应控制华白数 W 和热值 H 的波动范围。

5 特性指标计算方法

5.1 热值

热值可按式(1)计算:

$$H = \frac{1}{100}(H_1 f_1 + H_2 f_2 + H_3 f_3 + \cdots H_n f_n) = \frac{1}{100}\sum_{r=1}^{n} H_r f_r \quad \cdots\cdots\cdots\cdots\cdots\cdots\cdots (1)$$

式中:

H ——燃气热值(分高热值 H_s 和低热值 H_i),单位为兆焦耳每立方米(MJ/m³);

H_r ——燃气中 r 可燃组分的热值,单位为兆焦耳每立方米(MJ/m³);

f_r ——燃气中 r 可燃组分的体积分数,%。

5.2 相对密度

相对密度可按式(2)计算:

$$d = \frac{1}{100}(d_1 f_1 + d_2 f_2 + d_3 f_3 + \cdots d_n f_n) = \frac{1}{100}\sum_{v=1}^{n} d_v f_v \quad \cdots\cdots\cdots\cdots\cdots\cdots\cdots (2)$$

式中:

d ——燃气相对密度(空气相对密度为1);

d_v ——燃气中 v 可燃组分的相对密度;

f_v ——燃气中 v 可燃组分的体积分数,%。

5.3 华白数

华白数可按式(3)计算:

$$W = \frac{H}{\sqrt{d}} \qquad\qquad \cdots\cdots\cdots\cdots\cdots\cdots\cdots (3)$$

式中:

W ——燃气华白数(分高华白数 W_s 和低华白数 W_i),单位为兆焦耳每立方米(MJ/m³);

H ——燃气热值(分高热值 H_s 和低热值 H_i),单位为兆焦耳每立方米(MJ/m³);

d ——燃气相对密度(空气相对密度为1)。

6 类别及特性指标

城镇燃气的类别及特性指标(15 ℃,101.325 kPa,干)应符合表1的规定。

表 1 城镇燃气的类别及特性指标

类别		高华白数 W_s/(MJ/m³)		高热值 H_s/(MJ/m³)	
		标准	范围	标准	范围
人工煤气	3R	13.92	12.65~14.81	11.10	9.99~12.21
	4R	17.53	16.23~19.03	12.69	11.42~13.96
	5R	21.57	19.81~23.17	15.31	13.78~16.85
	6R	25.70	23.85~27.95	17.06	15.36~18.77
	7R	31.00	28.57~33.12	18.38	16.54~20.21
天然气	3T	13.30	12.42~14.41	12.91	11.62~14.20
	4T	17.16	15.77~18.56	16.41	14.77~18.05
	10T	41.52	39.06~44.84	32.24	31.97~35.46
	12T	50.72	45.66~54.77	37.78	31.97~43.57
液化石油气	19Y	76.84	72.86~87.33	95.65	88.52~126.21
	22Y	87.33	72.86~87.33	125.81	88.52~126.21
	20Y	79.59	72.86~87.33	103.19	88.52~126.21
液化石油气混空气	12 YK	50.70	45.71~57.29	59.85	53.87~65.84
二甲醚ª	12 E	47.45	46.98~47.45	59.87	59.27~59.87
沼气	6Z	23.14	21.66~25.17	22.22	20.00~24.44

注1:燃气类别,以燃气的高华白数按原单位为 kcal/m³ 时的数值,除以1 000后取整表示,如12T,即指高华白数约计为12 000 kcal/m³ 时的天然气。

注2:3T、4T为矿井气或混空轻烃燃气,其燃烧特性接近天然气。

注3:10T、12T天然气包括干井气、油田气、煤层气、页岩气、煤制天然气、生物天然气。

ª 二甲醚气应仅用作单一气源,不应掺混使用。

7 试验气

7.1 配制城镇燃气试验气所用单一气体的质量应符合附录A的规定。

7.2 所配试验气(15 ℃,101.325 kPa,干)宜符合表2的规定。

表 2 城镇燃气试验气

类别	试验气	体积分数/%	相对密度 d	热值/(MJ/m³)		华白数/(MJ/m³)		理论干烟气中 CO₂ 体积分数/%
				H_i	H_s	W_i	W_s	
人工煤气	3R	0	$f_{CH_4}=9, f_{H_2}=51, f_{N_2}=40$	0.472	8.27	9.57	12.04	13.92	4.23
		1	$f_{CH_4}=13, f_{H_2}=46, f_{N_2}=41$	0.500	9.12	10.48	12.89	14.81	5.45
		2	$f_{CH_4}=7, f_{H_2}=55, f_{N_2}=38$	0.445	8.00	9.30	12.00	13.94	3.48
		3	$f_{CH_4}=16, f_{H_2}=32, f_{N_2}=52$	0.614	8.71	9.92	11.12	12.65	6.44
	4R	0	$f_{CH_4}=8, f_{H_2}=63, f_{N_2}=29$	0.369	9.16	10.64	15.08	17.53	3.71
		1	$f_{CH_4}=13, f_{H_2}=58, f_{N_2}=29$	0.393	10.35	11.93	16.51	19.03	5.22
		2	$f_{CH_4}=6, f_{H_2}=67, f_{N_2}=27$	0.341	8.89	10.37	15.22	17.76	2.94
		3	$f_{CH_4}=18, f_{H_2}=41, f_{N_2}=41$	0.525	10.31	11.76	14.23	16.23	6.63
	5R	0	$f_{CH_4}=19, f_{H_2}=54, f_{N_2}=27$	0.404	11.98	13.71	18.85	21.57	6.54
		1	$f_{CH_4}=25, f_{H_2}=48, f_{N_2}=27$	0.433	13.41	15.25	20.37	23.17	7.57
		2	$f_{CH_4}=18, f_{H_2}=55, f_{N_2}=27$	0.399	11.74	13.45	18.58	21.29	6.34
		3	$f_{CH_4}=29, f_{H_2}=32, f_{N_2}=39$	0.560	13.13	14.83	17.55	19.81	8.37
	6R	0	$f_{CH_4}=22, f_{H_2}=58, f_{N_2}=20$	0.356	13.41	15.33	22.48	25.70	6.95
		1	$f_{CH_4}=29, f_{H_2}=52, f_{N_2}=19$	0.381	15.18	17.25	24.60	27.95	7.97
		2	$f_{CH_4}=22, f_{H_2}=59, f_{N_2}=19$	0.347	13.51	15.45	22.94	26.23	6.93
		3	$f_{CH_4}=34, f_{H_2}=35, f_{N_2}=31$	0.513	15.14	17.08	21.14	23.85	8.79
	7R	0	$f_{CH_4}=27, f_{H_2}=60, f_{N_2}=13$	0.317	15.31	17.46	27.19	31.00	7.58
		1	$f_{CH_4}=34, f_{H_2}=54, f_{N_2}=12$	0.342	17.08	19.38	29.20	33.12	8.43
		2	$f_{CH_4}=25, f_{H_2}=63, f_{N_2}=12$	0.299	14.94	17.07	27.34	31.23	7.28
		3	$f_{CH_4}=40, f_{H_2}=37, f_{N_2}=23$	0.470	17.39	19.59	25.36	28.57	9.23
天然气	3T	0	$f_{CH_4}=32.5, f_{Air}=67.5$	0.853	11.06	12.28	11.97	13.30	13.19
		1	$f_{CH_4}=35, f_{Air}=65$	0.842	11.91	13.22	12.98	14.41	13.19
		2	$f_{CH_4}=16, f_{H_2}=34, f_{N_2}=50$	0.596	8.92	10.16	11.55	13.16	15.65
		3	$f_{CH_4}=30.5, f_{Air}=69.5$	0.862	10.37	11.52	11.18	12.42	11.73
	4T	0	$f_{CH_4}=41, f_{Air}=59$	0.815	13.95	15.49	15.45	17.16	11.73
		1	$f_{CH_4}=44, f_{Air}=56$	0.802	14.97	16.62	16.71	18.56	11.73
		2	$f_{CH_4}=22, f_{H_2}=36, f_{N_2}=42$	0.553	11.16	12.67	15.01	17.03	7.40
		3	$f_{CH_4}=38, f_{Air}=62$	0.828	12.93	14.36	14.20	15.77	11.73
	10T	0	$f_{CH_4}=86, f_{N_2}=14$	0.613	29.25	32.49	37.38	41.52	11.51
		1	$f_{CH_4}=80, f_{C_3H_8}=7, f_{N_2}=13$	0.678	33.37	36.92	40.53	44.84	11.92
		2	$f_{CH_4}=70, f_{H_2}=19, f_{N_2}=11$	0.508	25.75	28.75	36.13	40.33	10.88

表 2（续）

类别	试验气		体积分数/%	相对密度 d	热值/(MJ/m³)		华白数/(MJ/m³)		理论干烟气中 CO_2 体积分数/%
					H_i	H_s	W_i	W_s	
天然气	10T	3	$f_{CH_4}=82, f_{N_2}=18$	0.629	27.89	30.98	35.17	39.06	11.44
	12T	0	$f_{CH_4}=100$	0.555	34.02	37.78	45.67	50.72	11.73
		1	$f_{CH_4}=87, f_{C_3H_8}=13$	0.684	41.03	45.30	49.61	54.77	12.29
		2	$f_{CH_4}=77, f_{H_2}=23$	0.443	28.54	31.87	42.87	47.88	11.01
		3	$f_{CH_4}=92.5, f_{N_2}=7.5$	0.586	31.46	34.95	41.11	45.66	11.62
液化石油气	19Y	0	$f_{C_3H_8}=100$	1.550	88.00	95.65	70.69	76.84	13.76
		1	$f_{C_4H_{10}}=100$	2.076	116.09	125.81	80.58	87.33	14.06
		2	$f_{C_3H_6}=100$	1.476	82.78	88.52	68.14	72.86	15.05
		3	$f_{C_3H_8}=100$	1.550	88.00	95.65	70.69	76.84	13.76
	22Y	0	$f_{C_4H_{10}}=100$	2.076	116.09	125.81	80.58	87.33	14.06
		1	$f_{C_4H_{10}}=100$	2.076	116.09	125.81	80.58	87.33	14.06
		2	$f_{C_3H_6}=100$	1.476	82.78	88.52	68.14	72.86	15.05
		3	$f_{C_3H_8}=100$	1.550	88.00	95.65	70.69	76.84	13.76
	20Y	0	$f_{C_3H_8}=75, f_{C_4H_{10}}=25$	1.682	95.02	103.19	73.28	79.59	13.85
		1	$f_{C_4H_{10}}=100$	2.076	116.09	125.81	80.58	87.33	14.06
		2	$f_{C_3H_6}=100$	1.476	82.78	88.52	68.14	72.86	15.05
		3	$f_{C_3H_8}=100$	1.550	88.00	95.65	70.69	76.84	13.76
液混气	12YK	0	$f_{LPG}=58, f_{Air}=42$	1.393	55.11	59.85	46.69	50.70	13.85
		1	$f_{C_4H_{10}}=58, f_{Air}=42$	1.622	67.33	72.97	52.87	57.29	14.06
		2	$f_{LPG}=48, f_{Air}=42, f_{H_2}=10$	1.232	46.63	50.74	42.01	45.71	13.62
		3	$f_{C_3H_8}=55, f_{Air}=40, f_{N_2}=5$	1.299	48.40	52.61	42.46	46.16	13.70
二甲醚	12E	0	$f_{CH_3OCH_3}=100$	1.592	55.46	59.87	43.96	47.45	15.05
		1	$f_{CH_3OCH_3}=87, f_{C_3H_8}=13$	1.587	59.69	64.52	47.39	51.23	14.80
		2	$f_{CH_3OCH_3}=77, f_{H_2}=23$	1.242	45.05	48.88	40.43	43.86	14.44
		3	$f_{CH_3OCH_3}=92.5, f_{N_2}=7.5$	1.545	51.30	55.38	41.27	44.55	14.96
沼气	6Z	0	$f_{CH_4}=53, f_{N_2}=47$	0.749	18.03	20.02	20.84	23.14	10.63
		1	$f_{CH_4}=57, f_{N_2}=43$	0.732	19.39	21.54	22.66	25.17	10.78
		2	$f_{CH_4}=41, f_{H_2}=21, f_{N_2}=38$	0.610	16.09	18.03	20.61	23.09	9.60
		3	$f_{CH_4}=50, f_{N_2}=50$	0.761	17.01	18.89	19.50	21.66	10.50

注 1：空气（Air）的体积分数：$f_{O_2}=21\%, f_{N_2}=79\%$。

注 2：试验气：0——基准气，1——黄焰和不完全燃烧界限气，2——回火界限气，3——脱火界限气。

注 3：12YK-0,2 中所用 LPG 为 20Y-0 气组分。

注 4：相对密度 d、热值 H 和华白数 W 依据附录 A 中 A.3 的规定计算确定。

7.3　当试验用气不能按照表 2 规定的试验气体积分数进行配制时,可参照附录 B 规定的方法配制。

8　燃烧器具试验气测试压力

8.1　家用燃气燃烧器具试验气测试压力

家用燃气燃烧器具试验气测试压力(表压)应符合表 3 的规定。

表 3　城镇家用燃气燃烧器具的试验气测试压力　　　　　单位为千帕

序号	类别		额定压力	最小压力	最大压力
1	人工煤气 R	3R	1.0	0.5	1.5
		4R	1.0	0.5	1.5
		5R	1.0	0.5	1.5
		6R	1.0	0.5	1.5
		7R	1.0	0.5	1.5
2	天然气 T	3T	1.0	0.5	1.5
		4T	1.0	0.5	1.5
		10T	2.0	1.0	3.0
		12T	2.0	1.0	3.0
3	液化石油气 Y	19Y	2.8	2.0	3.3
		22Y	2.8	2.0	3.3
		20Y	2.8	2.0	3.3
4	液化石油气混空气 YK	12YK	2.0	1.0	3.0
5	二甲醚 E	12E	2.0	1.0	3.0
6	沼气 Z	6Z	1.6	0.8	2.4

8.2　非家用燃气燃烧器具试验气测试压力

非家用燃气燃烧器具试验气测试压力及其波动范围,宜按照各用户用气设备的额定压力确定。

附　录　A
（规范性附录）
配制试验气所用单一气体的质量要求及特性值

A.1　配制试验气所用单一气体，其纯度不应低于下述值：

    a)　氮气（N_2）99%；

    b)　氢气（H_2）99%；

    c)　甲烷（CH_4）95%；

    d)　丙烯（C_3H_6）95%；

    e)　丙烷（C_3H_8）95%；

    f)　丁烷（C_4H_{10}）95%；

    g)　以上 c)、d)、e)、f)中氢、一氧化碳和氧总含量应低于 1%，氮和二氧化碳总含量应低于 2%。

A.2　当甲烷供应有困难时，可选用当地天然气代替；当丙烷、丁烷和丙烯供应有困难时，可选用液化石油气代替；但配制试验气的华白数 W 与给定值的误差应在±2%规定范围内。

A.3　配制试验气用的各种单一气体，其相对密度 d 和热值 H 应按 GB/T 11062 的规定计算确定，常用的单一气体特性值（15 ℃、101.325 kPa，干）应采用表 A.1 的规定值。

表 A.1　常用的单一气体特性值

成分	相对密度 d	热值/（MJ/m^3）		理论干烟气中 CO_2 体积分数/%
		H_i	H_s	
空气（Air）	1.000 0	—	—	—
氧（O_2）	1.105 3	—	—	—
氮（N_2）	0.967 1	—	—	—
二氧化碳（CO_2）	1.527 5	—	—	—
一氧化碳（CO）	0.967 2	11.966 0	11.966 0	34.72
氢（H_2）	0.069 53	10.216 9	12.094 7	—
甲烷（CH_4）	0.554 8	34.016 0	37.781 6	11.73
乙烯（C_2H_4）	0.974 5	56.320 5	60.104 7	15.06
乙烷（C_2H_6）	1.046 7	60.948 1	66.636 4	13.19
丙烯（C_3H_6）	1.475 9	82.784 6	88.516 3	15.06
丙烷（C_3H_8）	1.549 6	87.995 1	95.652 2	13.76
1-丁烯（C_4H_8）	1.996 3	110.787 1	118.536 2	15.06
异丁烷（i-C_4H_{10}）	2.072 3	115.710 5	125.416 8	14.06
正丁烷（n-C_4H_{10}）	2.078 7	116.472 6	126.209 0	14.06
丁烷（C_4H_{10}）	2.075 5	116.089 7	125.811 0	14.06
戊烷（C_5H_{12}）	2.657 5	147.684 5	159.717 8	14.25

注1：气体的 d、H_i、H_s 为按 GB/T 11062 中的理想气体值除以压缩因子计算所得。

注2：C_4H_{10} 的体积分数：i-C_4H_{10}=50%，n-C_4H_{10}=50%。

注3：干空气的真实气体密度：ρ_{Air}（288.15 K，101.325 kPa）=1.225 4 kg/m^3。

注4：干空气的体积分数：O_2=21%，N_2=79%。

注5：燃烧和计量的参比条件均为 15 ℃、101.325 kPa。

附 录 B

（资料性附录）

试验用气的配制方法

B.1 一般要求

B.1.1 人工煤气应采用原料气甲烷、氢气、氮气进行配制。

B.1.2 天然气,以甲烷组分为主,宜采用甲烷、氮气、丙烷或丁烷进行配制。

B.1.3 天然气回火界限气,宜采用甲烷、氢气、丙烷或丁烷等进行配制。

B.1.4 用于燃气具实验室抽样检验、型式检验时,不应使用液化石油气混空气作为天然气类燃具的测试气源。

B.2 人工煤气

B.2.1 以甲烷、氢气及氮气为原料气配气时,可采用控制试验气和基准气的华白数、燃烧速度指数两个参数相等(同)以得到需要的试验气中各组分含量,可按式(B.1)、式(B.2)、式(B.3)进行计算:

试验气华白数:

$$W_s = \frac{H_{s,CH_4} f_{CH_4} + H_{s,H_2} f_{H_2}}{10 \cdot \sqrt{100 \cdot d_{N_2} + (d_{CH_4} - d_{N_2}) f_{CH_4} + (d_{H_2} - d_{N_2}) f_{H_2}}} = W_{s,0} \quad\quad (B.1)$$

试验气燃烧速度指数:

$$S_F = \frac{10 \cdot (f_{H_2} + 0.3 f_{CH_4})}{\sqrt{100 \cdot d_{N_2} + (d_{CH_4} - d_{N_2}) f_{CH_4} + (d_{H_2} - d_{N_2}) f_{H_2}}} = S_{F,0} \quad\quad (B.2)$$

其氮气组分:

$$f_{N_2} = 100 - (f_{CH_4} + f_{H_2}) \quad\quad (B.3)$$

式中:

$W_{s,0}$ ——准备替代的基准气源的华白数,单位为兆焦耳每立方米(MJ/m³);

$S_{F,0}$ ——准备替代的基准气源的燃烧速度指数;

f_{CH_4}、f_{H_2}、f_{N_2} ——分别为试验气中甲烷、氢气及氮气成分的体积分数,%;

H_{s,CH_4}、H_{s,H_2} ——分别为甲烷及氢气的高热值,单位为兆焦耳每立方米(MJ/m³);

d_{CH_4}、d_{H_2} 及 d_{N_2} ——分别为甲烷、氢气及氮气的相对密度。

注:$W_{s,0}$ 与 $S_{F,0}$,可解联立方程式(B.1)、式(B.2)、式(B.3),求得试验气中甲烷、氢气及氮气的体积分数。

B.2.2 燃烧速度指数 S_F 可按式(B.4)和式(B.5)计算:

$$S_F = k \times \frac{1.0 f_{H_2} + 0.6(f_{C_m H_n} + f_{CO}) + 0.3 f_{CH_4}}{\sqrt{d}} \quad\quad (B.4)$$

$$k = 1 + 0.005\,4 \times f_{O_2}^2 \quad\quad (B.5)$$

式中:

S_F ——燃烧速度指数;

f_{H_2} ——燃气中氢气体积分数,%;

$f_{C_m H_n}$ ——燃气中除甲烷以外碳氢化合物体积分数,%;

f_{CO} ——燃气中一氧化碳体积分数，%；

f_{CH_4} ——燃气中甲烷体积分数，%；

d ——燃气相对密度（空气相对密度为1）；

k ——燃气中氧气含量修正系数；

f_{O_2} ——燃气中氧气体积分数，%。

B.3 天然气

B.3.1 原料气

天然气类试验气配制时，应采用甲烷、氢气、氮气、丙烷或丁烷作为配气原料气，其原料气中甲烷含量不宜低于80%，配制的试验气性质宜采用原天然气基准气性质。

B.3.2 配气计算

B.3.2.1 计算方法

B.3.2.1.1 天然气试验气的燃烧特性参数宜选取燃气的华白数、热值，依据式（B.6）、式（B.7）、式（B.8）进行计算，并应校核黄焰指数：

试验气华白数：

$$W_s = \frac{H_{s,CH_4} f_{CH_4} + H_{s,H_2} f_{H_2} + H_{s,C_3H_8} f_{C_3H_8}}{10 \cdot \sqrt{100 \cdot d_{N_2} + (d_{CH_4} - d_{N_2}) f_{CH_4} + (d_{H_2} - d_{N_2}) f_{H_2} + (d_{C_3H_8} - d_{N_2}) f_{C_3H_8}}} = W_{s,0}$$

$$\cdots\cdots\cdots\cdots（B.6）$$

试验气热值：

$$H_s = \frac{1}{100}(H_{s,CH_4} f_{CH_4} + H_{s,H_2} f_{H_2} + H_{s,C_3H_8} f_{C_3H_8}) = H_{s,0}$$

$$\cdots\cdots\cdots\cdots（B.7）$$

其氮气组分：

$$f_{N_2} = 100 - (f_{CH_4} + f_{H_2} + f_{C_3H_8}) \quad\cdots\cdots\cdots\cdots（B.8）$$

式中：

f_{CH_4}、f_{H_2}、f_{N_2}、$f_{C_3H_8}$ ——试验气中甲烷、氢气、氮气及丙烷成分的体积分数，%；

H_{s,CH_4}、H_{s,H_2}、H_{s,C_3H_8} ——分别为甲烷、氢气及丙烷的高热值，单位为兆焦耳每立方米（MJ/m³）；

d_{CH_4}、d_{H_2}、$d_{C_3H_8}$ 及 d_{N_2} ——分别为甲烷、氢气、丙烷及氮气的相对密度。

注：设 $W_{s,0}$、$H_{s,0}$ 分别为准备替代的基准气源的华白数、热值，通过解联立方程式（B.6）、式（B.7）、式（B.8），来求得试验气中甲烷、氢气、丙烷及氮气的体积分数。

B.3.2.2 配气原料气更换

当配气原料气为甲烷、氢气、氮气、丁烷时，可将式（B.6）、式（B.7）、式（B.8）中的丙烷各参数更换为丁烷的对应值。

B.3.2.3 黄焰指数 I_Y

B.3.2.3.1 人工煤气的黄焰指数可按式（B.9）计算，计算结果不应大于80：

$$I_Y = (1 - 0.314 \frac{f_{O_2}}{H_s}) \frac{\sum_{r=1}^{n} y_r f_r}{\sqrt{d}} \quad\cdots\cdots\cdots\cdots（B.9）$$

式中：

I_Y——燃气黄焰指数；

y_r——燃气中 r 碳氢化合物的黄焰系数，数值见表 B.1；

f_r——燃气中的 r 碳氢化合物的体积分数，%；

d ——燃气相对密度；

f_{O_2}——燃气中的氧气体积分数，%；

H_s——燃气的高热值，单位为兆焦耳每立方米（MJ/m³）。

B.3.2.3.2 天然气的黄焰指数可按式（B.10）计算,计算结果不应大于 210：

$$I_Y = \left(1 - 0.418\,7\,\frac{f_{O_2}}{H_s}\right)\frac{\sum\limits_{r=1}^{n} y_r f_r}{\sqrt{d}} \qquad\qquad (B.10)$$

式中各符号含义与式（B.9）相同。

表 B.1 各种碳氢化合物对应的黄焰系数

碳氢化合物	CH_4	C_2H_6	C_2H_4	C_2H_2	C_3H_8	C_3H_6	C_4H_{10}	C_4H_8	C_5H_{12}	C_6H_6
黄焰系数	1.0	2.85	2.65	2.40	4.8	4.8	6.8	6.8	8.8	20

B.4 液化石油气

液化石油气试验气配制时,配制方法可参照 B.2 或 B.3,其黄焰指数可按式（B.11）计算：

$$I_Y = \frac{\sum y_r f_r}{\sqrt{d}} \qquad\qquad (B.11)$$

式中各符号含义与式（B.9）相同。

B.5 其他类别燃气

除人工煤气、天然气、液化石油气之外类别的燃气试验气的配制,亦可参照上述方法进行。

参 考 文 献

[1]　GB/T 3606—2001　家用沼气灶
[2]　GB 11174—2011　液化石油气
[3]　GB/T 12206—2006　城镇燃气热值和相对密度测定方法
[4]　GB/T 13612—2006　人工煤气
[5]　GB/T 16411—2008　家用燃气用具通用试验方法
[6]　GB 17820—2012　天然气
[7]　GB/T 19205—2008　天然气标准参比条件
[8]　GB 25035—2010　城镇燃气用二甲醚
[9]　CJ/T 341—2010　混空轻烃燃气
[10]　NB/T 12003—2016　煤制天然气

ICS 27.120.10
F 65

中华人民共和国国家标准

GB/T 13625—2018
代替 GB/T 13625—1992

核电厂安全级电气设备抗震鉴定

Seismic qualification of safety class electrical equipment for nuclear power plants

2018-05-14 发布

2018-12-01 实施

国家市场监督管理总局
中国国家标准化管理委员会　发 布

前　言

本标准按照 GB/T 1.1—2009 给出的规则起草。

本标准代替 GB/T 13625—1992《核电厂安全系统电气设备抗震鉴定》，与 GB/T 13625—1992 相比，主要技术变化如下：

——增加了阻尼相关内容（见第 6 章和附录 A）；

——修改了 TRS 低频段的要求，使试验装置低频位移不会过大（见 8.6.3.2）；

——增加了功率谱密度包络的相关内容（见 8.6.3.2.1）；

——增加了分析和试验相结合的抗震鉴定方法（见第 9 章）；

——增加了通过参考设备抗震经验数据进行抗震鉴定的导则（见附录 G）。

本标准由中国核工业集团公司提出。

本标准由全国核仪器仪表标准化技术委员会（SAC/TC 30）归口。

本标准起草单位：上海核工程研究设计院。

本标准主要起草人：马渊睿、刘刚、谢永诚、杨仁安、毕道伟。

本标准所代替标准的历次版本发布情况为：

——GB/T 13625—1992。

核电厂安全级电气设备抗震鉴定

1 范围

本标准规定了为验证安全级电气设备在发生地震期间和(或)地震后能执行其安全功能而进行的抗震鉴定的实施方法及其文件要求。

本标准适用于核电厂安全级电气设备的抗震鉴定,包括其故障会对安全系统的性能产生有害影响的任何接口部件或设备。

2 规范性引用文件

下列文件对于本文件的应用是必不可少的。凡是注日期的引用文件,仅注日期的版本适用于本文件。凡是不注日期的引用文件,其最新版本(包括所有的修改单)适用于本文件。

GB/T 12727 核电厂安全级电气设备鉴定

3 术语和定义

下列术语和定义适用于本文件。

3.1

宽频带反应谱 broadband response spectrum
描述在宽频范围内产生放大反应运动的反应谱。

3.2

相干函数 coherence function
表征两个时程在频域上的相互关系。相干函数给出了两个运动统计上的相关程度,为频率的函数。其数值范围从 0~+1.0,其中完全不相关运动为 0,完全相关运动为+1.0。

3.3

相关系数函数 correlation coefficient function
表征两个时程在时域上的相互关系。相关系数函数给出两个运动统计上的相关程度,是以时间延迟为自变量的函数。其数值范围从 0~+1.0,其中完全不相关运动为 0,完全相关运动为+1.0。

3.4

关键抗震特性 critical seismic characteristics
能够确保设备在地震载荷作用下执行要求功能的设计、材料和性能特性。

3.5

截止频率 cutoff frequency
反应谱中零周期加速度渐近线开始处的频率。单自由度振子的频率在超过该频率后将不再放大输入运动,这是所分析波形的频率上限。

3.6

阻尼 damping
一种在共振区域中减少放大量和拓宽振动反应的能量耗散机理。阻尼通常以临界阻尼的百分数来表示。临界阻尼定义为单自由度系统在初始扰动后未经振荡回复到其原来位置的最小黏性阻尼值。

3.7

地震经验谱 earthquake experience spectrum；EES

根据地震经验数据来确定表征参考设备抗震能力的反应谱。

3.8

柔性设备 flexible equipment

最低共振频率小于反应谱截止频率的设备、构筑物和部件。

3.9

范围规则 inclusion rules

根据经验数据已证明为耐震设备的物理特性、动态特性和功能的可接受范围来确定参考设备组的规则。

3.10

独立物项 independent items

具有不同的物理特性或经受不同的地震运动特性[例如，不同的地震、不同的厂址、不同的构筑物，或同一构筑物的不同方向和（或）位置]的部件和设备。

3.11

窄频带反应谱 narrowband response spectrum

描述一个有限（窄带）频率范围内产生放大反应运动的反应谱。

3.12

自振频率 natural frequency

物体在特定的方向上受到变形然后释放时，由于其自身的物理特性（质量和刚度）使物体发生振动的频率。

3.13

运行基准地震 operating basis earthquake；OBE

结合地区和当地的地质和地震情况以及当地地层材料的具体特性，在电厂正常运行寿期内可合理预期在厂址会发生的地震。

> 注：对于该地震产生的地震动，那些需继续运行而不对公众的健康与安全产生过度风险的核电厂设施可以保持其功能。

3.14

功率谱密度 power spectral density；PSD

一个波形每单位频率的均方幅值，用 g^2/Hz 与频率的关系表示。

3.15

禁止特征 prohibited features

在规定抗震能力的地震或试验激励下，会导致设备发生结构完整性及功能失效或异常的详细设计、材料、结构特征或安装特性。

3.16

鉴定寿命 qualified life

证明设备在设计基准事件（DBE）之前对于规定的使用工况能满足设计要求的时间期限。

3.17

参考设备 reference equipment

用于建立参考设备组的设备。

3.18

参考设备组 reference equipment class

由范围规则和禁止特征确定的一组具有相同属性的设备。

3.19

参考厂址　reference site

具有确定参考设备组设备或物项的厂址。

3.20

要求反应谱　required response spectrum；RRS

由用户或其委托人在鉴定技术要求文件中规定的反应谱，或人工生成能够覆盖将来应用的反应谱。

3.21

共振频率　resonant frequency

受到强迫振动的系统中出现反应峰值处的频率。该频率下，反应相对于激励有相位差。

3.22

反应谱　response spectrum

一组单自由度（SDOF）有阻尼振子在受相同基础激励情况下最大反应与振子频率的关系曲线。

3.23

刚性设备　rigid equipment

最低共振频率大于反应谱截止频率的设备、构筑物和部件。

3.24

安全停堆地震　safe shutdown earthquake；SSE

结合地区和当地的地质和地震情况以及当地地层材料的具体特性，对可能的最大地震作出评估后确定的一个地震。

注：在该地震产生的最大地震动下一些特定的构筑物、系统和部件需保持其功能。这些构筑物、系统和部件对保证下列要求是必需的：

a)　反应堆冷却剂压力边界的完整性；

b)　使反应堆停堆并维持反应堆在安全停堆状态的能力；

c)　防止或减轻厂外辐照事故后果的能力。

3.25

抗震能力　seismic capacity

经过验证的设备所能经受的最大地震水平。

3.26

正弦拍波　sine beats

幅值受较低频率正弦波调制的某一频率的连续正弦波。

3.27

稳定性　stationarity

波形是稳定时，其幅值分布、频率成分和其他特征参数不随时间而变化。

3.28

试验经验谱　test experience spectra；TES

确定参考设备组抗震能力的、基于试验的反应谱。

3.29

试验反应谱　test response spectrum；TRS

由地震台面运动的实际时程得到的反应谱。

3.30

传递函数　transfer function

一个用来确定常系数线性系统动态特性的复频响应函数。

注：对于一个理想系统，传递函数为输出与给定输入的傅里叶变换之比。

GB/T 13625—2018

3.31

零周期加速度 zero period acceleration；ZPA

反应谱高频、未被放大部分的加速度水平。

注：该加速度相当于用来推导反应谱的时程的最大峰值加速度。

4 地震环境和设备反应概论

4.1 地震环境

地震产生的三维随机地面运动可用同时发生且统计上相互独立的水平和垂直分量来表征。虽然整个地震事件可能持续较长的时间，但其强震持续时间可能仅 10 s～15 s。地面运动是典型的宽频带随机运动，在 1 Hz 至反应谱截止频率的频率范围内可能产生破坏作用。

4.2 基础上的设备

对安装在基础上的设备，地面运动（水平和垂直）的振动特性可能被放大或衰减。对于任何给定的地面运动，放大或衰减取决于系统（土壤、基础和设备）的自振频率和阻尼耗散机理。地面运动大都采用宽带反应谱进行描述，说明多频激励起了主导作用。

4.3 结构上的设备

地面运动（水平和垂直）可因相关结构的滤波作用而在结构中产生放大或衰减的窄带运动。结构上设备的动态反应加速度则会得到进一步的放大或衰减，可达最大地面加速度的数倍或若干分之一，具体取决于设备的阻尼和自振频率。通常采用窄频带反应谱来描述构筑物的楼面运动，表明对设备部件的单频激励起主导作用。构筑物运动中的类似滤波作用在柔性管道系统中也会发生。对于不在支承上安装的部件，最终的运动可能是以管系共振频率（或其附近）为主的单频。这种共振条件会对安装在管线上的部件产生最苛刻的地震载荷。

4.4 模拟地震

4.4.1 概述

地震模拟的目的是用可行的方式复现假定的地震环境。采用分析或试验方法鉴定设备时所用的模拟地震运动，可由下列任何一种形式给出：

a) 反应谱；

b) 时程；

c) 功率谱密度（PSD）。

可为基础、构筑物楼面或安装设备的子结构生成模拟地震运动。这些模拟地震运动通常由用户或其委托人在设备规格书中规定。

由于地震运动的方向性以及构筑物和设备结构滤波后输出运动的方向性，运动的方向分量及其对设备的作用应加以规定，或以其他适当的方式进行说明。

4.4.2 反应谱

反应谱给出了单自由度振子在给定输入运动下的最大反应信息，它是振子频率和阻尼的函数。反应谱能给出输入运动的频率成分和运动峰值（即零周期加速度）。

需要指出的是反应谱不能提供下列信息：

a) 产生反应谱的激励波形或时程；

b) 运动持续时间（这应在相应的鉴定技术要求文件中规定）；

c) 任何特定设备的动态反应。

4.4.3 时程

地震引起的运动（通常为加速度）随时间变化的函数即为时程。抗震鉴定试验时所模拟的运动来自实际或人工产生的地震记录。对任一楼面，所生成的时程包括了构筑物和其他中间支承结构的动态滤波和放大效应。

4.4.4 功率谱密度函数

功率谱密度表征某一运动参数单位频率内振动幅值的均方值，它是频率的函数。

注：尽管反应谱和功率谱密度函数不能确定确切的激励波形或持续时间，它们依然是有用的工具，能从一根曲线上得到运动的重要频率特性。功率谱密度直接给出了关于激励的信息，但并未像反应谱那样考虑激励对一组单自由度振子的作用。因此，利用线性系统的传递函数理论，可以根据功率谱密度确定激励和反应之间的关系。

4.5 支承结构和相互作用

设备抗震鉴定需考虑安装特性，如：

a) 支承结构（支承组件、结构、锚固件、楼面、墙或基础）抗震适用性；

b) 有害的地震相互作用可能性（如上部部件的跌落、邻近的撞击、不同的位移、喷淋、水淹或火灾）。

5 抗震鉴定方法

5.1 概述

设备的抗震鉴定应证明在承受由一个安全停堆地震产生的作用力期间和（或）之后设备执行其安全功能的能力。另外，在承受安全停堆地震之前，设备应承受若干运行基准地震的作用。

5.2 抗震鉴定技术条件

抗震鉴定需明确规定被鉴定设备的技术条件，具体详见第11章。

应明确规定抗震要求的技术条件至少包括：持续时间、频率范围和加速度值。提供这些数据信息的可以是：

a) 以功率谱密度（频率的函数）表示的振动运动；

b) 地震强震部分的持续时间；

c) 设备安装点上的要求反应谱，要求反应谱必需包括主水平轴和垂直轴的数据，以及不同阻尼比（如2%、5%和7%）的数据；

d) 设备安装点（楼板或构筑物）上的最大加速度与重要频率的关系曲线或时程曲线。

对于运行基准地震（OBE）和安全停堆地震（SSE），其反应谱的形状和幅值均可能不同。故为了对试验件进行鉴定，应知道这些地震水平所相应的加速度谱。技术条件应说明所用反应谱的合理性。

5.3 常用抗震鉴定方法

常用的抗震鉴定方法通常有四种：

a) 通过分析来预测设备性能；

b) 在模拟地震条件下对设备进行试验；

c) 采用试验和分析相结合的方法来鉴定设备；

d) 通过使用经验数据来鉴定设备。

上述每一种方法,或其他证明合理的方法均适用于验证设备的抗震性能。选择适用的鉴定方法至少需考虑以下因素：

a) 设备结构的类型、尺寸、形状和复杂程度；

b) 是通过(设备)可操作性,还是仅仅通过结构完整性验证安全功能；

c) 结论的可靠性。

被鉴定的设备应能够证明在地震期间和(或)之后能执行其安全功能。要求的安全功能不仅取决于设备本身,还取决于设备在系统和电厂中的作用。地震期间的安全功能可能与地震之后所要求的安全功能相同,也可能不同。例如,可能要求某一电气设备在地震期间不误动作,或在地震期间和之后都能执行能动功能,或可能要求它在地震期间保持完好而在地震之后要求执行能动功能,或是上面这些要求的任意组合。而对另一设备,可能只要求在地震期间和之后保持结构完整性。这些给定要求应是明确的,并且对安全功能的定义应作为设备鉴定技术要求文件的一部分给出。验证所选用的鉴定方法符合要求是用户和(或)委托方的职责。

当设备安全功能要求证实设备在地震期间的可运行性时,应在鉴定模拟的强震运动持续部分进行。

作为总的鉴定大纲的一部分,抗震试验应按 GB/T 12727 或其他适用标准指明的顺序进行,并注意按相关标准中所讨论的试验裕度来确定和考虑显著的老化机理。在这些导则中,应证明设备在其整个鉴定寿期中能执行其安全功能,包括在鉴定寿期末发生安全停堆地震期间和(或)之后的功能可运行性。

6 阻尼

6.1 概述

阻尼是系统中多种能量耗散机理的统称。实际上,阻尼取决于许多参数,如结构系统、振型、应变、法向力、速度、材料、连接方式和滑动量。按线性振动理论,简化假设为阻尼是纯黏性的,或与运动部件的相对速度成正比。因此,当涉及一个实际系统的阻尼值时,通常假定它是等效于黏性或是线性的。通常这是采用线性分析理论方法来描述具有某种程度非线性的实际硬件性能的一种简化方法。

对于由许多部件组成的设备,阻尼常常不是单一值,阻尼与设备的每一个部件都有关系,从螺栓连接或焊接结构到材料性质。在确定设备阻尼值时,通常给出典型值的范围。由于在多数情况下,设备、构筑物、部件各振型的阻尼值是不同的,因此在分析中常常在所研究的频率范围内采用一个综合的阻尼值。

6.2 阻尼测量

6.2.1 概述

线性振动理论表明有许多测量阻尼的方法。应特别注意实际系统与理论模型之间的对应关系。例如,几乎不可能找出设备中与模型集中质量单元严格一致的精确位置。一些计算模态阻尼的方法,如 Q

值法,完全依赖于单自由度的假设。

注：Q 值是单自由度振子传递函数幅值的峰值,与阻尼比存在如下关系:$Q=0.5\xi^{-1}$。通过测量半功率带宽可确定 $Q=f_n/\Delta f$,其中 f_n 为共振频率,Δf 为半功率带宽。

由于设备中各点的反应通常由振型向量和每个振型的参与因子确定,所以直接由在设备中任何点上测得的最大共振反应峰值和正弦扫描输入激励幅值计算阻尼通常是不可接受的。为估计阻尼,常用下列方法,但也可采用其他证明是合理的方法。这些方法假设在设备中能激励起单一振型,且运动传感器安装在非零运动位置上。任何情况下都应仔细考虑,针对不同的反应幅值是否存在明显的阻尼非线性。

6.2.2　通过测量衰减来确定阻尼

等效黏性阻尼可通过记录特定振型的衰减率进行计算。这个方法通常称作对数衰减法。

6.2.3　通过测量半功率带宽确定阻尼

以慢速正弦扫描激励设备,测量设备中任意要求位置的反应并绘制成频率函数的曲线。从这些反应曲线上,与每个振型有关的阻尼可通过测量其半功率点处相应共振峰的宽度进行计算。这个方法常称为半功率带宽法。

6.2.4　通过曲线拟合法确定阻尼

用正弦扫描、随机或瞬态激励对设备进行激振,并通过反应获得相应的传递函数。利用数学模型对实际频率反应数据(传递函数)进行拟合,即能得到各阶频率下的模态阻尼。这种曲线拟合通过平滑处理能去除噪声或小的实验误差。

6.3　阻尼的应用

6.3.1　分析中阻尼的应用

分析中,为预计设备对地震运动的反应建立设备的数学模型,该模型中所用的阻尼值需对应于设备中实际的能量耗散,以便能精确地预估反应。另一个方法是用一个保守的线性阻尼值来得到保守的反应。在任何情况下,都需要知道具体设备的阻尼范围和非线性的性质及它们对反应的影响。合适的阻尼值可从试验或其他经证明是合理的来源获得。

实际阻尼本质上是非线性的。在大多数设备中,由于如材料内摩擦或部件之间连接处的内摩擦,或库仑型滑动摩擦等因素,实际阻尼是反应幅值的函数。对分析而言,可采用线性阻尼进行近似,但需注意阻尼实际上是随反应增加而变化的。

一般来说,对结构系统的主要处理方法是假定阻尼是黏性的。然而,某些机柜或壳体可能表现出非黏性阻尼的特征,分析中对此需加以关注。

除非另有规定,分析中典型的电气设备阻尼比推荐值可参见附录 A。

6.3.2　试验中阻尼的应用

试验中,可使设备经受由要求反应谱(RRS)所确定的人工模拟地震运动时程来鉴定设备。反应谱通过一组单自由度有阻尼振子的峰值反应来确定地震运动。由于振子是假设的,在用于试验的要求反应谱中可采用任何可行的阻尼值,例如 5%,并且不需要与设备的实际阻尼相一致(注意与分析中使用的要求反应谱的区别,分析时采用的阻尼值应与实际设备相对应)。在 8.6.1 中给出了在选择可接受的

试验运动中要求反应谱(RRS)和试验反应谱(TRS)的应用。对于反应谱中的阻尼值,有下列关系:

    a)   在比较要求反应谱和试验反应谱时,两个反应谱的阻尼应相同;

    b)   在不同阻尼下比较要求反应谱和试验反应谱时,则需考虑以下情况:

        1)   当试验反应谱的阻尼大于要求反应谱且满足8.6.1中的准则时,这种情况是保守的,鉴定结果可以接受;

        2)   当试验反应谱的阻尼小于要求反应谱的阻尼时,则应进行进一步的评估。一种可能性是对试验运动进行重新分析以产生一个可接受阻尼值的试验反应谱,并应用a)或b)的1)中给出的准则。

7 分析[1]

7.1 概述

本章中介绍的方法可用于通过对多个运行基准地震后发生安全停堆地震进行分析来对设备进行抗震鉴定。这里描述两种抗震分析方法,一种方法是基于动态分析,另一种则基于静态系数分析。这两种方法是最常用的,但也可使用其他能证明是合理的方法。图1是推荐的分析过程的流程图。一般分析过程是:

    a)   确定设备的动态特性;

    b)   用7.2~7.7描述的方法确定反应,如应力和位移;

    c)   将计算的反应和设计要求的反应进行比较。

应考虑设备的复杂性和分析方法的适用性,并明确哪种方法能最准确地表明地震工况下设备的性能,以正确预计在受地震激励时设备的安全功能。应根据预计的设备强度的裕度,在动态分析法(见7.2)和静力系数法(见7.3)之间进行选择,这是因为虽然静力系数法实现起来更容易和快捷,但总的来说更为保守。

动态分析或试验可表明设备是刚性或柔性的。刚性设备可用静态方法和与安装位置有关的地震加速度进行分析。柔性设备可用静力系数法(见7.3),或采用从反应谱、时程或其他分析方法得到的动态反应来进行分析。

用于分析的数学模型可依据计算得到的结构参数或试验确定的结构参数,或两者结合的方法建立。若所建立的数学模型很复杂且完全依赖于计算得到的结构参数,则推荐使用验证性试验对其进行验证(见第9章)。分析中采用的阻尼应有参考依据,即此值应在安全分析报告或技术规格书中规定,或经试验确定。当阻尼值没有规定时,无论采用何种方法确定,均需在鉴定报告中论证其合理性。

可用计算得出的动态反应(应力和应变)对设备机械强度进行评定,在可能的情况下也可对设备功能进行评定。为检查结构间有无相互干扰,应计算部件安装后的最大位移。地震应力应与设备运行应力进行组合,以确定设备的强度是否满足要求。

---

[1] 对不能建模预估其反应的复杂设备,不推荐使用本章描述的分析方法。如果仅仅依靠结构完整性就能保证达到预期设计功能,则可以采用分析的方法。

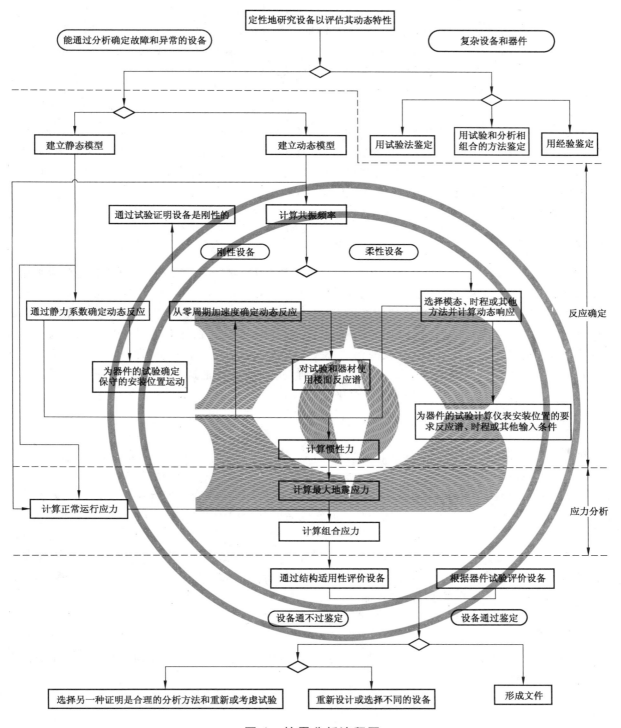

图 1　抗震分析流程图

7.2　动态分析

设备及其二次结构支承应通过建模以正确地反映其质量分布和刚度特性。对该模型进行模态(特征值)分析以确定设备是刚性还是柔性的。

当模型在要求反应谱截止频率以下无共振时,可认为此设备是刚性的,可采用静态方法进行分析。静态分析时作用在每个设备部件上的地震力通过分布质量乘以合适的楼面零周期加速度(ZPA)进行计算。

对柔性设备,可使用反应谱或时程分析法对模型进行分析。使用反应谱分析时要考虑到所有重要振型的每个模态反应的组合来确定地震反应,如挠度、应力或加速度。分析应包括足够的振型(模态质量)以充分地表征设备的动态反应和支承上的约束力,其判断准则为引入剩余振型后不会使反应的增加超过10%。除密集模态外,反应可通过对每个模态反应用平方和的平方根(SRSS)的方法进行组合来确定。密集模态为其频率与下一个较低频率差10%(或更小)的模态,在反应评定中应对密集模态作适当的考虑。采用三个地震分量分别进行分析时,在最后一步应将两个水平和一个垂直分量输入产生的反应(加速度、位移、作用力、力矩)采用平方和平方根(SRSS)的方法进行组合。在时程分析中,当在统计上相互独立的三个时程同时输入时,可在每一时间步长上对反应进行代数组合。为了保证统计上独立,当用至少12个数据样本进行计算时,人工时程应有小于0.5的相干系数。另外,对所有时间延迟可采用小于0.3的相关系数绝对值(参见附录B)。

7.3 静力系数分析

这是另一种更简单但也更保守的分析方法,不需要确定自振频率。此时设备的加速度反应采用在保守和合理的阻尼值下要求反应谱放大部分的最大峰值。根据经验,对于线性框架结构(如与梁和柱类似的构件)这种可用一个简单模型描述的结构,考虑多频激励和多振型反应影响,可取静力系数为1.5。当较小的静力系数能给出保守的结果时,也可使用较小的静力系数。在静力系数分析中,设备每一个部件上的地震力通过将质量值乘以要求反应谱的最大峰值再乘以静力系数获得,计算得到的力应以与其质量分布成正比的方式在部件上分布。在设备中任何点上的应力可通过对该点每个方向地震载荷引起的应力采用平方和平方根(SRSS)的方法组合来确定。

7.4 非线性设备反应

除与阻尼有关的非线性外,还存在其他的非线性。这些非线性可能是几何因素引起的,例如间隙闭合、接点动作和部件颤振;或是来源于材料,例如发生局部屈服。这些影响会导致刚度随着载荷增加而改变。由于频率也是刚度的函数,故在载荷增加的情况下频率也会改变。如果系统表现出明显的非线性特性,为准确地预计系统反应,应识别该特性并在随后的分析中予以考虑。如不能对非线性特性进行合适的建模,应考虑采用第8章、第9章和第10章中所述的其他鉴定方法。

设备结构的局部振动也会导致非线性反应。没有牢固地固定在位置上的电气柜门的高频颤振就是一个例子。当存在这种状况并且认为安装的器件的可运行性对这类设备的非线性特性很敏感时,分析应考虑这种特性,并且应通过适当的方式加以证明。

7.5 其他动态载荷

7.3和7.4中描述的地震载荷的分析方法同样适用于其他动态荷载,如流体动力载荷。关于流体动力载荷的进一步指南见8.1.7.2。

7.6 运行基准地震(OBE)和安全停堆地震(SSE)分析

应使用前面所述方法之一,在假设运行基准地震事件数量(数量应不少于一个并应证明对于特定厂址是适用的,否则应采用5次运行基准地震)的情况下进行分析。每个运行基准地震应包含与设备安装处地震反应运动类似的潜在疲劳效应。对于楼层激励,应通过证明每个激励波形会产生包括至少10个等效的最大峰值应力循环的反应来对其进行近似处理。对于地面激励,等效峰值应力循环数是不同的(参见附录C)。运行基准地震的数量和每次运行基准地震引起疲劳的可能性仅对低周疲劳敏感的设备是重要的。分析应确定在运行基准地震期间与其他适用的载荷组合后能保持设备的结构完整性。分析应表明在运行基准地震事件后发生安全停堆地震不会导致设备不能执行其安全功能。对于复杂的电气设备,要证明这点是非常困难的,在这种情况下应考虑使用第 8 章、第 9 章、第 10 章中的其他试验方法。

7.7 分析文件

鉴定工作应通过文件加以记录,包括设备使用要求或技术规格书、鉴定结果和所使用的方法能证明设备可执行其安全功能(见第 11 章)的证据。

8 试验

8.1 通用要求

8.1.1 概述

本章中阐述的方法适用于通过试验对设备进行抗震鉴定。设备应保守地承受模拟地震期间设备安装处的假设地震运动来进行抗震试验。这里给出的试验步骤是目前较为常用的方法,但不排除采用其他经证明是合理的方法。在确定设备鉴定所用的试验方法时,要解决的一个实际问题就是地震环境的选择,而这应考虑许多因素,其中涉及到设备的位置、设备的性质、预期地震的性质和其他因素,还要考虑设备是用于一个电厂还是多个电厂。在设备仅用于一个电厂时,可按规定的地震运动进行鉴定试验以满足技术规格书的要求(验证试验)。当设备用于多个电厂时,设备鉴定试验应考虑未来尚未确定的使用情况(通用试验)。验证试验和通用试验在 8.2 中作进一步讨论,用来确定设备能力限制的易损度(脆弱性)试验[2]在 8.3 中讨论。另外需要考虑的因素是地震的多方向性。设备试验应保守地考虑这些多方向的影响,这些将在 8.6.6 中作详细讨论。

在进行器件(如继电器、电动机、传感器等)和复杂组件(如控制盘)的试验中会产生另一个实际问题。针对前者,可以认为在模拟运行工况和监测其性能的条件下对器件进行抗震试验是可行的;然而对复杂设备,如控制盘,这可能是不现实的。这些控制盘上通常布置有许多器件,这些器件可能分属于多个系统,而这些系统的其他控制盘则可能布置在电厂的多个不同位置。在运行工况下对这些控制盘进行试验是不切实际的,在这种情况下推荐采用的替代方法是:在控制盘上安装实际器件但器件不投入运行,或者是对器件的动态特性进行模拟,并在上述情况下给控制盘施加适当的地震输入(要求反应谱)。测量在器件位置上的动态反应,并作为在运行工况下对器件进行独立鉴定的输入。安装不投入运行器件的目的是为了使控制盘具有实际的动态特性。

需要注意的是,一般而言在地震台上试验过的设备不得再安装在电厂中,除非能证明设备已经历的累积应力循环不会降低其执行安全功能的能力。

不论器件或组件是进行验证试验、易损度试验或通用试验,相关的共性要求在 8.1.2～8.1.6 中给出。

8.1.2 安装

待试验设备应模拟电厂实际安装的方式安装在地震台上。设备安装方法应与实际现场所采用的方法相同,并且使用推荐的螺栓尺寸、型号、拧紧力矩、布置以及焊接方式和类型等。在选择安装方法时,除非能证明其他做法是合理的,否则应考虑并包括电气接线、导管、传感器接线和其他接口的影响。试验期间,设备的安装方向应有文件记录,并且是设备作过鉴定的唯一方向,除非有充分的证据才能将鉴定扩展到其他方向上。设备安装到地震台上的方法应有文件记录并且应提供紧固装置和联接的说明。中间紧固装置应不会对输入运动产生滤波作用或改变任何频率。当中间紧固装置和联接仅在鉴定期间使用而在实际安装中不用的时候,应加以评估并在报告中列明。

---

2) 易损度(脆弱性)试验是用于确定设备抗震极限能力的试验。下文统称易损度试验。

8.1.3 监测

在振动试验期间,应监测安全级设备的功能和地震反应参数。

试验应使用足够的仪表进行监测以评价振动试验前、中、后设备的功能,相应的细节应在具体设备的文件中加以描述。

试验应使用足够的仪表监测振动反应,以确定所施加的地震水平。建议使用振动反应仪表对设备结构沿三个正交输入轴的反应进行布点监测,布设的这些监测点的反应应与结构完整性和设备功能有关。这些数据可用于结构设计分析、功能故障分析及未来设计变更或器件更换,以及用于确定结构内部的反应谱和其他应用。振动传感器和功能监测系统的位置应通过文件加以记录。

8.1.4 整修

8.1.4.1 概述

实施抗震试验期间,对设备进行的任何整修应根据其程度分为维护或修理。维护工作包括设备(如继电器)校准和硬件重新拧紧等。修理包括设备某些部位的焊接或重焊、更换损坏的部件(如断裂的螺栓)和重新拧紧松动的电气端子等。

8.1.4.2 维护

当需要维护时,应确定问题的严重程度并记录在试验报告中。如在运行基准地震试验期间进行了维护,则可作为设备地震后现场维护检查和维护工作的一部分。

8.1.4.3 修理

除非证明有合理的原因,通常设备在运行基准地震试验期间、安全停堆地震试验期间或之后需要进行修理时,修理后应重新进行试验。当安全停堆地震试验期间要求修理的情况不影响其间或其后设备安全功能时,且安全停堆地震也显示没有因其他试验而产生累积效应,并且不会在随后的鉴定试验[如失水事故(LOCA)试验]中对设备性能产生不可接受的影响,则试验可以继续。除非有合适的理由,当修理造成设计变更时,应对设备重新进行试验。在进行修理时,修理情况应详细记录在试验报告中。

8.1.5 探查试验

8.1.5.1 概述

振动探查试验通常不是抗震鉴定要求的一部分,但它有助于确定合适的鉴定试验方法或确定设备的动态特性。通常这些低输入水平振动试验称为共振搜索,试验一般在输入远低于抗震鉴定要求的振动水平下进行。探查试验中一般可获得激励和反应位置间的传递函数以及有关相位关系。

常用的探查实验方法是用单轴向输入的慢扫描正弦振动试验来进行共振搜索,在两轴或三轴方向测量设备反应以确定共振和相互耦合作用。第二种方法是在结构关键点上以受控的方式对设备进行敲击,分析敲击和反应数据。第三种方法是使用宽带随机输入信号进行激励,同时测量所研究位置上的反应。

8.1.5.2 用基础激励法共振搜索

这种方法的优点在于可用与鉴定试验相同的振动设备进行探查试验。因为采集的信息对鉴定试验有帮助,共振搜索通常在抗震鉴定试验之前进行。试验时通过在振动输入位置和希望得到结构反应的位置安装加速度传感器的方式确定共振。一般来说,应采用慢扫描低水平的正弦振动,扫描速率应为每分钟两倍频程或更低速率,以保证产生共振。通常采用 0.2 g(1.96 m/s²)峰值输入水平,也可采用更低一点的输入水平以免造成设备不必要的损伤,当需要考虑非线性影响时可适当提高输入。进行共振搜索的频率要超过反应谱的截止频率,一般为1.5倍截止频率,以获得关于设备动态特性的数据。

如果要进行共振搜索的设备不是安装在其工作的基础上,则所使用的安装基础的质量和刚度对结果会产生明显的影响。当大设备在地震台上试验时,应注意可能存在的地震台和设备的耦合模态。

结构共振通常通过试验对象对输入运动的放大作用进行探测,正弦输入信号和测点上的结构反应之间的相位关系也有助于确定共振频率。综合信号放大和相位数据可获得较高置信度的共振。类似的结果可以使用低水平宽带随机基础激励获得。在这种情况下,传递函数和相位数据用激励和反应时程的快速傅里叶变换(FFT)获得。数据样本数量和带宽分辨率应保证与要求的传递函数精度相对应。

8.1.5.3 用阻抗法共振搜索

用阻抗法共振搜索通常可采用小型便携式激振器对结构进行激振或通过敲击试验来完成,这种条件下引起的振动通常具有小振幅特性。当把此试验结果应用于大振幅地震反应时,应需特别小心。详见9.2。

8.1.6 振动老化

8.1.6.1 概述

对于要求在安全停堆地震期间和(或)之后能够可靠保持其性能的设备,在进行抗震鉴定试验之前,应进行振动老化试验。这些试验应能模拟厂址所规定的与运行基准地震次数等效的疲劳效应,以及电厂正常和瞬态运行工况引起的厂内振动等效的疲劳效应。如果可能,建议模拟电厂寿期的等效条件。如做不到,则至少应达到与设备鉴定寿命相一致的等效疲劳效应。

振动老化的目的是要表明,与电厂运行有关的较低水平的正常和瞬态振动以及发生概率较大的较低烈度地震既不会对设备安全功能产生有害影响,也不存在安全停堆地震期间这些功能失效的情况。这些试验也是GB/T 12727中老化要求的一部分。非地震振动条件下的老化试验应在运行基准地震和安全停堆地震试验之前进行。

8.1.6.2 非地震振动条件下的老化

GB/T 12727要求对正常和瞬态电厂运行工况和厂内振动引起的非地震有关振动进行老化模拟,而抗震试验可以部分满足上述要求。抗震试验应证明除去要求的地震低周疲劳作用外的等效幅值反应循环次数超过了非地震振动载荷所要求的幅值反应循环次数(关于等效循环次数的讨论见8.6.5和附录C)。安全停堆地震前做的试验都是用于实现上述目的。然而,当非地震振动载荷,如安全释放阀(SRV)的泄压,包含大于截止频率的重要频率成分,或当所施加的非地震力函数与在8.2~8.5中讨论的试验中所模拟的基础激励运动获得的作用力函数明显不同时,需特别关注等效载荷的有效性。

8.1.6.3 地震老化(运行基准地震)

设备的抗震鉴定试验应包括安全停堆地震之前进行的运行基准地震试验,这些试验为每个规定的地震事件产生多个等效最大峰值循环(至少如8.6.5中给出的)。对每一个厂址都应证明运行基准地震的数量是合理的或应产生与5次运行基准地震等效的效应。

8.1.7 运行载荷

8.1.7.1 概述

安全级设备的抗震鉴定试验应在设备处于正常运行工况(电气负载、机械载荷、热载荷、压力等)和其他会对安全功能产生不利影响的电厂工况下进行。应证明这些载荷的模拟是合理和可接受的。如试验中没有这些载荷,则应说明未加这些载荷是合理的。

8.1.7.2 流体动力载荷

核电厂中有些设备要承受流体动力载荷引起的振动,典型的包括与安全释放阀排放和失水事故(LOCA)有关的载荷。流体动力载荷会影响老化(见8.1.6)和抗震试验要求。

由于对部件的结构完整性和可运行性应在地震和其他振动载荷同时作用下进行评价,因而要求反应谱为一个组合谱,即要将运行基准地震或安全停堆地震与振动载荷进行组合。试验用的要求反应谱可通过将各个谱适当组合(如用平方和开方或绝对值相加)得到。

8.2 验证试验和通用试验

验证试验用来鉴定设备满足某一特定要求。验证试验要求设备进行8.6所述试验中的一个。设备应承受设备安装位置特定的反应谱、时程或其他载荷,不需要探查设备的损坏阈值。因此,验证试验需要制定一份详细的技术规格书,技术规格书通常由最终用户或其代理方作为应用要求提出。对设备进行试验是按规定的性能要求,而不是按其极限能力。通用试验可认为是验证试验的特殊情况。通常,所制定的技术规格书包括大多数或全部已知的要求,目的是通过一次试验给出多种应用场合的鉴定结果,得到的通用要求反应谱一般包括有较高加速度水平的宽带谱。需要注意的是,各种要求的包络可能产生一个过于严酷的试验输入。

8.3 易损度试验

易损度试验用以确定设备的极限能力,试验数据可用以证明相关设备对于给定的抗震要求或应用的适用性。

易损度试验应以给出设备能力数据的方式进行,这些数据与各种安装条件和管理机构的不同要求有关。

根据不同的要求,设备的能力可通过它对正弦拍波(或瞬态)型激励反应的情况来确定,也可通过它对连续正弦激励反应的情况来确定。还有一些设备的能力可通过它们对多频波形反应的情况来确定。特定运动激励下的设备易损度构成了设备在受到该运动时执行其要求的安全功能的极限能力。

地震环境的变化已证明对设备或系统的易损度有影响,其中的一种变化就是激励的方向性。另外,环境还具有冲击、瞬态或稳态振动的特点。可用8.6中概述的试验并遵循其导则来确定易损度数据(有关易损度试验的补充导则参见附录D)。

8.4 器件试验

器件应在模拟运行工况下按预期使用要求或它们的极限能力进行试验。器件应以一定方式安装到地震台上,这种安装方式应能动态模拟要求的安装条件。当器件要安装在控制盘面上时,在试验中安装时应包括控制盘,或在组件试验时(见8.5)已监测获得器件安装位置的反应,此时可将器件直接安装到地震台上以模拟在役激励。

某些类型的设备(如带插销门的机柜或控制盘)会产生撞击、颤振、震颤或碰撞,这些撞击会传导到整个设备并导致在比地震台初始输入频率高得多的频率处的加速度水平增加,从而使低频输入产生对安装在设备中的器件造成不利影响的高频反应,这种现象在器件鉴定中应加以重视。当发生这种情况时,应优先考虑进行组件试验,或对组件试验中获得的器件安装位置的要求反应谱应通过把运动时程分析到足够高的频率来考虑时程中撞击的影响,然后使用8.6中描述的方法,或任何其他经证明是合理的方法进行器件试验。当存在这样的撞击时,还应采用其他措施以证明用于器件试验的时程在持续时间、幅值和频率成分方面是保守的。证明有合适频率成分的方法包括将试验反应谱或功率谱密度曲线绘制到更高的频率处。

8.5 组件试验

最好在模拟运行工况下对大型复杂组件进行试验,并对其功能进行监测。然而,对于诸如作为许多系统一部分的控制盘,同时模拟所有工况往往不太现实。因此,在不运行的状态下对这些装有实际或模拟器件(包括非安全有关器件)的设备进行试验是可以接受的。试验应通过在满载激励时直接测量,或通过确定从组件安装点到器件安装点的传递函数来确定器件所在位置的振动反应。器件在组件中所在位置产生的振动应小于器件鉴定时的振动。不论哪种情况,8.6中的试验方法或其他经证明是合理的方法都可使用。试验之后应对组件进行检查以验证其完整性。任何未经试验或监测的安全相关部件是否可接受应另行通过独立的鉴定进行验证。

注:当对装有模拟器件的组件进行试验时,由于组件的过载,试验器件位置上的试验反应谱可能较大,这是因为台面运动实际上并不总是能够做到紧密地包络所有的要求反应谱。

8.6 试验方法

8.6.1 总体要求

8.6.1.1 概述

目前的试验方法一般分为三大类,它们为验证试验、通用试验(见8.2)和易损度试验(见8.3),而能很好地模拟假想地震环境的运动有两类:单频和多频。选择的方法将取决于预期振动环境的特性,一定程度上也取决于设备的特性。对具体应用而言,选择合适的试验方法和技术要求是至关重要的。

一般来说,验证试验或通用试验的地震模拟波形,或上述两者应满足如下要求:

a) 根据要求用单频或多频输入,生成能够紧密地包络要求反应谱的试验反应谱,从而保守地(但不过分保守)提供地震试验台运动;

b) 有一个等于或大于要求反应谱零周期加速度的峰值加速度;

c) 不包括超过要求反应谱零周期加速度渐近线频率的频率成分;

d) 有一个符合8.6.5要求的持续时间。

还应考虑到按8.6.6所述选择单轴或多轴试验及按GB/T 12727的规定确定裕度。

8.6.1.2 人工拓宽反应谱

对楼面运动,单一的结构共振可能在要求反应谱中起主导作用。对这种情况,通常将要求反应谱拓宽以涵盖建筑结构频率的不确定性。这就人为地使要求反应谱增加了保守性,因为反应峰值仅在特定频率下发生,不可能在整个拓宽的频带内都发生。

在这种情况下,可接受的试验方法如下:

当拓宽区域的中心频率是 f_c 时,试验可在这个频率下进行,另外还要在 $f_c \pm \Delta f_c$, $f_c \pm 2\Delta f_c$, …, $f_c \pm n\Delta f_c$ 频率下进行,其中 Δf_c 对应于1/6倍～1/3倍频程间隔以包络整个频率拓宽区域。在每个单独试验期间产生的试验反应谱应与原来的窄频带反应谱有相同的形状和宽度。技术规格书应清楚地说明存在这种情况,以避免与由真正的更宽的频率运动要求产生的要求反应谱发生混淆。

8.6.1.3 试验反应谱分析

应使用经证明是合理的分析方法或反应谱分析设备对试验反应谱进行计算,且计算应覆盖所研究的整个频率范围。推荐采用1/6倍频程或更窄的频率带宽计算试验反应谱。任何在分析频率范围内对加速度信号进行的滤波应加以明确。

8.6.1.4 阻尼选择

通常在几种阻尼水平下计算要求反应谱。在可行的情况下,推荐在试验中选用5%阻尼的要求反应谱。试验中阻尼的应用如6.3.2中所述。

8.6.2 单频试验

8.6.2.1 概述

当地震地面运动被某一主要结构模态滤波时,最终的楼面运动是由一个主要频率组成的。在这种情况下,一个持续时间很短的稳态振动对设备来说就可能是一个保守的输入激励。此外,单频试验还可用来确定(或验证)设备的共振频率和阻尼。如果能表明设备没有共振,或仅有一个共振频率,或共振间隔很宽并且没有相互干扰,或能用其他方法证明单频试验的合理性,则单频试验可用于设备试验。

单频试验的试验反应谱由单个频率试验得到,除非必要,它不应由几个独立的单频试验反应谱进行组合。

8.6.2.2 试验输入运动的生成

8.6.2.2.1 概述

对于所采用的任何波形,地震台运动在试验频率下产生的试验反应谱加速度至少等于要求反应谱所给的值。除了在低频区低于零周期加速度(ZPA)的要求反应谱(RRS)值需满足外,输入加速度峰值应至少等于要求反应谱的零周期加速度。有关试验要求的输入轴数量的导则见8.6.6。对于多于一个主要频率的柔性设备且当要求反应谱具有多频宽频带反应谱特性时,要满足8.6.2中的条件可能会很困难,尤其是试图证明何种振型不发生相互作用从而减少设备的地震破坏是不现实的。当发生这种情况时,可按照8.6.2.2.3,在用于确定设备抗震鉴定的振动条件下,根据设备的预期性能或损坏情况而采用单频试验。

8.6.2.2.2 只用结构完整性评价的设备性能

当设备的性能可仅由结构完整性进行评价时(例如,在结构和静止式电气器件或非能动器件中的应力和应变),设备中的最大反应起决定作用,而不用考虑激励的确切振动特性或频率成分。地震台的运动应在试验频率处产生一个等于规定的要求反应谱峰值1.5倍的试验反应谱值(除非有理由证明可采用更小的值),这就保守地考虑了多振型组合的反应。上述因子的选择取决于要求反应谱的形状,对于宽带要求反应谱,可选用最大值(1.5)。此时,试验反应谱不需要完全包络要求反应谱。另一个选项是,当试验能确定地激发设备所有的共振反应时,可采用单频试验,只要其反应谱能在设备共振点包络要求反应谱就够了。

8.6.2.2.3 用于结构完整性和可运行性评价的设备性能

当设备的性能应由结构完整性和可运行性进行综合评价时(例如,在电气机械器件中的继电器或仪表),需由确切的激励振动特性和频率成分导致的设备反应来决定设备抗震能力。应提供证明证实,1.5的因子(见8.6.2.2.2)对考虑多振型组合反应和产生一个能模拟多频运动对设备性能产生影响的振动运动是足够的。因子的选择取决于设备的性质和要求反应谱的形状。对于宽带要求反应谱,可采用最大值(可能要求大于1.5的因子)。此时,只要能给出合适的证明,试验反应谱不需要完全包络要求反应谱。试验应在设备所有共振点上和以不超过1/3倍频程的间隔,一直到截止频率为止的频率下进行,除非其他做法经证明是合理的。另一个选项是,当试验能确定地激发设备的所有共振反应时,可采用单频试验,只要其反应谱能在设备共振点包络要求反应谱就够了。

8.6.2.3 连续正弦波试验

在任何频率下的试验应由在所关注的频率和幅值下施加连续正弦运动组成,其总持续时间及在任何频率下可能产生的低周疲劳至少达到 8.6.5 给出的值。试验频率为被试验设备共振点的频率和其他如 8.6.2.2 给出的频率。最大加速度对应于设备进行鉴定的加速度,并且应至少产生如 8.6.2.2 中给出的最大反应加速度。

8.6.2.4 正弦拍波试验

在任何频率下的试验应由一系列至少 5 个正弦拍波组成,拍波之间有足够的间隔,使设备不发生反应运动的明显叠加。如图 2 所示,正弦拍波由所关注频率和幅值下的正弦波组成。每个正弦拍波应用若干个运动循环(通常为 5 个或 10 个)组成,以产生符合 8.6.2.2 所给准则的试验反应谱加速度。试验频率为被试验设备共振点的频率和其他如 8.6.2.2 给出的频率。试验总持续时间和在任何频率下可能产生的低周波疲劳应至少为 8.6.5 给出的值。

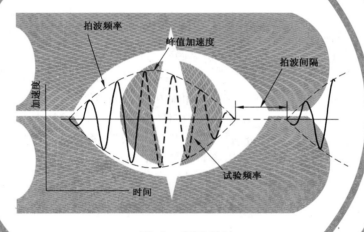

图 2 正弦拍波

对一个给定的拍波峰值,试验的保守程度将随每拍循环数的增加而增加,直到保守性接近 8.6.2.3 正弦波的保守性为止。

注 1:在本标准中,正弦波的幅值代表了加速度,而被调制的频率代表了所施加地震激励的频率。

注 2:拍波通常认为是在频率上稍有差别的两个正弦波相加的结果,拍中频率是两个正弦频率的平均值,拍频为两个正弦频率差的一半。尽管如此,在本标准中应用时,正弦拍波为在拍波间有间歇的调幅正弦波。

8.6.2.5 衰减正弦试验

在任何频率下的试验应由在所研究的频率和幅值下施加至少 5 个衰减正弦波组成,正弦波之间有足够的间歇,使得不发生设备反应运动明显的叠加。试验总持续时间和在任何频率下可能产生的低周疲劳应至少为 8.6.5 给出的值。衰减正弦波由一个幅值是指数衰减的单频组成,如图 3 所示。所研究的试验频率为被试验设备共振点的频率和其他如 8.6.2.2 给出的频率。正弦波的峰值加速度对应于设备进行鉴定时的加速度,并且应至少产生如 8.6.2.2 给出的最大反应加速度。对于给定的幅值,保守程度随衰减率的减小而增加,直至保守性趋于 8.6.2.3 正弦波的保守性为止。

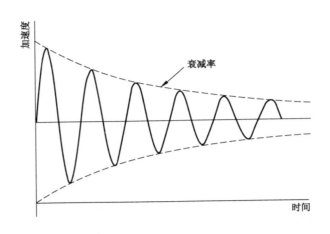

图 3　衰减正弦波

8.6.2.6　正弦扫描试验

在这个试验中,对设备施加一个连续变频的正弦输入,频带应覆盖设备鉴定的范围,包括设备共振点和如 8.6.2.2 中给出的其他频率。就产生的最大反应而言,其保守性非常接近连续正弦波试验。所得到的稳态共振反应的百分比取决于扫描速率和设备阻尼,对每分钟两倍频程或更低的扫描速率以及典型的设备阻尼,该百分比超过 90%。在试验范围内的每个频率上分别获得最大反应。因此,这个试验对所有的共振频率进行了最全面的搜寻,故它常采用如 0.2g(1.96 m/s²)的低输入水平进行探查试验。

为了鉴定设备,正弦扫描试验总的持续时间和在任一频率下的等效最大峰值循环应至少为 8.6.5 给出的值。最大加速度对应于要鉴定设备的加速度,并应至少产生 8.6.2.2 给出的最大反应加速度。试验反应谱不是整个频率扫描的合成,而应是中心为任一个单频的反应谱。

8.6.3　多频试验

8.6.3.1　概述

已知地震地面运动包含了直到截止频率的多频能量成分,典型的截止频率大约为 33 Hz,具体取决于厂址条件,对于部分区域可能达到 100 Hz。当这个频带较宽的地面运动没有被建筑物或土壤,或两者强滤波后,对设备起作用的最终楼面运动仍将保留原有的宽带特性。而且,即使存在强滤波作用,但它是由两个或多个不同的建筑物振型引起的,故楼面运动仍是主要频率为建筑物或土壤各个自振频率(或两者)的复合波形。在这些情况下,多频试验用于抗震鉴定。规定的地震台激励包括随机或复合时程,这取决于需模拟的要求楼面运动的频率分布。其目的是产生一个地震台运动,以合理地模似特定地震下假设在设备安装处产生的地震运动。

多频试验用来提供宽频带试验运动,它特别适用于使多自由度系统所有模态同步产生反应。多频试验可以更真实地模拟地震运动,而不会产生过度的保守性。

有许多适用的波形可作为试验运动来模拟设备安装处的地震激励,使用这些不同波形的几种多频试验见 8.6.3.3~8.6.3.5。一般来说,8.6.3.2 所述试验输入运动形成的准则可用来论证试验的适用性。

8.6.3.2　试验输入运动的生成

8.6.3.2.1　对试验输出运动的通用要求

对于采用的任一波形,应调节地震台运动使其:

a) 试验反应谱在所设计的特定试验频率范围内包络要求反应谱;

b) 为了对试验反应谱和要求反应谱进行比较,使用在 6.3.2 和 8.6.1.4 给出的适当阻尼值计算试验反应谱(此阻尼值应等于或大于要求反应谱的阻尼值);

c) 地震台的最大峰值加速度至少等于要求反应谱的零周期加速度(有关零周期加速度测量的建议参见附录 E);

d) 总试验持续时间和可能产生的低周疲劳如 8.6.5 所述;

e) 时程至少具有与要求反应谱放大区域频率带宽一样的频率成分;

f) 时程波形是稳定的,即统计参数(例如频率成分和幅值概率分布)在整个试验中不发生明显的变化。

为了满足上述 a)~f)各项要求,应表明试验波形的频率成分至少与要求反应谱放大区域的频率成分一样宽[低频端可除外,见 8.6.3.2.2 a)和 d)]。有几种方法可证明这一点,例如:

a) 试验反应谱以相似的谱形状包络要求反应谱,使得在放大区域重要的谱峰值上产生相同的放大;

b) 试验波形傅里叶变换的频率成分与要求反应谱的放大段一致;

c) 试验波形功率谱密度的频率成分与要求反应谱的放大段一致。

还要求在试验波形的强震运动段具有稳定性,这可通过表明波形的频率成分/幅值随时间的变化在统计上恒定来证明(频率成分和稳定性的进一步解释参见附录 F)。

此外,可以采用适当频率范围内由人工加速度时程计算出的功率谱密度包络目标功率谱 80% 的方法进行检查,以验证试验反应谱具有合适的频率成分。

8.6.3.2.2 对试验反应谱无法完全包络要求反应谱的特别说明

要求反应谱偶尔要求在最低频率处有高的加速度水平,这要求试验台面有很大的位移特性。试验反应谱包络要求反应谱的要求除下列情况外都需要满足:

a) 共振搜索表明 5 Hz 以下不存在共振反应现象的情况下,只要求在 3.5 Hz 频率以上包络要求反应谱。但在 1 Hz~3.5 Hz 的范围内,应尽试验装置的能力维持激励。

b) 在 5 Hz 以下存在共振现象时,要求在最低共振频率 70% 以上范围包络要求反应谱。或采用等效激励的方法,如正弦拍波进行等效试验,以包络该低频段的要求反应谱。

c) 当不能证明 5 Hz 以下没有共振反应现象或异常时,应满足低频包络到 1 Hz 的要求。

d) 在任何情况下,3.5 Hz 或 3.5 Hz 以上不能包络要求反应谱都应加以论证。

在执行试验大纲时,试验反应谱可能偶尔不能全部包络要求反应谱。如果满足下列准则,可不考虑重新试验:

a) 只要相邻的 1/6 倍频程处的点至少等于要求反应谱,并且相邻的 1/3 倍频程处的点至少高于要求反应谱 10%,试验反应谱的点可低于要求反应谱 10% 以内;

b) 只要试验反应谱低于要求反应谱的点之间至少有一倍频程间隔,则最多可有 5 个如上一项那样的 1/6 倍频程间隔内的分析点小于要求反应谱 10% 以内。

8.6.3.3 时程试验

可通过对设备施加一个模拟地震输入并经合成的规定时程进行试验。应证明地震台的实际运动与要求的运动一样严酷(或更严酷),可利用示波器或记录曲线,通过将台面运动时程与规定的运动直接比较,也可进一步通过将要求运动反应谱与台面运动的反应谱进行比较。采用反应谱比较时,用第 6 章给出的阻尼值先求出规定运动的反应谱(即要求反应谱),然后求得其试验反应谱能按 8.6.3.2 的准则包络要求反应谱的台面运动。

需要注意的是,不同比较方法的敏感度有明显差别,因而对于不同的试验结果有不同的适用性。例如,当低频重要时,采用位移时程比较更合适;如果中频至高频(至截止频率)重要,则加速度比较或反应谱计算更为有用。

8.6.3.4 随机运动试验

可通过对设备施加一个随机激励进行试验,其幅值在多频带内用手动或自动的方式进行调整,使用的单个频带的确切带宽由试验责任人确定。采用较宽的频带适用于地面层运动未被滤波的某些情况下。此外,当输入运动经建筑物滤波时,应采用很窄(即1/6倍频程)的频带。任何情况下都会涉及采用多个窄带信号的集合作为地震台的输入,调节这些信号的每一个频带,直到试验反应谱按8.6.3.2给出的准则包络要求反应谱为止。对模拟信号合成系统,多频带频率源可以是一个随机噪声发生器和多通道滤波器的组合,或是记录在模拟磁带记录仪各个通道上的多路信号,或是能计算地震台系统传递函数反函数及能用于产生试验台预期运动时程的计算机程序。

8.6.3.5 复合运动试验

8.6.3.5.1 概述

在许多情况下,要求的运动表现为地面运动被一个或多个建筑物或土壤反应(或两者)明显的滤波,相应的要求反应谱为在宽频范围内从中等到低的放大量,并具有与每个建筑物共振有关的高放大的窄带。对这些情况,使用随机运动试验(与各个窄带分辨率相同)可能要求一个不合理的高输入最大峰值来满足与建筑物共振有关的较高的放大量。允许通过合成得到一个复合信号,这信号由叠加在较低水平宽频带随机运动上的几个不同类型的各个窄带分量之和组成。这种方法提供了在不引入过大的零周期加速度水平的情况下,产生一个其试验反应谱按照8.6.3.2准则包络要求反应谱的试验台面运动的较大可能性。8.6.3.5.2~8.6.3.5.6中描述了合成复合信号的几种典型方法,这些试验方法的每一种都应满足8.6.3.2的准则。

8.6.3.5.2 带有正弦驻波的随机运动

为满足中等高峰值随机激励要求反应谱的需要,可能要求有一个不合理的高输入峰值。在这种情况下,首先合成一类似于8.6.3.3所述的宽带随机运动。对各个频带的水平进行调整,直到要求反应谱的大部分(或较低水平带宽段)被输入加速度峰值至少等于但不过分大于要求反应谱零周期加速度的试验反应谱包络为止。然后,在相应于要求反应谱尖峰的每个频率处加上正弦驻波,直到试验反应谱按照8.6.3.2给出的准则包络要求反应谱为止。正弦驻波的持续时间等于整个试验持续时间。当要求一个以上的正弦驻波频率时,所有频率应同时开始并且在整个试验进行的持续时间内保持连续(在人工拓宽谱的情况下,可应用8.6.1.2的准则,此时,可进行每次有不同正弦驻波频率的一系列试验,以覆盖频率拓宽的区域)。这种方法一般可为给定的窄带要求反应谱提供最大的放大量。

8.6.3.5.3 具有正弦拍波的随机运动

除了用正弦拍波代替正弦驻波外,这个运动与8.6.3.5.2的类似。运动合成、试验持续时间和正弦拍波同时开始的相同准则均适用于这种类型的试验(对于人工拓宽谱的情况,可应用8.6.1.2的准则,此时,可进行每次有不同正弦拍波频率的一系列试验,以覆盖频率拓宽区域,见图4)。在整个试验持续时间内对每个要求的频率都施加间隔的多个正弦拍波。每个拍波的周波数为可调整的参数,能将拍波调整到满足8.6.3.2包络准则的最好结果。每个拍波的最佳周波数可由图5确定,该图给出了每个拍波不同周波数和阻尼下的共振放大倍数。

8.6.3.5.4 多个正弦波的组合

这个运动由包括从设备共振频率到截止频率的不同频率的多个正弦波的和组成。典型的正弦波频率间隔为1/3倍频程或更密,以满足8.6.3.2的包络准则。所有正弦波应同时开始,并在试验持续时间内连续。每个频率应有单独的幅值和相位控制。当用许多不同频率的正弦波组合时,其结果接近宽带随机运动。

8.6.3.5.5 多个正弦拍波的组合

除了在每个不同频率上使用一系列的正弦拍波代替正弦波外,这个运动与8.6.3.5.4的运动相类似。8.6.3.5.4对试验频率、倍频程间隔、正弦拍波同时开始以及连续重复和试验持续时间的准则都同样适用于这种试验。如8.6.3.5.3所述一样,可对每个拍波的周波数进行调节以获得满足8.6.3.2包络准则的最佳结果。如多个正弦波进行组合的情况一样,如果用许多不同频率的正弦拍波进行组合,其结果接近宽带随机运动。

8.6.3.5.6 衰减正弦波的组合

由多个衰减正弦波组合而成的复杂波形有时能用来产生一个有适当低的零周期加速度的中等带宽试验反应谱。信号分量的频率典型地应间隔1/3倍频程或更窄,以满足8.6.3.2的包络准则。衰减正弦波应在从0.5%～10%的阻尼范围内有独立的衰减率控制,每个频率应有单独的幅值和相位控制。所有频率的信号应在整个试验持续时间内同时开始和连续再启动。应通过改变每个频率的衰减率和幅值使试验反应谱与要求反应谱的匹配最优化。合成的运动应能代表安全停堆地震的强震段。

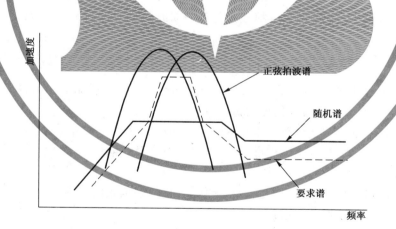

图 4 叠加正弦拍波的随机谱

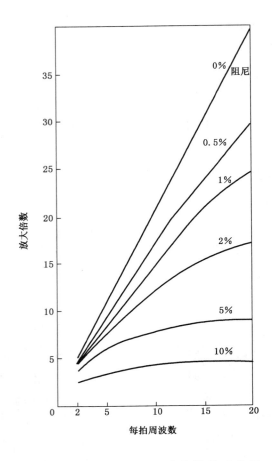

图 5 共振放大与每拍周波数的关系曲线

8.6.4 其他试验

除了在 8.6.2 和 8.6.3 所描述的振动试验外,当其他振动试验同样能证明是合理且保守地模拟预期的地震环境时,这些试验可用来替代前面的试验。

应考虑下列因素以证明鉴定设备所采用的试验方法的合理性:

a) 要求反应谱的带宽与试验反应谱的带宽,设备特性及其响应;

b) 试验持续时间;

c) 试验输入的峰值加速度和观测到的放大效应,也就是输入的频率分布;

d) 设备的固有振型和振动频率;

e) 设备的典型阻尼;

f) 抗震能力水平;

g) 低周疲劳可能性;

h) 在任何情况下,试验反应谱应按 8.6.3.2 包络要求反应谱。

8.6.5 试验持续时间和低周疲劳可能性

为了考虑振动积累作用和低周疲劳效应,应规定输入试验波形的持续时间和引起疲劳的特性。

多频试验中,对试验稳定段的要求规定了所采用多频波形的强震运动段的时间(至少为 15 s)。对于单频试验,持续时间为所有不同单频试验各个持续时间(不包括拍波之间的间歇)的总和。

注:在任一单频下的单独试验持续时间宜足以产生一个符合 8.6.3.2 准则的试验反应谱加速度。

试验波形引起疲劳的可能性应至少等效于设备安装处地震反应运动强震运动段可能引起的疲劳。多频试验的等效性可通过表明试验波形与地震反应运动波形有相同的稳定性，或当激励一个给定结构的共振频率时试验波形产生相同的等效最大峰值应力循环次数来保证。

对试验持续时间和最大峰值应力循环等效次数的进一步讨论参见附录C。

8.6.6 多轴试验

8.6.6.1 概述

地震地面运动以随机方式在各个方向上同时发生。尽管如此，根据试验目的，允许采用单轴、双轴和三轴试验。如果用单轴或双轴试验来模拟三维环境，考虑到此时在其他正交轴方向上没有输入运动，它们应采用保守的方法。要考虑的一个因素是输入运动的三维特性，其他因素是设备的动态特性、柔性或刚性以及空间相互耦合反应的程度。进行单轴和双轴试验应对有明显相互耦合作用的设备施加合适的地震激励，而对相互耦合作用不明显的设备尽量降低附加的试验水平。为了暴露可能的故障模式，应按8.6.6.2和8.6.6.3所述的几个方向进行单轴和双轴试验。

8.6.6.2 单轴试验

单轴试验应保守地反映出在设备安装位置上的地震激励，并考虑在其他正交方向上没有运动的情况。当能表明输入运动主要是单方向时，或能表明要进行试验的设备在三个正交轴的每一根轴上的反应都相互独立时，可采用单轴试验。当器件正常安装在放大一个方向上运动的控制盘上时，或器件受约束只在一个方向上产生运动时，或其一个方向上产生应力的位置不同于其他任何一个正交方向所产生的应力时，就属于前者的情况。当设备所有轴之间相互耦合很小或能给出其他证据时，属于后者情况。

对单轴试验，允许按顺序在每一轴向进行要求的运行基准地震试验，随后进行安全停堆地震试验，或采用任何其他经证明适当地考虑了运行基准地震的老化效应的合理方法。

8.6.6.3 双轴试验

双轴试验应保守地模拟设备安装位置的地震激励。双轴试验应考虑对两正交轴上有独立的输入运动、在另一正交方向上没有运动的情况，或如果使用非独立输入运动，但在两个正交方向上没有运动的情况。要考虑的因素包括输入运动的方向特性和设备的相互耦合。双轴试验应在水平轴和垂直轴方向同时输入的情况下进行，水平轴的选择可包括主轴或为通过在设备最脆弱方向上进行试验以暴露可能的故障模式所选择的其他方向。

优先选用相互独立的随机输入，且试验应分两步进行，在第二步中将设备绕垂直轴旋转90°。为了提供统计上相互独立的模拟运动，台面时程的相干系数应采用至少12个数据样本进行计算且小于0.5，或对所有时间延迟，可使用绝对值小于0.3的相关系数（详细可参见附录B）。允许第一步先进行要求的运行基准地震，随后进行安全停堆地震试验，第二步按同样顺序进行，或采用任何其他能证明适当地考虑了运行基准地震老化效应的合理方法。

在不使用相互独立的随机输入时，应进行四次试验：
a) 同相输入；
b) 180°反相输入；
c) 设备绕垂直轴旋转90°，同相输入；
d) 设备方向与c)项相同，180°反相输入。

允许按a)进行要求的运行基准地震试验，随后进行安全停堆地震试验，再按b)、c)和d)以同样的顺序进行试验，或采用任何其他能证明适当地考虑了运行基准地震老化效应的合理方法。

8.6.6.4 三轴试验

在进行三轴试验时,应使用能在所有三个正交方向上提供相互独立运动的试验模拟装置来完成。为了提供统计上相互独立的模拟运动,台面时程的相干系数应采用至少 12 个数据样本进行计算且小于0.5,或对所有时间延迟,可使用绝对值小于 0.3 的相关系数(详细可参见附录 B)。

8.6.7 管线安装设备

对有可运行性要求的管道支承物项(如仪表和控制部件、器件、采暖、通风和空调调节风门驱动装置、阀门执行机构及其附加功能组件)的抗震鉴定需要特殊考虑。在为这些设备确定抗震鉴定大纲时,应认识到对于安装在管道上的部件,最苛刻的地震载荷条件是由部件所处管道或风管的反应引起的。这最苛刻的条件为部件提供了一个单频为主的输入运动,此频率即部件附近管道系统的自振频率。

下述试验方法用于包络电厂管线安装设备安全停堆地震的抗震鉴定要求。

管线安装设备应在设备共振频率和从 2 Hz~32 Hz(或 64 Hz,或如果需考虑流体动力载荷时的其他截止频率)频率范围内,以 1/3 倍频程增量经受一系列的单频试验。在每个试验频率下,输入幅值应对应于管道系统设计人员规定的水平。如需考虑高于 32 Hz 的频率,则应以 1/6 倍频程增量进行单频试验。该幅值可与方向无关,因此,应以相同的频率和加速度,在三个正交轴的每一个轴向分别施加运动。应表明试验的幅值仅取决于所研究的频率,能采用的典型方法包括使用带通或示踪滤波器。在每个频率下的试验持续时间应等于确定完整的设备可运行性所需要的时间或 15 s,取两者中较长的值。

试验规程应包含对加在设备上的接管载荷进行评定。

8.7 试验文件

试验文件要求见第 11 章。

9 分析和试验相结合

9.1 概述

某些类型的设备尺寸较大、结构复杂,无法单独通过分析或试验进行鉴定。诸如电动机、发电机和多联设备机架和控制台等大型设备,由于振动试验装置的限制,实际上不可能进行整体或整机试验。

9.2 模态试验

9.2.1 概述

模态试验和分析可用于对不能用第 8 章的方法进行鉴定的大型和复杂系统的鉴定。模态试验是一种确定共振频率、振型的有效方法,并且通常能得到模态阻尼的下限。模态试验作为复杂结构模型验证的一部分,可用于将分析中确定的频率和振型与复杂系统测得的结果进行比较。现在通常使用两种不同的模态试验方法,主振型法和传递函数法。主振型法将激振器装在结构上,每一次对结构激励出一个振型。传递函数法是在一个特定带宽内同时激励出所有的结构振型,计算激振点和反应点之间的传递函数,采用专用模态分析软件确定该带宽内的共振频率、阻尼和振型。

9.2.2 主振型法

用模拟实际使用安装条件的设备,将便携式激振器联接到事先由分析确定的结构最佳激振位置上,结构上应安装具有足够带宽的加速度传感器、位移传感器或其他运动传感器以确定结构反应。然后用覆盖所研究频率范围的慢扫描正弦信号激励结构。

9.2.3 传递函数法

传递函数法是一种基于数字信号处理技术和快速傅里叶变换算法获得结构输入和反应位置之间的传递函数进行模态试验的方法。传递函数用脉冲、正弦扫描或在主振型方法中使用的激振器产生的随机振动对结构进行激励,通过测量输入和相应的反应,并将反应的傅里叶变换除以输入的傅里叶变换获得。通过计算每个节点上的传递函数,拟合后进行模态参数设别,从而获得结构的频率、振型等模态参数。

9.2.4 利用试验数据的分析方法

利用试验数据可获得结构的动态特性参数,如共振频率、振型和振幅,并用于验证前述设备分析模型的计算值。测得的振型还可直接用于反应谱或时程分析中,尤其是所测到的参与振型各点之间的变形能按比例换算到规定反应谱中的模态变形。最后,数学方法可用于从测量数据中求出模型参数,如能通过一系列公式由试验数据求出质量和刚度矩阵。上述质量和刚度矩阵确定了可再现所测特征反应数据的结构数学模型。

如果结构反应与激励水平相关,即呈现明显的非线性,则在使用低水平激励试验获得的测量结果时应注意其适用范围。

9.2.5 鉴定

分析和试验相结合的方法能较好对安全级设备进行鉴定。这些方法可用来确定部件所在位置的输入反应,部件的鉴定通过等于或大于设备整体试验所确定的部件所在位置的反应进行。

9.3 对相似设备的外推

9.3.1 概述

没有正当理由时不推荐仅通过分析对复杂设备进行鉴定,这是因为建立精确的复杂设备模型并获得适用的模型参数(见第 7 章)往往是很困难的。但如果存在与做过鉴定的设备类型相似的设备,仅在尺寸上或在组件和结构中有一些不同的特定器件,对已鉴定的组件或结构的每一个变化都进行试验既不切合实际,也不必要。对此可以采用试验和/或分析的方法对相似设备进行鉴定。对于相似设备使用经验法进行外推可参见第 10 章和附录 G。

9.3.2 试验方法

设备实施如 8.6 所述完整的抗震试验和 8.1.5 所述探查(共振搜寻)试验,都应测量并记录整个设备的模态频率、阻尼和反应数据。

9.3.3 分析

当能表明在所研究的频率范围内没有共振时,可按刚性设备进行分析(见 7.3)。另外,应确保对原设备的变更不会产生以前没有的共振。

当设备不是刚性的时,应用 7.2 的方法或其他合理的手段分析变更的影响。

试验结果结合前面的分析便可对相似设备的模型进行调整,以考虑受影响的参量和对相似设备模态频率的分析进行修改。最后可得到能用于鉴定相似设备的经过验证的分析模型。

9.3.4 设备相似性

9.3.4.1 激励

激励的相似构成了相对于设备安装处运动的参数相似,如谱特性、持续时间、激励轴方向和测量反应的位置。理想情况下,这些参数应与实际激励相同或比已确定相似性的激励更保守。

9.3.4.2　结构系统

对设备组件,或器件,或两者,或子组件(包括安装)应根据要鉴定新设备的构造确定设备的相似性。对成套组件,相似性可通过制造、型号和系列号比较以及动态特性和结构进行论证。

由于通过相似性方法进行鉴定的最终目的包括对预期动态反应的考虑,故可使用合理的方法通过设备系统机械结构参数的研究确定结构动态特性的相似性,这可通过主要共振频率和振型的比较来完成。这些动态特性取决于下列参数,如:

a)　设备的结构尺寸;

b)　设备重量、重量的分布和重心;

c)　设备结构载荷传递特性和抗震刚度;

d)　确保结构完整性和边界条件的设备基础锚固强度和刚度;

e)　设备与邻近物项或联接件(如电缆和导管)的接口。

上述所列机械结构参数的相对差异需要加以限制,以保证设备组件之间的相似性。应保证设备与以前已鉴定设备的差异不会改变用作相似性比较的已鉴定物项的动态反应特性,且不产生新的机械故障。同时,保证已鉴定设备的约束和限制对需鉴定设备同样适用。

对于能通过表明单个安全器件在地震期间能正常工作来论证抗震鉴定的设备,可考虑采用器件或部件相似性评定的方法。机械结构系统的相似性应由各个器件的相似性来确定。在这种情况下,相似性判断在于对动态特性、锚固件和机械或电气运行原理(或两者)的详细比较。已鉴定设备和所研究设备之间具有相似的设备性能应根据机构结构参数的相似性才能证明。而当复杂器件存在明显的差异时,要通过分析来证明相似性是不可能的。此时,试验是优先选用的方法。

9.3.4.3　安全功能

被鉴定设备应在地震期间和(或)震后能执行其安全功能。地震期间的安全功能与震后功能可以相同,也可以不同。因此,每次鉴定中对地震期间和(或)震后的安全功能都应明确。应在文件中提供鉴定数据,以对每次试验中的安全功能论证给予支持。当在地震期间要求有能动功能或不误动作时,应提供鉴定数据作为鉴定设备执行其功能的可靠证据。

9.4　冲击波试验

按照相关标准要求在实验室进行的冲击波试验使设备承受强脉冲冲击载荷(加速度)。没有附加振动试验的冲击试验不是合适的地震模拟试验,除非这些加速度具有足够高的幅值(远高于地震水平)和足够的持续时间。由于试验的首要目的是验证设备的抗震性能,使用冲击数据仅能提供被试设备抗震性能的近似情况,这是因为冲击试验和抗震试验在频率成分和持续时间上有较大的差别。

9.5　多联机柜组件的外推

在许多情况下,由于试验装置尺寸上的限制,对相似机柜构成的多联机柜组件进行试验是不现实的。不经过适当论证,单一机柜或少量相联机柜的鉴定不一定能外推到互相联结成一列的机柜阵的鉴定。这是因为:

a)　在一列中的单个机柜可能有不同的惯性载荷或质量分布,或不同的结构刚度,或两者皆有;

b)　相联机柜可能表现出不同的动态反应,例如与原来鉴定过的少量相联柜相比有不同的扭转振型;

c)　不同安装位置部件的反应可能受到影响。

9.3中给出的方法可用于论证通过单一机柜或少量相联机柜的试验进行外推来鉴定一组机柜阵。

9.6 其他试验和（或）分析

除 9.2～9.5 外，分析还可用于：

a) 解释试验期间未预期的性能；

b) 获得对设备动态性能更好的理解，以便能确定合理的试验方法；

c) 在试验之前获得预期反应的大小。

10 经验

通过与已经历地震或抗震试验的参考设备的经验数据进行比较（必要时补充分析）的方法可进行设备抗震鉴定。使用经验鉴定并不适用于所有情况，运用经验数据进行抗震鉴定有相应的限制条件。附录 G 提供了利用参考设备经验数据进行抗震鉴定的两种方法的导则及其限制条件。

需要指出的是，地震经验数据得到的设备抗震能力会明显低于通过抗震试验得到的抗震能力。这是因为根据附录 G 确定的地震地面运动比地震台试验得到的地震加速度要小得多。

11 文件

11.1 概述

设备的抗震鉴定文件应包括鉴定大纲/规程和鉴定报告，分别见 11.3 和 11.4。该文件应证明设备在经受要求的地震运动时能执行其安全功能。

注：确定为参考文件的产权数据文件宜可备查。

11.2 技术条件

抗震鉴定需明确规定被鉴定设备的技术条件。这些技术条件应包括：

a) 设备结构清晰的描述、型号、图号和出厂号、技术规格等；

b) 被鉴定设备的边界和范围，例如：包括哪些输入、输出连接件，包括或不包括哪些安装件等；

c) 规定的运行条件（载荷）；

d) 老化条件。

11.3 鉴定大纲或规程要求

设备鉴定大纲或规程应提供如下信息：

a) 设备结构描述；

b) 安全有关器件和电路的标识及安全停堆地震期间和（或）之后它们的安全功能；

c) 可调整器件的典型运行整定值（或范围）；

d) 所有接口连接的设备安装详图；

e) 水平和垂直的要求反应谱，包括合适的阻尼值并标明人为拓宽的区域（见第 6 章和 8.6.1.2）；包含不同位置要求反应谱的通用技术规格书应标明哪些部分适用于给定设备；

f) 在没有给出要求反应谱时，提供要求功率谱密度或时程；

g) 要求的强震运动持续时间；

h) 要求的运行基准地震和安全停堆地震的次数和幅值；

i) 设备执行其安全功能时所处的环境；

j) 适用的载荷和接口要求；

k) 设备鉴定及其装配和安装的验收准则；

l) 变形要求(如有);

m) 试验、分析、或基于经验方法的特殊要求;

n) 裕度要求(见 GB/T 12727)。

一旦规定了这些要求,就可以确定鉴定将通过分析、试验、经验或其组合中的哪种方法来实现。

11.4 抗震鉴定报告

11.4.1 格式要求

抗震鉴定报告应提供下列信息:

a) 鉴定设备的标识。对复杂设备,标识每一个安全级部件,并且规定部件的功能要求。如果采用不同的鉴定方法,鉴定文件包应包括或注明参考原始的试验、分析、或基于经验或其组合的各类报告。文件应包括便于审查所需要参考的所有图纸、材料清单、说明书等。

b) 要求反应谱水平。

c) 所用鉴定试验、分析方法、使用的经验数据和结果(包括异常及其处理结果)的详细汇总情况。当设备部件或组件分开进行鉴定时,也应概述其程序和步骤。

d) 鉴定技术要求文件与鉴定结果的比较以及结论。

e) 报告批准人的签字和日期。

根据鉴定方法的不同,报告应提供 11.4.2~11.4.5 要求的补充信息。

11.4.2 分析

在进行分析时,所使用的方法和数据及所考虑的故障模式应按熟悉该分析的人员便于核查的方式给出。应清楚地规定边界条件,包括锚固和任何其他接口。报告中应包括或注明支持性能能力描述所需的输入/输出数据和所进行的任何对数学模型的验证试验,也应包括接口连接处的支承结构反力。

应有计算机程序在所装硬件环境下能有效运行的证明,并指明使用的计算机程序、选用的功能模块、版本号、日期和操作系统。

11.4.3 试验

如果鉴定采用试验的方法,抗震鉴定报告应包括下列内容:

a) 对要鉴定的设备:
   1) 被试设备的标识(包括器件);
   2) 被试设备的功能要求;
   3) 被试设备的整定值和限制条件(视具体情况而定)。

b) 试验装置的信息包括:
   1) 位置;
   2) 试验设备和标定。

c) 试验方法和程序,包括对可运行性的监测和验收准则。

d) 设备安装详图,包括所有接口连接。

e) 试验数据(包括性能验证、试验反应谱曲线、时程、功率谱密度或傅里叶分析、必要时的相干性检查、运行基准地震和安全停堆地震次数、持续时间等)、使用的多频试验类型和对应于试验反应谱的输入运动加速度时程。一次试验至少应提供三个激励方向各自安全停堆地震时的试验台运动时程。

f) 试验结果和结论,包括任何异常的说明。

设备可运行性的评定应依据预先规定的验收准则进行。当试验失败,或试验中观察到异常情况时,为使试验满足要求而采取的任何对准则的修改或调整以代替重新试验的行为,在没有正当理由时都是不可接受的。试验期间一旦出现异常,均应在报告中加以记录。当设备没有因为异常而采取改进措施时,则继续使用该设备应论证其合理性,并且论证应和设备鉴定报告一起归档。在试验期间进行的任何设备整修应在试验报告中详细记录,并论证一致性。对于设备维持要求的抗震鉴定性能而言,该数据是设备震后现场维修检查和程序的一部分。

11.4.4 分析和试验相结合的方法

如果通过分析和试验或通过从相似设备外推来进行性能验证,抗震鉴定报告应包含以下内容:
a) 参照的分析和试验相结合具体方法;
b) 有关设备的说明;
c) 分析数据;
d) 试验数据;
e) 结果合理性论证。

当由相似设备进行数据外推时,需要有关设备之间差异的说明。说明时应包括这些差异不会使抗震性能降低到验收准则以下(可能需要一些补充的分析或试验)的证明和补充的支持性数据。

11.4.5 经验

11.4.5.1 参考数据

基于经验鉴定的参考数据文件应满足第 10 章的要求并参见附录 G,包括如下内容:
a) 经验运动特性(可参见 G.1.2 和 G.2.2);
b) 地震经验谱(EES)或试验经验谱(TES)的生成(可参见 G.1.3 和 G.2.3);
c) 参考设备组的特性。

参考数据可为被鉴定设备特有的,也可以是参考设备所包络的通用数据。

地震经验数据的文件记录应包括审查、检查结果,或地震发生后的即时口头记录,以证明在地震发生过程中和发生后,在对设备进行任何修理和调整前,参考设备能执行其安全功能。

为确定文件的可靠性和可应用性,对从过去地震得到的设备文件应特别的注意,因为这些文件可能是在经历地震事件后很长一段时间才成文的。这些数据的使用和验收基准应在鉴定报告中清楚地注明。

试验经验数据文件应包括抗震鉴定试验报告的审查结论,该报告应包括但不仅限于设备类型标识、加工和型号、试验输入运动、安全停堆地震反应谱、运行基准地震反应谱和安全功能等所需要的数据。

文件应包括材料、零件、部件的标识以及对参考设备特性的修改。

文件应记录故障的影响,且鉴别已找出的禁止特征的影响。文件应包括参考设备的故障、修理和运行状态的记录。

11.4.5.2 待鉴定设备的鉴定

待鉴定设备的抗震鉴定文件,应遵循抗震鉴定报告的要求,并包括如下内容:
a) 用于待鉴定设备抗震鉴定的 11.4.5.1 的参考数据的参考文件;
b) 用于证明待鉴定设备满足要求(可参见 G.1.5 或 G.2.5)的鉴定文件。

文件应证明待鉴定设备符合参考设备组的范围规则和禁止特征,并明确参考设备和待鉴定设备之间的差别。为证明这些差别不会使抗震能力降低到验收准则以下,可能需要补充分析或试验。文件应证明参考设备能在等于或严于待鉴定设备的条件下执行其要求的功能。

附　录　A

（资料性附录）

抗震分析中典型电气设备阻尼比推荐值

A.1　概述

电气设备是由多个部件组成的复杂设备,其阻尼值与设备的每一个部件都有关系,在确定设备阻尼值时存在诸多不确定因素,因此在分析中常常在所研究的频率范围内采用一个综合的阻尼值。长久以来,核工业界一直致力于不同形式的研究和测试,结合既有的数据、专家判断以及其他可用信息,以预估常用设备类别的典型阻尼值。过去30年间,核工业界在众多专业会议和许可项审评过程中予以讨论,形成了如下应用在抗震分析中所推荐的典型设备阻尼值。需要特别注意的是,以下推荐值仅适用于抗震分析中阻尼值的选取,对于采用抗震试验进行鉴定的设备没有特别的参考价值。

A.2　布线系统阻尼值

表A.1提供了用于电缆桥架和配管系统的运行基准地震(OBE)和安全停堆地震(SSE)分析(如有必要)常用阻尼值,适用于反应谱和等效静力系数分析。表A.1指定的阻尼值适用于所有类型支撑,包括焊接支撑。

表 A.1　电气布线系统阻尼值

分类	阻尼值	
	SSE	OBE（＞SSE/3）
电缆桥架系统 最大填充率[a] 空载[b] 电缆自由移动受到约束[c]	10％ 7％ 7％	7％ 5％ 5％
配管系统 最大填充率[a] 空载[b]	7％ 5％	5％ 3％

　[a]　依照核电厂设计细则,最大填充率与相应的阻尼值一起使用。

　[b]　备用的电缆桥架和配管(初始状态为空载)分析时使用空载工况对应的阻尼值。当采用备用的电缆桥架和配管进行电缆敷设时,重新分析计算。

　[c]　电缆桥架内的电缆自由移动受到约束时系统阻尼值宜减小。

A.3　电气设备阻尼值

表A.2提供了用于电气设备安全停堆地震(SSE)和运行基准地震(OBE)(如有必要)分析的常用阻尼值,用于能够通过分析进行抗震鉴定的非能动设备或仅需验证结构完整性的能动设备。

表 A.2 电气设备阻尼值

设 备 类 型	阻尼值	
	SSE	OBE(＞SSE/3)
电动机	3％	2％
焊接型仪表托架（结构支撑）	3％	2％
电气开关柜、配电盘、控制屏等（保护、结构支撑）	3％	2％

附　录　B
（资料性附录）
统计上独立的运动

当在离开震中一段距离处进行测量时,可知三个正交地震运动分量(两个水平和一个垂直)在统计上是近似相互独立的。因此,用于多轴向运动分析或试验模拟的人工时程宜具有类似的统计独立性。这可用相干函数或相关系数函数进行验证。

相干函数定义为两个时程的互功率谱密度幅值平方与这两个时程自功率谱密度的乘积之比。因此,它是以频率为变量的函数,对完全独立的信号,其值为零;对完全相关的信号,其值为+1。两个同时给定的运动记录之间的相干函数可通过将它们分成多个时段(数据样本),计算每个分段相应的相干性,并对结果进行平均获得。最后得到的相干函数估计值在很大程度上取决于所使用的独立时段数量和持续时间。一个模拟地震事件要求至少15 s的强震运动,可方便地分成至少12个这样的时段。对在统计上足够独立的情况,相干函数最大值宜小于0.5。

对于平均值为零的时程曲线,相关系数函数定义为两个信号的互相关函数与这两个信号均方根(RMS)值的乘积之比。因此,它是以两个信号之间延时(或时间延迟)的函数,对于完全独立的信号,其值为零;对相关信号,其值趋向于+1.0。相关系数函数的计算通常要求进行到直至强震运动结束时的时间延迟。对在统计上足够独立的情况,其绝对值宜小于0.3。

构筑物楼面运动的正交分量可能是、也可能不是统计上相互独立的,这取决于是否发生构筑物间的相互耦合。此时,运动的独立性程度可随频率变化而改变。

附　录　C
（资料性附录）
试验持续时间和循环次数

仅有试验持续时间并不足以反映设备的低周疲劳能力。当结构中的应变范围倍增时,疲劳效应会按指数增加,例如增加到 6 倍。对低周疲劳敏感的应变范围为大约 100 或更少循环次数内发生的失效。因此,除了适当的持续时间外,一次保守的地震试验还要求地震输入能在设备中产生足够数量的强震运动反应循环。按照 8.6.5 的要求,输入波形宜在设备中任意点上产生反应,该反应所引起的总疲劳次数至少等效于设备安装处地震输入运动产生的总疲劳次数。在一个经滤波(例如构筑物楼面、机柜、管道等)的反应时程中强震运动循环取决于几个因素,例如共振(土壤、构筑物、设备)放大、阻尼及设备在构筑物中的位置。

典型的经滤波的反应会包含一个或多个最大峰值循环加上一系列较小的不同峰值循环,较小的峰值循环可用图 C.1(根据指数为 2.5 的 S/N 疲劳曲线)转换为等效的最大峰值循环。这个图绘制了为获得一个等效最大峰值循环次数所需要的较小峰值循环次数与最大峰值百分数的函数关系。可使用较小峰值循环次数和幅值的任意组合。例如为获得 5 个等效最大峰值循环,下列组合的任何一个都是合适的:

a)　15 个 65% 最大峰值循环;

b)　10 个 75% 最大峰值循环;

c)　4 个 70% 加上 10 个 65% 峰值循环。

这样,通过确定给定滤波后反应波形中峰值的分布并使用图 C.1,就能确定总的等效最大峰值循环数。

对强震运动典型的滤波反应能通过由瑞利分布给出的峰值概率分布的窄带随机波形进行近似。滤波后运动的这个特性,加上中心频率和持续时间便可利用图 C.1 确定等效峰值应力循环次数。等效最大峰值循环和平稳随机运动的滤波中心频率之间的关系在图 C.2 中分三个不同的强震运动持续时间给出。从而,任何由平稳随机运动产生的设备反应均近似于这些结果。

对地面激励,模拟包括直到截止频率的多频成分,并且从图 C.2 能直接确定直到截止频率的任何设备共振的等效疲劳循环次数。

对由结构楼面运动激励的设备,仅需要考虑整个起主导作用的构筑物频率范围之内的共振,这是因为超出该范围的构筑物反应可以忽略。在起主导作用的构筑物频率为 5 Hz 的情况下,对于 15 s 持续时间至少使用平均 10 个等效应力循环数。

对一些试验输入波形,如正弦驻波或正弦拍波,所产生的经过滤波的结构反应波形的峰值分布类似于输入本身的峰值分布。因此,可能的峰值应力循环可直接由输入波形确定,根据 7.6 该输入波形至少包含 10 个等效的最大峰值循环。对单频正弦拍波试验,任何频率下试验的循环总数按 8.6.2.4 由拍波数和拍波内运动的循环次数确定,对任何频率下的试验,这将保证至少 5 个最大峰值(零周期加速度)循环和若干其他较小峰值(小于零周期加速度)循环。应用图 C.1 可将较小峰值循环次数转换成较少的等效最大峰值循环次数。例如,在每个拍波具有 10 个运动循环的 5 个正弦拍波中,所有小于峰值的循环近似地等效于 17 个最大峰值循环;每个拍波具有 5 个运动循环的 5 个正弦拍波中,所有小于峰值的循环近似地等效于 6 个最大峰值循环。

因此,对于这些运动,可分别获得总数为 22 个和 11 个等效最大峰值循环。对反应波形类似于激励波形的其他类型试验运动,可使用图 C.1 进行类似等效峰值循环的计算。

对于由近似平稳随机合成激励产生的窄带反应波形,其峰值分布已知为瑞利分布。因此,图 C.2 可直接用来对一个给定滤波频率和持续时间确定等效峰值应力循环次数。但是,在这种类型的激励波形中,只要是稳定的,则总存在一定的疲劳可能性。因此,对这种情况,当已证明波形中存在稳定性时,就不需要确定等效峰值应力循环次数。然而,等效峰值应力循环数的计算可用于校核波形中是否存在稳定性。

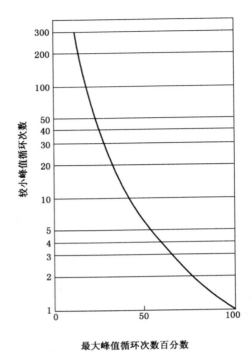

图 C.1　得到一次设备最大峰值应力循环所需较小应力循环次数

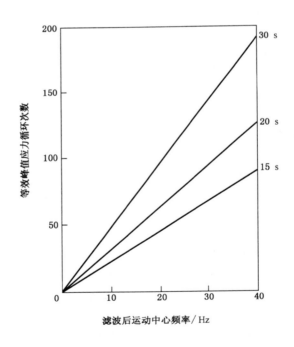

图 C.2　由稳定随机运动产生的等效峰值应力循环

附　录　D
（资料性附录）
易损度试验

D.1　激励运动

易损度试验可通过使用 8.6 所述的任一种激励波形进行。例如,为确定对单频瞬态激励的易损度,可对设备施加任何单频激励,如正弦拍波运动。正弦拍波可在 1 Hz 到截止频率的频率范围内施加,依次按共振搜索试验确定的设备的每一个自振频率施加正弦拍波运动。然而在没有很好确定设备共振频率的情况下,为保守起见,试验之间的频率间隔可窄到 1/2 倍频程或更小。此外,当由于设备中的非线性效应而发生宽带共振反应时,可加大频率间隔,以避免产生不应有的疲劳效应。每个频率点上的幅值可逐步增加,直到发生异常为止。每个拍波的振荡数在 5 次～10 次的范围之内,拍波数取决于试验频率和要模拟的地震的持续时间。通过这个数据,可给出输入水平与频率的关系曲线。另外,由单频输入数据可给出要求阻尼值下的易损度反应谱。

用与正弦拍波类似的方式且相同的频率下,可对设备进行连续正弦激励。可使用附加频率以更完整地确定输入激励易损度曲线的低频点。此外,用稳态连续正弦波数据可绘制出要求阻尼值下的一系列易损度反应谱。这样所得到的反应谱就是以试验频率为中心的典型共振曲线。

采用随机激励对设备在多频激励下的易损度能力进行验证,同时宜对总的谱水平和形状进行调整,以确定易损度反应谱。

当存在多模态反应附加效应时,易损度反应谱低于由单频激励确定的谱。

D.2　结果的应用

易损度数据应用的通用导则如下:

a)　当要求反应谱是宽带时,则有适当阻尼的多频易损度曲线应包络要求反应谱并且经证明它高于要求的谱;

b)　当要求允许单频试验时,可允许使用从单频试验数据获得的易损度谱包络要求反应谱;

c)　当要求反应谱由一个高窄峰值(例如由于一个起主导作用的构筑物水平共振产生的峰值)组成时,则有适当阻尼的单频易损度反应谱宜包络要求反应谱并且经证明它高于要求的谱;

d)　当要求反应谱由 a)、b)和 c)组合而成时,则易损度数据的组合可最好地证明设备的能力,并可在适当验证下使用。

易损度反应谱可进一步用作包括被试验设备的系统概率风险评价研究的输入。此时,易损度反应谱首先变换成概率易损度函数,该函数给出作为激励幅值函数的被试验设备的损坏频度。

附　录　E

（资料性附录）

零周期加速度的测量

零周期加速度（ZPA）是表明试验反应谱（TRS）完全包络要求反应谱的参数之一。在仅考虑试验台面运动时程中处于要求反应谱放大区域以内的频率成分时，试验反应谱的零周期加速度也宜包络要求反应谱的零周期加速度。为防止与下文混淆，将该值称为试验反应谱的理想零周期加速度。

零周期加速度是对高于运动时程频率成分分析得到的反应谱值。典型试验台面时程通常包含高于要求反应谱放大区域的频率。原因如下：

a)　来自液压激振器的波形畸变；

b)　试验台面、夹具和试验物项之间的松动和碰击；

c)　试验物项本身内部的松动和碰击。

即使分析范围达到 100 Hz 或 200 Hz，这些影响仍会妨碍真正的或实际的零周期加速度的精度。另外，即使当分析频率足够高并获得了试验反应谱真正的零周期加速度，在不作进一步分析的情况下，还是没有直观的方法知道何时真正的零周期加速度幅值等于试验反应谱的理想零周期加速度。下列方法可用于获得真正和理想的零周期加速度。

试验反应谱的计算宜采用与要求反应谱相同的阻尼值，并对测点的整个时程波形进行。当试验反应谱的形状与要求反应谱的形状相似时，可以从试验反应谱高频渐近线上获得零周期加速度相当精确的测量。当试验反应谱在高频区趋于增加时，可补充明显不同阻尼下的分析。两条不同阻尼值试验反应谱曲线重合的高频段即表示了真正的零周期加速度。当两条曲线不相交时，则真正的零周期加速度只有通过对一个更高频率进行分析才能找到。

当试验反应谱真正的零周期加速度能够表明，在时程中没有包含超过要求反应谱放大区的高频时，则它也是理想的零周期加速度。

当试验反应谱真正的零周期加速度表明存在高频时，可用低通滤波器滤去要求反应谱截止频率和超过此频率的信号，然后对波形进行补充分析。其结果表明理想零周期加速度的值等于或大于要求反应谱的零周期加速度值。

对于数字分析系统，存在与分块大小、采样率和保真滤波器有关的硬件或软件约束条件。建议分析只到所研究要求反应谱的最大频率。此时零周期加速度如下确定：

a)　经设定在截止频率处的保真滤波器滤波的数字化时程给出的峰值加速度；

b)　分析在截止频率处滤波过的带状图时程。

避免选择使用的高频部分超出条带记录仪的响应范围，或使用具有更高响应频率的示波仪代替条带记录仪。

有时通过测量反应点数据来获得要求反应谱，并用于后续部件或器件试验，对于这种情况也可使用这些分析方法。此时，建议首先使用滤波后的要求反应谱波生成时程，再根据要求添加高频成分，以获取整个要求反应谱。或可使用功率谱密度保证时程波形具有合适的频率成分。

附　录　F
（资料性附录）
频率成分和稳定性

本附录包括频率成分和频率成分的稳定性两部分内容。两方面所关注的目的都是产生一个能很好地模拟要求地震激励的输入波形。即使在试验反应谱包络要求反应谱的情况下，当试验反应谱形状与要求反应谱的形状发生偏离时，波形的频率成分亦会发生变化。尽管这通常意味着在某些频率下会发生很大的超载，但对于其他频率可能并不总是保守的。有以下几种方法可用来说明波形的频率成分是合适的：

  a) 以类似的谱形状得到包络要求反应谱的试验反应谱，以便在谱放大区的重要谱峰值处产生类似的放大；

  b) 试验波形傅里叶变换的频率成分与要求反应谱的放大区的频率相一致；

  c) 试验波形功率谱密度的频率成分与要求反应谱的放大区的频率相一致。

除表明合适的频率成分外，还需要表明在合理的容差范围内，频率成分在统计上不随时间而变。

为了满足稳定性要求，在多频波形中所有要求的频率宜在强震运动段的统计上存在。证明这点的一种方法是采用时间间隔试验反应谱，其定义如下：

时间间隔反应谱与常规反应谱分析的不同处在于将单自由度振子的反应峰值作为时间间隔的函数，例如，30 s 持续时间可分为 5 个 6 s 的间隔，每个时间间隔生成一个反应谱。

注：输入时程在整个时间段上是连续的，即实际上没有这些时间间隔。实际上，最小时间间隔需是最低频率对应周期的几倍。比较的基准可由有代表性的实际地震时程的类似分析建立。

另一个能说明频率稳定性的方法是采用时间间隔功率谱密度。将试验台面加速度时程的强震运动段分成几个间隔，并对每个间隔进行功率谱密度的计算。几段间隔的功率谱密度的比较宜表明每一个时间间隔的所有频率统计上存在相似度。比较的基准可由有代表性的实际地震时程的类似分析建立。

还有一种说明频率稳定性的方法是给出试验输入波形分量的时程。这可通过把波形分成窄带（例如 1/3 倍频程）分量和给出每个分量的时程来实现。每个频率分量在试验持续时间期间应统计上连续，这样，每个 1/3 倍频程波形的峰值概率密度是瑞利（Rayleigh）分布。稳定性可采用任何经过证明是合理的方法。

每次试验波形的合成方法只要进行一次稳定性证明。

附　录　G

（资料性附录）

参考经验数据进行抗震鉴定的方法

G.1　地震经验数据

G.1.1　概述

地震经验数据可由电厂中经历过地震的设备获得。基于地震经验数据的抗震鉴定包含如下五个
步骤：

a)　建立参考设备经受的地震运动特性（参见 G.1.2）；

b)　建立参考设备组基于地震经验的抗震能力（参见 G.1.3）；

c)　建立地震经验参考设备组的特性（参见 G.1.4）；

d)　比较待鉴定设备和地震经验参考设备（参见 G.1.5）；

e)　建立鉴定过程的文件（见第 11 章）。

G.1.2　地震经验运动特性

选择作为参考设备组基准的地震具备如下特征：

a)　至少四个有参考设备的地震参考厂址得到的地面运动记录或保守的估计，用来建立一个地震
参考设备组。这四个参考厂址需要从至少四次地震中选择。

b)　每个参考厂址的自由场地面运动由厂址构筑物两倍直径范围以内的记录数据确定。记录位
置具有参考厂址构筑物位置相同的地质或土工条件。两倍构筑物直径的测量从设备的地基边
缘量起。当参考厂址没有周边数据记录或记录位置超过两倍构筑物直径范围时，只要估算是
保守而正确的，则可作为自由场运动。为了做这两种情况的地面运动估计，使用根据相似大地
构造环境、地壳性质、地震参数的强震运动记录而确定的多种衰减关系。研究衰减关系的参数
范围包括参考厂址和地震条件。考虑适当的保守度，取按衰减关系得到的 5% 临界阻尼反应
谱估计值的平均值。

c)　参考厂址的地面反应谱宜是 5% 临界阻尼反应谱的两个正交水平分量的平均值。垂直方向地
震的影响隐性地包含在使用的地震经验数据中。假想地震期间的核电厂地震运动垂直分量相
对于水平分量来说影响较小，因此在基于地震经验的方法中只考虑地震运动的水平分量。关
于垂直分量的限制可参见 G.3 g)。

d)　宜将自由场地面运动作为评估参考厂址的所有参考设备的激励。

G.1.3　地震经验谱（EES）

地震经验谱（EES）是确定参考设备组抗震能力的反应谱。地震经验谱宜是参考厂址地面反应谱的
加权平均值。式（G.1）给出的加权因子，是每个参考厂址中独立物项数与所有参考厂址独立物项的总
数之比。

$$A_{\mathrm{EES},i} = \frac{\sum\limits_{n=1}^{m} N_n A_{n,i}}{\sum\limits_{n=1}^{m} N_n} \qquad\qquad\qquad (\mathrm{G.1})$$

式中:

$A_{\mathrm{EES},i}$——5％临界阻尼和频率 i 时的地震经验谱(EES)加速度,单位为米每二次方秒(m/s²);

$A_{n,i}$ ——在 5％临界阻尼,参考厂址 n 和频率 i 时的谱加速度,单位为米每二次方秒(m/s²);

m ——参考厂址数[最小数参见 G.1.2 a)];

N_n ——参考厂址 n 的独立设备数。

G.1.4 参考设备组特性

G.1.4.1 概述

参考设备组是一组有类似实体、功能和动态特性的设备,且其在地震时的性能已经确认。确定参考设备组的参考设备相似性宜根据 9.3.4.2 和 9.3.4.3 相似性原理推广。G.1.4.2～G.1.4.4 规定了设备组属性、设备组中独立设备的数量和地震时设备的功能。

G.1.4.2 设备组属性

指定为地震经验参考设备组的设备属性规定为:确保设备抗震重要的性能,并且地震抗震能力可从所选设备中确定或排除。地震经验参考设备组的耐震性和易损度特征通过下列范围规则和禁止特征进行规定:

a) 准则规定了包含在参考设备组内的设备范围。这些规则规定了设备机械特性、详细设计、动态特性和已由地震经验数据证明的耐震功能的可接受范围。当制定范围规则时宜考虑和评估下列因素:设备型号、制造商、重量、机械和结构详细设计(包括内部部件和结构)、尺寸和形状、年代、功能、额定功率、包括支架在内的载荷路径、鉴定涉及的工业标准、材料、自振频率、可拆卸部件、附件以及为获得规定的抗震能力所必需的修改。本节的目的是要确保关键抗震特性通过经验数据得到确认和验证。在范围规则中宜描述参考设备组的性能差异。在差异受限时,参考设备组宜限于参考设备中的特定性能。在研究工艺系统中管线部件(如管道上的电磁阀)的参考设备组时,如果超过半数物项断定为没有经受工艺系统放大(即管道上部件位于非常接近工艺系统的抗震约束支撑),宜使用范围规则中的限制条件。

b) 禁止特征包括:详细设计、材料、结构特征或安装特性,这些特性已经引起规定地震激励下设备完整性和规定功能的失效。其他来源得到的失效数据(例如非参考厂址和试验结果)也在确定禁止特征时进行审查和确认。禁止特征包含对数个运行基准地震(OBE)与安全停堆地震(SSE)组合的低周波疲劳的失效。关于低周波疲劳的讨论详细参见附录 C。

G.1.4.3 独立物项数量

参考设备组包含能可靠地执行功能的独立物项的最小数量。独立物项包括:

a) 有不同物理特性;

b) 经受不同地震运动特性,例如不同的地震、厂址、构筑物或同一建筑物的不同方向/位置的部件和设备。例如两个相邻设备在地震中视为一个单独的独立物项。

对于地震经验参考设备组,最少独立物项数量为 30 个。当少于 30 个独立物项,地震经验谱(EES)宜乘以表 G.1 所示折减系数,来达到 30 个独立物项参考设备组相同的统计置信度。除非有合理理由,否则独立物项不能少于 15 个。

表 G.1　依据独立物项数确定的 EES 折减系数

独立物项数量	EES 折减系数
30	1.0
25	0.9
20	0.8
15	0.7

G.1.4.4　参考设备组功能

宜规定地震时和(或)地震后参考设备执行的功能。在规定参考设备组时宜对执行这些功能作相应的论证(见第 5 章)。论证时需证明如下内容之一：

　　a)　参考设备组的所有设备在地震时和(或)震后能执行所要求的功能；

　　b)　参考设备组的所有设备具有震后功能,必要时,宜根据设备所要求的运行经验和妨碍设备运行的可信的地震失效模式来确定地震时功能的定量评价。类似设备的分析或试验数据(如第 7 章、第 8 章或第 9 章得到的数据)可用于功能的定量评价。

G.1.5　待鉴定设备的鉴定

用地震经验数据进行鉴定的设备满足下列要求：

　　a)　要求反应谱(RRS)应在研究的频率范围(典型的为 1 Hz 到截止频率)被参考设备组的地震经验谱(EES)包络,如地震经验谱(EES)不能包络要求反应谱(RRS)则进行论证。对于管线安装设备,与地震经验谱(EES)作比较的要求反应谱(RRS)是工艺系统支承处的结构反应谱。

　　注：如果参考设备安装在管线上,而不在工艺系统支承处[参见 G.1.4.2 a)],则这个方法只考虑管线中的放大。

　　b)　用来与地震经验谱(EES)比较的最小要求反应谱(RRS)宜为 5% 临界阻尼时水平结构形心反应谱。在鉴定技术要求中规定的要求反应谱(RRS)应为安全停堆地震(SSE)谱。在采用 G.1中的方法用单个包络要求反应谱(RRS)进行评价时,认为已完成了小于要求反应谱的多次地震事件(如 5 次 OBE)的设备鉴定,这是因为设备在考虑规定地震循环时已表明没有确定的低周波疲劳失效模式[参见 G.1.4.2 b)]。

　　c)　确认待鉴定设备在参考设备组的范围规则中[参见 G.1.4.2 a)]。

　　d)　确认待鉴定设备无参考设备组的禁止特征[参见 G.1.4.2 b)]。

　　e)　通过参考设备组证明(参见 G.1.4.4)待鉴定设备(包括附件或附属器件或子组件)在地震时和(或)震后的安全性能(如适用)。

　　f)　待鉴定设备(包括附件或附属器件或子组件)的安装按鉴定技术要求进行评定。

　　g)　由于设备性能可能会随使用年限改变,所以比参考设备组更新或更老的待鉴定设备宜充分考虑设计、材料和制造的任何一个可能导致相对于参考设备组抗震能力降低的重大变化。

　　h)　待鉴定设备的鉴定宜按第 11 章要求编制文件。

G.2　试验经验数据

G.2.1　概述

试验经验数据可取自先前的鉴定试验结果。试验经验数据用于按五个或更多单独物项的试验结果对参考设备组作抗震鉴定。

基于试验经验数据的鉴定包含如下五个步骤：

a) 建立参考设备经受的试验运动特性（参见 G.2.2）；

b) 根据参考设备组抗震能力确定试验经验（参见 G.2.3）；

c) 建立试验经验参考设备组的特性（参见 G.2.4）；

d) 比较待鉴定设备与试验经验参考设备组（参见 G.2.5）；

e) 鉴定过程的文件（参见第 11 章）。

G.2.2 试验经验输入运动的特性

用作参考设备组依据的试验输入运动具有如下特征：

a) 试验输入运动是多频的并满足 8.6 有关要求；

b) 试验输入运动包括前后、左右、垂直的试验反应谱；

c) 试验输入运动是设备安装位置处的；

d) 试验输入运动是有一倍频程或更大的放大区域的宽频带反应谱，如果试验反应谱（TRS）是窄带的，则窄带区的峰值谱加速度宜乘上 0.7 的衰减因子；

e) 试验输入运动是双向或三向的，如果设备对横向耦合影响敏感，则双向 TRS 宜考虑乘上衰减因子 0.7。

G.2.3 试验经验谱（TES）

试验经验谱（TES）规定了参考设备组前后、左右、垂直三个方向上的安全停堆地震（SSE）抗震能力。试验经验谱（TES）是无故障成功试验时各频率反应谱的均值。试验经验谱（TES）宜低于产生失效的试验反应谱的下包络。然而有时候失效试验反应谱的放大范围较小，但这不影响失效模式。因此，根据具体情况，试验经验谱（TES）可大于失效数据下包络的某一部分。注意，试验经验谱（TES）并不一定表示为已鉴定参考设备的宽频带反应谱，而是可认为是相当于符合 G.2.5 b) 要求的峰值拓宽的窄带 RRS。

由于设备已经承受 8.1.6 要求的运行基准地震（OBE）试验，所以如果运行基准地震（OBE）不超过安全停堆地震（SSE）一半，则没有必要再研究运行基准地震（OBE）的试验经验谱（TES）。如果运行基准地震（OBE）超过 SSE 一半，需要运行基准地震（OBE）的试验经验谱（TES），除非低周波疲劳的敏感性已按 G.2.4.2 b) 要求的禁止特征作了验证和确定。

G.2.4 参考设备组特性

G.2.4.1 概述

参考设备组是一组类似的设备，这些设备共有一定范围的机械、功能和动态特性且其功能已经试验验证。规定设备组中参考设备的相似性宜通过拓展 9.3.4.2 和 9.3.4.3 的相似性原理予以确定。当所有物项以相同方法（包括相同的基本子部件）制造且有相同动态反应时，参考设备组可包括几个制造商或产品系列。例如参考设备重要固有频率通常在 1/3 倍频程之内。G.2.4.2～G.2.4.4 规定了设备组属性、设备组中独立设备的数量和试验时设备的功能。

G.2.4.2 设备组属性

构成试验参考设备组的设备属性宜规定：确保抗震重要的性能、识别地震敏感性并从待鉴定设备中排除。试验参考设备组的设备耐用性和敏感性用下列范围规则和禁止特征规定：

a) 范围规则规定了包含在参考设备组内的设备范围。这些规则规定已有试验经验数据证明其耐震性能的设备机械特性、设计细节、动态特性和功能的可接受范围。在考虑范围规则时宜评估如下因素:设备型号、制造商、重量、包括内部部件和结构在内的机械和结构设计细节、形状和尺寸、使用年限、功能、额定功率、包括支架在内的载荷路径、鉴定涉及的工业标准、材料、自振频率、可动部件、附件或部件以及为满足抗震条件所做的必要的修改。对具体设备组,这些因素不一定都适用或重要。本条的目的是为了确保用经验数据能够确定并证明设备的关键抗震特性。范围规则的一个例子就是该设备组只适用于参考设备的制造商。

b) 禁止特征是地震导致结构完整性失效和设备地震激励下无法执行其规定功能(包括规定的抗震能力)时的设计细节、材料、结构特性或安装特性。在制定禁止特征时宜制定判断异常情况的依据。其他来源(如地震经验数据)得到的失效数据也在确立禁止特征时加以评估和考虑。

c) 禁止特征也宜包含数个运行基准地震(OBE)和安全停堆地震(SSE)组合的低周疲劳失效的影响特征,关于低周期疲劳的讨论详细参见附录C。注意用于确定试验参考设备组的数据包含运行基准地震(OBE)试验数据,这些数据可用于确定参考设备是否包含对低周波疲劳敏感的特性。涉及低周疲劳敏感特性的另一种方法是采用G.2.3建立安全停堆地震(SSE)试验经验谱相同的方法确定运行基准地震(OBE)的试验经验谱(TES)。

G.2.4.3 独立物项数量

参考设备组包含最少5个能可靠地执行功能的独立物项。独立物项是指:

a) 有不同物理特性;

b) 经受不同地震运动特性的部件和设备。

两个或两个以上承受相同输入运动的相同设备视为一个独立物项。独立物项的数量宜确保能够证明规定设备组的整个动态反应参数范围在试验中均已经历。

G.2.4.4 参考设备组功能

宜规定参考设备组试验中或试验后要执行的功能。参考设备组的定义中宜有能够实施其功能的论证。

G.2.5 待鉴定设备的鉴定

用试验经验数据鉴定待鉴定设备的要求如下:

a) 在所研究频率范围(典型地为1Hz到截止频率)的要求反应谱(RRS)被参考设备组TES包络,如不能包络应有合适理由。

b) 用于和试验经验谱(TES)比较的要求反应谱(RRS)为待鉴定设备安装位置的结构反应谱,在鉴定技术要求文件中规定的要求反应谱(RRS)为安全停堆地震(SSE)谱。如果要求反应谱(RRS)因考虑不确定性和位置变化作了峰值拓宽,则论证在安装位置的实际反应谱为窄带的(参见G.2.3)。

c) 用于和试验经验谱(TES)比较的要求反应谱(RRS)宜按试验经验谱(TES)的相同阻尼值来计算。当要求反应谱(RRS)和试验经验谱(TES)的阻尼值不同时,可用6.3.2的补充导则进行比较。

d) 证实待鉴定设备包含在参考设备组范围规则中[参见G.2.4.2 a)]。

e) 证实待鉴定设备无参考设备组的禁止特征[参见G.2.4.2 b)]。

f) 待鉴定设备(包括附件或附属仪表或部件)在地震时和(或)地震后的安全功能(如适用)由参考设备组证明(参见G.2.4)。

g) 待鉴定设备的安装按鉴定技术要求进行评价。

h) 由于设备性能可能会随使用年限改变,所以比参考设备组更新或更老的待鉴定设备宜充分考虑设计、材料和制造的任何一个可能导致相对于参考设备组抗震能力降低的重大变化。

i) 待鉴定设备组的鉴定宜按第 11 章要求编制文件。

G.3 限制条件

基于地震经验或试验经验的鉴定受下列条件的限制。如果存在这些限制，则可使用第 7 章、第 8 章和第 9 章所描述的抗震鉴定方法，或依据经验进行鉴定但补充如下鉴定方法：

a) 一些型号的设备具有复杂特性，或其设计随时间有重大变化。这些设备需要仔细考虑设计的多变性，这种多变性会导致经验数据应用与实际不符（例如微处理器系统）。在这种情况下，宜使用其他的鉴定方法。

b) 对地震时有可运行性功能要求的情况，例如：

　1) 惯性载荷会导致偶然状态变化的开关器件或机电设备（例如继电器、触点、开关和断路器）的运行；

　2) 在电压或电流下降以及有定时要求的设备运行，依据 G.1.4.4 难以由地震经验数据评估其功能可运行性，因此可使用其他的鉴定方法。

c) 如果没有足够的满足多样化要求的独立物项，或没有足够数量的参考厂址的地震经验数据来确定参考设备组，则可使用其他的鉴定方法。

d) 使用地震经验数据并与正常运行载荷组合进行抗震鉴定。对于同时承受其他载荷［例如流体动力载荷、安全释放阀（SRV）排放］的设备，这些载荷的影响宜通过附加鉴定方法予以考虑。

e) 对于压力边界部件，部件在考虑地震载荷后保持承压功能的能力宜用适当的准则独立进行考虑。

f) 震前或地震时要求设备承受严酷环境或老化（例如 GB/T 12727）的情况需专门考虑。这种情况下，宜采用有别于经验方法的鉴定方法。

g) 当采用基于经验的抗震鉴定时，如果垂直要求反应谱超过水平要求反应谱且垂直要求反应谱对待鉴定设备存在不利影响时，宜采用其他抗震鉴定方法。

h) 如待鉴定设备含有经受低周载荷引起的疲劳损伤的物项时（详细参见附录 C），则该物项应用如 7.6 或 8.6.5 所述的方法评定。

ICS 67.160.10
X 61

中华人民共和国国家标准

GB/T 13662—2018
代替 GB/T 13662—2008

黄　　酒

Huangjiu

2018-09-17 发布

2019-04-01 实施

国家市场监督管理总局
中国国家标准化管理委员会　发布

前　　言

本标准按照 GB/T 1.1—2009 给出的规则起草。

本标准代替 GB/T 13662—2008《黄酒》。

本标准与 GB/T 13662—2008 相比,主要有如下变化:

1)　术语和定义:

——修改了黄酒、标注酒龄、传统型黄酒、清爽型黄酒的术语和定义;

——增加了原酒、勾调和抑制发酵的术语和定义。

2)　技术要求:

——修改了原辅料的要求;

——修改了部分理化指标的要求;

——增加了黄酒发酵及贮存过程中自然产生的苯甲酸的限量要求;

——取消了 β-苯乙醇指标的要求。

3)　分析方法:

——增加了总糖的测定方法 费林试剂-间接碘量电位滴定法;

——增加了非糖固形物的测定方法 仪器法(第二法);

——删除了 β-苯乙醇的测定方法;

——删除了利用酒精计测定酒精度的测定方法,增加了酒精度的测定方法 仪器法(资料性附录 A)。

4)　检验规则

——修改了出厂检验项目;

——修改了不合格项目分类;

——修改了判断规则。

5)　修改了标签标示的要求。

本标准由中国轻工业联合会提出。

本标准由全国酿酒标准化技术委员会(SAC/TC 471)归口。

本标准起草单位:中国食品发酵工业研究院有限公司、浙江古越龙山绍兴酒股份有限公司、浙江公正检验中心有限公司、江苏张家港酿酒有限公司、上海金枫酒业股份有限公司、会稽山绍兴酒股份有限公司、江南大学、山东即墨黄酒厂有限公司、山东即墨妙府老酒有限公司、绍兴市标准化研究院、浙江塔牌绍兴酒有限公司、无锡市振太酒业有限公司、南通白蒲黄酒有限公司。

本标准主要起草人:钟其顶、郭新光、邹慧君、许荣年、黄庭明、俞关松、俞剑燊、王栋、于秦峰、韩吉臣、李博斌、俞红波、郭宇、张斌、李国辉。

本标准所代替标准的历次版本发布情况为:

——GB/T 13662—1992、GB/T 13662—2000、GB/T 13662—2008。

黄　酒

1　范围

本标准规定了黄酒的术语和定义、分类、要求、分析方法、检验规则、标志、包装、运输和贮存。

本标准适用于黄酒的生产、检验与销售。

2　规范性引用文件

下列文件对于本文件的应用是必不可少的。凡是注日期的引用文件,仅注日期的版本适用于本文件。凡是不注日期的引用文件,其最新版本(包括所有的修改单)适用于本文件。

GB/T 601　化学试剂　标准滴定溶液的制备

GB/T 603　化学试剂　试验方法中所用制剂及制品的制备

GB 1886.64　食品安全国家标准　食品添加剂　焦糖色

GB 2715　食品安全国家标准　粮食

GB 2758　食品安全国家标准　发酵酒及其配制酒

GB 2760　食品安全国家标准　食品添加剂使用标准

GB 5009.28　食品安全国家标准　食品中苯甲酸、山梨酸和糖精钠的测定

GB 5009.225　食品安全国家标准　酒中乙醇浓度的测定

GB 5749　生活饮用水卫生标准

GB/T 6543　运输包装用单瓦楞纸箱和双瓦楞纸箱

GB/T 6682—2008　分析实验室用水规格和试验方法

GB 7718　食品安全国家标准　预包装食品标签通则

JJF 1070　定量包装商品净含量计量检验规则

定量包装商品计量监督管理办法(国家质量监督检验检疫总局〔2005〕第 75 号令)

3　术语和定义

下列术语和定义适用于本文件。

3.1

黄酒　Huangjiu

老酒

以稻米、黍米、小米、玉米、小麦、水等为主要原料,经加曲和/或部分酶制剂、酵母等糖化发酵剂酿制而成的发酵酒。

3.2

酒龄　age

发酵后的成品原酒在酒坛、酒罐等容器中贮存的年限。

3.3

原酒　original huangjiu

黄酒酿造结束,直接或经煎酒后储存于容器中的基酒。

3.4

标注酒龄 marking age

销售包装标签上标注的酒龄,以勾调所用原酒的酒龄加权平均计算。

3.5

聚集物 aggregate

成品酒在贮存过程中自然产生的沉淀或沉降物。

3.6

传统型黄酒 traditional type huangjiu

以稻米、黍米、玉米、小米、小麦、水等为主要原料,经蒸煮、加酒曲、糖化、发酵、压榨、过滤、煎酒(除菌)、贮存、勾调而成的黄酒。

3.7

清爽型黄酒 light type huangjiu

以稻米、黍米、玉米、小米、小麦、水等为主要原料,经蒸煮、加入酒曲和/或部分酶制剂、酵母为糖化发酵剂、经糖化、发酵、压榨、过滤、煎酒(除菌)、贮存、勾调而成的、口味清爽的黄酒。

3.8

特型黄酒 special type huangjiu

由于原辅料和(或)工艺有所改变,具有特殊风味且不改变黄酒风格的酒。

3.9

勾调 blending

不同酒龄、不同类型的原酒按一定比例调合,并可加适量水调整的过程。

3.10

抑制发酵 inhibited fermentation

在甜黄酒和半甜黄酒的生产过程中,可适量加入白酒或食用酒精以控制发酵的过程。

4 分类

4.1 按产品风格分类

4.1.1 传统型黄酒。

4.1.2 清爽型黄酒。

4.1.3 特型黄酒。

4.2 按含糖量分类

4.2.1 干黄酒。

4.2.2 半干黄酒。

4.2.3 半甜黄酒。

4.2.4 甜黄酒。

5 技术要求

5.1 原辅料要求

5.1.1 酿造用水应符合 GB 5749 的要求。

5.1.2 稻米等粮食原料应符合 GB 2715 的规定。

5.1.3 在特型黄酒生产过程中,可添加符合国家规定的、按照传统既是食品又是中药材物质。

5.1.4 用于抑制发酵的白酒或食用酒精应符合相关标准要求。

5.1.5 黄酒中可按照 GB 2760 的规定添加焦糖色(其焦糖色产品应符合 GB 1886.64 要求)。

5.1.6 其他原、辅料应符合国家相关标准和食品安全法规的规定。

5.2 感官要求

5.2.1 传统型黄酒

应符合表 1 的规定。

表 1 传统型黄酒感官要求

项目	类型	优级	一级	二级
外观	干黄酒	淡黄色至深褐色,清亮透明,有光泽,允许瓶(坛)底有微量聚集物		淡黄色至深褐色,清亮透明,允许瓶(坛)底有少量聚集物
	半干黄酒			
	半甜黄酒			
	甜黄酒			
香气	干黄酒	具有黄酒特有的浓郁醇香,无异香	黄酒特有的醇香较浓郁,无异香	具有黄酒特有的醇香,无异味
	半干黄酒			
	半甜黄酒			
	甜黄酒			
口味	干黄酒	醇和,爽口,无异味	醇和,较爽口,无异味	尚醇和,爽口,无异味
	半干黄酒	醇厚,柔和鲜爽,无异味	醇厚,较柔和鲜爽,无异味	尚醇厚鲜爽,无异味
	半甜黄酒	醇厚,鲜甜爽口,无异味	醇厚,较鲜甜爽口,无异味	醇厚,尚鲜甜爽口,无异味
	甜黄酒	鲜甜,醇厚,无异味	鲜甜,较醇厚,无异味	鲜甜,尚醇厚,无异味
风格	干黄酒	酒体协调,具有黄酒品种的典型风格	酒体较协调,具有黄酒品种的典型风格	酒体尚协调,具有黄酒品种的典型风格
	半干黄酒			
	半甜黄酒			
	甜黄酒			

5.2.2 清爽型黄酒

应符合表 2 的规定。

表 2 清爽型黄酒感官要求

项目	类型	一级	二级
外观	干黄酒	淡黄色至黄褐色,清亮透明,有光泽,允许瓶(坛)底有微量聚集物	
	半干黄酒		
	半甜黄酒		
香气	干黄酒	具有本类型黄酒特有的清雅醇香,无异香	
	半干黄酒		
	半甜黄酒		

表 2（续）

项目	类型	一级	二级
口味	干黄酒	柔净醇和、清爽、无异味	柔净醇和、较清爽、无异味
	半干黄酒	柔和、鲜爽、无异味	柔和、较鲜爽、无异味
	半甜黄酒	柔和、鲜甜、清爽、无异味	柔和、鲜甜、较清爽、无异味
风格	干黄酒	酒体协调,具有本类黄酒的典型风格	酒体较协调,具有本类黄酒的典型风格
	半干黄酒		
	半甜黄酒		

5.2.3 特型黄酒

应符合 5.2.1 或 5.2.2 的要求。

5.3 理化要求

5.3.1 传统型黄酒

5.3.1.1 干黄酒

应符合表 3 的规定。

表 3 传统型干黄酒理化要求

项目		稻米黄酒			非稻米黄酒	
		优级	一级	二级	优级	一级
总糖(以葡萄糖计)/(g/L)	≤	15.0				
非糖固形物/(g/L)	≥	14.0	11.5	9.5	14.0	11.5
酒精度(20 ℃)/(% vol)	≥	8.0[a]			8.0[b]	
总酸(以乳酸计)/(g/L)		3.0～7.0			3.0～10.0	
氨基酸态氮/(g/L)	≥	0.35	0.25	0.20	0.16	
pH		3.5～4.6				
氧化钙/(g/L)	≤	1.0				
苯甲酸[c]/(g/kg)	≤	0.05				

[a] 酒精度低于 14% vol 时,非糖固形物和氨基酸态氮的值按 14% vol 折算,酒精度标签所示值与实测值之间差为 ±1.0% vol。

[b] 酒精度低于 11% vol 时,非糖固形物和氨基酸态氮的值按 11% vol 折算,酒精度标签所示值与实测值之间差为 ±1.0% vol。

[c] 指黄酒发酵及贮存过程中自然产生的苯甲酸。

5.3.1.2 半干黄酒

应符合表 4 的规定。

表 4　传统型半干黄酒理化要求

项目	稻米黄酒			非稻米黄酒	
	优级	一级	二级	优级	一级
总糖（以葡萄糖计）/(g/L)	15.1～40.0				
非糖固形物/(g/L)　≥	18.5	16.0	13.0	15.5	13.0
酒精度(20 ℃)/(% vol)　≥	8.0[a]			8.0[b]	
总酸（以乳酸计）/(g/L)	3.0～7.5			3.0～10.0	
氨基酸态氮/(g/L)　≥	0.40	0.35	0.30	0.16	
pH	3.5～4.6				
氧化钙/(g/L)　≤	1.0				
苯甲酸[c]/(g/kg)　≤	0.05				

　　[a]　酒精度低于 14% vol 时，非糖固形物和氨基酸态氮的值按 14% vol 折算，酒精度标签所示值与实测值之间差为 ±1.0% vol。

　　[b]　酒精度低于 11% vol 时，非糖固形物和氨基酸态氮的值按 11% vol 折算，酒精度标签所示值与实测值之间差为 ±1.0% vol。

　　[c]　指黄酒发酵及贮存过程中自然产生的苯甲酸。

5.3.1.3　半甜黄酒

应符合表 5 的规定。

表 5　传统型半甜黄酒理化要求

项目	稻米黄酒			非稻米黄酒	
	优级	一级	二级	优级	一级
总糖（以葡萄糖计）/(g/L)	40.1～100.0				
非糖固形物/(g/L)　≥	18.5	16.0	13.0	16.0	13.0
酒精度(20 ℃)/(% vol)　≥	8.0[a]			8.0[b]	
总酸（以乳酸计）/(g/L)	4.0～8.0			4.0～10.0	
氨基酸态氮/(g/L)　≥	0.35	0.30	0.20	0.16	
pH	3.5～4.6				
氧化钙/(g/L)　≤	1.0				
苯甲酸[c]/(g/kg)　≤	0.05				

　　[a]　酒精度低于 14% vol 时，非糖固形物和氨基酸态氮的值按 14% vol 折算，酒精度标签所示值与实测值之间差为 ±1.0% vol。

　　[b]　酒精度低于 11% vol 时，非糖固形物和氨基酸态氮的值按 11% vol 折算，酒精度标签所示值与实测值之间差为 ±1.0% vol。

　　[c]　指黄酒发酵及贮存过程中自然产生的苯甲酸。

5.3.1.4 甜黄酒

应符合表 6 的规定。

表 6 传统型甜黄酒理化要求

项目		稻米黄酒			非稻米黄酒	
		优级	一级	二级	优级	一级
总糖(以葡萄糖计)/(g/L)	>	100.0				
非糖固形物/(g/L)	≥	16.5	14.0	13.0	14.0	11.5
酒精度(20 ℃)/(% vol)	≥	8.0[a]			8.0[b]	
总酸(以乳酸计)/(g/L)		4.0～8.0			4.0～10.0	
氨基酸态氮/(g/L)	≥	0.30	0.25	0.20	0.16	
pH		3.5～4.8				
氧化钙/(g/L)	≤	1.0				
苯甲酸[c]/(g/kg)	≤	0.05				
[a] 酒精度低于 14% vol 时,非糖固形物和氨基酸态氮的值按 14% vol 折算,酒精度标签所示值与实测值之间差为 ±1.0% vol。 [b] 酒精度低于 11% vol 时,非糖固形物和氨基酸态氮的值按 11% vol 折算,酒精度标签所示值与实测值之间差为 ±1.0% vol。 [c] 指黄酒发酵及贮存过程中自然产生的苯甲酸。						

5.3.2 清爽型黄酒

5.3.2.1 干黄酒

应符合表 7 的规定。

表 7 清爽型干黄酒理化要求

项目		稻米黄酒		非稻米黄酒
		一级	二级	
总糖(以葡萄糖计)/(g/L)	≤	15.0		
非糖固形物/(g/L)	≥	5.0		
酒精度(20 ℃)/(% vol)	≥	6.0[a]		6.0[b]
总酸(以乳酸计)/(g/L)		2.5～7.0		2.5～10.0
氨基酸态氮/(g/L)	≥	0.20	0.16	
pH		3.5～4.6		
氧化钙/(g/L)	≤	0.5		
苯甲酸[c]/(g/kg)	≤	0.05		
[a] 酒精度低于 14% vol 时,非糖固形物和氨基酸态氮的值按 14% vol 折算,酒精度标签所示值与实测值之间差为 ±1.0% vol。 [b] 酒精度低于 11% vol 时,非糖固形物和氨基酸态氮的值按 11% vol 折算,酒精度标签所示值与实测值之间差为 ±1.0% vol。 [c] 指黄酒发酵及贮存过程中自然产生的苯甲酸。				

5.3.2.2 半干黄酒

应符合表 8 的规定。

表 8　清爽型半干黄酒理化要求

项目		稻米黄酒		非稻米黄酒	
		一级	二级	一级	二级
总糖(以葡萄糖计)/(g/L)		15.1～40.0			
非糖固形物/(g/L)	≥	10.5	8.5	10.5	8.5
酒精度(20 ℃)/(% vol)	≥	6.0[a]		6.0[b]	
总酸(以乳酸计)/(g/L)		2.5～7.0		2.5～10.0	
氨基酸态氮/(g/L)	≥	0.30	0.20	0.16	
pH		3.5～4.6			
氧化钙/(g/L)	≤	0.5			
苯甲酸[c]/(g/kg)	≤	0.05			
[a]　酒精度低于 14% vol 时,非糖固形物和氨基酸态氮的值按 14% vol 折算,酒精度标签所示值与实测值之间差为 ±1.0% vol。 [b]　酒精度低于 11% vol 时,非糖固形物和氨基酸态氮的值按 11% vol 折算,酒精度标签所示值与实测值之间差为 ±1.0% vol。 [c]　指黄酒发酵及贮存过程中自然产生的苯甲酸。					

5.3.2.3 半甜黄酒

应符合表 9 的规定。

表 9　清爽型半甜黄酒理化要求

项目		稻米黄酒		非稻米黄酒	
		一级	二级	一级	二级
总糖(以葡萄糖计)/(g/L)		40.1～100.0			
非糖固形物/(g/L)	≥	7.0	5.5	7.0	5.5
酒精度(20 ℃)/(% vol)	≥	6.0[a]		6.0[b]	
总酸(以乳酸计)/(g/L)		3.8～8.0		3.8～10.0	
氨基酸态氮/(g/L)	≥	0.25	0.20	0.16	
pH		3.5～4.6			
氧化钙/(g/L)	≤	0.5			
苯甲酸[c]/(g/kg)	≤	0.05			
[a]　酒精度低于 14% vol 时,非糖固形物和氨基酸态氮的值按 14% vol 折算,酒精度标签所示值与实测值之间差为 ±1.0% vol。 [b]　酒精度低于 11% vol 时,非糖固形物和氨基酸态氮的值按 11% vol 折算,酒精度标签所示值与实测值之间差为 ±1.0% vol。 [c]　指黄酒发酵及贮存过程中自然产生的苯甲酸。					

5.3.3 特型黄酒

按照相应的产品标准执行,产品标准中各项指标的设定不应低于 5.3.1 或 5.3.2 中相应产品类型的最低级别要求。

5.4 净含量

按《定量包装商品计量监督管理办法》(国家质量监督检验检疫总局[2005]第 75 号令)执行。

6 分析方法

本分析方法中所用的水,在未注明其他要求时,应符合 GB/T 6682—2008 的规定的三级或三级以上的水。所有试剂,在未注明其他规格时,均指分析纯(AR)。

6.1 感官检查

6.1.1 酒样的准备

将酒样密码编号,调温至 15 ℃～25 ℃。将洁净的评酒杯对应酒样编号,对号注入适量酒样。

6.1.2 外观评价

将注入酒样的评酒杯置于明亮处,举杯齐眉,用眼观察杯中酒的透明度、澄清度以及有无沉淀和聚集物等,做好详细记录。

6.1.3 香气与口味评价

手握杯柱,慢慢将酒杯置于鼻孔下方,嗅闻其挥发香气,慢慢摇动酒杯,嗅闻香气。用手握酒杯腹部 2 min,摇动后,再闻其香气。依次上述程序,判断是原料香或其他异香,写出评语;饮入适量酒样于口中,尽量均匀分布于味觉区,仔细品评口感,有了明确感觉后咽下,再回味口感及后味,记录口感特征。

6.1.4 风格评价

依据外观、香气、口味的特征,综合评价酒样的风格及典型性程度,写出评价结论。

6.2 总糖

6.2.1 廉爱农法(仲裁法)

适用于甜酒和半甜酒。

6.2.1.1 原理

费林试剂与还原糖共沸,生成氧化亚铜沉淀。以次甲基蓝为指示液,用试样水解液滴定沸腾状态的费林溶液。达到终点时,稍微过量的还原糖将次甲基蓝还原成无色为终点,依据试样水解液的消耗体积,计算总糖含量。

6.2.1.2 试剂

6.2.1.2.1 费林甲液:称取硫酸铜($CuSO_4 \cdot 5H_2O$)69.8 g,加水溶解并定容至 1 000 mL。

6.2.1.2.2 费林乙液:称取酒石酸钾钠($C_4H_4KNaO_6 \cdot 4H_2O$)346 g 及氢氧化钠 100 g,加水溶解并定容至 1 000 mL,摇匀,过滤,备用。

6.2.1.2.3 葡萄糖标准溶液(2.5 g/L):称取经 103 ℃～105 ℃烘干至恒重的无水葡萄糖 2.5 g(精确至 0.000 1 g),加水溶解,并加浓盐酸 5 mL,再用水定容至 1 000 mL。

6.2.1.2.4 次甲基蓝指示液(10 g/L):称取次甲基蓝 1.0 g,加水溶解并定容至 100 mL。

6.2.1.2.5 盐酸溶液(6 mol/L):量取浓盐酸 50 mL,加水稀释至 100 mL。

6.2.1.2.6 甲基红指示液(1 g/L):称取甲基红 0.10 g,溶于乙醇并稀释至 100 mL。

6.2.1.2.7 氢氧化钠溶液(200 g/L):称取氢氧化钠 20 g,用水溶解并稀释至 100 mL。

6.2.1.3 仪器

6.2.1.3.1 分析天平:感量 0.000 1 g。

6.2.1.3.2 分析天平:感量 0.01 g。

6.2.1.3.3 电炉:300 W～500 W。

6.2.1.4 分析步骤

6.2.1.4.1 标定费林溶液的预滴定

准确吸取费林甲、乙液各 5 mL 于 250 mL 锥形瓶中,加水 30 mL,混合后置于电炉上加热至沸腾。滴入葡萄糖标准溶液(6.2.1.2.3),保持沸腾,待试液蓝色即将消失时,加入次甲基蓝指示液(6.2.1.2.4)2 滴,继续用葡萄糖标准溶液滴定至蓝色消失为终点。记录消耗葡萄糖标准溶液的体积(V)。

6.2.1.4.2 费林溶液的标定

费林溶液的标定按如下步骤操作和计算:
a) 准确吸取费林甲、乙液各 5 mL 于 250 mL 锥形瓶中,加水 30 mL。混匀后,加入比预滴定体积(V)少 1 mL 的葡萄糖标准溶液(6.2.1.2.3),置于电炉上加热至沸腾,加入次甲基蓝指示液(6.2.1.2.4)2 滴,保持沸腾 2 min,继续用葡萄糖标准溶液滴定至蓝色消失为终点,记录消耗葡萄糖标准溶液的总体积(V_1)。全部滴定操作应在 3 min 内完成;
b) 费林甲液、费林乙液各 5 mL 相当于葡萄糖的质量按式(1)计算:

$$m_1 = \frac{m \times V_1}{1\ 000} \quad\cdots\cdots\cdots\cdots\cdots\cdots\cdots\cdots\cdots\cdots\cdots\cdots\cdots (1)$$

式中:
m_1——费林甲、乙液各 5 mL 相当于葡萄糖的质量,单位为克(g);
m ——称取葡萄糖的质量,单位为克(g);
V_1 ——正式标定时消耗葡萄糖标准溶液的总体积,单位为毫升(mL)。

6.2.1.4.3 试样的测定

试样的测定按如下步骤操作:
a) 吸取试样 2 mL～10 mL(控制水解液总糖含量为 1 g/L～2 g/L)于 500 mL 容量瓶中,加水 50 mL 和盐酸溶液(6.2.1.2.5)5 mL,在 68 ℃～70 ℃水浴中加热 15 min。冷却后,加入甲基红指示液(6.2.1.2.6)2 滴,用氢氧化钠溶液(6.2.1.2.7)中和至红色消失(近似于中性)。加水定容,摇匀,用滤纸过滤后备用;
b) 测定时,以试样水解液代替葡萄糖标准溶液,操作步骤同 6.2.1.4.2,记录消耗试样水解液的体积(V_2)。

6.2.1.5 计算

试样中总糖含量按式(2)计算:

$$X = \frac{500 \times m_1}{V_2 \times V_3} \times 1\,000 \quad\cdots\cdots\cdots\cdots\cdots\cdots\cdots\cdots\cdots\cdots\cdots\cdots\cdots(2)$$

式中：

X —— 试样中总糖的含量,单位为克每升(g/L);

m_1 —— 费林甲、乙液各 5 mL 相当于葡萄糖的质量,单位为克(g);

V_2 —— 滴定时消耗试样水解液的体积,单位为毫升(mL);

V_3 —— 吸取试样的体积,单位为毫升(mL)。

所得结果表示至一位小数。

6.2.1.6 精密度

在重复性条件下获得的两次独立测定结果的绝对差值不得超过算术平均值的5%。

6.2.2 亚铁氰化钾滴定法(仲裁法)

适用于干黄酒和半干黄酒。

6.2.2.1 原理

费林溶液与还原糖共沸,在碱性溶液中将铜离子还原成亚铜离子,并与溶液中的亚铁氰化钾络合而呈黄色。以次甲基蓝为指示剂,达到终点时,稍微过量的还原糖将次甲基蓝还原成无色为终点。依据试样水解液的消耗体积,计算总糖含量。

6.2.2.2 试剂

6.2.2.2.1 甲溶液:称取硫酸铜($CuSO_4 \cdot 5H_2O$)15.0 g 及次甲基蓝 0.05 g,加水溶解并定容至 1 000 mL,摇匀备用。

6.2.2.2.2 乙溶液:称取酒石酸钾钠($C_4H_4KNaO_6 \cdot 4H_2O$)50 g、氢氧化钠 54 g、亚铁氰化钾 4 g,加水溶解并定容至 1 000 mL,摇匀备用。

6.2.2.2.3 葡萄糖标准溶液(1 g/L):称取经 103 ℃~105 ℃烘干至恒重的无水葡萄糖 1 g(精确至 0.000 1 g),加水溶解,并加浓盐酸 5 mL,用水定容至 1 000 mL,摇匀备用。

6.2.2.3 仪器

6.2.2.3.1 分析天平:感量 0.000 1 g。

6.2.2.3.2 分析天平:0.01 g。

6.2.2.3.3 电炉:300 W~500 W。

6.2.2.4 分析步骤

6.2.2.4.1 空白试验

准确吸取甲溶液(6.2.2.2.1)、乙溶液(6.2.2.2.2)各 5 mL 于 100 mL 锥形瓶中,加入葡萄糖标准溶液(6.2.2.2.3)9 mL,混匀后置于电炉上加热,在 2 min 内沸腾,然后以 4 s~5 s 一滴的速度继续滴入葡萄糖标准溶液,直至蓝色消失立即呈现黄色为终点,记录消耗葡萄糖标准溶液的总量(V_4)。

6.2.2.4.2 试样测定

试样的测定如下步骤操作:

　　a) 吸取试样 2 mL~10 mL(控制水解液含糖量在 1 g/L~2 g/L)于 100 mL 容量瓶中,加水

30 mL 和盐酸溶液(6.2.1.2.5)5 mL,在 68 ℃~70 ℃水浴中加热 15 min。冷却后,加入甲基红指示液(6.2.1.2.6)两滴,用氢氧化钠溶液(6.2.1.2.7)中和至红色消失(近似于中性)。加水定容至 100 mL,摇匀,用滤纸过滤后,作为试样水解液备用;

b) 预滴定:准确吸取甲溶液(6.2.2.2.1)、乙溶液(6.2.2.2.2)各 5 mL 及试样水解液[6.2.2.4.2 a)] 5 mL 于 100 mL 锥形瓶中,摇匀后置于电炉上加热至沸腾,用葡萄糖标准溶液(6.2.2.2.3)滴定至终点,记录消耗葡萄糖标准溶液的体积;

c) 滴定:准确吸取甲溶液(6.2.2.2.1)、乙溶液(6.2.2.2.2)各 5 mL 及试样水解液[6.2.2.4.2 a)] 5 mL 于 100 mL 锥形瓶中,加入比预滴定少 1.00 mL 的葡萄糖标准溶液(6.2.2.2.3),摇匀后置于电炉上加热至沸腾,继续用葡萄糖标准溶液滴定至终点。记录消耗葡萄糖标准溶液的体积(V_5)。接近终点时,滴入葡萄糖标准溶液的用量应控制在 0.5 mL~1.0 mL。

6.2.2.5 计算

试样中总糖含量按式(3)计算:

$$X_1 = \frac{(V_4 - V_5) \times \rho \times n}{5} \times 1\,000 \quad\cdots\cdots\cdots\cdots\cdots\cdots\cdots(3)$$

式中:

X_1——试样中总糖的含量,单位为克每升(g/L);

V_4——空白试验时,消耗葡萄糖标准溶液的体积,单位为毫升(mL);

V_5——试样测定时,消耗葡萄糖标准溶液的体积,单位为毫升(mL);

ρ ——葡萄糖标准溶液的浓度,单位为克每毫升(g/mL);

n ——试样的稀释倍数。

所得结果表示至一位小数。

6.2.2.6 精密度

在重复性条件下获得的两次独立测定结果的绝对差值不得超过算术平均值的 5%。

6.2.3 费林试剂-间接碘量电位滴定法

6.2.3.1 原理

用中性乙酸铅将试样进行澄清处理,费林溶液与还原糖共沸,在碱性溶液中将铜离子还原成亚铜离子,亚铜离子可将 I^- 还原为 I_2,之后由硫代硫酸钠溶液滴定生成的 I_2,用氧化还原电极测出氧化还原反应中电动势的变化,电动势变化斜率最大时为反应终点,根据硫代硫酸钠溶液的使用量计算试样中总糖的含量。

6.2.3.2 试剂和溶液

6.2.3.2.1 费林甲液:称取硫酸铜($CuSO_4 \cdot 5H_2O$)69.8 g,加水溶解并定容至 1 000 mL。

6.2.3.2.2 费林乙液:称取酒石酸钾钠($C_4H_4KNaO_6 \cdot 4H_2O$)346 g 及氢氧化钠 100 g,加水溶解并定容至 1 000 mL,摇匀,过滤,备用。

6.2.3.2.3 葡萄糖标准溶液(2.5 g/L):称取经 103 ℃~105 ℃烘干至恒重的无水葡萄糖 2.5 g(精确至 0.000 1 g),加水溶解,并加浓盐酸 5 mL,再用水定容至 1 000 mL。

6.2.3.2.4 硫代硫酸钠溶液[$c(Na_2S_2O_3 \cdot 5H_2O) = 0.1$ mol/L]:按照 GB/T 601 配制,也可以使用商品化的产品。

6.2.3.2.5 盐酸溶液(6 mol/L):量取浓盐酸 50 mL,加水稀释至 100 mL。

6.2.3.2.6 甲基红指示液(1 g/L):称取甲基红 0.10 g,溶于乙醇并稀释至 100 mL。

6.2.3.2.7 硫酸溶液(1+5,体积比):按 1:5(体积比)的比例用水稀释浓硫酸。

6.2.3.2.8 氢氧化钠溶液(500 g/L):称取氢氧化钠 50 g,用水溶解并定容至 100 mL。

6.2.3.2.9 碘化钾溶液(200 g/L):称取碘化钾 20 g,用水溶解并定容至 100 mL。

6.2.3.2.10 中性乙酸铅(近饱和)溶液(500 g/L):称取中性乙酸铅[$Pb(CH_3COO)_2 \cdot 3H_2O$]250 g,加沸水至 500 mL,搅拌至全部溶解。

6.2.3.2.11 磷酸氢二钠溶液(70 g/L):称取 70 g 磷酸氢二钠,用水溶解并定容至 1 000 mL。

6.2.3.3 仪器

6.2.3.3.1 电位滴定仪:配加液器、磁力搅拌。

6.2.3.3.2 复合铂电极。

6.2.3.3.3 电子恒温水浴锅。

6.2.3.3.4 电炉:300 W～500 W。

6.2.3.4 分析步骤

6.2.3.4.1 葡萄糖标准的滴定

准确吸取 10 mL 葡萄糖标准溶液(6.2.3.2.3)、费林甲液(6.2.3.2.1)和费林乙液(6.2.3.2.2)各 5 mL 于 150 mL 烧杯中,加入 20 mL 水,煮沸 2 min,冷却后加入 10 mL 碘化钾溶液(6.2.3.2.9)、5 mL 硫酸溶液(6.2.3.2.7),在合适的搅拌转速下用硫代硫酸钠溶液(6.2.3.2.4)进行电位滴定,电动势变化斜率最大时为反应终点,记录硫代硫酸钠溶液的消耗体积 V_6。

6.2.3.4.2 试样制备

准确吸取一定量的试样(控制水解液含糖量在 1 g/L～5 g/L)于 100 mL 容量瓶中,加水至 50 mL,混匀然后加入 2 mL 中性乙酸铅溶液(6.2.3.2.10)摇匀,静止 5 min 后加入 3 mL 磷酸氢二钠溶液(6.2.3.2.11)摇匀,用水定容至 100 mL,放置至试样澄清。准确吸取 10 mL 试样上清液于烧杯中,加入 5 mL 盐酸溶液(6.2.3.2.5)和 5 mL 水,68 ℃±1 ℃水浴 15 min,冷却后,用氢氧化钠溶液(6.2.3.2.8)调至 pH=6～8。

6.2.3.4.3 试样滴定

准确加入费林甲液(6.2.3.2.1)、费林乙液(6.2.3.2.2)各 5 mL 于 6.2.3.4.2 制备的试样中,煮沸 2 min,冷却后加入 10 mL 碘化钾溶液(6.2.3.2.9)和 5 mL 硫酸溶液(6.2.3.2.7),在合适的搅拌转速下用硫代硫酸钠溶液(6.2.3.2.4)进行电位滴定,电动势变化斜率最大时为反应终点,记录硫代硫酸钠溶液的消耗体积 V_7。

6.2.3.4.4 空白试验

准确吸取费林甲液(6.2.3.2.1)和费林乙液(6.2.3.2.2)各 5 mL 于 150 mL 烧杯中,加 30 mL 水,煮沸 2 min,冷却后加入 10 mL 碘化钾溶液(6.2.3.2.9)和 5 mL 硫酸溶液(6.2.3.2.7),在合适的搅拌转速下用硫代硫酸钠溶液(6.2.3.2.4)进行电位滴定,电动势变化斜率最大时为反应终点,记录硫代硫酸钠溶液的消耗体积 V_8。

6.2.3.5 计算

试样中总糖含量按式(4)计算:

$$X_2 = \frac{V_8 - V_7}{V_8 - V_6} \times \rho_1 \times n_1 \qquad \cdots\cdots\cdots\cdots\cdots\cdots\cdots (4)$$

式中：

X_2——试样中总糖含量,单位为克每升(g/L);

V_6——葡萄糖标准溶液测定时,消耗硫代硫酸钠溶液的体积,单位为毫升(mL);

V_7——试样测定时,消耗硫代硫酸钠溶液的体积,单位为毫升(mL);

V_8——空白试验时,消耗硫代硫酸钠溶液的体积,单位为毫升(mL);

ρ_1——葡萄糖标准溶液的浓度,单位为克每升(g/L);

n_1——样品稀释倍数。

结果以两次测定值的算术平均值表示,计算结果保留至小数点后一位。

6.2.3.6 精密度

在重复性条件下获得的两次独立测定结果的绝对差值不得超过算术平均值的5%。

6.3 非糖固形物

6.3.1 第一法 重量法(仲裁法)

6.3.1.1 原理

试样经100 ℃~105 ℃加热,其中的水分、乙醇等可挥发性的物质被蒸发,剩余的残留即为总固形物。总固形物减去总糖即为非糖固形物。

6.3.1.2 仪器

6.3.1.2.1 天平:感量0.000 1 g。

6.3.1.2.2 电热干燥箱:温控±1 ℃。

6.3.1.2.3 干燥器:内装盛有效干燥剂。

6.3.1.3 分析步骤

吸取试样5 mL(干黄酒、半干黄酒直接取样,半甜黄酒稀释1倍~2倍后取样,甜黄酒稀释2倍~6倍后取样)于已知干燥至恒重的蒸发皿(或直径为50 mm、高30 mm称量瓶)中,放入103 ℃±2 ℃电热干燥烘箱中烘干4 h,取出称量。

6.3.1.4 计算

6.3.1.4.1 试样中总固形物含量按式(5)计算:

$$X_3 = \frac{(m_2 - m_3) \times n_2}{V_9} \times 1\ 000 \qquad \cdots\cdots\cdots\cdots\cdots (5)$$

式中：

X_3——试样中总固形物的含量,单位为克每升(g/L);

m_2——蒸发皿(或称量瓶)和试样烘干至恒重的质量,单位为克(g);

m_3——蒸发皿(或称量瓶)烘干至恒重的质量,单位为克(g);

n_2——试样稀释倍数;

V_9——吸取试样的体积,单位为毫升(mL)。

6.3.1.4.2 试样中非糖固形物含量按式(6)计算:

$$X_4 = X_3 - X_5 \qquad \cdots\cdots\cdots\cdots\cdots\cdots (6)$$

式中:

X_3——试样中固形物的含量,单位为克每升(g/L);

X_4——试样中非糖固形物的含量,单位为克每升(g/L);

X_5——试样中总糖含量,单位为克每升(g/L);

所得结果表示至一位小数。

6.3.1.5 精密度

在重复性条件下获得的两次独立测定结果的绝对差值不得超过算术平均值的5%。

6.3.2 第二法 仪器法

6.3.2.1 原理

首先利用仪器测定试样脱醇溜出液密度和试样的原始密度,仪器自动换算总固形物的含量,总固形物含量减去总糖的含量,即得非糖固形物的含量。

6.3.2.2 试剂

6.3.2.2.1 消泡剂。

6.3.2.2.2 氧化钙。

6.3.2.2.3 氧化钙溶液(12%):称取12.00 g氧化钙(6.3.2.2.2)于烧杯中,加水至100 g,混匀呈乳浊液。

6.3.2.3 仪器

6.3.2.3.1 快速蒸馏器。

6.3.2.3.2 全自动天平密度仪(或其他同等功能仪器):精度0.000 05 kg/L,测量范围0.5 kg/L~2.25 kg/L。

6.3.2.3.3 恒温水浴池:温控±0.2 ℃。

6.3.2.3.4 容量瓶:100 mL。

6.3.2.4 分析步骤

6.3.2.4.1 仪器校正

使用前用蒸馏水或者乙醇标准溶液依照仪器说明书对全自动天平密度仪进行校正。

6.3.2.4.2 样品蒸馏

使用100 mL容量瓶取试样100 mL(液温20 ℃),全部移入快速蒸馏器的蒸馏瓶中,用100 mL水分3次洗涤容量瓶,洗液并入蒸馏瓶中,在蒸馏瓶中依次加入约1 mL氧化钙溶液(6.3.2.2.3)和5滴消泡剂(6.3.2.2.1)。选择酒精蒸馏模式,将快速蒸馏器的馏出液质量设置为85 g,开启冷却水(冷却水温度宜低于15 ℃),启动快速蒸馏器,用原100 mL容量瓶接收馏出液。蒸馏结束后,待馏出液恢复至20 ℃,使用20 ℃的水将馏出液定容至刻度,摇匀。

6.3.2.4.3 样品测定

将校正后的全自动天平密度仪调至固形物测定模式,将试样(液温20 ℃)注入全自动天平密度仪测定其密度值ρ_s;用蒸馏水冲洗后将该试样依照6.3.2.4.2方法蒸馏定容后的待测液注入全自动天平密度仪测定其密度值ρ_e,之后仪器自动换算并显示试样中总固形物的含量值,待读数稳定,记录测定值。

6.3.2.5 结果表达

根据仪器测定的试样中总固形物的含量,减去试样中总糖的含量,即得试样中非糖固形物的含量,以 g/L 表示。所得结果表示至一位小数。

6.3.2.6 精密度

在重复性条件下获得的两次独立测定结果的绝对差值不得超过算术平均值的 5%。

6.4 pH

6.4.1 原理

将玻璃电极和甘汞电极浸入试样溶液中,构成一个原电池。两极间的电动势与溶液的 pH 有关。通过测量原电池的电动势,即可得到试样溶液的 pH。

6.4.2 仪器

酸度计:精度 0.01 pH,备有玻璃电极和甘汞电极(或复合电极)。

6.4.3 分析步骤

6.4.3.1 按仪器使用说明书调试和校正酸度计。

6.4.3.2 用水洗电极,再用试液洗涤电极两次,用滤纸吸干电极外面附着的液珠,调整试液温度值 25 ℃ ±1 ℃,直接测定,直至 pH 读数稳定 1 min 为止,记录。或在室温下测定,换算成 25 ℃时的 pH。所得结果表示至小数点后一位。

6.4.4 精密度

在重复性条件下获得的两次独立测定结果的绝对差值不得超过算术平均值的 1%。

6.5 总酸、氨基酸态氮

6.5.1 原理

氨基酸是两性化合物,分子中的氨基与甲醛反应后失去碱性,而使羧基呈酸性。用氢氧化钠标准溶液滴定羧基,通过氢氧化钠标准溶液消耗的量可以计算出氨基酸态氮的含量。

6.5.2 试剂

6.5.2.1 甲醛溶液:36%～38%(质量比,无缩合沉淀)。

6.5.2.2 无二氧化碳的水:按 GB/T 603 制备。

6.5.2.3 氢氧化钠标准滴定溶液(0.1 mol/L):按 GB/T 601 配制和标定。

6.5.3 仪器

6.5.3.1 酸度计或自动电位滴定仪:精度 0.01 pH。

6.5.3.2 磁力搅拌器。

6.5.3.3 分析天平:感量 0.000 1 g。

6.5.4 分析步骤

总酸、氨基酸态氮的分析按如下步骤操作:

a) 按仪器使用说明书调试和校正酸度计；

b) 吸取试样 10 mL 于 150 mL 烧杯中，加入无二氧化碳的水 50 mL。烧杯中放入磁力搅拌棒，置于电磁搅拌器上，开启搅拌，用氢氧化钠标准滴定溶液(6.5.2.3)滴定，开始时可快速滴加氢氧化钠标准滴定溶液，当滴定至 pH=7.0 时，放慢滴定速度，每次加半滴氢氧化钠标准滴定溶液，直至 pH=8.20 为终点。记录消耗 0.1 mol/L 氢氧化钠标准滴定溶液的体积(V_{10})。加入甲醛溶液(6.5.2.1)10 mL，继续用氢氧化钠标准滴定溶液滴定至 pH=9.20，记录加甲醛后消耗氢氧化钠标准滴定溶液的体积(V_{11})。同时做空白试验，分别记录不加甲醛溶液及加入甲醛溶液时，空白试验所消耗氢氧化钠标准滴定溶液的体积(V_{12}、V_{13})。

6.5.5 计算

6.5.5.1 试样中总酸含量按式(7)计算：

$$X_6 = \frac{(V_{10}-V_{12}) \times c_1 \times M_1}{V_{14}} \quad\quad\quad\quad\quad\quad\quad\quad (7)$$

式中：

X_6 ——试样中总酸的含量，单位为克每升(g/L)；

c_1 ——氢氧化钠标准滴定溶液的浓度，单位摩尔每升(mol/L)；

M_1 ——乳酸的摩尔质量的数值，单位为克每摩尔(g/mol)($M_1=90$)；

V_{10} ——测定试样时，消耗 0.1 mol/L 氢氧化钠标准滴定溶液的体积，单位为毫升(mL)；

V_{12} ——空白试验时，消耗 0.1 mol/L 氢氧化钠标准滴定溶液的体积，单位为毫升(mL)；

V_{14} ——吸取试样的体积，单位为毫升(mL)。

所得结果表示至两位小数。

6.5.5.2 试样中氨基酸态氮含量按式(8)计算：

$$X_7 = \frac{(V_{11}-V_{13}) \times c_2 \times M_2}{V_{14}} \quad\quad\quad\quad\quad\quad\quad\quad (8)$$

式中：

X_7 ——试样中氨基酸态氮的含量，单位为克每升(g/L)；

c_2 ——氢氧化钠标准滴定溶液的浓度，单位摩尔每升(mol/L)；

M_2 ——氮的摩尔质量，单位为克每摩尔(g/mol)($M_2=14$)；

V_{11} ——加甲醛后，测定试样时消耗 0.1 mol/L 氢氧化钠标准滴定溶液的体积，单位为毫升(mL)；

V_{13} ——加甲醛后，空白试验时消耗 0.1 mol/L 氢氧化钠标准滴定溶液的体积，单位为毫升(mL)；

V_{14} ——吸取试样的体积，单位为毫升(mL)。

所得结果表示至两位小数。

6.5.6 精密度

在重复性条件下获得的两次独立测定结果的绝对差值不得超过算术平均值的 5%。

6.6 氧化钙

6.6.1 第一法 原子吸收分光光度法(仲裁法)

6.6.1.1 原理

试样经火焰燃烧产生原子蒸气，通过从光源辐射出待测元素特征波长的光，被蒸气中待测元素的基态原子吸收，吸收程度与火焰中元素浓度的关系符合波朗伯比尔定律。

6.6.1.2 试剂

6.6.1.2.1 浓硝酸：优级纯(GR)。

6.6.1.2.2 浓盐酸:优级纯(GR)。

6.6.1.2.3 氯化镧溶液(50 g/L):称取氯化镧 5.0 g,加去离子水溶解,并定容至 100 mL。

6.6.1.2.4 钙标准贮备液(1 mL 溶液含有 100 μg 钙):精确称取于 105 ℃～110 ℃ 干燥至恒重的碳酸钙 (GR)0.250 g,用浓盐酸(6.6.1.2.2)10 mL 溶解后,移入 1 000 mL 容量瓶中,用去离子水定容。

6.6.1.2.5 钙标准使用液:分别吸取钙标准贮备液(6.6.1.2.4)0.00 mL、1.00 mL、2.00 mL、4.00 mL、8.00 mL 于 5 个 100 mL 容量瓶中,各加入氯化镧溶液(6.6.1.2.3)10 mL 和浓硝酸(6.6.1.2.1)1 mL,用去离子水定容,此溶液每毫升分别相当于 0.00 μg、1.00 μg、2.00 μg、4.00 μg、8.00 μg 钙。

6.6.1.3 仪器

6.6.1.3.1 原子吸收分光光度计。

6.6.1.3.2 高压釜:50 mL,带聚四氟乙烯内套。

6.6.1.3.3 电热干燥箱:温控±1 ℃。

6.6.1.3.4 天平:感量 0.000 1 g。

6.6.1.4 分析步骤

6.6.1.4.1 试样的处理

准确吸取试样 2 mL～5 mL(V_{15})于 50 mL 聚四氟乙烯内套的高压釜中,加入浓硝酸(6.6.1.2.1) 4 mL,置于电热干燥箱(120 ℃)内,加热消解 4 h～6 h,冷却后转移至 500 mL(V_{16})容量瓶中,加氯化镧溶液(6.6.1.2.3)5 mL,用去离子水定容,摇匀。同时做空白试验。

6.6.1.4.2 光谱条件

测定波长为 422.7 nm,狭缝宽度为 0.7 nm,火焰为空气乙炔气,灯电流为 10 mA。

6.6.1.4.3 测定

将钙标准使用液(6.6.1.2.5)、试剂空白溶液和处理后的试样液(6.6.1.4.1)依次导入火焰中进行测定,记录其吸光度。

6.6.1.4.4 绘制标准曲线

标准曲线的绘制按如下步骤操作:
a) 以标准溶液的钙含量(μg/mL)与对应的吸光度绘制标准工作曲线(或用回归方程计算);
b) 分别以试剂空白和试样液的吸光度,从标准工作曲线中查出钙含量(A、A_1)(或用回归方程计算)。

6.6.1.5 计算

试样中氧化钙的含量按式(9)计算:

$$X_8 = \frac{(A_1 - A) \times V_{16} \times 1.4 \times 1\,000}{V_{15} \times 1\,000 \times 1\,000} = \frac{(A_1 - A) \times V_{16} \times 1.4}{V_{15} \times 1\,000} \quad\cdots\cdots\cdots\cdots\cdots\cdots(9)$$

式中:

X_8——试样中氧化钙的含量,单位为克每升(g/L);

A_1——从标准工作曲线中查出(或用回归方程计算)试样中钙的含量,单位为微克每毫升(μg/mL);

A ——从标准工作曲线中查出(或用回归方程计算)试样空白中钙的含量,单位为微克每毫升 (μg/mL);

V_{15}——吸取试样的体积,单位为毫升(mL);

V_{16}——试样稀释后的总体积,单位为毫升(mL);

1.4——钙与氧化钙的换算系数。

所得结果表示至一位小数。

6.6.1.6 精密度

在重复性条件下获得的两次独立测定结果的绝对差值不得超过算术平均值的5%。

6.6.2 第二法 高锰酸钾滴定法

6.6.2.1 原理

试样中的钙离子与草酸铵反应生成草酸钙沉淀。将沉淀滤出,洗涤后,用硫酸溶解,再用高锰酸钾标准溶液滴定草酸根,根据高锰酸钾溶液的消耗量计算试样中氧化钙的含量。

6.6.2.2 试剂

6.6.2.2.1 甲基橙指示液(1 g/L):称取0.10 g甲基橙,用水溶解并稀释至100 mL。

6.6.2.2.2 饱和草酸铵溶液。

6.6.2.2.3 浓盐酸。

6.6.2.2.4 氢氧化铵溶液(1+10):1体积氢氧化铵加入10体积的水,混匀。

6.6.2.2.5 硫酸溶液(1+3):1体积硫酸缓慢加入至3体积水中,冷却后混匀。

6.6.2.2.6 高锰酸钾标准溶液(0.01 mol/L):按GB/T 601配制与标定。临用前,准取稀释10倍。

6.6.2.3 仪器

6.6.2.3.1 电炉:300 W~500 W。

6.6.2.3.2 滴定管:50 mL。

6.6.2.4 分析步骤

分析步骤按如下步骤操作:

a) 准取吸取试样25 mL于400 mL烧杯中,加水50 mL,再依次加入甲基橙指示液(6.6.2.2.1) 3滴,浓盐酸(6.6.2.2.3)2 mL、饱和草酸铵溶液(6.6.2.2.2)30 mL,加热煮沸,搅拌,逐滴加入氢氧化铵溶液(6.6.2.2.4)直至试液变为黄色;

b) 将6.6.2.4a)所得溶液置于约40 ℃温热处保温2 h~3 h,用玻璃漏斗和滤纸过滤,用500 mL氢氧化铵溶液(6.6.2.2.4)分数次洗涤沉淀,直至无氯离子(经硝酸酸化,用硝酸银检验)。将沉淀及滤纸小心从玻璃漏斗中取出,放入烧杯中,加沸水100 mL和硫酸溶液(6.6.2.2.5)25 mL,加热,保持60 ℃~80 ℃使沉淀完全溶解。用高锰酸钾标准溶液(6.6.2.2.6)滴定至微红色并保持30 s为终点。记录消耗的高锰酸钾标准溶液的体积(V_{17})。同时用25 mL水代替试样作空白试验,记录消耗高锰酸钾标准溶液的体积(V_{18})。

6.6.2.5 计算

试样中氧化钙的含量按式(10)计算:

$$X_9=\frac{(V_{17}-V_{18})\times c_3\times M_3}{V_{19}\times 2}\qquad\cdots\cdots(10)$$

式中：

X_9——试样中氧化钙的含量，单位为克每升(g/L)；

c_3——高锰酸钾标准溶液的实际浓度，单位为摩尔每升(mol/L)；

M_3——氧化钙的摩尔质量的数值，单位为克每摩尔(g/mol)($M_3=56.1$)；

V_{17}——测定试样时，消耗 0.01 mol/L 高锰酸钾标准溶液的体积，单位为毫升(mL)；

V_{18}——空白试验时，消耗 0.01 mol/L 高锰酸钾标准溶液的体积，单位为毫升(mL)；

V_{19}——吸取试样的体积，单位为毫升(mL)；

2——高锰酸钾滴定草酸钙的摩尔比例系数。

所得结果表示至一位小数。

6.6.2.6 精密度

在重复性条件下获得的两次独立测定结果的绝对差值不得超过算术平均值的5%。

6.6.3 第三法 EDTA滴定法

6.6.3.1 原理

用氢氧化钾溶液调整试验的pH至12以上。以盐酸羟胺、三乙醇胺和硫化钠作掩蔽剂，排除锰、铁、铜等离子的干扰。在过量EDTA存在下，用钙标准溶液进行反滴定。

6.6.3.2 试剂

6.6.3.2.1 钙指示剂：称取 1.00 g 钙羧酸[2-羟基-1(2-羟基-4-磺基-1-萘偶氮)3-萘甲酸]指示剂和干燥研细的氯化钠 100 g 与研钵中，充分研磨呈紫红色的均匀粉末，置于棕色瓶中保存、备用。

6.6.3.2.2 氯化镁溶液(100 g/L)：称取氯化镁 100 g，溶解于 1 000 mL 水中。

6.6.3.2.3 盐酸羟胺溶液(10 g/L)：称取盐酸羟胺 10 g，溶解于 1 000 mL 水中。

6.6.3.2.4 三乙醇胺溶液(500 g/L)：称取三乙醇胺 500 g，溶解于 1 000 mL 水中。

6.6.3.2.5 硫化钠溶液(50 g/L)：称取硫化钠 50 g，溶解于 1 000 mL 水中。

6.6.3.2.6 氢氧化钾溶液(5 mol/L)：称取氢氧化钾 280 g，溶解于 1 000 mL 水中。

6.6.3.2.7 氢氧化钾溶液(1 mol/L)：吸取氢氧化钾溶液(6.7.3.2.6)20 mL，用水定容至 100 mL。

6.6.3.2.8 盐酸溶液(1+4)：1 体积的浓盐酸加入 4 体积的水。

6.6.3.2.9 钙标准溶液(0.01 mol/L)：精确称取于 105 ℃ 烘干至恒重的基准级碳酸钙 1 g(精确至0.000 1 g)于小烧杯中，加水 50 mL，用盐酸溶液(6.6.3.2.8)使之溶解，煮沸，冷却至室温。用氢氧化钾溶液(6.6.3.2.7)中和至 pH=6~8，用水定容至 1 000 mL。

6.6.3.2.10 EDTA溶液(0.02 mol/L)：称取EDTA(乙二胺四乙酸二钠)7.44 g 溶于 1 000 mL 水中。

6.6.3.3 仪器

6.6.3.3.1 电热干燥箱：105 ℃±2 ℃。

6.6.3.3.2 滴定管：50 mL。

6.6.3.4 分析步骤

准确吸取试样 2 mL~5 mL(视试样中钙含量的高低而定)于 250 mL 锥形瓶中，加水 50 mL，依次加入氯化镁溶液(6.6.3.2.2)1 mL、盐酸羟胺溶液(6.6.3.2.3)1 mL、三乙醇胺溶液(6.6.3.2.4)0.5 mL、硫化钠溶液(6.6.3.2.5)0.5 mL、摇匀，加氢氧化钾溶液(6.6.3.2.6)5 mL，再准确加入 EDTA 溶液(6.6.3.2.10)5 mL、钙指示剂(6.6.3.2.1)一小勺(约 0.1 g)，摇匀，用钙标准溶液(6.6.3.2.9)滴定至蓝色消失并初现酒红色为终点。记录消耗钙标准溶液的体积(V_{20})。同时以水代替试样做空白试验,记录消耗钙标准溶液的体积(V_{21})。

6.6.3.5 计算

试验中氧化钙的含量按式(11)计算:

$$X_{10} = \frac{c_4 \times (V_{21} - V_{20}) \times M_3}{V_{22}} \quad\quad\quad\quad\quad\quad\quad (11)$$

式中:

X_{10}——试样中氧化钙的含量,单位为克每升(g/L);

c_4 ——钙标准溶液的浓度,单位为摩尔每升(mol/L);

M_3 ——氧化钙的摩尔质量分数,单位为克每摩尔(g/mol)($M_3=56.1$);

V_{20} ——测定试样时,消耗钙标准溶液的体积,单位为毫升(mL);

V_{21} ——空白试验时,消耗钙标准溶液的体积,单位为毫升(mL);

V_{22} ——吸取试样的体积,单位为毫升(mL)。

所得结果表示至一位小数。

6.6.3.6 精密度

在重复性条件下获得的两次独立测定结果的绝对差值不得超过算术平均值的5%。

6.7 酒精度

按 GB 5009.225 规定方法测定或参见附录 A。

6.8 苯甲酸

按 GB 5009.28 规定的方法测定。

6.9 净含量

按 JJF 1070 规定的方法测定。

7 检验规则

7.1 组批

同一生产日期生产的、质量相同的、具有同样质量合格证的产品为一批。

7.2 抽样

按表 10 抽取样品。样品总量不足 3.0 L 时,应适当按比例加取。并将其中三分之一样品封存,保留 3 个月备查。

表 10　抽样表

样本批量范围/桶、袋、箱或坛	样品数量/桶、袋、瓶或坛
≤1 200	6
1 201~35 000	9
≥35 001	12

7.3 检验分类

7.3.1 出厂检验

7.3.1.1 产品出厂前,应由生产企业的质量检验部门按本标准规定逐批进行检验。检验合格并签发质量合格证明的产品,方可出厂。

7.3.1.2 出厂检验项目:感官、总糖、非糖固形物、酒精度、总酸、氨基酸态氮、pH、净含量和标签。

7.3.2 型式检验

7.3.2.1 检验项目为5.1~5.4规定的全部项目。

7.3.2.2 一般情况下,型式检验每年进行一次。有下列情况之一时,亦应进行型式检验:

a) 原辅料有较大变化时;

b) 更改关键工艺或设备时;

c) 新试制的产品或正常生产的产品停产3个月后,重新恢复生产时;

d) 出厂检验与上次型式检验结果有较大差异时;

e) 国家食品质量监督检验机构按有关规定需要抽检时。

7.4 不合格项目分类

7.4.1 A类不合格:净含量、标签、感官要求、非糖固形物、酒精度、苯甲酸。

7.4.2 B类不合格:氨基酸态氮、总酸、氧化钙、总糖、pH。

7.5 判定规则

7.5.1 若受检样品项目全部合格时,判整批样品为合格。

7.5.2 指标如有两项或两项以下不符合要求时,可以在同批产品中抽取两倍样品进行复验,以复验结果为准;若复验结果仍有一项A类不合格或两项B类不合格时,判整批产品为不合格。

8 标志、包装、运输和贮存

8.1 标签标示

8.1.1 预包装产品标签应按GB 7718和GB 2758规定执行,还应标明产品风格(传统型黄酒可不标注产品风格)和按产品分类标示含糖量范围;若产品涉及酒龄的标注,标注酒龄的标示值应小于或等于加权平均计算值。

8.1.2 外包装箱上除应标明产品名称、酒精度、类型、制造者的名称和地址之外,还应标明单位包装的净含量和总数量。

8.2 包装

8.2.1 包装材料应符合食品安全要求。包装容器应封装严密、无渗漏。

8.2.2 包装箱应符合GB/T 6543要求,封装、捆扎牢固。

8.3 运输

8.3.1 运输工具应清洁、卫生。产品不得与有毒、有害、有腐蚀性、易挥发或有异味的物品混装混运。

8.3.2 搬运时应轻拿轻放,不得扔摔、撞击、挤压。

8.3.3 运输过程中不得暴晒、雨淋、受潮。

8.4 贮存

8.4.1 产品不得与有毒、有害、有腐蚀性、易挥发或有异味的物品同库贮存。

8.4.2 产品宜贮存于阴凉、干燥、通风的库房中;不得露天堆放、日晒、雨淋或靠近热源;接触地面的包装箱底部应垫有 100 mm 以上的间隔材料。

8.4.3 产品宜在 5 ℃～35 ℃贮存。

附 录 A
（资料性附录）
酒精度的测定　仪器法

A.1　原理

试样经快速蒸馏器蒸馏后，注入全自动天平密度仪，测定溜出液中酒精的含量。

A.2　试剂

同 6.3.2.2。

A.3　仪器

同 6.3.2.3。
注：全自动天平密度仪（或其他同等功能仪器）酒精度测量精度为±0.05% vol。

A.4　分析步骤

A.4.1　仪器校正

同 6.3.2.4.1。

A.4.2　样品测定

依照 6.3.2.4.1 方法校正全自动天平密度仪，之后调至酒度测定模式，依照 6.3.2.4.2 方法对试样蒸馏、定容。将定容后的馏出液注入密度快速测定仪中，仪器自动换算 20 ℃时的酒精度值（% vol），待读数稳定后，记录测定值。

A.5　结果的表达

20 ℃时样品的酒精度，以体积分数"% vol"表示。所得结果表示为一位小数。

A.6　精密度

在重复性条件下获得的两次独立测定结果的绝对差值不得超过算术平均值的 0.5% vol。

ICS 83.140.30
G 33

中华人民共和国国家标准

GB/T 13663.2—2018
部分代替 GB/T 13663—2000

给水用聚乙烯(PE)管道系统
第2部分:管材

Polyethylene(PE)piping systems for water supply—Part 2:Pipes

(ISO 4427-2:2007,Plastics piping systems—Polyethylene(PE)pipes and fittings for water supply—Part 2:Pipes,MOD)

2018-03-15 发布

2018-10-01 实施

中华人民共和国国家质量监督检验检疫总局
中国国家标准化管理委员会 发布

前　　言

GB/T 13663《给水用聚乙烯(PE)管道系统》分为五个部分：
——第1部分:总则;
——第2部分:管材;
——第3部分:管件;
——第4部分:阀门;
——第5部分:系统适用性。

本部分为 GB/T 13663 第2部分。

本部分按照 GB/T 1.1—2009 给出的规则起草。

GB/T 13663 的第1部分和本部分共同代替 GB/T 13663—2000《给水用聚乙烯(PE)管材》,与 GB/T 13663—2000相比,主要技术内容变化如下:

——本部分删除了 PE 63 材料制造的管材,仅包含 PE 80 和 PE 100 材料制造的管材(本部分第 1章);

——增加了最大工作压力不大于 2.0 MPa 和参考工作温度为 20 ℃ 的要求(本部分第1章);

——增加了管材公称外径的范围,将管材公称外径由 1 000 mm 增加至 2 500 mm(本部分第1章);

——将术语、定义、符号和缩略语的相关内容,移入 GB/T 13663.1—2017 第3章;

——修改了聚乙烯混配料的分级和命名相关内容,删除了 PE 63 级别材料的分级和命名,增加了混配料的 80 ℃ 长期静液压强度曲线不允许在 5 000 h 前($t<5$ 000 h)出现拐点的要求(本部分4.2);

——删除了材料的基本性能要求,调整至 GB/T 13663.1—2017;

——增加了标识色条用混配料的规定(本部分 4.3);

——修改了回用料的要求(本部分 4.4);

——增加了产品分类的要求(本部分第5章);

——删除了其他用途水管颜色和暴露在阳光下敷设管道颜色相关内容,增加了蓝色管材仅用于暗敷(本部分 6.2.2);

——修改了管材长度的极限偏差,规定长度不应有负偏差(本部分 6.3.1.1);

——增加了管材公称外径的范围,修改了管材平均外径的要求;将管材不圆度从附录 A 调整至表 2(本部分 6.3.2);

——增加了管材缩口的规定(本部分 6.3.2);

——常用 SDR 系列增加了 SDR 9 和 SDR 41,增加了管系列(本部分 6.3.3.1);

——修改了任一点壁厚公差的要求(本部分 6.3.3.2);

——将聚乙烯管道系统对温度的压力折减调整至 GB/T 13663.1—2017 附录 C;

——删除了 PE 63 级别管材静液压强度的相关要求。管材静液压强度(20 ℃,100 h)试验参数 PE 80 环应力由 9.0 MPa 修改为 10.0 MPa,PE 100 环应力由 12.4 MPa 修改为 12.0 MPa;静液压强度(80 ℃,165 h)试验参数 PE 80 环应力由 4.6 MPa 修改为 4.5 MPa,PE 100 环应力由 5.5 MPa 修改为 5.4 MPa(本部分 6.4.1);

——修改了表6中环应力/最小破坏时间的对应关系(本部分6.4.2);

——管材物理力学性能中增加了熔体质量流动速率、炭黑含量、炭黑分散/颜料分散、灰分、壁厚大于12 mm管材断裂伸长率和耐慢速裂纹增长的要求(本部分6.5);

——将管材的氧化诱导时间试验参数和要求由"200 ℃,≥20 min"修改为"210 ℃,≥20 min"(本部分6.5);

——管材的物理力学性能中删去耐候性要求,将其调整至GB/T 13663.1—2017第4章表3;

——增加了耐化学性能要求(本部分6.7);

——增加了系统适用性要求(本部分6.8);

——修改了试验方法的相关要求(本部分第7章);

——检验分类中增加了控制点检验(本部分8.1);

——修改了管材的组批和分组的要求(本部分8.2);

——出厂检验项目增加了熔体质量流动速率(本部分8.3.1);

——出厂检验的抽样方案修改为"取一般检验水平I,接收质量限(AQL)4.0"(本部分8.3.2);

——增加了控制点检验的相关要求(本部分8.4);

——修改了型式检验时管材规格的选取要求(本部分8.5.1);

——修改了型式检验的检验项目(本部分8.5.2);

——型式检验增加了"一般情况下,每三年进行一次型式检验"的要求,将"产品长期停产后恢复生产时"修改为"产品停产一年以上恢复生产时",删去了"国家质量监督机构提出进行型式检验的要求时"(本部分8.5.4);

——修改了判定规则的要求,增加了"如有卫生要求时,卫生指标有一项不合格判为不合格批"(本部分8.6);

——修改了标志要求(本部分第9章);

——标志内容中增加了混配料牌号、管材批号和回用料标志的要求,并增加了标志示例(本部分9.5);

——修改了包装要求,增加了"在外包装、标签或标志上应写明厂名、厂址"(本部分10.1);

——删去了堆放高度不得超过1.5 m的要求;

——增加了资料性附录"本部分与ISO 4427-2:2007相比的结构变化情况"(本部分附录A);

——增加了资料性附录"本部分与ISO 4427-2:2007的技术性差异及其原因"(本部分附录B);

——增加了规范性附录"带可剥离层管材"(本部分附录C);

——增加了资料性附录"高耐慢速裂纹增长性能PE 100混配料和管材"(本部分附录D);

——增加了资料性附录"PN、MRS、S和SDR的关系"(本部分附录E)。

本部分使用重新起草法修改采用ISO 4427-2:2007《塑料管道系统 给水用聚乙烯(PE)管材和管件 第2部分:管材》。

本部分与ISO 4427-2:2007相比在结构上有较多调整。在附录A中列出了本部分章条编号与ISO 4427-2:2007章条编号的对照一览表。

本部分与ISO 4427-2:2007相比存在技术性差异。相关差异已编入正文中并在它们所涉及的条款的页边空白处用垂直单线(|)标识。在附录B中给出了这些技术性差异及其原因的一览表。

请注意本文件的某些内容可能涉及专利。本文件的发布机构不承担识别这些专利的责任。

本部分由中国轻工业联合会提出。

本部分由全国塑料制品标准化技术委员会(SAC/TC 48)归口。

本部分起草单位：山东胜邦塑胶有限公司、永高股份有限公司、亚大集团公司、广东联塑科技实业有限公司、顾地科技股份有限公司、浙江伟星新型建材股份有限公司、沧州明珠塑料股份有限公司、四川金易管业有限公司、天津军星管业集团有限公司、湖北金牛管业有限公司、浙江中元枫叶管业有限公司、福建亚通新材料科技股份有限公司。

本部分主要起草人：景发岐、黄剑、王志伟、张慰峰、付志敏、李大治、池永生、沈凡成、吴晓芬、董波波、杨科杰、陈鹊、闫培刚、李瑜。

本部分所代替标准的历次版本发布情况为：

——GB/T 13663—1992、GB/T 13663—2000。

给水用聚乙烯(PE)管道系统
第2部分:管材

1 范围

GB/T 13663 的本部分规定了以聚乙烯(PE)混配料为原料,经挤出成型的给水用聚乙烯管材(以下简称"管材")的术语和定义、符号、缩略语、材料、产品分类、要求、试验方法、检验规则、标志、包装、运输、贮存。

本部分与 GB/T 13663 的其他部分一起,适用于水温不大于 40 ℃,最大工作压力(MOP)不大于 2.0 MPa,一般用途的压力输水和饮用水输配的聚乙烯管道系统及其组件。

注1:参考工作温度为 20 ℃。工作温度在 0 ℃ ~40 ℃ 之间的压力折减系数,参见 GB/T 13663.1—2017 附录 C。

注2:选购方有责任根据其特定应用需求,结合相关法规、标准或规范要求,恰当选用本部分规定的产品。

本部分适用于 PE 80 和 PE 100 混配料制造的公称外径为 16 mm~2 500 mm 的给水用聚乙烯管材。

2 规范性引用文件

下列文件对于本文件的应用是必不可少的。凡是注日期的引用文件,仅注日期的版本适用于本文件。凡是不注日期的引用文件,其最新版本(包括所有的修改单)适用于本文件。

GB/T 2828.1 计数抽样检验程序 第1部分:按接收质量限(AQL)检索的逐批检验抽样计划(GB/T 2828.1—2012,ISO 2859-1:1999,IDT)

GB/T 2918 塑料试样状态调节和试验的标准环境(GB/T 2918—1998,idt ISO 291:1997)

GB/T 3682.1 塑料 热塑性塑料熔体质量流动速率(MFR)和熔体体积流动速率(MVR)的测定 第1部分:标准方法(GB/T 3682.1—2018,ISO 1133.1:2011,MOD)

GB/T 4217 流体输送用热塑性塑料管材 公称外径和公称压力(GB/T 4217—2008,ISO 161-1:1996,IDT)

GB/T 6111—2003 流体输送用热塑性塑料管材耐内压试验方法(ISO 1167:1996,IDT)

GB/T 6671—2001 热塑性塑料管材 纵向回缩率的测定(eqv ISO 2505:1994)

GB/T 8804.1—2003 热塑性塑料管材 拉伸性能测定 第1部分:试验方法总则(ISO 6259-1:1997,IDT)

GB/T 8804.3—2003 热塑性塑料管材 拉伸性能测定 第3部分:聚烯烃管材(ISO 6259-3:1997,IDT)

GB/T 8806—2008 塑料管道系统 塑料部件 尺寸的测定(ISO 3126:2005,IDT)

GB/T 9345.1—2008 塑料 灰分的测定 第1部分:通用方法(ISO 3451-1:1997,IDT)

GB/T 10798 热塑性塑料管材通用壁厚表(GB/T 10798—2001,idt ISO 4065:1996)

GB/T 13021—1991 聚乙烯管材和管件炭黑含量的测定(热失重法)(neq ISO 6964:1986)

GB/T 13663.1—2017 给水用聚乙烯(PE)管道系统 第1部分:总则(ISO 4427-1:2007,MOD)

GB/T 13663.5—2018 给水用聚乙烯(PE)管道系统 第5部分:系统适用性(ISO 4427-5:2007,MOD)

GB/T 17219 生活饮用水输配水设备及防护材料的安全性评价标准

GB/T 18251—2000 聚烯烃管材、管件和混配料中颜料或炭黑分散的测定方法（neq ISO/DIS 18553:1999）

GB/T 18252 塑料管道系统 用外推法确定热塑性塑料材料以管材形式的长期静液压强度（GB/T 18252—2008,ISO 9080:2003,IDT）

GB/T 18475 热塑性塑料压力管材和管件用材料分级和命名 总体使用（设计）系数（GB/T 18475—2001,eqv ISO 12162:1995）

GB/T 18476—2001 流体输送用聚烯烃管材 耐裂纹扩展的测定 切口管材裂纹慢速增长的试验方法（切口试验）（eqv ISO 13479:1997）

GB/T 19278—2003 热塑性塑料管材、管件及阀门通用术语及其定义

GB/T 19279—2003 聚乙烯管材 耐慢速裂纹增长 锥体试验方法（ISO 13480:1997,IDT）

GB/T 19466.6—2009 塑料 差示扫描量热法（DSC） 第6部分:氧化诱导时间（等温线 OIT）和氧化诱导温度（动态 OIT）的测定（ISO 11357-6:2008,MOD）

3 术语和定义、符号、缩略语

GB/T 13663.1—2017 、GB/T 19278—2003 界定的术语和定义、符号、缩略语适用于本文件。

4 材料

4.1 聚乙烯混配料

生产管材应使用 PE 80 或 PE 100 级混配料,混配料应符合 GB/T 13663.1—2017 的要求。

4.2 聚乙烯混配料分级和命名

聚乙烯混配料应按 GB/T 18475 中规定的最小要求强度（MRS）进行分级和命名,见表1。

最小要求强度（MRS）以管材形式测定并外推得出。应按 GB/T 18252 测试混配料的长期静液压强度,压力试验在至少三个温度下进行,其中两个温度固定为 20 ℃ 和 80 ℃,第三个温度可以在 30 ℃ 至 70 ℃ 间自由选择,以确定 20 ℃、50 年置信下限（σ_{LPL}）,从 20 ℃、50 年的置信下限（σ_{LPL}）外推 MRS 值。

注:国际上一般采用 ISO 9080 和 ISO 12162 对聚乙烯混配料进行分级和命名,ISO 9080 和 ISO 12162 分别对应 GB/T 18252 和 GB/T 18475。

不允许 80 ℃ 回归曲线在 5 000 h 前（$t<5\,000$ h）出现拐点。

混配料制造商应提供符合表1中分级和命名的级别证明。

表 1 聚乙烯混配料的分级和命名

最小要求强度 MPa	命名	σ_{LPL}（20 ℃,50 年,97.5%） MPa
8.0	PE 80	$8.0 \leqslant \sigma_{LPL} < 10.0$
10.0	PE 100	$10.0 \leqslant \sigma_{LPL} < 11.2$

4.3 标识色条用混配料

用于制造管材色条的聚乙烯混配料应采用与生产管材的聚乙烯混配料相同的基础树脂,标识色条用聚乙烯混配料不应对管材性能造成负面影响。

4.4 回用料

可少量使用来自本厂的同一牌号的生产同种产品的清洁回用料,所生产的管材应符合本部分的要求。

不应使用外部回收料、回用料。

注1:在使用本厂回用料的情况下,由制造商与用户协商一致并采用合适标识。

注2:通过对管材混配料或管材制品中铁和钙元素含量的测定有助于推测是否添加了外部再生料或回收料。铁和钙元素含量的测定在电感耦合等离子体发射光谱仪或电感耦合等离子体质谱仪上进行,符合本部分的混配料及其制品中的铁元素的含量一般不超过 30 mg/kg、钙元素的含量一般不超过 300 mg/kg。

5 产品分类

按照管材类型分为:
——单层实壁管材;
——在单层实壁管材外壁包覆可剥离热塑性防护层的管材(带可剥离层管材)。

6 要求

6.1 总则

6.1.1 单层实壁管材应符合本章的要求。

6.1.2 带可剥离层的管材应符合附录 C 的要求。

注:在一些特殊敷设环境如非开挖施工等领域,可能需要采用具有高耐慢速裂纹增长性能 PE 100 材料制成的管材,其性能参见附录 D。

6.2 外观和颜色

6.2.1 外观

管材内外表面应清洁、光滑,不应有气泡、明显的划伤、凹陷、杂质、颜色不均等缺陷。管材两端应切割平整,并与管材轴线垂直。

6.2.2 颜色

管材应为黑色或蓝色,黑色管材上应共挤出至少三条蓝色条,色条应沿管材圆周方向均匀分布。

蓝色管材仅用于暗敷。

6.3 几何尺寸

6.3.1 管材长度

6.3.1.1 管材长度一般为 6 m、9 m、12 m,也可由供需双方商定。长度不应有负偏差。

6.3.1.2 盘管长度由供需双方商定,盘卷的最小内径应不小于 $18d_n$。

6.3.2 平均外径、不圆度

管材的平均外径 d_{em}、不圆度应符合表 2 中的规定。

管材端口处的平均外径可小于表 2 中的规定,但不应小于距管材末端 1.5 d_n 或 300 mm(取两者之中较小者)处测量值的 98.5%。

表 2　平均外径和不圆度　　　　　　　　　　　　　　　　单位为毫米

公称外径 d_n	平均外径		直管不圆度的最大值[a]
	$d_{em,min}$	$d_{em,max}$	
16	16.0	16.3	1.2
20	20.0	20.3	1.2
25	25.0	25.3	1.2
32	32.0	32.3	1.3
40	40.0	40.4	1.4
50	50.0	50.4	1.4
63	63.0	63.4	1.5
75	75.0	75.5	1.6
90	90.0	90.6	1.8
110	110.0	110.7	2.2
125	125.0	125.8	2.5
140	140.0	140.9	2.8
160	160.0	161.0	3.2
180	180.0	181.1	3.6
200	200.0	201.2	4.0
225	225.0	226.4	4.5
250	250.0	251.5	5.0
280	280.0	281.7	9.8
315	315.0	316.9	11.1
355	355.0	357.2	12.5
400	400.0	402.4	14.0
450	450.0	452.7	15.6
500	500.0	503.0	17.5
560	560.0	563.4	19.6
630	630.0	633.8	22.1
710	710.0	716.4	—
800	800.0	807.2	—
900	900.0	908.1	—
1 000	1 000.0	1 009.0	—
1 200	1 200.0	1 210.8	—
1 400	1 400.0	1 412.6	—
1 600	1 600.0	1 614.4	—
1 800	1 800.0	1 816.2	—

表 2（续）   单位为毫米

公称外径 d_n	平均外径		直管不圆度的最大值[a]
	$d_{em,min}$	$d_{em,max}$	
2 000	2 000.0	2 018.0	—
2 250	2 250.0	2 270.3	—
2 500	2 500.0	2 522.5	—
注：对于盘管或公称外径大于或等于 710 mm 的直管，不圆度的最大值应由供需双方商定。			
[a] 应在生产地点测量不圆度。			

6.3.3 壁厚及公差

6.3.3.1 公称壁厚

管材的公称壁厚 e_n 应符合表 3 的规定。

允许使用根据 GB/T 10798 和 GB/T 4217 中规定的管系列推算出的其他标准尺寸比。

注：PN、MRS、S 和 SDR 之间的关系参见附录 E。

表 3 公称壁厚

公称外径 d_n	公称壁厚 e_n/mm							
	标准尺寸比							
	SDR 9	SDR 11	SDR 13.6	SDR 17	SDR 21	SDR 26	SDR 33	SDR 41
	管系列							
	S 4	S 5	S 6.3	S 8	S 10	S 12.5	S 16	S 20
	PE 80 级公称压力 MPa							
	1.6	1.25	1.0	0.8	0.6	0.5	0.4	0.32
	PE 100 级公称压力 MPa							
	2.0	1.6	1.25	1.0	0.8	0.6	0.5	0.4
16	2.3	—	—	—	—	—	—	—
20	2.3	2.3	—	—	—	—	—	—
25	3.0	2.3	2.3	—	—	—	—	—
32	3.6	3.0	2.4	2.3	—	—	—	—
40	4.5	3.7	3.0	2.4	2.3	—	—	—
50	5.6	4.6	3.7	3.0	2.4	2.3	—	—
63	7.1	5.8	4.7	3.8	3.0	2.5	—	—
75	8.4	6.8	5.6	4.5	3.6	2.9	—	—
90	10.1	8.2	6.7	5.4	4.3	3.5	—	—

119

表 3（续）

公称外径 d_n	公称壁厚 e_n/mm							
	标准尺寸比							
	SDR 9	SDR 11	SDR 13.6	SDR 17	SDR 21	SDR 26	SDR 33	SDR 41
	管系列							
	S 4	S 5	S 6.3	S 8	S 10	S 12.5	S 16	S 20
	PE 80 级公称压力 MPa							
	1.6	1.25	1.0	0.8	0.6	0.5	0.4	0.32
	PE 100 级公称压力 MPa							
	2.0	1.6	1.25	1.0	0.8	0.6	0.5	0.4
110	12.3	10.0	8.1	6.6	5.3	4.2	—	—
125	14.0	11.4	9.2	7.4	6.0	4.8	—	—
140	15.7	12.7	10.3	8.3	6.7	5.4	—	—
160	17.9	14.6	11.8	9.5	7.7	6.2	—	—
180	20.1	16.4	13.3	10.7	8.6	6.9	—	—
200	22.4	18.2	14.7	11.9	9.6	7.7	—	—
225	25.2	20.5	16.6	13.4	10.8	8.6	—	—
250	27.9	22.7	18.4	14.8	11.9	9.6	—	—
280	31.3	25.4	20.6	16.6	13.4	10.7	—	—
315	35.2	28.6	23.2	18.7	15.0	12.1	9.7	7.7
355	39.7	32.2	26.1	21.1	16.9	13.6	10.9	8.7
400	44.7	36.3	29.4	23.7	19.1	15.3	12.3	9.8
450	50.3	40.9	33.1	26.7	21.5	17.2	13.8	11.0
500	55.8	45.4	36.8	29.7	23.9	19.1	15.3	12.3
560	62.5	50.8	41.2	33.2	26.7	21.4	17.2	13.7
630	70.3	57.2	46.3	37.4	30.0	24.1	19.3	15.4
710	79.3	64.5	52.2	42.1	33.9	27.2	21.8	17.4
800	89.3	72.6	58.8	47.4	38.1	30.6	24.5	19.6
900	—	81.7	66.2	53.3	42.9	34.4	27.6	22.0
1 000	—	90.2	72.5	59.3	47.7	38.2	30.6	24.5
1 200	—	—	88.2	67.9	57.2	45.9	36.7	29.4
1 400	—	—	102.9	82.4	66.7	53.5	42.9	34.3
1 600	—	—	117.6	94.1	76.2	61.2	49.0	39.2
1 800	—	—	—	105.9	85.7	69.1	54.5	43.8
2 000	—	—	—	117.6	95.2	76.9	60.6	48.8
2 250	—	—	—	—	107.2	86.0	70.0	55.0
2 500	—	—	—	—	119.1	95.6	77.7	61.2

注：公称压力按照 $C=1.25$ 计算。

6.3.3.2 壁厚公差

管材的任一点壁厚公差应符合表 4 的规定。

表 4 任一点壁厚公差

单位为毫米

公称壁厚 e_n		壁厚公差 t_y [a]	公称壁厚 e_n		壁厚公差 t_y [a]	公称壁厚 e_n		壁厚公差 t_y [a]	公称壁厚 e_n		壁厚公差 t_y [a]
>	≤		>	≤		>	≤		>	≤	
2.0	3.0	0.4	32.0	33.0	3.4	62.0	63.0	6.4	92.0	93.0	9.4
3.0	4.0	0.5	33.0	34.0	3.5	63.0	64.0	6.5	93.0	94.0	9.5
4.0	5.0	0.6	34.0	35.0	3.6	64.0	65.0	6.6	94.0	95.0	9.6
5.0	6.0	0.7	35.0	36.0	3.7	65.0	66.0	6.7	95.0	96.0	9.7
6.0	7.0	0.8	36.0	37.0	3.8	66.0	67.0	6.8	96.0	97.0	9.8
7.0	8.0	0.9	37.0	38.0	3.9	67.0	68.0	6.9	97.0	98.0	9.9
8.0	9.0	1.0	38.0	39.0	4.0	68.0	69.0	7.0	98.0	99.0	10.0
9.0	10.0	1.1	39.0	40.0	4.1	69.0	70.0	7.1	99.0	100.0	10.1
10.0	11.0	1.2	40.0	41.0	4.2	70.0	71.0	7.2	100.0	101.0	10.2
11.0	12.0	1.3	41.0	42.0	4.3	71.0	72.0	7.3	101.0	102.0	10.3
12.0	13.0	1.4	42.0	43.0	4.4	72.0	73.0	7.4	102.0	103.0	10.4
13.0	14.0	1.5	43.0	44.0	4.5	73.0	74.0	7.5	103.0	104.0	10.5
14.0	15.0	1.6	44.0	45.0	4.6	74.0	75.0	7.6	104.0	105.0	10.6
15.0	16.0	1.7	45.0	46.0	4.7	75.0	76.0	7.7	105.0	106.0	10.7
16.0	17.0	1.8	46.0	47.0	4.8	76.0	77.0	7.8	106.0	107.0	10.8
17.0	18.0	1.9	47.0	48.0	4.9	77.0	78.0	7.9	107.0	108.0	10.9
18.0	19.0	2.0	48.0	49.0	5.0	78.0	79.0	8.0	108.0	109.0	11.0
19.0	20.0	2.1	49.0	50.0	5.1	79.0	80.0	8.1	109.0	110.0	11.1
20.0	21.0	2.2	50.0	51.0	5.2	80.0	81.0	8.2	110.0	111.0	11.2
21.0	22.0	2.3	51.0	52.0	5.3	81.0	82.0	8.3	111.0	112.0	11.3
22.0	23.0	2.4	52.0	53.0	5.4	82.0	83.0	8.4	112.0	113.0	11.4
23.0	24.0	2.5	53.0	54.0	5.5	83.0	84.0	8.5	113.0	114.0	11.5
24.0	25.0	2.6	54.0	55.0	5.6	84.0	85.0	8.6	114.0	115.0	11.6
25.0	26.0	2.7	55.0	56.0	5.7	85.0	86.0	8.7	115.0	116.0	11.7
26.0	27.0	2.8	56.0	57.0	5.8	86.0	87.0	8.8	116.0	117.0	11.8
27.0	28.0	2.9	57.0	58.0	5.9	87.0	88.0	8.9	117.0	118.0	11.9
28.0	29.0	3.0	58.0	59.0	6.0	88.0	89.0	9.0	118.0	119.0	12.0
29.0	30.0	3.1	59.0	60.0	6.1	89.0	90.0	9.1	119.0	120.0	12.1
30.0	31.0	3.2	60.0	61.0	6.2	90.0	91.0	9.2	—	—	—
31.0	32.0	3.3	61.0	62.0	6.3	91.0	92.0	9.3			
[a] 任一点壁厚允许变化范围的壁厚公差表示形式为 $e_{n_0}^{+t_y}$ mm。											

6.4 静液压强度

6.4.1 管材静液压强度应符合表5规定的要求。

表 5 管材的静液压强度

序号	项目	要求	试验参数		试验方法
1	静液压强度 (20 ℃,100 h)	无破坏,无渗漏	试验温度 试验时间 环应力: PE 80 PE 100	20 ℃ 100 h 10.0 MPa 12.0 MPa	7.4
2	静液压强度 (80 ℃,165 h)	无破坏,无渗漏	试验温度 试验时间 环应力: PE 80 PE 100	80 ℃ 165 h 4.5 MPa 5.4 MPa	7.4
3	静液压强度 (80 ℃,1 000 h)	无破坏,无渗漏	试验温度 试验时间 环应力: PE 80 PE 100	80 ℃ 1 000 h 4.0 MPa 5.0 MPa	7.4

6.4.2 在165 h内发生脆性破坏应视为未通过试验。如果试样在165 h内发生韧性破坏,则按表6推荐的环应力/时间关系依次选择较低的环应力和相应的最小破坏时间重新试验,如不通过视为不合格。

表 6 静液压强度(80 ℃)试验——环应力/最小破坏时间关系

PE 80		PE 100	
环应力 MPa	最小破坏时间 h	环应力 MPa	最小破坏时间 h
4.5	165	5.4	165
4.4	233	5.3	265
4.3	331	5.2	399
4.2	474	5.1	629
4.1	685	5.0	1 000
4.0	1 000	—	—

6.5 物理力学性能

管材的物理力学性能应符合表7的规定。

表 7 管材的物理力学性能

序号	项目	要求	试验参数		试验方法
1	熔体质量流动速率(g/10 min)	加工前后 MFR 变化不大于 20%[a]	负荷质量	5 kg	7.5
			试验温度	190 ℃	
2	氧化诱导时间	≥20 min	试验温度	210 ℃	7.6
3	纵向回缩率	≤3%	试验温度	110 ℃	7.7
			试样长度	200 mm	
4	炭黑含量[b]	2.0%～2.5%	—	—	7.8
5	炭黑分散/颜料分散[c]	≤3 级	—	—	7.9
6	灰分	≤0.1%	试验温度	(850±50)℃	7.10
7	断裂伸长率 e_n≤5 mm	≥350%[d,e]	试样形状	类型 2	7.11
			试验速度	100 mm/min	
	断裂伸长率 5 mm<e_n≤12 mm	≥350%[d,e]	试样形状	类型 1[f]	
			试验速度	50 mm/min	
	断裂伸长率 e_n>12 mm	≥350%[d,e]	试样形状	类型 1[f]	
			试验速度	25 mm/min	
			或		
			试样形状	类型 3[f]	
			试验速度	10 mm/min	
8	耐慢速裂纹增长 e_n≤5 mm(锥体试验)	<10 mm/24 h	—	—	7.12
9	耐慢速裂纹增长 e_n>5 mm(切口试验)	无破坏,无渗漏	试验温度	80 ℃	7.12
			内部试验压力: PE 80,SDR 11	0.80 MPa[g]	
			PE 100,SDR 11	0.92 MPa[g]	
			试验时间	500 h	
			试验类型	水-水	

[a] 管材取样测量值与所用混配料测量值的关系。

[b] 炭黑含量仅适用于黑色管材。

[c] 炭黑分散仅适用于黑色管材,颜料分散仅适用于蓝色管材。

[d] 若破坏发生在标距外部,在测试值达到要求情况下认为试验通过。

[e] 当达到测试要求值时即可停止试验,无需试验至试样破坏。

[f] 如果可行,公称壁厚不大于 25 mm 的管材也可采用类型 2 试样,类型 2 试样采用机械加工或者裁切成型。如有争议,以类型 1 试样的试验结果作为最终判定依据。

[g] 对于其他 SDR 系列对应的压力值,参见 GB/T 18476—2001。

6.6 卫生要求

用于输送饮用水的聚乙烯管材的卫生要求应符合 GB/T 17219 的规定。

6.7 耐化学性

若有特殊应用,应对管材的耐化学性进行评价。

注:ISO/TR 10358 中给出了聚乙烯管材的耐化学性指导。管材耐化学性评价分类参见 ISO 4433-1 和ISO 4433-2。

6.8 系统适用性

符合本部分的管材之间相互连接或与符合 GB/T 13663 其他部分的组件连接时,制造商应按 GB/T 13663.5—2018 提供系统适用性证明文件。

7 试验方法

7.1 试样的状态调节和试验的标准环境

应在管材生产至少 24 h 后取样。

除非另有规定,试样按 GB/T 2918 规定,在温度为(23±2)℃ 条件下进行状态调节至少 24 h,并在此条件下进行试验。

7.2 外观和颜色

目测。

7.3 尺寸测量

长度、平均外径、不圆度、壁厚按 GB/T 8806—2008 的规定测量。
盘管应在距端口 $1.0\ d_n$～$1.5\ d_n$ 范围内进行平均外径和壁厚测量。

7.4 静液压强度

按 GB/T 6111—2003 试验。试验条件按表 5 中规定进行,试样的内外介质均为水(水—水类型),采用 A 型接头。

7.5 熔体质量流动速率

按 GB/T 3682.1 试验。

7.6 氧化诱导时间

按 GB/T 19466.6—2009 试验。制样时,应分别从管材内、外表面切取试样,然后将原始表面朝上进行试验。试样数量为 3 个,试验结果取最小值。

7.7 纵向回缩率

按 GB/T 6671—2001 中的方法 B 试验。从一根管材上截取三个试样。对于公称外径大于 200 mm 的管材,可沿轴向均匀切成 4 片进行试验。

7.8 炭黑含量

按 GB/T 13021—1991 试验。

7.9 炭黑分散/颜料分散

按 GB/T 18251—2000 试验。

7.10 灰分

按 GB/T 9345.1—2008 方法 A 试验。

7.11 断裂伸长率

按 GB/T 8804.1—2003 制样,按 GB/T 8804.3—2003 试验。

7.12 耐慢速裂纹增长

锥体试验按 GB/T 19279—2003 试验。
切口试验按 GB/T 18476—2001 试验。

7.13 卫生要求

按 GB/T 17219 试验。

8 检验规则

8.1 检验分类

检验分为出厂检验、控制点检验和型式检验。

8.2 组批和分组

8.2.1 组批

同一混配料、同一设备和工艺且连续生产的同一规格管材作为一批,每批数量不超过 200 t。生产期 10 d 尚不足 200 t 时,则以 10 d 产量为一批。

产品以批为单位进行检验和验收。

8.2.2 分组

应按表 8 对管材尺寸进行分组。

表 8　管材尺寸分组

单位为毫米

组别	1	2	3	4	5
公称外径	$16 \leqslant d_n < 75$	$75 \leqslant d_n < 250$	$250 \leqslant d_n < 710$	$710 \leqslant d_n < 1\,800$	$1\,800 \leqslant d_n \leqslant 2\,500$

8.3 出厂检验

8.3.1　出厂检验项目见 6.2 和 6.3、表 5 中静液压强度(80 ℃,165 h)和表 7 中断裂伸长率、熔体质量流动速率和氧化诱导时间。

8.3.2　第 6 章外观、颜色和尺寸检验按 GB/T 2828.1 规定采用正常检验一次抽样方案,取一般检验水平Ⅰ,接收质量限(AQL)4.0。抽样方案见表 9。

表 9 抽样方案

单位为根

批量范围 N	样本量 n	接收数 A_c	拒收数 R_e
≤15	2	0	1
16～25	3	0	1
26～90	5	0	1
91～150	8	1	2
151～280	13	1	2
281～500	20	2	3
501～1 200	32	3	4
1 201～3 200	50	5	6
3 201～10 000	80	7	8

8.3.3 在外观、颜色和尺寸检验合格的产品中抽取试样，进行静液压强度(80 ℃,165 h)、断裂伸长率、氧化诱导时间、熔体质量流动速率试验。其中静液压强度(80 ℃,165 h)试样数量为 1 个，氧化诱导时间的试样从内表面取样，试样数量为 1 个。

8.4 控制点检验

8.4.1 在出厂检验合格的产品中每个尺寸组选取任一规格进行控制点检验，制造商每三个月进行一次。

8.4.2 控制点检验的项目为静液压强度(80 ℃,1 000 h)、炭黑含量、炭黑分散/颜料分散及灰分。

8.5 型式检验

8.5.1 按表 8 的尺寸分组，每个尺寸组选取任一规格进行试验，每次型式检验的规格在每个尺寸组内轮换。

8.5.2 型式检验项目为表 5 中除静液压强度(80 ℃,165 h)、6.7 和 6.8 以外所有的试验项目。

8.5.3 按 8.3.2 规定对外观、颜色和尺寸进行检验，在检验合格的样品中抽取试样，进行静液压强度(20 ℃,100 h)、静液压强度(80 ℃,1 000 h)、断裂伸长率、耐慢速裂纹增长、熔体质量流动速率、氧化诱导时间、纵向回缩率、炭黑含量、灰分、炭黑分散/颜料分散和卫生要求。对于卫生要求，选用管材制造商生产产品范围内最小公称外径的管材进行试验。

8.5.4 一般每三年进行一次型式检验。若有以下情况之一，应进行型式试验：

   a) 新产品或老产品转厂生产的试制定型鉴定；

   b) 结构、材料、工艺有较大变动可能影响产品性能时；

   c) 产品停产一年以上恢复生产时；

   d) 出厂检验结果与上次型式检验结果有较大差异时。

8.6 判定规则

第 6 章中的外观、颜色和尺寸按表 9 进行判定。其他指标有一项不符合要求时，则从原批次中随机抽取双倍样品对该项进行复验，如复检仍不合格，则判该批产品不合格。如有卫生要求时，卫生指标有一项不合格判为不合格批。

9　标志

9.1　标志内容应打印或直接成型在管材上,标志不应引发管材破裂或其它形式的失效;并且在正常的贮存、气候老化、加工及允许的安装使用后,在管材的整个寿命周期内,标记字迹应保持清晰可辨。

9.2　如果采用打印标志,标志的颜色应区别于管材的颜色。

9.3　标志间隔不超过 1 m。

9.4　盘管的长度可在盘卷上标识。

9.5　标志应至少包括表 10 所列内容。

表 10　至少包括的标志内容

内容	标志或符号
制造商和商标	名称和符号
内部流体	"水"或"Water"
公称外径×壁厚	$d_n \times e_n$
标准尺寸比	SDR
公称压力(或 PN)	—
材料和命名	PE 80 或 PE 100
混配料牌号[a]	—
生产批号	—
回用料(如有使用)	例如:R
生产时间,年份和地点(提供可追溯性)	生产时间; 如果制造商在不同地点生产,应标明生产地点的名称或代码
本部分标准编号	GB/T 13663.2

[a]　可以打印在标签上,标签可以附在管材上或外包装上,标签应保证在施工时完整清晰。

示例:

制造商	用途	$d_n \times e_n$	SDR	公称压力	材料和命名	生产批号	生产时间	地点	标准编号
××	水	110×10.0	SDR 11	PN 1.6 MPa	PE 100	××××	××-××-××	××	GB/T 13663.2

10　包装、运输、贮存

10.1　包装

按供需双方商定要求进行,在外包装、标签或标志上应标明厂名、厂址。

10.2　运输

管材运输时,不应受到划伤、抛摔、剧烈的撞击、暴晒、雨淋、油污和化学品的污染。

10.3　贮存

管材应贮存在远离热源及化学品污染地、地面平整、通风良好的库房内;如室外堆放应有遮盖物。管材应水平整齐堆放。

附 录 A

（资料性附录）

本部分与 ISO 4427-2:2007 相比的结构变化情况

本部分与 ISO 4427-2:2007 相比在结构上有较多调整,具体章条编号对照情况见表 A.1。

表 A.1 本部分与 ISO 4427:2007 的章条编号对照情况

本部分章条编号	对应的国际标准章条编号
1 和 5	1
2～3	2～3
4.1	4.1
4.2	—
4.3	4.2
4.4	—
6.1	
6.2	5.1 和 5.2
6.3.1	6.4～6.5
6.3.2	6.2
6.3.3.1～6.3.3.2	6.3
6.4.1	7.2
6.4.2	7.3
6.5～6.6	8.2
6.7	9
6.8	10
7	—
8	—
9	11
10	—
附录 A	—
附录 B	
附录 C	附录 A
附录 D	—
附录 E	附录 B

附　录　B

（资料性附录）

本部分与 ISO 4427-2:2007 的技术性差异及其原因

表 B.1 给出了本部分与 ISO 4427-2:2007 的技术性差异及其原因。

表 B.1　本部分与 ISO 4427-2:2007 的技术性差异及其原因

本部分的章条编号	技术性差异	原因
1	增加了材料为 PE 80 和 PE 100 及管材的公称外径的规定。 增加了管材适用于输送温度不超过 40 ℃的一般用途的压力输水以及饮用水的输配的规定。 删除了"多层共挤管"，将产品分类调整至本部分第 5 章	考虑到我国产品标准的编排要求，使说明更明确。 便于使用。 以适应我国国情
1	删除了管材类型的要求，在第 5 章"产品分类"中规定	考虑到我国产品标准的编排要求
1	范围中最大工作压力（MOP）修改为不大于 2.0 MPa；注 2 修改为"选购方有责任根据其特定应用需求，结合相关法规、标准或规范要求，恰当选用本标准规定的产品"	以适应我国国情
2	增加了 GB/T 2828.1	增加检验规则，便于标准引用
2	增加了 GB/T 2918	增加了塑料试样状态调节和试验的标准环境标准，便于标准引用
2	用 GB/T 3682.1 代替了 ISO 1133:2005	优先引用我国的标准
2	增加了 GB/T 4217	增加了流体输送用热塑性塑料管材公称外径和公称压力标准，便于标准引用
2	用 GB/T 6111—2003 代替了 ISO 1167-1 和 ISO 1167-2、GB/T 6671—2001 代替了 ISO 2505、GB/T 8804.1—2003 代替了 ISO 6259-1:1997、GB/T 8804.3—2003 代替了 ISO 6259-3:1997、GB/T 8806—2008 代替了 ISO 3126	优先引用我国的标准
2	增加了 GB/T 9345.1—2008	增加了灰分测定试验方法标准，以适用于我国国情
2	用 GB/T 10798 代替了 ISO 4065	优先引用我国的标准
2	增加了 GB/T 13021—1991	增加了炭黑含量的测定标准，便于标准引用
2	用 GB/T 13663.1—2017 代替了 ISO 4427-1:2007、GB/T 13663.5—2018 代替了 ISO 4427-5:2007	优先引用我国的标准
2	删除了 ISO 4433-1:1997、ISO 4433-2:1997，放入参考文献	该文件在原文中未使用。本标准资料性引用

表 B.1（续）

本部分的章条编号	技术性差异	原因
2	增加了 GB/T 17219	增加了饮用水输配水设备及防护材料的安全性评价，便于标准引用
2	增加了 GB/T 18251—2000	增加了颜料及炭黑分散的测定方法标准，便于标准引用
2	增加了 GB/T 18252、GB/T 18475	增加了长期静液压强度、材料的分级和命名，便于标准引用
2	增加了 GB/T 18476—2001	增加了管材裂纹慢速增长的试验方法（切口试验）标准，便于标准引用
2	增加了 GB/T 19278—2003	增加了通用术语及其定义标准，便于标准引用
2	增加了 GB/T 19279—2003	增加了耐慢速裂纹增长锥体试验方法标准，便于标准引用
2	用 GB/T 19466.6—2009 代替了 ISO 11357-6:2002	优先引用我国的标准
2	删除了 ISO 11922-1:1997	该文件在原文中未使用
4.2	增加了 4.2 混配料的分级和命名	强调给水用聚乙烯管材应使用混配料，明确混配料的分级和命名
4.4	增加了"4.4 回用料的使用"相关规定，"允许少量使用来自本厂的同一牌号的生产同种产品的清洁回用料，所生产的管材应符合本部分的要求。不应使用外部回收料、回用料"	要求更为严格，表述更为具体明确。以适应我国国情
6.2.2	对于颜色的要求增加了色条数量的要求，去掉了饮用水管材的颜色要求以及地上安装时应有防护的提示性内容	以适应我国国情
6.3.1	增加了"管材长度"的相关要求	明确管材长度要求，以适应我国国情
6.3.2	增加了管材缩口的规定，"允许管材端口处的平均外径小于表 2 中的规定，但不应小于距管材末端 1.5 d_n 或 300 mm（取两者之中较小者）处测量值的 98.5%"	明确要求，以适应我国国情
6.3.2	表 2 中增加了 d_n 2 250 和 d_n 2 500 两种规格管材平均外径的要求	参考 EN 12201-2:2011
6.3.3.1	表 3 中增加了 d_n 2 250 和 d_n 2 500 两种规格管材公称壁厚的要求	参考 EN 12201-2:2011
6.3.3.1	表 3 中删除了 SDR 6 和 SDR 7.4 两个系列管材	保留常用系列，以适应我国国情
6.3.3.1	将管材最小壁厚改为 2.3 mm	保证系统连接可靠性和安全性，以符合我国国情
6.3.3.2	对于壁厚公差的表述改为任一点壁厚公差	以适应我国国情

表 B.1（续）

本部分的章条编号	技术性差异	原因
6.4	静液压强度（20 ℃,100 h）试验参数 PE 100 环向应力 12.4 MPa 修改为 12.0 MPa	参考 EN 12201-2:2011
6.4	物理力学性能增加了炭黑含量、炭黑分散/颜料分散、灰分和耐慢速裂纹增长	要求更为严格,以适应我国国情
6.4	将氧化诱导时间的试验参数和要求由"200 ℃,≥20 min"修改为"210 ℃,≥20 min"	要求更为严格,以适应我国国情
7	增加了"试验方法"	以适应我国国情
8	增加了"检验规则"	以适应我国国情
9	增加了标志间距的要求; 标志内容增加了混配料牌号、生产批号以及回用料（如有使用）	以适应我国国情
10	增加了"包装、运输、贮存"	以适应我国国情
附录 D	增加了高耐慢速裂纹增长性能 PE 100 混配料和管材	适应国内外最新材料的发展和应用,以适应我国国情

附　录　C
（规范性附录）
带可剥离层的管材

C.1　总则

本附录规定了给水用在单层实壁管材外壁包覆可剥离热塑性防护层的管材（带可剥离层的管材）的几何尺寸、力学性能和物理性能以及标志要求。

用于制造主体管材产品的聚乙烯混配料应符合 GB/T 13663.1—2017 第 4 章要求。

在单层实壁管材外部包覆的可剥离防护层应采用热塑性材料制造，可剥离层不应影响管材符合本部分的要求。

C.2　外观和颜色

可剥离层的外观和颜色应符合 6.2 要求。

C.3　几何尺寸

去除可剥离层后的管材的几何尺寸应符合 6.3 的要求。

C.4　静液压强度

去除可剥离层后的管材的静液压强度应符合 6.4 要求，可剥离层不应对管材有负面影响，反之亦然。

C.5　物理力学性能

去除可剥离层后的管材的物理力学性能应符合 6.5 要求，可剥离层不应对管材有负面影响，反之亦然。

C.6　卫生要求

去除可剥离层后的管材的卫生要求应符合 6.6 要求，可剥离层不应对管材有负面影响，反之亦然。

C.7　耐化学性

去除可剥离层后的管材的耐化学性应符合 6.7 要求，可剥离层不应对管材有负面影响，反之亦然。

C.8　系统适用性

去除可剥离层后的管材的系统适用性应符合 6.8 要求，可剥离层不应对管材有负面影响，反之亦然。

C.9　可剥离性

可剥离层应在贮存和安装前不易分开。在准备对接熔接或电熔连接前,应可以使用简单工具手动去除可剥离层。

C.10　标志

标志应位于可剥离层上并应符合第 9 章要求。

可剥离层应具有的标志在应用上与不带可剥离层管材有明显区别,如:采用识别条标识。

可剥离层上也应带有警示标志,提示在电熔连接、对接熔接以及机械连接前应去除可剥离层。

附　录　D

（资料性附录）

高耐慢速裂纹增长性能 PE 100 混配料和管材

D.1　总则

在一些特殊敷设环境如非开挖施工领域,可能需要采用具有高耐慢速裂纹增长性能的 PE 100 混配料,混配料性能见 GB/T 13663.1—2017 及本部分表 D.1,管材性能见第 6 章及表 D.2。

D.2　高耐慢速裂纹增长性能 PE 100 混配料的额外性能

高耐慢速裂纹增长性能 PE 100 混配料的额外性能见表 D.1。

表 D.1　高耐慢速裂纹增长性能 PE 100 混配料

序号	性能	要求	试验参数	试验方法
1	耐慢速裂纹增长 （管材切口试验）（SDR 11,e_n>5 mm）	≥8 760 h	80 ℃,0.92 MPa （试验压力）	GB/T 18476
2	耐慢速裂纹增长 （全切口蠕变试验）（FNCT）	≥8 760 h	80 ℃,4.0 MPa, 2% 的表面活性剂	ISO 16770

注 1：除表中两项性能外,还有耐慢速裂纹增长（点载荷）、热老化性能等表征方法,其要求及试验方法等可参见 DIN/PAS 1075,在客户和制造商协商一致的情况下,亦可采用其他试验方法。

注 2：2% 的表面活性剂即一种表面活性溶液,如:2% Arkopal N-100 溶液或 2% TX-10 溶液。采用对壬基苯基聚氧乙烯醚中性溶剂,（别名:对壬基酚聚氧乙烯醚）,分子式如下:C_9H_{19}—◎—O—$(CH_2$—CH_2—O$)_n$—H, n 可以取 10 或 11。用上述表面活性剂配置浓度为 2%（质量分数）的去离子水溶液,称为 2% TX-10 溶液。此溶液在 80 ℃ 条件下随时间老化,因此使用不超过 100 d。

D.3　高耐慢速裂纹增长性能 PE 100 管材的额外力学性能

高耐慢速裂纹增长性能 PE 100 管材的额外力学性能见表 D.2。

表 D.2　高耐慢速裂纹增长性能 PE 100 管材

序号	性能	要求	试验参数	试验方法
1	耐慢速裂纹增长 （管材切口试验）（SDR 11,e_n>5 mm）	≥8 760 h	80 ℃,0.92 MPa （试验压力）	GB/T 18476
2	耐慢速裂纹增长 （锥体试验）（e_n≤5 mm）	≤1 mm/48 h	80 ℃	GB/T 19279
3	耐慢速裂纹增长 双切口蠕变试验（2 NCT）[a,b]	>3 300 h	80 ℃,4.0 MPa, 2% 的表面活性剂	ISO 16770

[a]　双切口管材径向对称的管壁上切取。

[b]　加速试验（ACT）可代替双切口蠕变试验（2 NCT）,试验要求为大于 160 h。具体参见 DIN/PAS 1075。

附 录 E
（资料性附录）
PN、MRS、S 和 SDR 的关系

PN，MRS，S 和 SDR 的关系可分别用式（E.1）和式（E.2）计算，具体见表 E.1。

$$PN = \frac{\sigma_D}{S} \quad\text{……………………………（ E.1 ）}$$

$$PN = \frac{2\sigma_D}{SDR-1} \quad\text{……………………………（ E.2 ）}$$

式中：
σ_D ——设计应力，单位为兆帕（MPa）；
S ——管系列；
SDR——标准尺寸比。
其中 σ_D 按式（E.3）计算：

$$\sigma_0 = \frac{MRS}{C} \quad\text{……………………………（ E.3 ）}$$

式中：
MRS ——最小要求强度，单位为兆帕（MPa）；
C ——总体使用（设计）系数。

表 E.1 20 ℃ 时 PN，MRS，S 和 SDR 之间的关系

SDR	S	公称压力 MPa	
		PE 80	PE 100
41	20	0.32	0.4
33	16	0.4	0.5
26	12.5	0.5	0.6
21	10	0.6	0.8
17	8	0.8	1.0
13.6	6.3	1.0	1.25
11	5	1.25	1.6
9	4	1.6	2.0
注：PN 是基于 C=1.25 得出的。若要求更高的 C 值，则仍可使用上述公式，分别计算每个等级材料的设计应力 σ_D，然后计算 PN。也可通过选择更低的 PN 等级，使管道实际设计系数 C 值较高。			

GBT 13663.2—2018

参 考 文 献

[1]　ISO 4427-2：2007　Plastics piping systems—Polyethylene (PE) pipes and fittings for water supply—Part 2：Pipes

[2]　ISO 4433-1：1997　Thermoplastics pipes—Resistance to liquid chemicals—Classification—Part 1：Immersion test nethod

[3]　ISO 4433-2：1997　Thermoplastics pipes—Resistance to liquid chemicals—Classification—Part 2：Polyolefin pipes

[4]　ISO 9080　Plastics piping and ducting systems—Determination of the long-term hydrostatic strength of thermoplastics materials in pipe form by extrapolation

[5]　ISO/TR 10358　Plastics pipes and fittings—Combined chemical-resistance classification table

[6]　ISO 12162　Thermoplastics materials for pipes and fittings for pressure applications—Classification，designation and design coefficient

[7]　ISO 16770　Plastics-Determination of environmental stress cracking (ESC) of polyethylene-Full-notch creep test (FNCT)

[8]　EN 12201-2：2011　Plastics piping systems for water supply，and for drainage and sewerage under pressure—Polyethylene (PE)—Part 2：Pipes

[9]　DIN/PAS 1075　Pipes made from Polyethylene for alternative installation techniques-Dimensions，technical requirements and testing

ICS 83.140.30
G 33

中华人民共和国国家标准

GB/T 13663.3—2018
代替 GB/T 13663.2—2005

给水用聚乙烯(PE)管道系统
第3部分：管件

Polyethylene(PE)piping systems for water supply—Part 3：Fittings

(ISO 4427-3：2007,Plastics piping systems—Polyethylene(PE) pipes and fittings for water supply—Part 3：Fittings,MOD)

2018-03-15 发布

2018-10-01 实施

中华人民共和国国家质量监督检验检疫总局
中国国家标准化管理委员会 发布

137

前　　言

GB/T 13663《给水用聚乙烯(PE)管道系统》分为五个部分：
——第1部分:总则；
——第2部分:管材；
——第3部分:管件；
——第4部分:阀门；
——第5部分:系统适用性。
本部分为 GB/T 13663 的第 3 部分。
本部分按照 GB/T 1.1—2009 给出的规则起草。
本部分代替 GB/T 13663.2—2005《给水用聚乙烯（PE）管道系统　第 2 部分:管件》,与
GB/T 13663.2—2005 相比,主要技术变化如下:
——标准号由 GB/T 13663.2 修改为 GB/T 13663.3(见本部分封面)；
——增加了最大工作压力不大于 2.0 MPa 要求,增加了与参考工作温度和选购方相关的注(本部分第 1 章)；
——增删了相关术语、定义、符号和缩略语及其内容,移入 GB/T 13663.1—2017(本部分第 3 章)；
——删除了 PE 63 级别材料及要求;删除了材料的基本性能要求,调整至 GB/T 13663.1—2017 中表述(本部分第 4 章)；
——修改了聚乙烯混配料的分级和命名相关内容,删除了 PE 63 级别材料,增加了混配料 80 ℃长期静液压强度曲线不允许在 5 000 h 前($t<5 000$ h)出现拐点的要求(本部分 4.2)
——增加了其他材料的相关要求(本部分 4.3.4)；
——增加了回用料要求(本部分 4.4)；
——修改了产品分类要求(本部分第 5 章)；
——增加了构造焊制类管件颜色的相关要求;蓝色聚乙烯管件应避免紫外光线直接照射修改为蓝色管件仅适用于暗敷(本部分 6.2)；
——增加了管件设计、工厂预制接头以及电气保护的相关要求(本部分 6.3)；
——修改了电熔管件电阻值范围:标称值×(1±10 ％)(本部分 6.4)；
——增加了尺寸规格范围(本部分 6.5.1、6.5.2 和 6.5.7)；
——删除了管件插口端尺寸的平均外径等级 A 和特别管状长度要求(本部分 6.5.1)；
——增加了电熔承口端平均内径要求(本部分 6.5.2.1)；
——增加了构造焊制类管件相关要求(本部分 6.5.5)；
——增加了机械连接类管件相关要求(本部分 6.5.6)；
——管件力学和物理性能中删除了 PE 63 材料制造的管件的相关要求;静液压强度(20 ℃,100 h)试验参数:PE 100 环应力由 12.4 MPa 改为 12.0 MPa;增加了电熔鞍形管件的熔接强度要求;增加了灰分≤0.1 ％要求;将管件的氧化诱导时间由"200 ℃,≥20 min"调整为"210 ℃,≥20 min"(本部分 6.6 和 6.7)；
——修改了试验方法的相关要求(本部分第 7 章)；
——增加了 90 mm～225 mm 的电熔承口管件的熔接强度仲裁方法(本部分 7.6)；
——增加了灰分试验方法要求(见本部分 7.16)；
——修改了管件组批和分组要求(本部分 8.2)；

GB/T 13663.3—2018

——增加了检验项目列表及卫生检测要求(本部分8.3.1);

——抽样方案中,接收质量限(AQL)由6.5调整为4.0(本部分8.3.2);

——型式检验增加了一般每三年进行一次型式检验的要求(本部分8.4.4);

——标志内容中删去了$d_n \geqslant 280$ mm管件的公差等级,增加了混配料牌号、生产批号(本部分9.2);

——增加了包装的相关要求(本部分10.1);

——增加了规范性附录"构造焊制类管件"(本部分附录C);

——删除了资料性附录"电熔管件典型接线端示意图"中典型的C型接头(本部分附录D);

——增加了规范性附录"热熔承插管件"(本部分附录E);

——增加了规范性附录"电熔鞍形管件熔接强度试验方法"(本部分附录F)。

本部分使用重新起草法修改采用ISO 4427-3:2007《塑料管道系统 给水用聚乙烯(PE)管材和管件 第3部分:管件》。

本部分与ISO 4427-3:2007相比在结构上有较多调整。附录A中列出了本部分章条号与ISO 4427-3:2007的章条编号的对照一览表。

本部分与ISO 4427-3:2007相比存在技术差异。这些差异涉及的条款已通过在其外侧页边空白位置的垂直单线(|)进行了标示。附录B中给出了相关技术性差异以及原因的一览表。

请注意本文件的某些内容可能涉及专利。本文件的发布机构不承担识别这些专利的责任。

本部分由中国轻工业联合会提出。

本部分由全国塑料制品标准化技术委员会(SAC/TC 48)归口。

本部分起草单位:亚大集团公司、广东联塑科技实业有限公司、永高股份有限公司、沧州明珠塑料股份有限公司、宁波市宇华电器有限公司、淄博洁林塑料制管有限公司、山东胜邦塑胶有限公司、贵州森瑞新材料股份有限公司、吉林松江塑料管道设备有限责任公司、福建亚通新材料科技股份有限公司、湖北金牛管业有限公司、浙江中元枫叶管业有限公司。

本部分主要起草人:王志伟、宋科明、黄剑、池永生、李伟富、薛彦超、景发岐、李文泉、王皓蓉、彭伏弟、董波波、杨科杰、李瑜、闫培刚。

本部分所代替标准的历次版本发布情况为:

——GB/T 13663.2—2005。

给水用聚乙烯(PE)管道系统
第3部分:管件

1 范围

GB/T 13663的本部分规定了以聚乙烯(PE)混配料为原料,经注塑或其他方式成型的给水用聚乙烯管件(以下简称"管件")的术语和定义、符号、缩略语、材料、产品分类、要求、试验方法、检验规则、标志和包装、运输、贮存。

本部分与GB/T 13663的其他部分一起,适用于水温不大于40 ℃,最大工作压力(MOP)不大于2.0 MPa,一般用途的压力输水和饮用水输配的聚乙烯管道系统及其组件。

注1:参考工作温度为20℃。工作温度在0 ℃~40 ℃之间的压力折减系数,参见GB/T 13663.1—2017的附录C。

注2:选购方有责任根据其特定应用需求,结合相关法规、标准或规范要求,恰当选用本部分规定的产品。

2 规范性引用文件

下列文件对于本文件的应用是必不可少的。凡是注日期的引用文件,仅注日期的版本适用于本文件。凡是不注日期的引用文件,其最新版本(包括所有的修改单)适用于本文件。

GB/T 2828.1 计数抽样检验程序 第1部分:按接收质量限(AQL)检索的逐批检验抽样计划(GB/T 2828.1—2012,ISO 2859-1:1999,IDT)

GB/T 2918 塑料试样状态调节和试验的标准环境(GB/T 2918—1998,idt ISO 291:1997)

GB/T 3682—2000 热塑性塑料熔体质量流动速率和熔体体积流动速率的测定 第1部分:标准方法(idt ISO 1133:1997)

GB/T 4217 流体输送用热塑性塑料管材 公称外径和公称压力(GB/T 4217—2008,ISO 161-1:1996,IDT)

GB/T 6111—2018 流体输送用热塑性塑料管道系统 耐内压性能的测定(ISO 1167-1:2006,ISO 1167-2:2006,ISO 1167-3:2007,ISO 1167-4:2007,NEQ)

GB/T 7306.1—2000 55°密封管螺纹 第1部分:圆柱内螺纹与圆锥外螺纹(eqv ISO 7-1:1994)

GB/T 7306.2—2000 55°密封管螺纹 第2部分:圆锥内螺纹与圆锥外螺纹(eqv ISO 7-1:1994)

GB/T 8163—2008 输送流体用无缝钢管

GB/T 8806—2008 塑料管道系统 塑料部件 尺寸的测定(ISO 3126:2005,IDT)

GB/T 9345.1—2008 塑料 灰分的测定 第1部分:通用方法(ISO 3451-1:1997,IDT)

GB/T 10798 热塑性塑料管材通用壁厚表(GB/T 10798—2001,idt ISO 4065:1996)

GB/T 13663.1—2017 给水用聚乙烯(PE)管道系统 第1部分:总则(ISO 4427-1:2007,MOD)

GB/T 13663.2—2018 给水用聚乙烯(PE)管道系统 第2部分:管材(ISO 4427-2:2007,MOD)

GB/T 13663.5—2018 给水用聚乙烯(PE)管道系统 第5部分:系统适用性(ISO 4427-5:2007,MOD)

GB/T 15820—1995 聚乙烯压力管材与管件连接的耐拉拔试验(eqv ISO 3501:1976)

GB/T 17219 生活饮用水输配水设备及防护材料的安全性评价标准

GB/T 18252 塑料管道系统 用外推法确定热塑性塑料材料以管材形式的长期静液压强度(GB/T 18252—2008,ISO 9080:2003,IDT)

GB/T 18475　热塑性塑料压力管材和管件用材料分级和命名　总体使用（设计）系数（GB/T 18475—2001，eqv ISO 12162：1995）

GB/T 19278—2003　热塑性塑料管材、管件及阀门通用术语及其定义

GB/T 19466.6—2009　塑料　差示扫描量热法（DSC）　第6部分：氧化诱导时间（等温 OIT）和氧化诱导温度（动态 OIT）的测定（ISO 11357-6：2008，MOD）

GB/T 19712—2005　塑料管材和管件　聚乙烯（PE）鞍形旁通抗冲击试验方法（ISO 13957：1997，IDT）

GB/T 19806—2005　塑料管材和管件　聚乙烯电熔组件的挤压剥离试验（ISO 13955：1997，IDT）

GB/T 19808—2005　塑料管材和管件　公称外径大于或等于 90 mm 的聚乙烯电熔组件的拉伸剥离试验（ISO 13954：1997，IDT）

GB/T 19809—2005　塑料管材和管件　聚乙烯（PE）管材/管件或管材/管件热熔对接组件的制备（ISO 11414：1996，IDT）

GB/T 19810—2005　聚乙烯（PE）管材和管件　热熔对接接头　拉伸强度和破坏形式的测定（ISO 13953：2001，IDT）

GB/T 20674.1—2006　塑料管材和管件　聚乙烯系统熔接设备　第1部分：热熔对接（ISO 12176-1：1998，MOD）

GB/T 21873—2008　橡胶密封件　给、排水管及污水管道用接口密封圈　材料规范（ISO 4633：2002，MOD）

3　术语和定义、符号、缩略语

GB/T 13663.1—2017、GB/T 13663.5—2018、GB/T 19278—2003 界定的术语和定义、符号、缩略语以及下列术语和定义适用于本文件。

3.1

公称外径　nominal outside diameter

d_n

管材或管件插口外径的规定数值。

注：与管材外径相配合的管件的公称直径也用管材公称外径表示。

3.2

电熔承口管件　electrofusion socket fitting

具有一个或多个内壁集成了加热元件的承口，能够将电能转换成热能从而与管材或管件插口端熔接的聚乙烯管件。

3.3

电熔鞍形管件　electrofusion saddle fitting

具有鞍形几何特征及一个或多个集成加热元件、能够将电能转换成热能从而在管材外壁上实现熔接的聚乙烯管件。

3.4

鞍形旁通　tapping tee

具有辅助开孔分支端及一个可以切透主管材壁的组合切刀的电熔鞍形管件（顶部加载或环绕）。在安装后切刀仍留在鞍形体内。常用于带压作业。

注：鞍形旁通又称为鞍形三通，焊接时可从顶部加载，或环绕鞍座上表面紧固。

3.5

鞍形直通　branch saddle

不具备辅助开孔分支端，通常需要辅助切削工具在连接的主管材上钻孔的电熔鞍形管件。

注：鞍形直通又称为分支鞍形,焊接时可从顶部加载,或环绕鞍座上表面紧固。

3.6

带插口端管件 spigot end fitting

带有插口端的管件。插口端是与承口匹配、连接外径等于配用管材公称外径 d_n 的分支端。

注：插口端也可以与同规格的管材或管件插口对接熔接。

3.7

热熔承插管件 socket fusion fitting

具有承口结构,利用加热工具将其与管材或管件插口端热熔连接的聚乙烯管件。

3.8

构造焊制类管件 fabricated fitting

由符合 GB/T 13663.2—2018 的管材和/或符合本部分的注塑管件经二次加工和/或组焊制造的管件。

3.9

电熔承口的最大不圆度 maximum out-of-roundness of electrofusion socket

从承口口部平面到距承口口部距离为 L_{21} (设计插入段长度)的平面之间,承口不圆度的最大值。

注：改写 GB/T 19278—2003,定义 3.15。

3.10

机械连接类管件 mechanical fitting

通过机械方式将聚乙烯管材与其他管道元件连接的管件。

注 1：一般可在施工现场装配或由制造商在工厂预装。通常具有一个压缩零件以提供耐压性、密封性和抗端部载荷的能力。并通过插到管口内部的支撑套为聚乙烯管材提供永久的支撑,以阻止管壁在径向压力作用下蠕变。

注 2：管件的金属部分可通过螺纹、压紧式接头、焊接或法兰(包括聚乙烯法兰)与金属管道连接。机械连接类管件能形成一个可拆卸的或永久装配的接头。在某些情况下,支撑套也可以起到夹紧环的作用。

3.11

电压调节 voltage regulation

在电熔管件的熔接过程中,通过电压参数控制能量供给的方式。

3.12

电流调节 intensity regulation

在电熔管件的熔接过程中,通过电流参数控制能量供给的方式。

4 材料

4.1 聚乙烯混配料

生产管件应使用 PE 80 或 PE 100 级混配料,混配料应符合 GB/T 13663.1—2017 的要求。

4.2 聚乙烯混配料的分级和命名

聚乙烯混配料应按 GB/T 18475 中规定的最小要求强度(MRS)进行分级和命名,见表 1。

最小要求强度(MRS)以管材形式测定并外推得出。应按 GB/T 18252 测试混配料的长期静液压强度,压力试验在至少三个温度下进行,其中两个温度固定为 20 ℃ 和 80 ℃,第三个温度可以在 30 ℃ 至 70 ℃ 间自由选择,以确定 20 ℃、50 年置信下限(σ_{LPL}),从 20 ℃、50 年的置信下限(σ_{LPL})外推 MRS 值。

注：国际上一般采用 ISO 9080 和 ISO 12162 对聚乙烯混配料进行分级和命名,ISO 9080 和 ISO 12162 分别对应 GB/T 18252 和 GB/T 18475。

不允许 80 ℃ 回归曲线在 5 000 h 前($t<5\ 000$ h)出现拐点。

混配料制造商应提供符合表 1 中分级和命名的级别证明。

表 1 聚乙烯混配料的分级和命名

最小要求强度 MPa	命名	σ_{LPL}（20℃，50 年，97.5%） MPa
8.0	PE 80	$8.0 \leqslant \sigma_{LPL} < 10.0$
10.0	PE 100	$10.0 \leqslant \sigma_{LPL} < 11.2$

4.3 非聚乙烯部件材料

4.3.1 一般要求

管件中非聚乙烯部件的材料不应对所输送水质及聚乙烯材料性能产生负面影响或引发开裂，并且应满足管道系统的总体要求。

4.3.2 金属材料

所有易腐蚀的部分应充分防护。管件金属部分的材料在管道使用过程中对塑料管道材料不应造成降解或老化。

当管件中使用不同的金属材料并且可能与水分接触时，应采取措施防止电化学腐蚀。

4.3.3 弹性密封件

制造弹性密封件的材料应符合 GB/T 21873—2008 要求。

4.3.4 其他材料

不应对管件材料的长期性能和水质产生影响。若使用油脂或润滑剂，不应渗至熔接区。

4.4 回用料

生产管件不应使用回用料、回收料。

5 产品分类

5.1 管件类型包括以下四种：
——熔接连接类管件；
——构造焊制类管件（见附录 C）；
——机械连接类管件（$d_n \leqslant 63$ mm）；
——法兰连接类管件。

5.2 熔接连接类管件分为电熔管件、热熔对接管件和热熔承插管件。

6 要求

6.1 外观

管件的内外表面应清洁、平滑，不应有气泡、明显的划伤、凹陷、杂质、颜色不均等缺陷。

6.2 颜色

管件的颜色应为黑色或蓝色。对于构造焊制类管件,所用管段的颜色应符合 GB/T 13663.2—2018 对管材的要求。

蓝色管件仅适用于暗敷。

6.3 管件设计

预制接头的内外表面不应有熔融物溢出,管件制造商声明可接受的或用做熔接标志的溢出物除外。

注:预制接头为工厂预制或装配的管件。

当根据制造商的使用说明对管件进行连接时,任何熔体的溢出都不得引起电熔管件金属丝的移动而导致短路,连接管材或插口的内表面不应产生过度变形或褶皱。

管件的设计应保证按照制造商的建议与管材(或其他部件)装配时,电阻线圈和/或密封件不移位。

接线柱的表面应光洁,以使接触电阻尽量小。电熔管件宜根据工作时的电压和电流及电流特性设置相应的电气保护措施。对于电压大于 25 V 的情况,在按照管件和设备制造商的说明进行装配熔接时,应确保人无法直接接触到带电部分。

6.4 电熔管件的电阻偏差

电熔管件电阻值范围应为:标称值×(1±10%)。电熔管件典型接线端示意图参见附录 D。

6.5 几何尺寸

6.5.1 管件插口端尺寸

管件插口端示意图见图 1,其尺寸应符合表 2 要求。

允许使用根据 GB/T 10798 和 GB/T 4217 中规定的管系列(S)推算出的其他标准尺寸比(SDR)。

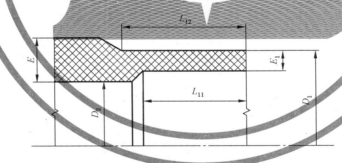

说明:

D_1——熔接段的平均外径,在距离端口不大于 L_{12}(管状长度)、平行于该端口平面的任一截面处测量;

D_2——管件的最小通径,测量时不包括焊接形成的卷边(若有);

E ——管件主体壁厚,在管件主体上任一点测量的壁厚;

E_1——在距离插入端口不超过 L_{11}(回切长度)处任一点测量的熔接面的壁厚,并且应与相同 SDR 管材的壁厚及公差相同,公差应符合 GB/T 13663.2—2018 中表 4 要求;

L_{11}——熔接段的回切长度,即热熔对接或重新熔接所必须的插口端的初始深度。此段长度允许通过熔接一段壁厚等于 E_1 的管段来实现;

L_{12}——熔接段的管状长度,即熔接端的初始长度。应满足以下各种操作(或组合操作)的要求:对接夹具的安装、电熔管件的装配、热熔承插管件的装配和机械刮刀的使用。

图 1 管件插口端的示意图

表 2　管件插口端尺寸　　　　　　　　　　　　　　　　　　单位为毫米

插口公称外径	熔接端的平均外径[a]		电熔熔接和热熔对接				承插熔接	仅对于热熔对接		
			不圆度	最小通径	回切长度	管状长度[b]	管状长度	不圆度	回切长度	常规管状长度
d_n	$D_{1,min}$	$D_{1,max}$	max.	D_2	$L_{11,min}$	$L_{12,min}$	$L_{12,min}$	max.	$L_{11,min}$	$L_{12,min}$
20	20.0	20.3	0.3	13	25	41	11	—	—	—
25	25.0	25.5	0.4	18	25	41	12.5	—	—	—
32	32.0	32.3	0.5	25	25	44	14.6	—	—	—
40	40.0	40.4	0.6	31	25	49	17	—	—	—
50	50.0	50.4	0.8	39	25	55	20	—	—	—
63	63.0	63.4	0.9	49	25	63	24	1.5	5	16
75	75.0	75.5	1.2	59	25	70	25	1.6	6	19
90	90.0	90.6	1.4	71	28	79	28	1.8	6	22
110	110.0	110.7	1.7	87	32	82	32	2.2	8	28
125	125.0	125.8	1.9	99	35	87	35	2.5	8	32
140	140.0	140.9	2.1	111	38	92	—	2.8	8	35
160	160.0	161.0	2.4	127	42	98	—	3.2	8	40
180	180.0	181.1	2.7	143	46	105	—	3.6	8	45
200	200.0	201.2	3.0	159	50	112	—	4.0	8	50
225	225.0	226.4	3.4	179	55	120	—	4.5	10	55
250	250.0	251.5	3.8	199	60	129	—	5.0	10	60
280	280.0	281.7	4.2	223	75	139	—	9.8	10	70
315	315.0	316.9	4.8	251	75	150	—	11.1	10	80
355	355.0	357.2	5.4	283	75	164	—	12.5	10	90
400	400.0	402.4	6.0	319	75	179	—	14.0	10	95
450	450.0	452.7	6.8	359	100	195	—	15.6	15	60
500	500.0	503.0	7.5	399	100	212	—	17.5	20	60
560	560.0	563.4	8.4	447	100	235	—	19.6	20	60
630	630.0	633.8	9.5	503	100	255	—	22.1	20	60
710	710.0	714.9	10.6	567	125	280	—	24.8	20	60
800	800.0	805.0	12.0	639	125	280	—	28.0	20	60

　[a]　熔接端平均外径 $D_{1,max}$ 按等级 B 给出。

　[b]　L_{12}（电熔管件）的值基于下列公式：

　　　——对于 $d_n \leqslant 90$，$L_{12} = 0.6d_n + 25$；

　　　——对于 $d_n \geqslant 110$，$L_{12} = d_n/3 + 45$。

6.5.2 电熔承口端的尺寸

6.5.2.1 电熔承口端直径和长度

电熔承口示意图见图 2,平均内径、插入深度、熔区长度应符合表 3 要求。

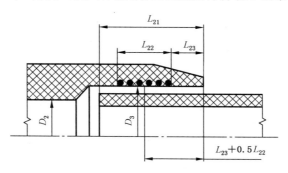

说明:

D_2 ——管件的最小通径;

D_3 ——距口部端面 $L_{23}+0.5L_{22}$ 处测量的熔融区的平均内径;

L_{21} ——管材或管件插口端的插入深度。在有限位挡块的情况下,它为端口到限位挡块的距离,在没有限位挡块的情况下,它不大于管件总长的一半;

L_{22} ——承口内部的熔接区长度,即熔接区的标称长度;

L_{23} ——管件口部端面与熔接区开始处之间的距离,即管件承口口部非加热长度,$L_{23} \geqslant 5$ mm。

图 2 电熔承口端示意图

表 3 电熔承口端尺寸

单位为毫米

管件承口端公称直径 d_n	平均内径[a] $D_{3,max}$ 最大值	插入深度			熔区长度 $L_{22,min}$
		$L_{21,min}$		$L_{21,max}$	
		电流调节型	电压调节型		
20	20.6	20	25	41	10
25	25.6	20	25	41	10
32	32.9	20	25	44	10
40	41.0	20	25	49	10
50	51.1	20	28	55	10
63	64.1	23	31	63	11
75	76.3	25	35	70	12
90	91.5	28	40	79	13
110	111.6	32	53	82	15
125	126.7	35	58	87	16
140	141.7	38	62	92	18
160	162.1	42	68	98	20
180	182.1	46	74	105	21

表 3（续）   单位为毫米

管件承口端公称直径 d_n	平均内径[a] $D_{3,max}$ 最大值	插入深度			熔区长度 $L_{22,min}$
		$L_{21,min}$ 电流调节型	$L_{21,min}$ 电压调节型	$L_{21,max}$	
200	202.1	50	80	112	23
225	227.6	55	88	120	26
250	252.6	73	95	129	33
280	282.9	81	104	139	35
315	318.3	89	115	150	39
355	—	99	127	164	42
400	—	110	140	179	47
450	—	122	155	195	51
500	—	135	170	212	56
560	—	147	188	235	61
630	—	161	209	255	67
710	—	177	220	280	74
800	—	193	230	300	82

注 1：表中公称直径 d_n 指与管件相连的管材的公称外径。

注 2：管件公称压力越大，熔接区长度越长，以满足本部分的性能要求。

注 3：制造商宜说明图 2 中 D_3 和 L_{21} 的最大及最小实际值以便确定是否影响装夹及连接装配。

[a] 当管件承口端公称直径≥355 mm 时，平均内径由供需双方商定。

管件熔接区中间的平均内径 D_3 应不小于 d_n（$D_3 \geqslant d_n$）。

管件最小通径 D_2 应不小于管件承口端公称直径与 $2e_{min}$（$e_{min} = e_{y,min}$）的差值，e_{min} 为 GB/T 13663.2—2018 规定的相应管材的最小壁厚（$e_{min} = e_n$）。

若管件具有不同公称直径的承口端，每个承口端均应符合相应的公称直径要求。

6.5.2.2 不同 MRS 电熔承口管件的壁厚设计

当管件和管材由相同 MRS 等级的聚乙烯制造时，从距管件端口 $(2L_{21})/3$（见图 2）处开始，管件主体任一点的壁厚 E 应大于或等于相应管材的最小壁厚 e_{min}。如果制造管件用聚乙烯的 MRS 等级与管材的不同，管件主体壁厚 E 与管材壁厚 e_{min} 的关系应符合表 4 要求。

为了避免应力集中，管件主体壁厚的变化应是渐变的。

表 4　管件壁厚与管材壁厚之间的关系

材料		管件主体任一点壁厚 E 与管材壁厚 e_{min} 之间的关系
管材	管件	
PE 80	PE 100	$E \geqslant 0.8 e_{min}$
PE 100	PE 80	$E \geqslant 1.25 e_{min}$

6.5.2.3 电熔管件承口端的内径不圆度

出厂时,电熔管件承口端任一截面内径不圆度应不超过 $0.015d_n$。

6.5.3 热熔承插管件承口端的尺寸

热熔承插管件应符合附录 E 要求。

6.5.4 电熔鞍形管件的尺寸

电熔鞍形管件的出口应具有符合 6.5.1 的插口端或符合 6.5.2 的电熔承口端。制造商应在技术文件中给出管件的总体特征尺寸,包括从鞍形的最大高度和支管的中心至主管顶部的高度,见图 3。

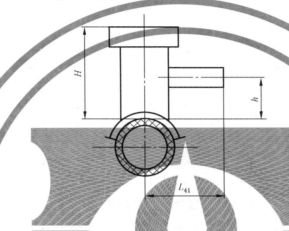

说明:

H ——鞍形的高度,即主体管材顶部到鞍形旁通顶部的距离;

h ——出口管材的高度,即主体管材顶部到出口管材轴线的距离;

L_{41} ——支管的宽度,即主体管材轴线到出口管端口的距离。

图 3 电熔鞍形旁通示意图

6.5.5 构造焊制类管件的尺寸

构造焊制类管件的尺寸应符合附录 C 要求。

6.5.6 机械连接类管件的尺寸

主要由聚乙烯材料制成,与其他管道元件连接的机械连接类管件,机械连接类管件的聚乙烯插口端、聚乙烯电熔承口端和热熔承插管件承口端尺寸应符合本部分要求。例如转换接头,至少应有一个接头符合聚乙烯管道的几何尺寸要求。

主要由非聚乙烯材料制成的机械连接类管件应符合相关标准的要求。

金属部件应以符合 GB/T 8163—2008 或相关国家标准的允许尺寸和公差配合为准则制造。

带金属螺纹接头的管件其螺纹部分应符合 GB/T 7306.1—2000 和 GB/T 7306.2—2000 的规定。

6.5.7 聚乙烯法兰连接类管件的尺寸

聚乙烯法兰连接类管件示意图见图 4,其尺寸应符合表 5 要求。

注: 聚乙烯法兰连接类管件的压紧面的厚度取决于所选用的材料及公称压力等级。

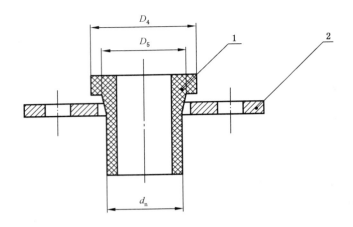

说明：

1 ——聚乙烯法兰连接类管件；

2 ——金属法兰盘；

D_4——聚乙烯法兰连接类管件头部的公称直径；

D_5——聚乙烯法兰连接类管件柄（颈）部的公称外径；

d_n——相连管材的公称尺寸（外径）或承口的公称直径（内径）。

图 4　聚乙烯法兰连接类管件示意图

表 5　聚乙烯法兰连接类管件的尺寸　　　　　　　　　　单位为毫米

管材和插口端公称外径 d_n	D_4 min.	D_5
20	45	27
25	58	33
32	68	40
40	78	50
50	88	61
63	102	75
75	122	89
90	138	105
110	158	125
125	158	132
140	188	155
160	212	175
180	212	180
200	268	232
225	268	235
250	320	285
280	320	291

表 5（续）

单位为毫米

管材和插口端公称外径 d_n	D_4 min.	D_5
315	370	335
355	430	375
400	482	427
450	585	514
500	585	530
560	685	615
630	685	642
710	800	737
800	905	840
900	1 005	944
1 000	1 110	1 047
1 200	1 330	1 245
注：插口的外径见相关产品标准。		

6.6 力学性能

6.6.1 总则

管件应单独或与管材装配成组合件后测试，或作为多个管件与管材连接形成的组合件（装配体）的一部分进行试验。管材应符合 GB/T 13663.2—2018 要求。

制备组合件的其他部件应至少与管件具有相同的压力等级。

6.6.2 静液压强度

熔接连接类管件、机械连接类管件、法兰连接类管件的静液压强度力学性能应符合表 6 要求。构造焊制类管件静液压强度力学性能应符合附录 C 要求。

表 6 静液压强度

序号	项目	要求	试验参数		试验方法
1	静液压强度 （20 ℃，100 h）	无破坏，无渗漏	试验温度 试验时间 环应力[b]： PE 80 PE 100	20℃ 100 h 10.0 MPa 12.0 MPa	7.5
2	静液压强度 （80 ℃，165 h）	无破坏，无渗漏	试验温度 试验时间 环应力[b]： PE 80 PE 100	80 ℃ 165 h[a] 4.5 MPa 5.4 MPa	7.5

GBT 13663.3—2018

表 6（续）

序号	项目	要求	试验参数		试验方法
3	静液压强度 （80 ℃，1 000 h）	无破坏，无渗漏	试验温度 试验时间 环应力b： PE 80 PE 100	80 ℃ 1 000 h 4.0 MPa 5.0 MPa	7.5
a 如果出现脆性破坏，视为不合格；当出现韧性破坏，再试验的步骤见6.6.3。					
b 根据管件对应的管材公称外径计算应力值。					

6.6.3 静液压强度（80 ℃）试验失效时的再试验

在165 h内发生的脆性破坏应视为未通过测试。如果试样在165 h内发生韧性破坏，则按表7推荐的环应力/最小破坏时间关系依次选择较低的环应力和相应的最小破坏时间重新试验，如不通过视为不合格。

表 7 静液压强度（80 ℃）试验——环应力/最小破坏时间关系

PE 80		PE 100	
环应力 MPa	最小破坏时间 h	环应力 MPa	最小破坏时间 h
4.5	165	5.4	165
4.4	233	5.3	256
4.3	331	5.2	399
4.2	474	5.1	629
4.1	685	5.0	1 000
4.0	1 000	—	—

6.6.4 力学性能要求

熔接连接类管件、法兰连接类管件力学性能应符合表8要求。构造焊制类管件性能应符合附录C要求。机械连接类管件性能应符合表9要求。

表 8 力学性能

序号	项目	要求	试验参数		试验方法
1	电熔管件承口端的熔接强度	脆性破坏所占百分比不大于33.3 %	试验温度	23 ℃	7.6
2	带插口端的管件—对接管件的拉伸强度	试验到破坏为止： 韧性：通过 脆性：未通过	试验温度	23 ℃	7.7

152

表 8（续）

序号	项目	要求	试验参数		试验方法
3	电熔鞍形管件的熔接强度	脆性破坏：$L_d \leq 50\%$ 和 $A_d \leq 25\%$	试验温度	23 ℃	7.8
4	鞍形旁通的冲击强度	无破坏，无渗漏	试验温度 重锤质量 下落高度	(0 ± 2)℃ $(2\,500 \pm 20)$g $(2\,000 \pm 10)$mm	7.9

表 9　机械连接类管件的力学性能

序号	项目	要求	试验参数		试验方法
1	耐内压密封性	无渗漏	试验时间 试验压力	1 h 1.5×管材[PN]	7.10
2	耐外压密封性	无渗漏	试验压差 试验时间 试验压差 试验时间	$\Delta p = 0.01$ MPa 1 h $\Delta p = 0.08$ MPa 1 h	7.11
3	耐弯曲密封性	无渗漏	试验时间 试验压力	1 h 1.5×管材[PN]	7.12
4	耐拉拔性能	管材不从管件上拔脱或分离	试验温度 试验时间	23 ℃ 1 h	7.13

6.7　物理性能

管件的物理性能应符合表 10 要求。

表 10　物理性能

序号	项目	要求	试验参数		试验方法
1	熔体质量流动速率（g/10 min）	加工前后 MFR 变化不大于 20 %[a]	试验温度 负荷质量	190 ℃ 5 kg	7.14
2	氧化诱导时间	≥ 20 min	试验温度	210 ℃	7.15
3	灰分	≤ 0.1 %（质量分数）	试验温度	(850 ± 50)℃	7.16
[a] 管件上取样测量的值与所用混配料上测量的值对比。					

6.8　卫生要求

用于输送饮用水的聚乙烯管件应符合 GB/T 17219 的规定。

153

6.9 耐化学性

若有特殊应用,应对管件的耐化学性进行评价。

注:ISO/TR 10358 中给出了聚乙烯管件的耐化学性指导。管件耐化学性评价分类参见 ISO 4433-1 和 ISO 4433-2。

6.10 系统适用性

符合本部分的管件之间相互连接或与符合 GB/T 13663 其他部分的组件连接时,制造商应按 GB/T 13663.5—2018 提供系统适用性证明文件。

注:系统适用性不包含法兰连接类管件、热熔承插管件。

7 试验方法

7.1 试样的状态调节和试验的标准环境

应在管件生产至少 24 h 后进行取样。

除非另有规定,试样应按 GB/T 2918 规定,在温度为(23±2)℃条件下进行状态调节至少 24 h,并在此条件下进行试验。

7.2 外观及颜色

目测。

7.3 电阻偏差

使用电阻仪对管件电阻进行测量,电阻仪工作特性应满足表 11 要求。

表 11 电阻仪工作特性

范围 Ω	分辨率 mΩ	精度
0～1	1	读数的 2.5%
0～10	10	读数的 2.5%
0～100	100	读数的 2.5%

7.4 尺寸测量

按 GB/T 8806—2008 的规定测量。

7.5 静液压强度

7.5.1 试样的制备

试样为单个管件或由管材和管件组合而成,焊接完成后,在(23±2)℃条件下放置至少 24 h,管材的自由长度 L_0 及试样根据情况如下规定:

——两根一定长度的管材通过对接熔接组合,密封接头之间的 L_0 为 d_n 的 3 倍,且最小为 250 mm;

——在单个管件的情况下,密封接头到每个承(插)口的自由长度 L_0 为 d_n 的 2 倍;

——几个管件通过一个组合件进行试验的情况下,管件之间管材的自由长度 L_0 为 d_n 的 3 倍。

在所有的情况下,自由长度 L_0 的最大值为 1 000 mm。若试验中管材破裂则试验应重做。

7.5.2 试验方法

按 GB/T 6111 试验。试验条件按表 6 中规定进行,试样内外的介质均为水(水—水类型),采用 A 型接头。对于构造焊制类管件的试验条件按附录 C 的表 C.1 中规定进行。

7.6 电熔承口管件的熔接强度

电熔管件承口端的熔接强度按 GB/T 19808—2005($d_n \geqslant 90$ mm)或 GB/T 19806—2005(16 mm< $d_n \leqslant 225$ mm)规定进行。对于公称直径在 90 mm～225 mm 范围内的电熔管件承口端,当有争议时,采用 GB/T 19808—2005 规定的方法进行判定。

7.7 带插口端的管件—对接管件的拉伸强度

按 GB/T 19810—2005 试验。

7.8 电熔鞍形管件的熔接强度

按附录 F 进行试验。

7.9 鞍形旁通的冲击强度

按 GB/T 19712—2005 试验。

7.10 耐内压密封性

按 GB/T 13663.5—2018 附录 C 试验。

7.11 耐外压密封性

按 GB/T 13663.5—2018 附录 D 试验。

7.12 耐弯曲密封性

按 GB/T 13663.5—2018 附录 E 试验。

7.13 耐拉拔性能

按 GB/T 15820—1995 试验。

7.14 熔体质量流动速率

按 GB/T 3682—2000 试验。

7.15 氧化诱导时间

按 GB/T 19466.6—2009 试验。制样时,应分别从管件内、外表面切取试样,然后将原始表面朝上进行试验。试样数量为 3 个,试验结果取最小值。

7.16 灰分

按 GB/T 9345.1—2008 方法 A 试验。

7.17 卫生要求

按 GB/T 17219 试验。

8 检验规则

8.1 检验分类

检验分为出厂检验和型式检验。

8.2 组批和分组

8.2.1 组批

同一混配料、同一设备和工艺连续生产的同一规格管件作为一批，$d_n < 75$ mm 规格的管件每批不大于 20 000 件，75 mm $\leqslant d_n < 250$ mm 规格的管件每批不大于 5 000 件，250 mm $\leqslant d_n < 710$ mm 规格的管件每批不大于 3 000 件，$d_n \geqslant 710$ mm 规格的管件每批不大于 1 000 件。如果生产 7 d 仍不足上述数量，则以 7 d 产量为一批。

一个管件存在不同端部尺寸情况下，如变径、三通等产品，以较大口径规格进行组批和试验。

产品以批为单位进行检验和验收。

8.2.2 分组

应按照表 12 对管件尺寸进行分组。

表 12 管件尺寸分组

单位为毫米

组别	1	2	3	4
公称外径 d_n	$d_n < 75$	$75 \leqslant d_n < 250$	$250 \leqslant d_n < 710$	$d_n \geqslant 710$

8.3 出厂检验

8.3.1 出厂检验项目应符合表 13 要求。

表 13 检验项目

检验项目			出厂检验	型式检验	要求	试验方法
管件	一般要求[a]	外观	√	√	6.1	7.2
		颜色	√	√	6.2	7.2
		电特性(电阻)	√	√	6.4	7.3
		尺寸	√	√	6.5	7.4
		静液压试验(20 ℃,100 h)	○	√	6.6.2	7.5
		静液压试验(80 ℃,165 h)	√	○	6.6.2	7.5
		静液压试验(80 ℃,1 000 h)	○	√	6.6.2	7.5
		熔体质量流动速率	√	√	6.7	7.14
		氧化诱导时间	√	√	6.7	7.15
		灰分	○	√	6.7	7.16
		卫生要求	○	√	6.8	7.17

表 13（续）

	检验项目		出厂检验	型式检验	要求	试验方法
管件	熔接/法兰连接类管件	电熔管件承口端的熔接强度[b]	○	√	6.6.4	7.6
		带插口端的管件—对接管件的拉伸强度[c]	○	√	6.6.4	7.7
		电熔鞍形管件的熔接强度[d]	○	√	6.6.4	7.8
		鞍形旁通的冲击强度[e]	○	√	6.6.4	7.9
	机械连接类管件	耐内压密封性试验	√	√	6.6.4	7.10
		耐外压密封性试验	○	√	6.6.4	7.11
		耐弯曲密封性试验	○	√	6.6.4	7.12
		耐拉拔性能试验	○	√	6.6.4	7.13
	构造焊制类管件	焊缝的拉伸强度	○	√	6.6.4	附录C

"○"为非检测项目；"√"为管件的出厂或型式检测项目。

[a] 应对所有管件进行一般要求项目的检测。
[b] 仅用于电熔管件承口端检测。
[c] 仅用于管件插口端检测。
[d] 仅用于电熔鞍形管件检测。
[e] 仅用于鞍形旁通检测。

8.3.2 第6章外观、颜色和尺寸检验按GB/T 2828.1规定采用正常检验一次抽样方案，取一般检验水平Ⅰ，接收质量限（AQL）4.0，抽样方案见表14。

表 14 抽样方案

单位为件

批量 N	样本量 n	接收数 A_c	拒收数 R_c
≤15	2	0	1
16～25	3	0	1
26～90	5	0	1
91～150	8	1	2
151～280	13	1	2
281～500	20	2	3
501～1 200	32	3	4
1 201～3 200	50	5	6
3 201～10 000	80	7	8
10 001～35 000	125	10	11

8.3.3 电熔管件应逐个检验电阻。

8.3.4 在外观、颜色和尺寸及电阻检验合格的产品中抽取试样，进行表13中所列的其他出厂检验，其中静液压强度(80 ℃,165 h)的试样数量为1个;氧化诱导时间的试样从内表面取样,试样数量为1个。

8.4 型式检验

8.4.1 使用相同混配料、具有相同结构的(主体)管件,按表12的尺寸分组,每个尺寸组选取任一规格进行试验,每次型式检验的规格在每个尺寸组内轮换。

8.4.2 型式检验项目应符合表13要求。

8.4.3 按8.3.2规定对外观、颜色和尺寸进行检验。在检验合格的样品中抽取试样,进行表13中规定的型式检验。对于卫生要求,选用管件制造商生产产品范围内最小公称直径的管件进行试验。

8.4.4 一般每三年进行一次。若有以下情况之一,应进行型式检验:

    a) 新产品或老产品转厂生产的试制定型鉴定;

    b) 结构、材料、工艺有较大变动可能影响产品性能时;

    c) 产品停产一年以上恢复生产时;

    d) 出厂检验结果与上次型式检验结果有较大差异时。

8.5 判定规则

第6章中的外观、颜色和尺寸按表14进行判定。其他指标有一项不符合要求时,则从原批次中随机抽取双倍样品对该项进行复验。如复检仍不合格,则判该批产品不合格。如有卫生要求时,卫生指标有一项不合格判为不合格批。

9 标志

9.1 总则

9.1.1 管件应有永久、清晰的标志,标志不应诱发裂纹或其他形式的破坏。

9.1.2 若采用打印的标志,颜色应区别于管件的颜色。

9.1.3 标志和标签内容在目视的情况下应清晰可辨。

    注:除按制造商规定或由其认可之外,在安装和使用过程中对部件进行涂刷、刮擦,覆盖或使用清洁剂等造成的标志不清晰,制造商不负责任。

9.1.4 标志内容不应位于管件插口端的最小插口长度范围内。

9.2 管件上的标志内容

管件标志内容至少应符合表15要求。构造焊制类管件的标志内容由供需双方协定。

表 15 管件标志内容

项 目	标 志
制造商或商标	名称或符号
内部流体[a]	"水"或"Water"
公称外径/标准尺寸比	例如:d_n110/SDR 11
材料和命名	PE 80 或 PE 100
混配料牌号[a]	
生产批号[b]	
生产时间(日期,代码)[a,c]	例如:用数字或代码表示的年和月

表 15（续）

项　目	标　志
本部分号[a]	GB/T 13663.3
SDR 熔接范围（仅用于电熔管件）[a]	例如：SDR 11～SDR 26
压力等级[a]	例如：PN 1.25 MPa

> [a] 这些信息可以打印在标签上，标签可以附在管件上或者每个包装袋上，标签应保证在施工时完整清晰。
> [b] 公称直径小于或等于 63 mm 的机械连接类管件和热熔承插管件由供需双方商定。
> [c] 以明确的数字或代码表示，提供生产日期（年和月）追溯性；如果制造商在不同地点生产，还需要标明生产地点。

9.3　熔接系统识别

电熔管件应具备熔接参数可识别性，如数字识别、电流/电压识别、机电识别或自调节系统识别，在熔接过程中用于识别熔接参数。

使用条形码识别时，条形码标签应粘贴在管件上并应被适当保护以免污损。

注：条形码识别参见 ISO 13950，可追溯性参见 ISO 12176-4。

10　包装、运输、贮存

10.1　包装

管件应包装，可多个管件一同包装或单个包装以防止损坏和污染。电熔管件宜单独包装并进行密封。一般情况下，每个包装箱内应装相同品种和规格的管件，包装箱应有内衬袋。

包装应至少带有一个标签，标明制造商的名称、零（部）件的类型、尺寸和数量、以及任何特殊贮存要求。

10.2　运输

管件运输时，不应受到划伤、抛摔、剧烈的撞击、曝晒、雨淋、油污和化学品的污染。

10.3　贮存

管件应贮存在远离热源及化学品污染地、地面平整、通风良好的库房内；贮存时，应防止阳光直接照射。

附　录　A

（资料性附录）

本部分与 ISO 4427-3:2007 相比的结构变化情况

本部分与 ISO 4427-3:2007 相比在结构上有较多调整,具体章条编号对照情况见表 A.1。

表 A.1　本部分与 ISO 4427-3:2007 的章条编号对照情况

本部分章条编号	ISO 4427-3:2007
1～2	1～2
3.1	—
3.2～3.3	3.1～3.2
3.4～3.8	3.2.1～3.5
3.9	—
3.10～3.12	3.6～3.8
4.1	4.1
4.2	—
4.3	4.2
4.4	—
5	1
6.1	5.1
6.2	5.3
6.3	5.2、5.5
6.4	5.4
6.5.1	6.3
6.5.2	6.2
6.5.3	附录 A
6.5.4	6.6
6.5.5	6.5
6.5.6～6.5.7	6.7～6.8
6.6.1	7.1
—	7.2
6.6.2～6.6.4	7.3～7.4
6.7	8
6.8	5.6
6.9～6.10	9～10
7～8	—
9.1	11.1

表 A.1（续）

本部分章条编号	ISO 4427-3:2007
9.2~9.3	11.2~11.3
10.1	12
10.2~10.3	—
附录 A~附录 B	—
附录 C~附录 D	附录 B~附录 C
附录 E	附录 A
附录 F	—
—	附录 D~附录 E

附 录 B

（资料性附录）

本部分与 ISO 4427-3:2007 的技术性差异及其原因

表 B.1 给出了本部分与 ISO 4427-3:2007 的技术性差异以及原因。

表 B.1 本部分与 ISO 4427-3:2007 的技术性差异以及原因

本部分章条编号	技术性差异	原 因
2	增加了 GB/T 2828.1	增加检验规则,便于标准引用
	增加了 GB/T 2918	增加状态调节和试验的标准环境,便于标准引用
	用 GB/T 3682—2000 代替 ISO 1133	优先引用国家标准
	增加了 GB/T 4217	增加公称外径和公称压力,便于标准引用
	删除了 ISO 4433-1、ISO 4433-2,放入参考文献	该文件在原文中未使用。本部分资料性引用
	用 GB/T 6111—2018 代替 ISO 1167	优先引用国家标准
	增加了 GB/T 7306—2000、GB/T 8163—2008	根据我国的实际应用情况,增加了密封管螺纹及无缝钢管标准
	用 GB/T 8806—2008 代替 ISO 3126	优先引用国家标准
	增加了 GB/T 9345.1—2008	增加了灰分测定试验方法,以适用于我国国情
	删除了 ISO 9624	该文件在原文中未使用
	增加了 GB/T 10798	增加了通用壁厚表,便于标准引用
	删除了 ISO 13951	该文件在原文中未使用
	用 GB/T 13663.1—2017 代替 ISO 4427-1:2007、GB/T 13663.2—2018 代替 ISO 4427-2:2007、GB/T 13663.5—2018 代替 ISO 4427-5	优先引用国家标准
	删除了 ISO 14236	该文件在原文中未使用
	增加了 GB/T 15820—1995	增加了管材与管件连接的耐拉拔试验,便于标准引用
	增加了 GB/T 17219	增加了饮用水输配水设备及防护材料的安全性评价,便于标准引用
	增加了 GB/T 18252、GB/T 18475	增加了长期静液压强度、材料分级和命名,便于标准引用
	增加了 GB/T 19278—2003	增加了通用术语和定义,便于标准引用

表 B.1（续）

本部分章条编号	技术性差异	原　因
2	用 GB/T 19712—2005 代替 ISO 13957、GB/T 19466.6—2009 代替 ISO 11357-6、GB/T 19806—2005 代替 ISO 13955、GB/T 19808—2005 代替 ISO 13954、GB/T 19810—2005 代替 ISO 13953、GB/T 20674.1—2006 代替 ISO 12176-1	优先引用国家标准
	增加了 GB/T 19809—2005	增加了拉伸剥离试验标准，便于标准引用
	用 GB/T 21873—2008 代替了 EN 681-1:1996、EN 681-2:2000	优先引用国家标准
3	增加了术语和定义 3.1、3.8	便于引用
4	增加了聚乙烯混配料的分级和命名、回用料要求	要求更为严格，表述更为明确
6.5.1	增加了插口管件插口端尺寸(d_n710、d_n800)及相关要求	参照国际先进标准编制，以适用我国国情
6.5.2.1	增加了电熔承口端尺寸(d_n710、d_n800)及相关要求 增加了电熔承口平均内径要求。删去了特别管状长度	参照国际先进标准编制。以符合我国国情
6.5.2.2	删除了管件和管材由较低 SDR 值的聚乙烯制造时，管件及相关熔接接头应符合相关要求	以符合我国国情
6.5.6	增加了机械连接类管件的相关要求	完善产品范围，规范产品
6.5.7	增加了聚乙烯法兰连接类管件尺寸规格要求	内容更为详实，便于引用
6.6	删除了管件和管材由较低 SDR 值的聚乙烯制造时相关力学性能。静液压强度(20 ℃、165 h)中 PE 100 材料的环应力由 12.4 MPa 修改为 12.0 MPa	同 6.5.2.2 要求。参照国际先进标准编制。以符合我国国情
6.7	增加了灰分≤0.1 %要求	以符合我国国情
7、8	增加了"试验方法""检验规则"章节	以符合我国国情
9	增加了标志：生产时间、输送介质、混配料牌号、生产批号。删除了制造商的信息标志、d_n≥280 mm(管件插口端)的公差等级	以适用我国国情
10	增加了"运输"和"贮存"条款	以符合我国国情
—	删除了附录 D"短期压力方法"和附录 E"管件/管材组合件的拉伸试验"	无对应的相关性能要求，无引用
附录 E	增加了"电熔鞍形管件熔接强度试验方法"	更明确，更具有操作性

附 录 C
（规范性附录）
构造焊制类管件

C.1 总则

构造焊制类管件应符合本附录表 C.1 和表 C.2 要求。

构造焊制类管件所用管材应符合 GB/T 13663.2—2018 规定，对接熔接设备应符合 GB/T 20674.1—2006 规定。

本附录仅适用于采用对接熔接工艺制造的构造焊制类管件。

构造焊制类管件的 PN 等级应由所用管材的 PN 等级，结合折减系数计算得出。折减系数见 C.3 和 C.5。

制造商对管件的设计和压力级别负责，并证实其所声明的 PN 等级的符合性。制造商的技术文件中应给出压力等级以及应用的折减系数（f），证实管件设计性能的最少试验要求见表 C.1。

在一些情况下，构造焊制类管件由注塑管件加工制成，或加工厚壁（下一较低 SDR 系列）管段，得到较薄（上一较高 SDR 系列）的管段后制成，这类管件的折减系数可与本附录规定的不同。

表 C.1 构造焊制类管件的性能试验

项目	要求	试验参数		试验方法
静液压强度 (20 ℃,100 h)	无破坏、无渗漏	试验温度 试验时间 环应力[a]： PE 80 PE 100	20℃ 100 h 10.0 MPa×f 12.0 MPa×f	7.5
静液压强度 (80 ℃,1 000 h)	无破坏、无渗漏	试验温度 试验时间 环应力[a]： PE 80 PE 100	80℃ 1 000 h 4.0 MPa×f 5.0 MPa×f	7.5
构造焊制管件的 拉伸强度[b]	试验到破坏为止： 韧性：通过 脆性：失效	试验温度	23 ℃	7.7
注：f 为与试验管件相关的折减系数。				
[a] 根据管件对应的管材公称外径计算应力值。				
[b] 试样取自包含焊缝的纵向直条段的水平面上，宜垂直于焊缝。				

C.2 尺寸

构造焊制类管件的尺寸应符合表 C.2 要求。

表 C.2 构造焊制类管件的尺寸

单位为毫米

公称外径 d_n	管件的最小管状长度 $l_{e,min}$	公称弯曲半径 r	分支端标称长度 Z	管件角度 α
90	150			
110	150			
125	150			
140	150			
160	150			
180	150			
200	150			
225	150			
250	250			
280	250	由管件制造商标明		管件角度公差应为 $\pm 2°$
315	300			
355	300	例如:	由管件制造商标明	
400	300	$1.5 \times d_n$		煨制弯头的最大角度
450	300	$2 \times d_n$		公差应为 $\pm 5°$
500	350	$2.5 \times d_n$		
560	350	$3 \times d_n$		
630	350			
710	350			
800	350			
900	400			
1 000	400			
1 200	400			
1 400	550			
1 600	550			

C.3 管段焊制弯头

由管段制成的焊制弯头的典型示意图见图 C.1 和图 C.2。图中给出了必要的标注尺寸,其他的尺寸可由管件制造商在技术文件中给出。d_n,l_e,r 和 α 应符合表 C.2。

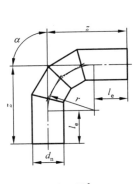
a) 90°

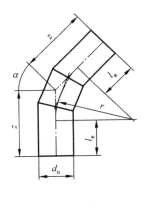
b) 45°

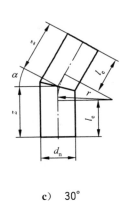
c) 30°

说明：

d_n——公称外径；

l_e——熔接端的"管状长度"。管状长度应满足下列各种操作(或组合操作)的要求：对接夹具的安装,电熔管件的装配,承插熔接管件的装配和机械刮刀的使用；

r——管件的弯曲半径；

z——管件分支端到轴心(各分支端轴心线的交点)的设计长度；

α——管件角度。

图 C.1　管段焊制弯头示意图

采用管段焊制的弯头,应按照以下折减原则计算其公称压力 PN,见式(C.1)：

$$PN = f_B \times PN_{管材} \quad\quad\quad\quad\quad\quad\quad\quad\quad\quad (C.1)$$

式中：

f_B　　——与弯头管段设计相关的折减系数(见表 C.3)；

$PN_{管材}$——所用管材(管段)的公称压力。

注：这些系数通过实践得出,可以根据表 C.1 的试验结果确定系数 f_B 取值的适用性。

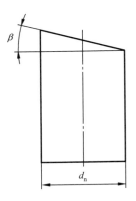

说明：

d_n——公称外径；

β——切割角。

图 C.2　管段设计示意图

表 C.3　管段焊制弯头的折减系数

切割角[a] β	折减系数 f_B
$\beta \leqslant 7.5°$	1.0
$7.5° < \beta \leqslant 15°$	0.8
[a]　最大切割角应不超过15°。	

C.4　煨制弯头

煨制弯头的典型示意图见图 C.3 所示。不要求二次加工煨制的弯管都符合图 C.3，仅考虑图中标示的尺寸即可。其他的尺寸可由管件制造商在技术文件中给出。

管材煨弯后最小壁厚应符合 GB/T 13663.2—2018 规定。

可以使用破坏性方法证实制造过程的一致性。

煨制弯头一般不做折减，其可行性可根据表 C.1 的试验结果证实。

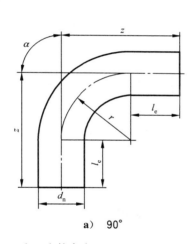

a)　90°

b)　45°

d_n，l_e，r 和 α 应符合表 C.2。

说明：

d_n——公称外径；

l_e——熔接端的"管状长度"。管状长度满足下列各种操作（或组合操作）的要求：对接夹具的安装，电熔管件的装配，承插熔接管件的装配和机械刮刀的使用；

r——管件的弯曲半径；

z——管件分支端到轴心（各分支端轴心线的交点）的标称长度；

α——管件角度。在存储和搬运过程中，可采用特殊措施来确保管件保持原有弯曲角度。

图 C.3　煨制弯头示意图

C.5　管段焊制三通

管段焊制三通的典型示意图见图 C.4 所示。并不要求用管段拼焊的三通都符合图 C.4，仅考虑图中标示的尺寸即可。其他的尺寸可由管件制造商在技术文件中给出。

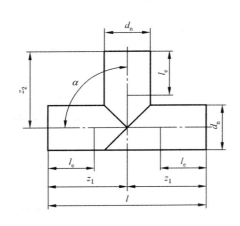

a) 90°   b) 60°

d_n、l_e 和 α 应符合表 C.2。

说明：

d_n ——公称外径；

l_e ——熔接端的"管状长度"。管状长度应满足下列各种操作（或组合操作）的要求：对接夹具的安装，电熔管件的装配，承插熔接管件的装配和机械刮刀的使用；

z_1、z_2、z_3 ——管件分支端到轴心（各分支端轴心线的交点）的标称长度；

α ——管件角度（$\pm 2°$）。

图 C.4 管段焊制三通示意图

应用式（C.2）和折减原则计算采用管段焊制三通的 PN：

$$PN = f_T \times PN_{管材} \qquad\qquad\qquad\qquad\qquad (C.2)$$

式中：

f_T ——此类三通的相关的折减系数为 0.5；

$PN_{管材}$ ——使用管材（管段）的公称压力。

注：这些系数通过实践得出，可以根据表 C.1 的试验结果确定系数 f_T 取值的适用性。

附　录　D

（资料性附录）

电熔管件典型接线端示意图

图 D.1 和图 D.2 举例说明了适用于电压不大于 48 伏的典型接线端(类型 A 和类型 B)。

单位为毫米

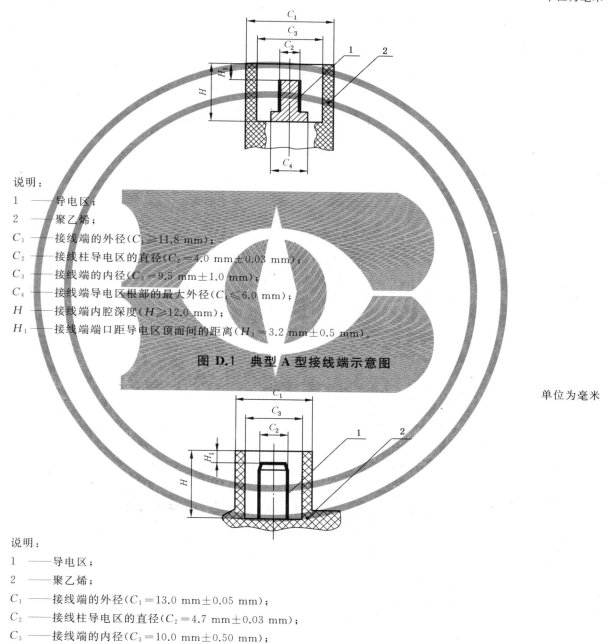

说明：

1 ——导电区；

2 ——聚乙烯；

C_1 ——接线端的外径($C_1 \geqslant 11.8$ mm)；

C_2 ——接线柱导电区的直径($C_2 = 4.0$ mm ± 0.03 mm)；

C_3 ——接线端的内径($C_3 = 9.5$ mm ± 1.0 mm)；

C_4 ——接线端导电区根部的最大外径($C_4 \leqslant 6.0$ mm)；

H ——接线端内腔深度($H \geqslant 12.0$ mm)；

H_1 ——接线端端口距导电区顶面间的距离($H_1 = 3.2$ mm ± 0.5 mm)。

图 D.1　典型 A 型接线端示意图

单位为毫米

说明：

1 ——导电区；

2 ——聚乙烯；

C_1 ——接线端的外径($C_1 = 13.0$ mm ± 0.05 mm)；

C_2 ——接线柱导电区的直径($C_2 = 4.7$ mm ± 0.03 mm)；

C_3 ——接线端的内径($C_3 = 10.0$ mm ± 0.50 mm)；

H ——接线端的内腔深度($H \geqslant 15.5$ mm)；

H_1 ——接线端端口与导电区顶面间的距离($H_1 = 4.5$ mm ± 0.5 mm)。

图 D.2　典型 B 型接线端示意图

附　录　E

（规范性附录）

热熔承插管件

热熔承插管件承口端示意图见图 E.1，其尺寸应符合表 E.1 和表 E.2 要求。承口根部直径不应大于口部直径，管件壁厚应符合 6.5.2.2 要求。

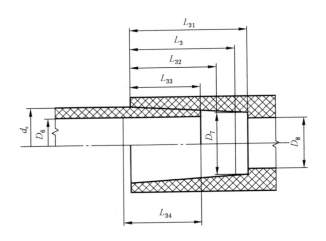

说明：

D_6 ——承口口部的平均内径，即等于承口内表面与其端面相交圆的平均直径；

D_7 ——承口根部的平均内径，即距承口距离为 L_3 的、平行于端口平面的圆环截面的平均直径，其中 L_3 为承口参考长度；

D_8 ——最小通径；

d_e ——与之对接的管材的外径；

L_3 ——承口参考长度，即用于计算目的的最小理论承口长度，由制造商标称；

L_{31} ——从承口端面到其根部台肩处的承口的实际长度，由制造商标称；

L_{32} ——管件的加热长度，即加热工具插入的长度，由制造商标称；

L_{33} ——插入深度，即经加热的管子端部承口的插入长度；

L_{34} ——管子插口端的加热长度，即管子插口端部进入加热工具的长度。

图 E.1　热熔承插管件承口端示意图

表 E.1　公称尺寸从 16 mm～63 mm 的热熔承插管件承口端尺寸　　　　　　单位为毫米

承口公称直径	承口平均内径				最大不圆度	最小通径	承口参考长度	承口加热长度a		管材插入深度b	
	口部		根部								
d_n	$D_{6,min}$	$D_{6,max}$	$D_{7,min}$	$D_{7,max}$	max.	D_8	$L_{3,min}$	$L_{32,min}$	$L_{32,max}$	$L_{33,min}$	$L_{33,max}$
16	15.2	15.5	15.1	15.4	0.4	9	13.3	10.8	13.3	9.8	12.3
20	19.2	19.5	19.0	19.3	0.4	13	14.5	12.0	14.5	11.0	13.5
25	24.1	24.5	23.9	24.3	0.4	18	16.0	13.5	16.0	12.5	15.0
32	31.1	31.5	30.9	31.3	0.5	25	18.1	15.6	18.1	14.6	17.1
40	39.0	39.4	38.8	39.2	0.5	31	20.5	18.0	20.5	17.0	19.5

表 E.1（续）

单位为毫米

承口公称直径	承口平均内径				最大不圆度	最小通径	承口参考长度	承口加热长度[a]		管材插入深度[b]	
	口部		根部								
d_n	$D_{6,min}$	$D_{6,max}$	$D_{7,min}$	$D_{7,max}$	max.	D_8	$L_{3,min}$	$L_{32,min}$	$L_{32,max}$	$L_{33,min}$	$L_{33,max}$
50	48.9	49.4	48.7	49.2	0.6	39	23.5	21.0	23.5	20.0	22.5
63	62.0	62.4	61.6	62.1	0.6	49	27.4	24.9	27.4	23.9	26.4

[a] $L_{32,min}=(L_{3,min}-2.5)$；$L_{32,max}=L_{3,min}$。

[b] $L_{33,min}=(L_{m,in}-3.5)$；$L_{33,max}=(L_{3,min}-1)$。

表 E.2　公称尺寸从 75 mm～125 mm 的热熔承插管件承口端尺寸

单位为毫米

承口公称直径	管材平均外径		承口平均内径				最大不圆度	最小通径	承口参考长度	承口加热长度[a]		管材插入深度[b]	
			口部		根部								
d_n	$d_{em,min}$	$d_{em,max}$	$D_{6,min}$	$D_{6,max}$	$D_{7,min}$	$D_{7,max}$	max.	D_8	$L_{3,min}$	$L_{32,min}$	$L_{32,max}$	$L_{33,min}$	$L_{33,max}$
75	75.0	75.5	74.3	74.8	73.0	73.5	0.7	59	30	26	30	25	29
90	90.0	90.6	89.3	89.9	87.9	88.5	1.0	71	33	29	33	28	32
110	110.0	110.6	109.4	110.0	107.7	108.3	1.0	87	37	33	37	32	36
125	125.0	125.6	124.4	125.0	122.6	123.2	1.0	99	40	36	40	35	39

注：热熔承插管件宜适用于 $d_n \leqslant 63$ mm 的管材连接，75 mm $\leqslant d_n \leqslant$ 125 mm 由用户和制造商协商确定。

[a] $L_{32,max}=(L_{3,min}-4)$；$L_{32,max}=L_{3,min}$。

[b] $L_{33,min}=(L_{m,in}-5)$；$L_{33,max}=(L_{3,min}-1)$。

附 录 F

（规范性附录）

电熔鞍形管件熔接强度试验方法

F.1 原理

本附录规定了一种剥离试验方法,用于评价电熔鞍形管件与管材熔接形成的组合件的熔接强度,以熔接面的韧性剥离百分比来表征。

注1:本附录的试验方法参见 ISO 13956:2010。

注2:采用任一规格的最小壁厚进行试验。

F.2 设备

F.2.1 总则

根据试验方案不同,选择相应的试验设备及工装。按图 F.1 或图 F.2 所示试验方案时,应分别选择拉力试验机和 A1 型或 A2 型工装;按图 F.3 所示试验方案时,选择压缩试验机和 B 型工装。当管材公称外径 $d_n \geq 250$ mm 时,可采用图 F.4 所示试验方案和 C 型工装。

F.2.2 拉伸试验设备——A1 型或 A2 型工装

F.2.2.1 拉伸试验机。具备足够的拉力,能将鞍形管件以(100 ± 10)mm/min 的速度从管材上剥离。

F.2.2.2 承载销。外径至少为管材公称外径的 1/2,可旋转。

F.2.2.3 适当的夹紧装置。能够扣紧鞍形管件的边缘并将其从管材上剥离。

注:A1 型夹紧装置从鞍形管件两侧边缘对称地扣紧并加载(见图 F.1);A2 型夹紧装置仅从鞍形管件一侧夹紧(见图 F.2)。

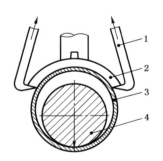

说明:

1——夹紧装置;

2——聚乙烯鞍形管件;

3——聚乙烯管材;

4——承载销。

图 F.1 A1 型试验装置典型示意图

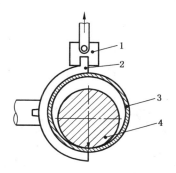

说明:

1——夹紧装置,加载点可转动;

2——聚乙烯鞍形管件;

3——聚乙烯管材;

4——承载销。

图 F.2　A2 型试验装置典型示意图

F.3　压缩设备——B 型工装

F.3.1　拉伸试验机,具备足够的拉力,能将鞍形管件以(100 ± 10)mm/min的速度从管材上剥离。

F.3.2　承载销,外径至少为管材公称外径的1/2,可旋转。

F.3.3　适当的夹紧装置,能够扣紧鞍形管件的边缘并将其从管材上剥离(见图 F.3)。

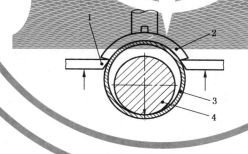

说明:

1——夹紧装置;

2——聚乙烯鞍形管件;

3——聚乙烯管材;

4——承载销。

图 F.3　B 型压缩试验装置典型示意图

F.4　装置——C 型

F.4.1　拉伸试验机,具备足够的拉力,能将鞍形管件以(100 ± 10)mm/min的速度从管材上剥离。

F.4.2　适当的夹紧装置,能够扣紧鞍形管件的边缘并将其从管材上剥离(见图 F.4)。

F.4.3　带固定装置的支架,可将带鞍形管件的管材固定在支架上(见图 F.4)。

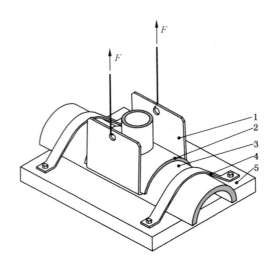

说明：
1——夹紧装置；
2——聚乙烯鞍形；
3——聚乙烯管材；
4——固定装置；
5——支架；
F——剥离力。

图 F.4　C 型试验装置典型示意图

F.5　试样

F.5.1　试样的制备

F.5.1.1　按照制造商说明及相关产品标准将管材和电熔鞍形管件熔接制成组合件。焊制组合件应选用 GB/T 19809—2005 规定的条件焊制。

F.5.1.2　除非另有规定，连接鞍形管件的主管上不应打孔。

F.5.1.3　鞍形管件两端的管材自由长度不应小于 $0.1d_n$（d_n 为管材公称外径）。在 C 型试验方案中，鞍形管件两端的管材自由长度应确保管材能延伸至固定装置外。

F.5.1.4　在 C 型试验方案中，应沿管材轴线剖开，见图 F.4。

F.5.1.5　拆除焊制过程中固定样件的螺钉、螺栓和其他辅助固定装置（例如：鞍形管件的下抱箍）。

F.5.1.6　为便于操作，鞍形管件的分支端可去除。为促使剥离发生于熔接面上，可以去除部分非熔接的部位。

注：管材壁厚会影响剥离力的大小。

F.5.2　试样数量

除非另有规定，试样数应为 3 个。

F.6　状态调节

试验应在熔接完成至少 24 h 后进行。

试样在（23±2）℃环境温度条件下状态调节至少 6 h 后，按 F.7 步骤进行。

GBandT 13663.3—2018

F.7 步骤

在环境温度(23±2)℃条件下,按下列步骤进行试验:

a) 对于 A1 型、A2 型和 B 型试验,将承载销穿过管材的内孔;对于 C 型试验,从管材上靠近鞍形管件的部位将组合件固定至支架上;

b) 将试样与夹具装至试验机上,使鞍形管件以(100±10)mm/min 的速度从管材上剥离;

注:用拉伸试验机和 A1 型夹具进行试验的安装形式示例见图 F.1;用拉伸试验机和 A2 型夹具进行试验的安装形式示例见图 F.2;用压缩试验机进行试验的安装形式示例见图 F.3;$d_n \geqslant 250$ mm 时 C 型试验的安装形式见图 F.4。

c) 持续加载,直至试样完全剥离或组合件中的管材(或管件)发生破坏。试验过程中若试样滑出夹具,可重新装夹并继续试验。对于 A2 型试验,重新装夹时允许改夹鞍形管件的另一侧。如果无法剥离,可降至较低的拉伸速率(25±5)mm/min 进行试验;

d) 检查试样并记录破坏位置(例如,破坏发生在管材还是鞍形管件上、是在线圈之间还是熔接面上),破坏类型,是否可见脆性破坏表面。典型破坏特征示意图见图 F.5、图 F.6;

注:如果熔接面未发生分离(例如管材或鞍形管件发生断裂时),通常认为 e)、f)、g)和 h)中的脆性破坏比例为 0%。此时可在图 1、图 2、图 3 或图 4 中变更一种试验方案重新测试,或者以样条弯曲法(参见 ISO 21751)代替本方法。

e) 测量并记录熔接区域径向最大脆性破坏长度(l)和该处径向总宽度(y);

f) 按式(F.1)计算剥离百分比 L_d:

$$L_d = l/y \times 100\% \quad\cdots\cdots\cdots\cdots\cdots\cdots\cdots\cdots(\text{F.1})$$

g) 测量和记录熔接区域脆性破坏的面积(A);

h) 按式(F.2)计算剥离百分比 A_d:

$$A_d = A/A_{nom} \times 100\% \quad\cdots\cdots\cdots\cdots\cdots\cdots\cdots\cdots(\text{F.2})$$

式中:

A_{nom}——熔区理论总面积,由制造商给出或实测管件得到。

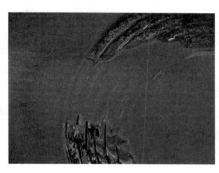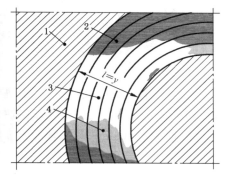

说明:

1——管材表面;

2——韧性破坏;

3——熔接面未熔合区的脆性破坏;

4——电熔线圈间脆性破坏;

l——最大脆性破坏长度;

y——熔接区域的总长。

图 F.5 熔接界面的典型脆性破坏示意图

175

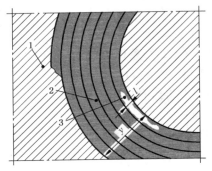

说明：

1——管材表面；

2——韧性破坏；

3——电熔线圈间脆性破坏；

l——最大脆性破坏长度；

y——熔接区域的总长。

图 F.6　熔接界面的典型韧性破坏示意图

F.8　试验报告

试验报告应包括下列内容：

a)　GB/T 13663.3—2018 的本附录编号；

b)　试样的完整标识；

c)　鞍形管件的公称尺寸；

d)　管材的尺寸(公称直径,壁厚或 SDR,MRS)；

e)　试样的熔接条件；

f)　试验温度；

g)　试验速度；

h)　试样数量；

i)　试验方案,例如拉伸(A1 型或 A2 型)、压缩(B 型)或 C 型；

j)　每个试样的破坏类型(如:韧性破坏或脆性破坏),以及破坏外观的详细描述,例如:是从熔接面
　　剥离、线圈之间撕裂、还是管材或管件屈服破坏。当 $L_d \geqslant 25\ \%$ 或 $A_d \geqslant 12\ \%$ 时,建议给出破坏
　　表面的照片；

k)　剥离的百分比,L_d 和 A_d；

l)　试验过程中及试验完成后观察到的现象；

m)　任何可能影响试验结果的因素,例如未在本附录中说明的任何偶发事件和操作细节。

n)　试验室；

o)　试验日期。

参 考 文 献

[1] ISO 4427-3:2007 Plastics piping systems-Polyethylene(PE) pipe and fittings for water supply—Part 3:Fittings.

[2] ISO 4433-1:1997 Thermoplastics pipes-Resistance to liquid chemicals-Classification Part 1:Immersion test nethod.

[3] ISO 4433-2:1997 Thermoplastics pipes-Resistance to liquid chemicals-Classification Part 2:Polyolefin pipes.

[4] ISO 9080 Plastics piping and ducting systems-Determination of the long-term hydrostatic strength of thermoplastics materials in pipe form by extrapolation.

[5] ISO 12162 Thermoplastics materials for pipes and fittings for pressure applications-Classification,designation and design coefficient.

[6] ISO 12176-4 Plastics pipes and fittings.Equipment for fusion jointing polyethylene systems—Part 4:Traceability coding.

[7] ISO 13950 Plastics pipes and fittings-Automatic recognition systems for electrofusion joints.

[8] ISO 13956:2010 Plastics pipes and fittings-Decohesion test of polyethylene(PE) saddle fusion joints-Evaluation of ductility of fusion joint interface by tear test.

[9] ISO/TR 10358 Plastics pipes and fittings-Combined chemical-resistance classifi-Cation table.

[10] ISO 21751 Plastics pipes and fittings.Decohesion test of electrofusion assemblies-Strip-bend test.

ICS 83.140.30
G 33

中华人民共和国国家标准

GB/T 13663.5—2018

给水用聚乙烯(PE)管道系统
第 5 部分：系统适用性

Polyethylene（PE）piping systems for water supply—
Part 5：Fitness for purpose of the system

（ISO 4427-5：2007，Plastics piping systems—Polyethylene（PE）pipes and
fittings for water supply—Part 5：Fitness for purpose of the system，MOD）

2018-03-15 发布

2018-10-01 实施

中华人民共和国国家质量监督检验检疫总局
中国国家标准化管理委员会   发 布

前　言

GB/T 13663《给水用聚乙烯管道系统》分为5个部分：
——第1部分:总则;
——第2部分:管材;
——第3部分:管件;
——第4部分:阀门;
——第5部分:系统适用性。

本部分为 GB/T 13663 第5部分。

本部分按照 GB/T 1.1—2009 给出的规则起草。

本部分使用重新起草法修改采用 ISO 4427-5:2007《塑料管道系统　给水用聚乙烯(PE)管材和管件　第5部分:系统适用性》。

本部分与 ISO 4427-5:2007 相比在结构上有较多调整。附录 A 中列出了本部分章条编号与 ISO 4427-5:2007 章条编号的对照一览表。

本部分与 ISO 4427-5:2007 相比存在技术性差异。相关差异已编入正文中并在它们所涉及的条款的页边空白处用垂直单线(|)标识。在附录 B 中给出了这些技术性差异及其原因的一览表。

请注意本文件的某些内容可能涉及专利。本文件的发布机构不承担识别这些专利的责任。

本部分由中国轻工业联合会提出。

本部分由全国塑料制品标准化技术委员会(SAC/TC 48)归口。

本部分起草单位:山东胜邦塑胶有限公司、浙江中财管道科技股份有限公司、浙江伟星新型建材股份有限公司、永高股份有限公司、顾地科技股份有限公司、浙江中元枫叶管业有限公司、广东联塑科技实业有限公司、亚大集团公司、山东环球塑业有限公司、北京市市政工程设计研究总院有限公司、河北泉恩高科技管业有限公司。

本部分主要起草人:景发岐、陈建春、李大治、黄剑、付志敏、张文龙、陈国南、李瑜、于小蛟、宋奇叵、朱瑞霞。

给水用聚乙烯(PE)管道系统
第5部分:系统适用性

1 范围

GB/T 13663 的本部分规定了给水用聚乙烯(PE)管道系统适用性的术语和定义、符号、缩略语、组件类型、试样制备和要求。

本部分与 GB/T 13663 的其他部分一起,适用于水温不大于 40 ℃,最大工作压力(MOP)不大于 2.0 MPa,一般用途的压力输水以及饮用水的输配管道系统及其组件。

注1:参考工作温度为 20 ℃,工作温度在 0 ℃~40 ℃之间的压力折减系数,参见 GB/T 13663.1—2017 附录 C。

注2:采购者或选用者有责任根据其特定应用需求,结合相关法规、标准或规范要求,按本部分要求进行系统适用性评价。

2 规范性引用文件

下列文件对于本文件的应用是必不可少的。凡是注日期的引用文件,仅注日期的版本适用于本文件。凡是不注日期的引用文件,其最新版本(包括所有的修改单)适用于本文件。

GB/T 6111—2003 流体输送用热塑性塑料管材耐内压试验方法(ISO 1167:1996,IDT)

GB/T 13663.1—2017 给水用聚乙烯(PE)管道系统 第1部分:总则(ISO 4427-1:2007,MOD)

GB/T 13663.3—2018 给水用聚乙烯(PE)管道系统 第3部分:管件(ISO 4427-3:2007,MOD)

GB/T 15820—1995 聚乙烯压力管材与管件连接的耐拉拔试验(eqv ISO 3501:1976)

GB/T 19278—2003 热塑性塑料管材、管件及阀门通用术语及其定义

GB/T 19806—2005 塑料管材和管件 聚乙烯电熔组件的挤压剥离试验(ISO 13955:1997,IDT)

GB/T 19807—2005 塑料管材和管件 聚乙烯管材和电熔管件组合试件的制备(ISO 11413:1996,MOD)

GB/T 19808—2005 塑料管材和管件 公称外径大于或等于 90 mm 的聚乙烯电熔组件的拉伸剥离试验(ISO 13954:1997,IDT)

GB/T 19809—2005 塑料管材和管件 聚乙烯(PE)管材/管材或管材/管件热熔对接组件的制备(ISO 11414:1996,IDT)

GB/T 19810—2005 聚乙烯(PE)管材和管件 热熔对接接头拉伸强度和破坏形式的测定(ISO 13953:2001,IDT)

3 术语和定义、符号、缩略语

GB/T 13663.1—2017、GB/T 13663.3—2018 和 GB/T 19278—2003 界定的术语和定义、符号、缩略语以及下列术语和定义适用于本文件。

3.1

电熔连接 electrofusion connection

聚乙烯电熔承口管件(或电熔鞍形管件)与管材(或带有插口端的管件)进行连接的方式。利用电熔管件集成发热元件的焦耳效应,使与之邻近的材料熔融,将电熔管件与管材(或管件)表面熔接在一起。

3.2

热熔对接连接 butt fusion connection

利用加热板加热管材或部件插口的端面（或斜切的平面），使其熔化并彼此对正、压紧直至熔接在一起。

3.3

机械连接 mechanical connection

聚乙烯管材与管材（或管道系统中的其他元件）以机械方式装配连接在一起。通常具有一个压缩零件，以提供耐压性、密封性和抗端部载荷的能力。

注1：可在管口内部安放支撑套，为聚乙烯管提供永久支撑，以阻止管壁在径向压力作用下的蠕变。

注2：管件的金属部分可以通过螺纹、压紧式接头、焊接装配。管件能够允许制成一个可拆卸的或永久装配的接头。

3.4

熔接兼容性 fusion compatibility

两种相似或不相似的聚乙烯材料熔接在一起，形成符合 GB/T 13663 本部分性能要求的接头的能力。

4 组件类型及分组

4.1 组件类型

组件按连接方式分为三种类型：电熔连接、热熔对接连接和机械连接。

4.2 分组

管材和管件尺寸分组见表1。

表 1 管材和管件尺寸分组　　　　　　　　　　　　　　　　　　单位为毫米

组别	1	2	3	4	5
公称外径	$16 \leqslant d_n < 75$	$75 \leqslant d_n < 250$	$250 \leqslant d_n < 710$	$710 \leqslant d_n < 1\,800$	$1\,800 \leqslant d_n \leqslant 2\,500$

5 试样制备和要求

5.1 一般要求

5.1.1 试验组件的制备应考虑管材/管件极限制造公差、现场装配、设备误差、安装过程中大气温度变化的影响，以及可能的密封、部件材料与公差的影响。

5.1.2 压力试验采用 A 型密封接头。

5.1.3 按照本部分进行试验，如果试验结果表明管件需要重新设计时，应重新设计并按照 GB/T 13663.3—2018 再试验。

5.1.4 除非另有规定，按5.2制备试样后，组件应在温度为(23±2)℃条件下进行状态调节至少24 h，并在此条件下进行试验。

5.2 试样制备

5.2.1 电熔连接

5.2.1.1 常规条件下 MRS 和 SDR 不同的管材和部件形成的组件

5.2.1.1.1 组件的制备

组件应按表 2 规定组对,使用 MRS 和 SDR 不同的管材和部件,按 GB/T 19807—2005 中附录 C 的表 C.1 所列条件 1 进行制备。

表 2 取样方案

电熔管件	管材或部件			
	PE 80		PE 100	
	SDR 最大	SDR 最小	SDR 最大	SDR 最小
PE 80	√	—	—	√
PE 100	√	—	—	√

5.2.1.1.2 试样

制造商选择试样应取自每一尺寸组(见表 1)中所生产的每种类型的最小外径的产品,以及所生产的每种类型最大外径的产品。

5.2.1.2 极限条件下制备的组件

5.2.1.2.1 组件的制备

用具有相同 MRS 和 SDR 的管材和管件按 GB/T 19807—2005 中附录 C 表 C.1 条件 2 和条件 3,分别在管件制造商技术文件中推荐的在最高环境温度和最低环境温度下制备组件,管件的电阻在(23±2)℃条件下测量。

如果用户接受,可以使用一个能量公称值替代最小和最大能量条件 2 和条件 3。该公称值与接头制备环境温度 T_a 对应的能量值,由管件制造商在技术文件中定义。

对于电熔承口管件,在产品范围内选定规格以制备试验接头时,管材端口与管件的最大理论插入深度之间应预留 $0.05\ d_n$ 的间隙;当外径大于 225 mm 时,管材与管件连接时还应具有最大的轴向偏差,但不超过 1.5°。鞍形管件与试验管材熔接时,应按最大压力等级对管材施加水压。应在达到制造商给定的冷却时间后立即卸压。

带有电熔鞍形管件的接头,制备时需考虑安全规范的要求。

5.2.1.2.2 试样

制造商选择试样应取自每一尺寸组(见表 1)中所生产的每种类型的最小外径的产品,以及所生产的每种类型最大外径的产品。

5.2.2 热熔对接连接

5.2.2.1 常规条件下不同 MRS 部件形成的组件

5.2.2.1.1 组件的制备

组件应选用具有相同的 SDR 值、不同的 MRS 的管材和/或带插口端的管件组成,在 23 ℃ 条件下按照 GB/T 19809—2005 的规定制备。

5.2.2.1.2 试样

制造商产品范围内,每种类型产品按公称外径选取一个作为试样。

5.2.2.2 极限条件下制备的组件

5.2.2.2.1 组件的制备

组件应选用具有相同 MRS 和 SDR 值的管材和/或带插口端的管件,按照 GB/T 19809—2005 表 B.1 的规定,在最大和最小条件下,应按照 GB/T 19809—2005 第 6 章规定的最大错边量进行制备。

5.2.2.2.2 试样

制造商产品范围内,每种类型产品按公称外径选取一个作为试样。

5.2.3 机械连接

5.2.3.1 组件的制备

按照制造商技术说明,将不同 MRS 和 SDR 的管材,用机械连接管件组装制成的试验组件。

5.2.3.2 试样

制造商产品范围内,对每种类型的产品,每个公称外径选取一个管件作为试样。

5.3 要求

5.3.1 电熔连接

5.3.1.1 常规条件下 MRS 和 SDR 不同的管材和部件形成的组件

5.3.1.1.1 电熔承口组件应符合表 3 中第 1 项要求。
5.3.1.1.2 电熔鞍形组件应符合表 3 中第 2 项要求。

5.3.1.2 极限条件下制备的组件

5.3.1.2.1 电熔承口组件应符合表 3 中第 1 项要求
5.3.1.2.2 电熔鞍形组件应符合表 3 中第 2 项要求。

5.3.2 热熔对接连接

5.3.2.1 常规条件下不同 MRS 部件形成的组件应符合表 3 中第 3 项要求。
5.3.2.2 极限条件下制备的组件应符合表 3 中第 3 项和第 4 项要求。

5.3.3 机械连接

组件应符合表 3 中第 5 项、第 6 项、第 7 项和第 8 项要求。

表 3 系统适用性的要求

序号	性能	要求	试验参数		试验方法
1	电熔承口管件的熔接强度	剥离脆性破坏百分比不大于 33.3%	试验温度	23 ℃	GB/T 19806—2005 GB/T 19808—2005
2	电熔鞍形管件熔接强度	剥离脆性破坏百分比 $L_d \leqslant 50\%$，$A_d \leqslant 25\%$	试验温度	23 ℃	GB/T 13663.3—2018 附录 F
3	对接熔接拉伸强度	试验至破坏：韧性破坏-通过 脆性破坏-未通过	试验温度	23 ℃	GB/T 19810—2005
4	静液压强度	无破坏 无渗漏	密封接头 试验温度 试验时间 环应力[a] PE 80 PE 100	A 型 80 ℃ 165 h[b] 4.5 MPa 5.4 MPa	GB/T 6111—2003
5	内压密封性[c]	无渗漏	试验时间 试验压力	1 h 1.5×PN[管材]	附录 C
6	外压密封性[c]	无渗漏	试验压力 试验时间 试验压力 试验时间	0.01 MPa 1 h 0.08 MPa 1 h	附录 D
7	耐弯曲密封性[c]	无渗漏	试验时间 试验压力	1 h 1.5×PN[管材]	附录 E
8	耐拉拔[c]	管材不从管件上拔脱或分离	试验温度 试验时间	23 ℃ 1 h	GB/T 15820—1995

[a] 应根据管材公称尺寸计算试验压力；
[b] 当出现韧性破坏，再试验的步骤见 5.3.4；
[c] 适用于不大于 63 mm 的机械连接接头。

5.3.4 静液压强度（80 ℃）试验失效时的再试验

在 165 h 内发生的脆性破坏应视为未通过试验。如果试样在 165 h 内发生韧性破坏，则按表 4 推荐的环应力/时间关系依次选择较低的环应力和相应的最小破坏时间重新试验，如不通过视为不合格。

表 4 静液压强度(80 ℃)试验——环应力/最小破坏时间关系

PE 80		PE 100	
环应力 MPa	最小破坏时间 h	环应力 MPa	最小破坏时间 h
4.5	165	5.4	165

表 4（续）

PE 80		PE 100	
环应力 MPa	最小破坏时间 h	环应力 MPa	最小破坏时间 h
4.4	233	5.3	265
4.3	331	5.2	399
4.2	474	5.1	629
4.1	685	5.0	1 000
4.0	1 000	—	—

表 4（续）

附　录　A

（资料性附录）

本部分与 ISO 4427-5:2007 相比的结构变化情况

本部分与 ISO 4427-5:2007 相比在结构上有较多调整,具体章条编号对照情况见表 A.1。

表 A.1　本部分与 ISO 4427-5:2007 的章条编号对照情况

本部分章条编号	对应的国际标准章条编号
1	1
2	2
3.1	3.1
3.2	3.2 和 3.3
3.3	3.4
3.4	3.5
4	—
5.1.1、5.1.2 和 5.1.3	4.2.1
5.1.4	4.6
5.2.1 和 5.3.1	4.3
5.2.2 和 5.3.2	4.4
5.2.3 和 5.3.3	4.5 和 4.6 中的表 3
5.3.4	4.7
附录 A	—
附录 B	—
附录 C	—
附录 D	—
附录 E	—
参考文献	—

附　录　B

（资料性附录）

本部分与 ISO 4427-5:2007 的技术性差异及其原因

表 B.1 给出了本部分与 ISO 4427-5:2007 的技术性差异及其原因。

表 B.1　本部分与 ISO 4427-5:2007 的技术性差异及其原因

本部分的 章条编号	技术性差异	原因
1	范围中最大工作压力调整为不大于 2.0 MPa	以适应我国国情
2	用 GB/T 6111—2003 代替了 ISO 1167-1 和 ISO 1167-3、GB/T 13663.1—2017 代替了 ISO 4427-1:2007、GB/T 13663.3—2018 代替了 ISO 4427-3:2007、GB/T 15820—1995 代替了 ISO 3501	优先引用我国的标准
2	增加了 GB/T 19278—2003	增加了通用术语及其定义标准便于标准引用
2	用 GB/T 19806—2005 代替了 ISO 13955、GB/T 19807—2005 代替了 ISO 11413:1996、GB/T 19808—2005 代替了 ISO 13954、GB/T 19809—2005 代替了 ISO 11414:1996、GB/T 19810—2005 代替了 ISO 13953	优先引用我国的标准
2	删除了 ISO 3458、ISO 3459、ISO 3503，放入参考文献	该文件在原文中未使用。本标准资料性引用
3	将"3.1 电熔接头"修改为"电熔连接"	规定明确
3	将"3.2 对接熔接接头和 3.3 鞍形热熔接头"合并修改为"3.2 热熔对接连接"	规定明确
3	将"3.4 机械连接接头"修改为"3.3 机械连接"	规定明确
4.1	将"管件类型"调整为"组件类型"，并按连接方式分为电熔连接、热熔对接连接和机械连接三个类型	以适应我国国情
4.2	将管材和管件的尺寸分组增加到 2 500 mm	参考 CEN/TS 12201-7:2014
5.2.1.2	将电熔连接在极限条件下制样电阻的测量修改为在(23±2)℃条件下测量	与 ISO 11413 修订版保持一致
5.3 表 3	修改了电熔鞍形管件熔接强度试验方法标准	参考 EN 12201-5:2011
附录 C	增加了"内压密封性试验方法"	规定明确，增加可操作性
附录 D	增加了"外压密封性试验方法"	参考 ISO 3503—2015
附录 E	增加了"耐弯曲密封性试验方法"	参考 ISO 3459—2015
参考文献	增加了"参考文献"	本标准资料性引用

附 录 C
（规范性附录）
内压密封性试验方法

C.1 原理

当机械连接管件与聚乙烯管材（熔接接头除外）的组合件承受的内部压力大于管材的公称压力时，检查其密封性能。试验不考虑与聚乙烯管材相接的管件的设计和材料。本方法适用于包含公称外径不大于 63 mm 管材的机械连接管件。

注：本附录的实验方法参见 ISO 3458:2015(E)。

C.2 装置

C.2.1 装置示意图

装置示意图如图 C.1 所示。

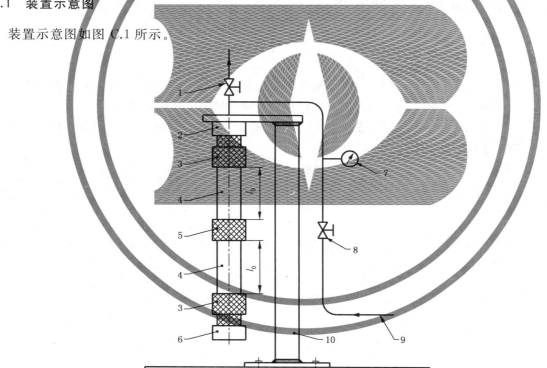

说明：

1 ——空气释放阀；   7 ——压力表；
2 ——连接接头；   8 ——阀门；
3 ——管件；   9 ——连接静液压压力源；
4 ——PE 管材；   10——支架；
5 ——管件（可选）； l_0——管段自由长度。
6 ——限位接头；

图 C.1 装置示意图

C.2.2　适宜的压力源

与试样相连,能够维持所用管材公称压力 1.5 倍的水压至少 1 h,精度为±2%。

C.2.3　压力表

安装在装置上,测量试验压力。

C.3　试样

C.3.1　应在管材和管件生产至少 24 h 后取样。除非另有规定,试样按 GB/T 2918 规定,在温度(23±2)℃条件下进行状态调节至少 24 h。

C.3.2　试样应包括至少由一个管件或多个管件和一根或多根聚乙烯管材组装成的接头。

C.3.3　每根管段自由长度应至少为公称外径的 3 倍,但不得小于 250 mm。

C.3.4　试样的一端应与压力源相连,另一端应以这样的方式密封:当加压后,作用在管材内壁的纵向应力通过作用在管件端部的水压施加。

C.3.5　接头的装配应符合相关的操作规程或标准的要求。

C.4　步骤

C.4.1　在(20±2)℃的温度下将试样加满水,确保试样与装置连接牢固。放置 20 min 达到温度平衡。

C.4.2　当试样的外表面完全干燥后,在 30 s 内以稳定的速率加压至要求的试验压力。

C.4.3　维持规定的压力至少 1 h 时,保持压力表有一个稳定的读数。试验中不时检查试样是否有渗漏现象发生。如果管材在 1 h 内破坏,重做试验。

> 注:在施加试验压力前,确保试样中的空气已完全排除。

C.5　试验报告

C.5.1　试验报告应包括本附录编号和观察到的任何渗漏的现象以及发生渗漏时的压力。

C.5.2　如果在试验过程中连接处没有发生渗漏,则认为该组合件是合格的。

附　录　D

（规范性附录）

外压密封性试验方法

D.1　原理

在外部水压大于内部大气压的条件下,检查机械连接管件与聚乙烯管材组合接头(熔接接头除外)的密封性能。本方法适用于包含公称外径不大于 63 mm 管材的机械连接管件,不考虑管件设计形式与制造材料。

试验应在 0.01 MPa 和 0.08 MPa 两个压力水平下进行。接头应在每个试验压力下至少 1 h 内保持不渗漏。

注：本附录的实验方法参见 ISO 3459:2015(E)。

D.2　设备

D.2.1　压力箱

能够提供试样所需要的试验压力。试样的两端通过箱壁,使此管材内部与大气相通。组合件的安装应便于观察试样中的渗漏情况。

D.2.2　装置示意图

装置示意图如图 D.1 所示。

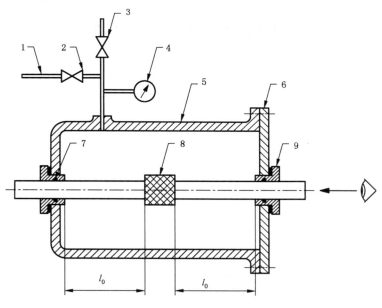

说明：
1 ——水压泵连接入口；　　　6 ——法兰盖；
2 ——阀门；　　　　　　　　7 ——环形密封；
3 ——空气释放阀；　　　　　8 ——管件；
4 ——压力表；　　　　　　　9 ——密封圈；
5 ——压力箱；　　　　　　　l_0 ——管段自由长度。

图 D.1　装置示意图

与水箱相连,能够提供和维持水压为:

a) $0.01^{+0.005}_{0}$ MPa；

b) （0.08±0.005）MPa。

D.2.3 压力表

安装在压力箱上,测量试验压力。

D.3 试样

D.3.1 应在管材和管件生产至少 24 h 后取样。除非另有规定,试样按 GB/T 2918 规定,在温度（23±2)℃条件下进行状态调节至少 24 h。

D.3.2 试样应包括至少由一个管件或多个管件和一根或多根聚乙烯管材组装成的接头。

D.3.3 每根管段的自由长度应至少为公称外径的 3 倍,但不得小于 250 mm。

D.3.4 接头的装配应符合相关的操作规程或标准的要求。

D.4 步骤

D.4.1 将试样安装至压力箱内,在(20±5)℃的温度下将压力箱加满水,放置 20 min 达到温度平衡。

D.4.2 擦干试样内部的冷凝水,等待 10 min 确保试样的内表面完全干燥。

D.4.3 施加表压为 0.01 MPa 的压力维持至少 1 h,然后增加试验压力至 0.08 MPa 再维持至少 1 h。

D.4.4 试验中不时的检查试样,观察是否有任何渗漏现象。

D.5 试验报告

D.5.1 试验报告应包括本附录编号和观察到的任何渗漏迹象以及发生渗漏时的压力。

D.5.2 如果在两种试验压力水平下,任何一种过程中均没有发生渗漏,则认为该组合件是合格的。

附　录　E
（规范性附录）
耐弯曲密封性试验方法

E.1　原理

在弯曲条件下检测机械连接管件与聚乙烯压力管材（熔接接头除外）组合件承受内压时的密封性能。本方法适用包含公称外径不大于 63 mm 管材的机械连接管件。不考虑管件设计形式与制造材料。

注：本附录的实验方法参见 ISO 3503:2015(E)。

E.2　装置

E.2.1　装置示意图

装置示意图如图 E.1 所示。

GB/T 13663.5—2018

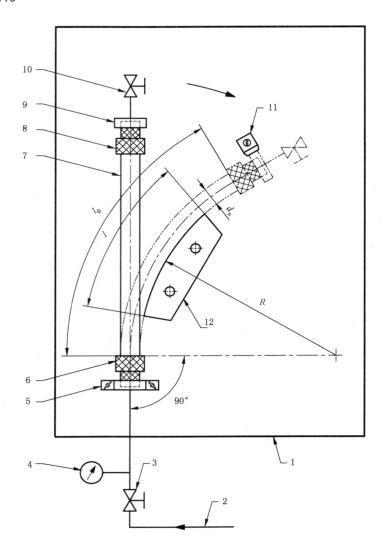

说明：

1 —— 试验台；

2 —— 液压连接管；

3 —— 阀门；

4 —— 压力表；

5 —— 连接接头；

6 —— 试验管件；

7 —— PE 管材；

8 —— 端部管件ª；

9 —— 固定接头；

10 —— 空气释放阀；

11 —— 固定销；

12 —— 弯曲规；

l_0 —— 管段自由长度；

l —— 弯规定位长度；

R —— 弯曲半径。

ª 端部管件仅用来封闭试样。

图 E.1 装置示意图

E.2.2 弯曲规

E.2.2.1 弯曲规的定位长度(l)等于管件间自由长度(l₀)的3/4,即等于管材公称外径的7.5倍(见图E.1)。

E.2.2.2 弯曲规的定位长度(l)具有如下的弯曲半径:
——公称压力小于或等于1 MPa,弯曲半径为管材公称外径的15倍;
——公称压力大于1 MPa,弯曲半径为管材公称外径的20倍。

E.2.3 压力系统

符合本部分中的附录C的规定。

E.3 试样

E.3.1 应在管材和管件生产至少24 h后取样。除非另有规定,试样按GB/T 2918规定,在温度(23±2)℃条件下进行状态调节至少24 h。

E.3.2 试样由一段管材及其端部的多个管件连接而成,受弯曲的部分为自由长度段(l₀)。

E.3.3 试样中的聚乙烯管材的型号和尺寸应与待试验的管件一致。装配后管件间管材的自由长度(l₀)应为管材公称外径的10倍。

E.3.4 接头的装配应符合相关的操作规程或标准的要求。

E.4 步骤

E.4.1 试验应在(23±2)℃的温度下进行,其平均弯曲半径由管材的平均外径和公称压力决定如下:
——公称压力小于或等于1 MPa,弯曲半径为管材公称外径的15倍;
——公称压力大于1 MPa,弯曲半径为管材公称外径的20倍。

E.4.2 装配后管件间管材的自由长度(l₀)应为管材公称外径的10倍。

E.4.3 在弯曲规上安装试样,应同时达到如下要求:
——弯曲应力应由管件承受;
——管材应覆盖弯曲规的全长,超出弯曲规的部分应两端对称,约为自由长度的1/8。

E.4.4 按照附录C的规定检查内压下的密封性能,试样应在内压等于所用管材的1.5倍的公称压力下至少1 h内不出现渗漏,然后增压直至爆破。

E.5 试验报告

E.5.1 试验报告应包括本附录编号。

E.5.2 试验的观察结果(是否渗漏)、试验条件:组件是否能达到附录C要求的1 h压力试验,若未达到要求,指出是连接处渗漏还是管材爆破,记录当时的压力。

E.5.3 详细说明试验过程中与本附录的差异,及可能影响试验结果的外界条件。

E.5.4 如果在试验过程中没观察到任何失败,则认为组合件是合格的。

GB/T 13663.5—2018

参 考 文 献

[1]　ISO 3458:2015（E）Plastics piping systems—Mechanical joints between fittings and pressure pipes—Test method for leaktightness under internal pressure

[2]　ISO 3459:2015（E）Plastics piping systems—Mechanical joints between fittings and pressure pipes—Test method for leaktightness under negative pressure

[3]　ISO 3503:2015（E）Plastics piping systems—Mechanical joints between fittings and pressure pipes—Test method for leaktightness under internal pressure of assemblies subjcted to bending

ICS 59.080.30
W 04

中华人民共和国国家标准

GB/T 13772.2—2018
代替 GB/T 13772.2—2008

纺织品 机织物接缝处纱线抗滑移的测定
第2部分:定负荷法

Textiles—Determination of the slippage resistance of yarns at a seam in woven
fabrics—Part 2:Fixed load method

(ISO 13936-2:2004,MOD)

2018-03-15 发布

2018-10-01 实施

中华人民共和国国家质量监督检验检疫总局
中国国家标准化管理委员会 发 布

前　言

GB/T 13772《纺织品　机织物接缝处纱线抗滑移的测定》分为以下 4 个部分：
——第 1 部分：定滑移量法
——第 2 部分：定负荷法
——第 3 部分：针夹法
——第 4 部分：摩擦法
本部分为 GB/T 13772 的第 2 部分。

本部分按照 GB/T 1.1—2009 给出的规则起草。

本部分代替 GB/T 13772.2—2008《纺织品　机织物接缝处纱线抗滑移的测定　第 2 部分：定负荷法》。本部分与 GB/T 13772.2—2008 相比，主要技术变化如下：
——调整了单位面积质量较低的织物应采用的拉力值(见表 2,2008 年版的表 2)；
——增加了"织物撕破"或"纱线滑脱"等导致试验失败的情况描述(见 11.2)；
——增加了服装接缝试样的取样规定与结果计算(见附录 C)；

本部分使用重新起草法修改采用 ISO 13936-2:2004《纺织品　机织物接缝处纱线抗滑移的测定第 2 部分：定负荷法》。

本部分与 ISO 13936-2:2004 的技术性差异及其原因如下：
——关于规范性引用文件,本部分作了具有技术性差异的调整,以适应我国的技术条件,调整的情况集中反映在第 2 章"规范性引用文件"中,具体调整如下：
  ● 用修改采用国际标准的 GB/T 6529 代替了 ISO 139；
  ● 用等同采用国际标准的 GB/T 16825.1 代替了 ISO 7500-1；
  ● 将参考文献 ISO 3175-2 移至规范性引用文件,并用修改采用国际标准的 GB/T 19981.2 代替；
  ● 将参考文献 ISO 6330 移至规范性引用文件,并用修改采用国际标准的 GB/T 8629 代替；
——增加了表 1 中的注 2；
——调整了单位面积质量较低的织物应采用的拉力值(见 10.4 中表 2)；
——增加了"织物断裂"、"接缝断裂"、"织物撕破"或"纱线滑脱"等导致试验失败的情况描述(见 11.2)；
——增加了附录 C"服装接缝试样的取样规定与结果计算"。

本部分还做了下列编辑性修改：
——对 6.2 标题做了补充性说明。

本部分由中国纺织工业联合会提出。

本部分由全国纺织品标准化技术委员会(SAC/TC 209)归口。

本部分起草单位：浙江丝绸科技有限公司、中纺标检验认证股份有限公司、鲁泰纺织股份有限公司、浙江中纺标检验有限公司、杭州市质量技术监督检测院。

本部分起草人：王宝军、王欢、周颖、伍冬平、何洁、刘政钦、胡瑞花、王守宇、顾虎。

本部分所替代标准的历次版本发布情况为：
——GB/T 13772.2—1992、GB/T 13772.2—2008。

纺织品 机织物接缝处纱线抗滑移的测定
第2部分:定负荷法

1 范围

GB/T 13772 的本部分规定了采用定负荷法测定机织物中接缝处纱线抗滑移性的方法。

本部分适用于所有的服用和装饰用机织物和弹性机织物(包括含有弹力纱的织物)。

本部分不适用于产业用织物,如织带。

2 规范性引用文件

下列文件对于本文件的应用是必不可少的。凡是注日期的引用文件,仅注日期的版本适用于本文件。凡是不注日期的引用文件,其最新版本(包括所有的修改单)适用于本文件。

GB/T 6529 纺织品 调湿和试验用标准大气(GB/T 6529—2008,ISO 139:2005,MOD)

GB/T 8629 纺织品 试验用家庭洗涤和干燥程序(GB/T 8629—2017,ISO 6330:2012,MOD)

GB/T 16825.1 静力单轴试验机的检验 第1部分:拉力和(或)压力试验机测力系统的检验与校准(GB/T 16825.1—2008,ISO 7500-1:2004,IDT)

GB/T 19022 测量管理体系 测量过程和测量设备的要求(GB/T 19022—2003,ISO 10012:2003,IDT)

GB/T 19981.2 纺织品 织物和服装的专业维护、干洗和湿洗 第2部分:使用四氯乙烯干洗和整烫时性能试验的程序(GB/T 19981.2—2014,ISO 3175-2:2010,MOD)

GB/T 24118—2009 纺织品 线迹型式 分类和术语(ISO 4915:1991,IDT)

3 术语和定义

下列术语和定义适用于本文件。

3.1

等速伸长(CRE)试验仪 constant rate of extension testing machine

在整个试验过程中,夹持试样的夹持器一个固定,另一个以恒定速度运动,使试样的伸长与时间成正比的一种试验仪器。

3.2

抓样试验 grab test

试样宽度方向的中间部位被夹持器夹持的一种织物拉伸试验。

3.3

纱线滑移 yarn slippage

接缝滑移 seam slippage

由于拉伸作用,机织物中纬(经)纱在经(纬)纱上产生的移动。

注:接缝滑移是织物性能,不要与接缝强力混淆。

3.4

经纱滑移　warp slippage

经纱与拉伸方向垂直,在纬向纱线上产生移动。

3.5

纬纱滑移　weft slippage

纬纱与拉伸方向垂直,在经向纱线上产生移动。

3.6

缝合余量　seam allowance

缝迹线与缝合材料邻近布边的距离。

3.7

滑移量　seam opening

织物中纱线滑移后形成的缝隙的最大距离。

4　原理

矩形试样折叠后沿宽度方向缝合,然后再沿折痕开剪,用夹持器夹持试样,并垂直于接缝方向施以拉伸负荷,测定在施加规定负荷时产生的滑移量。

5　取样

取样方法按相关产品的规范说明或按有关各方协议确定。

如果没有相关的取样规定,作为示例,对于织物试样,附录 A 给出一个适宜的取样程序,附录 B 给出了裁剪试样的示意图。对于服装的接缝试样,附录 C 给出了适宜的取样方法。

试样应具有代表性,应避免具有折叠、褶皱以及布边的部位。

6　仪器和器具

6.1　等速伸长(CRE)试验仪

6.1.1　等速伸长(CRE)试验仪的计量确认应根据 GB/T 19022 进行。等速伸长(CRE)试验仪应具以6.1.2～6.1.7 规定的一般特点。

6.1.2　等速伸长(CRE)试验仪应具有指示或记录施加于试样上使其拉伸直至破坏的最大力的功能。在使用条件下,仪器应为 GB/T 16825.1 的 1 级精度,在仪器满量程内的任意点,指示或记录最大力的误差不应超过±1%,伸长记录误差不超过±1 mm。

6.1.3　如果使用数据采集电路和软件获得力值,数据采集的频率不小于每秒 8 次。

6.1.4　仪器应能设定 50 mm/min 的拉伸速度,精度为±10%。

6.1.5　仪器应能设定 100 mm 的隔距长度。

6.1.6　仪器夹持器的中心点应处于拉力轴线上,夹持线应与拉力轴线垂直,夹持面在同一平面上。

夹持器应能夹持试样而不使其打滑,夹持面应平整,夹持试样时不剪切试样或破坏试样。

只有当平整夹持面不能防止试样的滑移时,方可使用其他形式夹持面的夹持器。夹持面上可使用适当的衬垫材料。

6.1.7　抓样试验夹持试样的尺寸应为(25 mm±1 mm)×(25 mm±1 mm)。可使用下列方法之一达到该尺寸:

　　a)　后夹持面的宽度为 25 mm,长度至少为 40 mm(50 mm 更宜)。夹持面的长度方向与拉力线垂直。前夹持面与后夹持面的尺寸相同,其长度方向与拉力线平行。

b) 后夹持面的宽度为 25 mm,长度至少为 40 mm(50 mm 更宜)。夹持面的长度方向与拉力线垂直。前夹持面的尺寸为 25 mm×25 mm。

6.2 裁样设备

合适的试样裁剪设备。

6.3 缝纫机

电控单针锁缝机,能够缝纫 GB/T 24118—2009 中 301 型线迹型式(见图 1)。

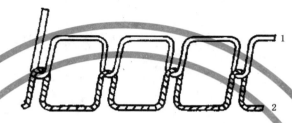

说明:
1——面线;
2——底线。

图 1 301 型线迹型式

301 型线迹由两根缝线组成:一根面线与一根底线。线圈的面线 1 从上面穿透缝料与下面的底线交叉并向上收紧,使两线交叉点处于缝料厚度的中间位置。

该线迹有时用一根线形成,在这种情况下,第一个线迹与其后依次连续的线迹有差异。

至少要用两个线迹来描绘这种线迹型式。

6.4 缝纫机针

针板和送料牙,见表 1 及 9.1。

表 1 缝纫要求

织物分类	缝纫线	缝针规格		针迹数/100 mm
	100%涤纶包芯纱 (长丝芯,短纤包覆) 线密度(tex)	公制机针号数	直径 mm	
服用织物	45±5	90	0.90	50±2
装饰用织物	74±5	110	1.10[a]	32±2

注 1:用放大装置检查缝针确保其完好无损。

注 2:公制机针号 90 相当于习惯称谓的 14 号,110 相当于习惯称谓的 18 号。

[a] 缝合装饰用织物时用圆形缝针。

6.5 缝纫线

合适的缝线,按表 1 规定。

6.6 测量尺

分度值为 0.5 mm。

7 调湿和试验用大气

预调湿、调湿和试验用标准大气执行 GB/T 6529 的规定。

8 预处理

如果样品需要进行水洗或干洗预处理,可与有关方协商采用的方法。宜采用 GB/T 19981.2 或 GB/T 8629 中给出的程序。

9 试样准备

9.1 调节缝纫机

缝合双层被试织物时,缝针穿过针板与送料牙,调试机器使其对试样的缝迹密度符合表 1 规定。

将梭心套从缝纫机的针板下面取出,捏住从梭心套露出的线头,使底线慢慢的从梭心上退绕下一段长度,调节梭心套上的弹簧片,以致缝合时底线能以均衡的速度从梭心上退绕下来。将梭心套重新安装在缝纫机上,并调节穿过机针的面线的张力,缝合时使针线与梭线交织在一起,收缩后使交织的线环处于缝料层的中间部位(见图 1)。

9.2 裁样与缝样

9.2.1 裁取矩形试样的尺寸为 200 mm×100 mm。如果没有其他的附加说明,通常是裁取经纱滑移试样与纬纱滑移试样各 5 块,经纱滑移试样的长度方向平行于纬纱,用于测定经纱滑移;纬纱滑移试样的长度方向平行于经纱,用于测定纬纱滑移。

按第 5 章和附录 B 的方法裁样,在距实验室样品布边至少 150 mm 的区域裁取样。每两块试样不应包含相同的经纱或纬纱。

9.2.2 将试样(正面朝内)对折,折痕平行于宽度方向,在距折痕 20 mm 处缝制一条直形缝迹,缝迹平行于折痕线。然后尽可能的提高缝纫速度,直到缝制完成。如果必要的话,缝线的两端要打结,以防滑脱。

9.2.3 在折痕端距缝迹线 12 mm 处剪开试样,两层织物的缝合余量应相同。

10 步骤

10.1 按第 7 章调湿试样。

10.2 设定等速伸长(CRE)试验仪的隔距长度为 100 mm±1 mm,注意两夹持线在一个平面上且相互平行。

10.3 夹持试样时,保证试样的接缝位于两夹持器中间且平行于夹持线。

10.4 以 50 mm/min±5 mm/min 的拉伸速度缓慢增大施加在试样上的负荷至合适的定负荷值(见表 2)。

表 2 采用的拉力

织物分类		定负荷值 N
服用织物ª	≤55 g/m²	45
	≤220 g/m²，且>55 g/m²	60
	>220 g/m²	120
装饰用织物		180
ª 67 g/m² 以上缎类丝绸织物定负荷(45±1.0)N。		

10.5 当达到定负荷值时,立即以 50 mm/min±5 mm/min 的速度将施加在试样上的拉力减小到 5 N,并在此时固定夹持器不动。

10.6 立即测量缝迹两边缝隙的最大宽度值即滑移量,精确至 1 mm。也就是测量缝隙两边未受到破坏作用的织物边纱的垂直距离,见图 2。

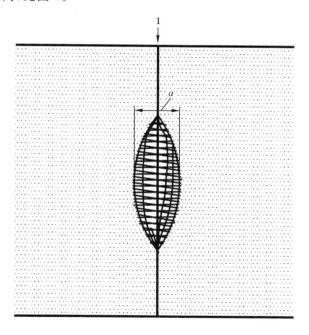

说明:
1 —— 接缝;
a —— 滑移量。

图 2 滑移量的测定

10.7 对其他试样重复上述程序,得到织物试样的 5 个经纱滑移的结果和 5 个纬纱滑移的结果。

11 结果的计算和表示

11.1 由滑移量测量结果计算经纱滑移的平均值和纬纱滑移的平均值,修约至最接近的 1 mm。

11.2 如果在达到定负荷值前由于织物或接缝受到破坏,或织物撕破、纱线滑脱而导致无法测定滑移量,则报告"织物断裂""接缝断裂""织物撕破"或"纱线滑脱"等,并报告此时所施加的拉伸力值。

12 试验报告

试验报告应包括以下内容:

a) 本部分的编号和试验日期;

b) 样品的描述;

c) 采用的最大拉力,单位牛(N);

d) 经纱滑移量的平均值和纬纱滑移量的平均值,单位毫米(mm);

e) 如果适用,织物或接缝受到损坏的试样的数量,并报告破坏时的力值和原因;

f) 样品的最终用途(如果已知);

g) 任何偏离本部分的细节。

附 录 A

（资料性附录）

建议取样程序

A.1 批样（从一批中取的匹数）

从一批中按表 A.1 规定随机抽取相应数量的匹数，对运输中有受潮或受损的匹布不能作为样品。

表 A.1 批样

一批的匹数	批样的最少匹数
≤3	1
4～10	2
11～30	3
31～75	4
≥76	5

A.2 实验室样品数量

从批样的每一匹中随机剪取至少 1 m 长的全幅作为实验室样品（离匹端至少 3 m）。保证样品没有褶皱和明显的疵点。

GB/T 13772.2—2018

附 录 B

（资料性附录）

从实验室样品上剪取试样示例

单位为毫米

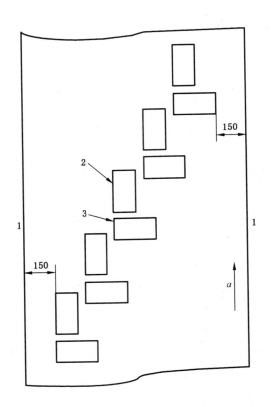

说明：

1——布边；

2——纬纱滑移试样；

3——经纱滑移试样。

a 经向。

图 B.1　实验室样品试样取样示例

附　录　C

（资料性附录）

服装接缝取样方法与结果计算

C.1　取样方法

C.1.1　按 GB/T 6529 规定进行调湿。从一批中取 3 件（条）成品,然后从成品的各个取样部位（或缝制样）上分别截取 50 mm×200 mm 试样 1 块,共 3 块。其直向中心线应与缝迹垂直（缝迹线位于上、下夹钳中间）。

注：必要时,对缝线部位两端进行加固。

C.1.2　上装的取样部位按表 C.1 规定。

表 C.1　上装接缝试样部位

部位名称	取样部位规定
后背缝	后领中向下 250 mm
袖隆缝	后袖隆弯处
摆缝	袖隆底处向下 100 mm

C.1.3　下装的取样部位按表 C.2 规定。

表 C.2　下装接缝试样部位

部位名称	取样部位规定
裤后缝	后龙门弧线 1/2 为中心
裤侧缝	裤侧缝上 1/3 为中心
下裆缝	下裆缝上 1/3 为中心

C.1.4　连衣裙、裙套的取样部位按表 C.3 规定。

表 C.3　连衣裙、裙套接缝试样部位

部位名称	取样部位规定
后背缝	后领中向下 150 mm
袖隆缝	后袖隆弯处
摆缝	袖隆底处向下 100 mm
裙侧缝、裙后中缝	腰头向下 200 mm

C.2 结果计算

分别计算每部位各试样测试结果的算术平均值,计算结果按 GB/T 8170 修约至 1 mm。若 3 块试样中仅有 1 块出现滑脱、织物断裂或缝线断裂的现象,则计算另外两块试样的平均值;若 3 块试样中有 2 块或 3 块出现滑脱、织物断裂或缝线断裂的现象,则结果为滑脱、织物断裂或缝线断裂。

参 考 文 献

[1]　GB/T 8170　数值修约规则与极限数值的表示和判定

ICS 77.150.20
J 31

中华人民共和国国家标准

GB/T 13820—2018
代替 GB/T 13820—1992

镁 合 金 铸 件

Magnesium alloy castings

2018-07-13 发布

2018-08-01 实施

国家市场监督管理总局
中国国家标准化管理委员会 发 布

前　言

本标准按照 GB/T 1.1—2009 给出的规则起草。

本标准代替 GB/T 13820—1992《镁合金铸件》，与 GB/T 13820—1992 相比，主要技术内容变化如下：

——修改了铸件切取试样的取样部位(见 6.3.2.1,1992 年版 6.3.1);

——增加了部分合金的本体或附铸试样的力学性能要求(见 4.3.1);

——增加了铸件熔剂夹杂的检验要求(见 4.5.3);

——增加了含锆的镁合金铸件表面允许有以线条、流线和点状形成存在的偏析不均匀性(见 4.5.8);

——修改了铸件化学成分的检验方法(见 5.1,1992 年版 5.1);

——修改了组批的规定(见 6.1,1992 年版 6.1);

——增加了各类铸件检验项目(见 6.2);

——增加了判定及复验(见 6.4);

——修改了合金化学成分不合格时,重新取样进行分析的要求(见 5.1.2,1992 年版 6.2.4);

——删除了例行检验(见 1992 年版 6.8)。

本标准由全国铸造标准化技术委员会(SAC/TC 54)提出并归口。

本标准负责起草单位:沈阳铸造研究所有限公司。

本标准参加起草单位:上海镁镁合金压铸有限公司、上海航天精密机械研究所、中信戴卡股份有限公司、上海交通大学、东莞宜安科技股份有限公司、山西瑞格金属新材料有限公司。

本标准主要起草人:冯志军、李宇飞、孙钢、刘闯、张旭亮、迟秀梅、余国康、白帮伟、谢理明、王迎新、彭立明、李扬德、李卫荣、闫国庆、柴建学、马晓虎。

本标准所代替标准的历次版本发布情况为:

——GB/T 13820—1992。

镁 合 金 铸 件

1 范围

本标准规定了镁合金铸件(以下简称"铸件")的分类、技术要求、试验方法、检验规则,标志、包装、运输和贮存。

本标准适用于采用砂型铸造和金属型铸造生产的镁合金铸件。

2 规范性引用文件

下列文件对于本文件的应用是必不可少的。凡是注日期的引用文件,仅注日期的版本适用于本文件。凡是不注日期的引用文件,其最新版本(包括所有的修改单)适用于本文件。

GB/T 228.1 金属材料 拉伸试验 第1部分:室温试验方法

GB/T 1177—2018 铸造镁合金

GB/T 6414 铸件 尺寸公差、几何公差和机械加工余量

GB/T 11351 铸件重量公差

GB/T 13748.1 镁及镁合金化学分析方法 第1部分:铝含量的测定

GB/T 13748.4 镁及镁合金化学分析方法 第4部分:锰含量的测定 高碘酸盐分光光度法

GB/T 13748.6 镁及镁合金化学分析方法 银含量的测定 火焰原子吸收光谱法

GB/T 13748.7 镁及镁合金化学分析方法 第7部分:锆含量的测定

GB/T 13748.8 镁及镁合金化学分析方法 第8部分:稀土含量的测定 重量法

GB/T 13748.9 镁及镁合金化学分析方法 第9部分:铁含量的测定 邻二氮杂菲分光光度法

GB/T 13748.10 镁及镁合金化学分析方法 第10部分:硅含量的测定 钼蓝分光光度法

GB/T 13748.11 镁及镁合金化学分析方法 铍含量的测定 依莱铬氰蓝R分光光度法

GB/T 13748.12 镁及镁合金化学分析方法 第12部分:铜含量的测定

GB/T 13748.14 镁及镁合金化学分析方法 第14部分:镍含量的测定 丁二酮肟分光光度法

GB/T 13748.15 镁及镁合金化学分析方法 第15部分:锌含量的测定

GB/T 13748.20 镁及镁合金化学分析方法 第20部分:ICP-AES测定元素含量

GB/T 13748.21 镁及镁合金化学分析方法 第21部分:光电直读原子发射光谱分析方法测定元素含量

GB/T 13748.22 镁及镁合金化学分析方法 第22部分:钍含量测定

GB/T 15056 铸造表面粗糙度 评定方法

GB/T 19943 无损检测 金属材料X和伽玛射线 照相检测 基本规则

GB/T 32792 镁合金加工产品包装、标志、运输、贮存

HB/Z 60 X射线照相检验

HB/Z 61 渗透检验

HB/Z 328 镁合金铸件补焊工艺及检验

HB 5462 镁合金铸件热处理

HB 6578 铝、镁合金铸件检验用标准参考射线底片

HB 7738 镁合金铸锭、铸件和零件的熔剂夹杂检验

3 铸件分类

3.1 根据铸件工作条件和用途以及在使用过程中损坏所造成的危害程度分为三类,见表1。

表 1 铸件分类

铸件类别	定义
Ⅰ	承受重载荷,工作条件复杂,用于关键部位,铸件损坏将危及整机安全运行的重要铸件
Ⅱ	承受中等载荷,用于重要部位,铸件损坏将影响部件的正常工作,造成事故的铸件
Ⅲ	承受轻载荷或不承受载荷,用于一般部位的铸件

3.2 铸件的类别由需方在图样上规定。

铸件图样标记如下:

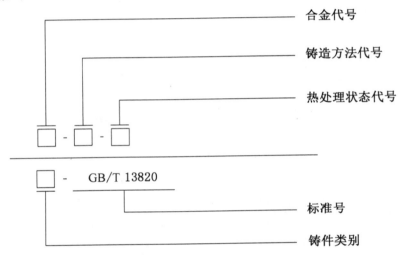

标记示例:

$$\frac{ZM6\text{-}S\text{-}T6}{I\text{-}GB/T\ 13820}$$

未注明类别的铸件视为Ⅲ类铸件。

4 技术要求

4.1 化学成分

铸件的化学成分应符合 GB/T 1177—2018 的规定。

4.2 供货状态

4.2.1 铸件的供货状态由需方在图样上注明或在协议中明确。

4.2.2 除另有规定外,铸件的热处理按 HB 5462 的规定执行。

4.3 力学性能

4.3.1 Ⅰ类铸件本体或附铸试样的力学性能应符合表2的规定,Ⅱ类铸件本体或附铸试样的力学性能由供需双方商定,Ⅲ类铸件可不检验力学性能。Ⅰ类、Ⅱ类铸件单铸试样的力学性能应符合 GB/T 1177—2018 的规定。

表 2　铸件本体或附铸试样的力学性能

合金牌号	合金代号	取样部位	铸造方法	取样部位厚度/mm	热处理状态	抗拉强度 R_m/MPa		规定塑性延伸强度 $R_{p0.2}$/MPa		断后伸长率 A/%	
						平均值	最小值	平均值	最小值	平均值	最小值
ZMgZn5Zr	ZM1	无规定	S,J	无规定	T1	205	175	120	100	2.5	—
ZMgZn4RE1Zr	ZM2		S		T1	165	145	100	—	1.5	—
ZMgRE3ZnZr	ZM3		S,J		T2	105	90	—	—	1.5	1.0
ZMgRE3Zn3Zr	ZM4		S		T1	120	100	90	80	2.0	1.0
ZMgAl8Zn ZMgAl8ZnA	ZM5 ZM5A	Ⅰ类铸件指定部位	S	≤20	T4	175	145	70	60	3.0	1.5
					T6	175	145	90	80	1.5	1.0
				>20	T4	160	125	70	60	2.0	1.0
					T6	160	125	90	80	1.0	—
			J	无规定	T4	180	145	70	60	3.5	2.0
					T6	180	145	90	80	2.0	1.0
		Ⅰ类铸件非指定部位; Ⅱ类铸件	S	≤20	T4	165	130	—	—	2.5	—
					T6	165	130	—	—	1.0	—
				>20	T4	150	120	—	—	1.5	—
					T6	150	120	—	—	1.0	—
			J		T4	170	135	—	—	2.5	1.5
					T6	170	135	—	—	1.0	—
ZMgNd2ZnZr	ZM6	无规定	S,J		T6	180	150	120	100	2.0	1.0
ZMgZn8AgZr	ZM7	Ⅰ类铸件指定部位	S	无规定	T4	220	190	110	—	4.0	3.0
					T6	235	205	135	—	2.5	1.5
		Ⅰ类铸件非指定部位; Ⅱ类铸件			T4	205	180	—	—	3.0	2.0
					T6	230	190	—	—	2.0	—
ZMgAl10Zn	ZM10	无规定	S,J		T4	180	150	70	60	2.0	—
					T6	180	150	110	90	0.5	—
ZMgNd2Zr	ZM11	无规定	S,J	无规定	T6	175	145	120	100	2.0	1.0

注1:"S"表示砂型铸件,"J"表示金属型铸件;当铸件某一部分的两个主要散热面在砂芯中成形时,按砂型铸件的性能指标。

注2:平均值是指铸件上三根试样的平均值,最小值是指三根试样中允许有一根低于平均值但不低于最小值。

4.3.2　当铸件有高温力学性能要求时,其具体检测项目和指标可参照 GB/T 1177—2018 中附录 A,由供需双方商定。

4.4 几何形状、尺寸和重量公差

4.4.1 铸件的几何形状和尺寸应符合图样的要求,铸件尺寸公差应符合 GB/T 6414 的规定。有特殊要求时,应在图样上标明。

4.4.2 当需方对铸件重量有要求时,应与供方商定。

4.5 表面质量

4.5.1 铸件应清理干净,不得有飞边、毛刺,非加工表面上的浇冒口应清理至与铸件表面齐平。待加工面上浇冒口的残留量,一般不应高出铸件表面 5 mm,其应不影响 X 射线检测,特殊情况由供需双方商定。

4.5.2 铸件表面不准许有冷隔、裂纹、缩孔、穿透性缺陷及严重的残缺类缺陷(如浇不足、机械损伤等)。

4.5.3 铸件在恒湿箱内显现熔剂夹杂检验的品种和数量由需方在图样或技术协议中注明。需在恒湿箱内显现熔剂夹杂检验的铸件,在清除前所有表面上的熔剂夹杂数量、大小应不超过 HB 7738 的规定。

4.5.4 铸件待加工表面上允许有经加工不超过机械加工余量范围内的任何缺陷。

4.5.5 铸件上作为加工基准所用的部位应平整。

4.5.6 铸件非加工表面和加工后的表面,在清理干净后存在的孔洞应符合表 3 的规定。铸件表面缺陷不应超出如下范围:

    a) 铸件经氧化处理后,非加工表面上允许有直径不大于 1.5 mm,深度不大于 1 mm 的分散点状表面孔洞,加工后表面上允许有直径不大于 1 mm,深度不大于 0.5 mm 的分散点状表面孔洞。

    b) 单个孔洞和成组孔洞的深度均不得超过壁厚的 1/3;在安装边上,不得超过壁厚的 1/4,有上述缺陷的同一截面的反面,其对称部位不得有类似的缺陷。

    c) 螺纹孔内、螺丝旋入 4 个牙距之内不准许有缺陷。

    d) 凡不同于上述规定的缺陷,由供需双方商定。

表 3 铸件表面允许的缺陷

铸件种类	铸件表面积/cm²	铸件类别	允许缺陷									孔洞边缘距铸件边缘或内孔边缘的距离/mm
			单个孔洞					成组孔洞				
			孔洞直径	孔洞深度	在 10 cm×10 cm 面积上其孔洞数	在一个铸件上其孔洞数	孔洞之间的距离	孔洞直径	孔洞深度	以 3 cm×3 cm 面积为一组其孔洞数	在一个铸件上组的数量	
			mm		个		mm	mm		个	组	
			≤		≤		≥	≤		≤		
小型铸件	≤1 000	Ⅰ	4	3	3	4	20	2	1.5	4	2	不小于孔洞最大直径的 2 倍
		Ⅱ	4	3	3	4	20	2	1.5	5	2	
		Ⅲ	4	3	3	5	15	2	1.5	6	3	
中型铸件	>1 000～6 000	Ⅰ	4	3	3	8	30	2	1.5	4	3	
		Ⅱ	4	3	3	8	30	2	1.5	5	3	
		Ⅲ	4	3	3	9	25	2	1.5	6	3	

表 3（续）

铸件种类	铸件表面积/cm²	铸件类别	允许缺陷									孔洞边缘距铸件边缘或内孔边缘的距离/mm
			单个孔洞					成组孔洞				
			孔洞直径	孔洞深度	在10 cm×10 cm面积上其孔洞数	在一个铸件上其孔洞数	孔洞之间的距离	孔洞直径	孔洞深度	以3 cm×3 cm面积为一组其孔洞数	在一个铸件上组的数量	
			mm		个		mm	mm		个	组	
			≤		≤		≥	≤		≤		
大型铸件	>6 000～8 000	I	4	3	3	15	30	2	1.5	4	5	不小于孔洞最大直径的2倍
		II	4	3	3	15	30	2	1.5	5	5	
		III	4	3	3	17	25	2	1.5	6	6	
超大型铸件	>8 000	I	4	3	3	28	30	2	1.5	4	7	
		II	4	3	3	28	30	2	1.5	5	7	
		III	4	3	3	30	25	2	1.5	6	8	

4.5.7 在金属型铸件的非加工表面上,允许有铸型分型、错箱、顶杆及排气塞等痕迹,但凸出处不应超过表面1 mm或凹下处不应低于表面0.5 mm。

4.5.8 铸件表面允许有因镁铝反偏析形成的灰斑。含锆镁合金铸件表面允许有以线条、流线和点状形成存在的偏析不均匀性。

4.5.9 铸件非加工表面上的铸字和标志应清晰可辨,其位置、字体和标印方法应符合图样要求。

4.5.10 铸件的非加工面及粗加工面的表面粗糙度应符合图样或技术协议的要求。

4.6 内部质量

4.6.1 铸件内部允许的气孔、缩孔、夹渣在无特殊规定时,可参照4.5.6加工后表面的要求进行检验。

4.6.2 ZM5、ZM10铸件显微疏松按HB 6578评定,其验收等级按表4的规定执行。

表 4 铸件显微疏松 X 射线检测验收等级

铸件类别	探伤部位	验收等级/级 ≤		
		第一组[a]	第二组[a]	第三组[a]
I	指定部位	2	2	1
	非指定部位	3	3	2
II	指定部位	3	3	2
[a] 第一组、第二组壁厚小于或等于30 mm,第三组壁厚大于30 mm。				

4.6.3 含锆镁合金铸件的内部缺陷,由供需双方商定或按专门技术标准规定执行。

4.6.4 本标准规定以外的铸件内部缺陷,由供需双方商定或按专门技术标准规定执行。

4.6.5 铸件的 X 射线检测和荧光检测部位和比例,由需方根据铸件类别和生产情况,在图样或技术文件中规定。对各类铸件允许存在的显微疏松等级不同于表 4 规定时,由供需双方商定。Ⅱ类铸件非指定部位不检查,如需检查时,其验收等级允许比指定部位降低一级。

4.6.6 铸件内部不准许有裂纹。

4.6.7 有气密性要求的铸件,应在图样上注明。除另有规定外,当气密性试验不合格时,可进行浸渗处理。

4.6.8 当需方有要求,经与供方商定,铸件内部缺陷的 X 射线检测亦可参照附录 A 的规定执行。

4.7 铸件修复和校正

4.7.1 除另有规定外,铸件可进行修补。

4.7.2 可用打磨的方法清除缺陷,打磨后的尺寸,应符合铸件尺寸公差的要求。

4.7.3 变形的铸件允许用机械方法校正,校正后不准许有裂纹。

4.7.4 除另有规定外,允许用焊补的方法修复任何缺陷。所有铸件的各个部位只要便于焊补、打磨和检验,均可按 HB/Z 328 的规定进行焊补。

4.7.5 当采用氩弧焊焊补时,经扩修后允许焊补的面积、深度、个数和间距,一般应符合表 5 的规定。特殊情况下的焊补,由供需双方商定。

表 5　铸件允许的焊补面积及数量

铸件种类	铸件表面积/cm²	焊区最大扩修面积/cm²	焊区最大深度/mm	一个铸件上允许焊区的个数/个	一个铸件上允许焊区的总个数[a]/个	焊区边缘最小间距
小型铸件	≤1 000	10	无规定	3	3	不小于相邻两焊区最大直径的和
中型铸件	>1 000～6 000	10	无规定	4	6	
		15	10	1		
		20	8	1		
大型铸件	>6 000～8 000	10	无规定	6	9	
		20	12	2		
		30	8	1		
超大型铸件	>8 000	10	无规定	7	12	
		20	12	3		
		30	8	1		
		40	6	1		
[a] 偏移的凸台和工艺孔的焊补不计入焊区的个数。						

4.7.6 同一处焊补的次数不得多于 3 次。焊区内应标有焊补印记。

4.7.7 铸件应在铸态下进行焊补。热处理后需焊补的铸件,焊补后按原状态进行热处理,热处理后的铸件应重新检验单铸试样的力学性能。机械加工前后暴露的小缺陷,其扩修面积小于 4 cm²、间距大于 100 mm,经需方同意,焊补后可不进行热处理。

4.7.8 Ⅰ类、Ⅱ类铸件焊补后需经荧光(或其他方法)和 X 射线检测。小于 4 cm²、不便于 X 射线检测的焊区,经需方同意,焊补后可不进行 X 射线检测。

4.7.9 焊补后,焊区不准许有裂纹、分层和未焊透等缺陷。每个焊区内允许有最大直径不大于 2 mm 且不超过壁厚的 1/3,间距不小于 10 mm 的单个孔洞、夹渣 3 个。直径小于 0.5 mm 以下的分散气孔、夹渣不计。

4.7.10 铸件允许采用供需双方商定的其他方法,如浸渗、粘补、热等静压等进行修补。

5 试验方法

5.1 化学成分

5.1.1 铸件化学成分分析方法按 GB/T 13748.1、GB/T 13748.4、GB/T 13748.6～13748.12、GB/T 13748.14、GB/T 13748.15、GB/T 13748.20～13748.22 的规定执行。在保证分析精度的条件下,允许使用其他检测方法。

5.1.2 当分析结果有争议时,应按 GB/T 13748.1、GB/T 13748.4、GB/T 13748.6～13748.12、GB/T 13748.14、GB/T 13748.15、GB/T 13748.20～13748.22 进行仲裁。

5.2 力学性能

铸件室温拉伸试验按 GB/T 228.1 的规定执行。

5.3 尺寸和重量公差

5.3.1 铸件的尺寸检验应符合图样或技术协议的要求。铸件易变动的尺寸应逐件检验,必检尺寸由供需双方商定。无法检验的尺寸,按图样或技术协议的规定执行。

5.3.2 当图样有重量要求时,重量和重量公差按图样或技术协议的规定验收。如无明确规定,铸件重量公差应符合 GB/T 11351 的规定。

5.4 表面质量

5.4.1 可通过目视或使用一定的工具、仪器或采用合适的方法检验其表面质量。

5.4.2 铸件需进行荧光或煤油浸润检查时,按 HB/Z 61 的规定执行。

5.4.3 铸件非加工表面的粗糙度评级按 GB/T 15056 的规定执行。

5.5 内部质量

铸件的 X 射线检测按 GB/T 19943 或 HB/Z 60 的规定执行。

6 检验规则

6.1 组批

在 8 h 内浇注的同一熔炼炉次,且采用同一热处理工艺的铸件为一批。特殊情况下的组批,由供需双方商定。

6.2 检验项目

铸件按其类别进行检验,各类铸件的检验项目见表 6。

表 6 各类铸件检验项目

铸件类别	合金		铸件								
	化学成分	单铸试样力学性能	尺寸	表面缺陷	表面粗糙度	重量	X射线探伤	荧光探伤	气密性试验	铸件本体或附铸试样力学性能
Ⅰ	▲	▲a	▲	▲	●	●	▲	▲	●	▲a
Ⅱ	▲	▲	▲	▲	●	●	●	●	●	●
Ⅲ	▲	—	▲	▲	●	●	—	—	●	—

注：▲为必检项目，●为仅当按供需双方商定才检验的项目，—为不检验项目。

a 包括铸件本体或附铸试样力学性能，铸件本体或附铸试样力学性能合格，则不必再检验单铸试样力学性能。

6.3 取样方法

6.3.1 化学成分

6.3.1.1 化学成分分析所取试样应按 GB/T 1177—2018 的规定执行。

6.3.1.2 应对每一熔炼炉次合金的基本组元和主要杂质铁、硅等进行分析。

6.3.1.3 当用几个熔炼炉次的熔融金属浇注一个铸件时，每一炉次都要检验化学成分。

6.3.2 力学性能

6.3.2.1 Ⅰ类铸件本体或附铸试样部位由需方在图样上注明。未注明时，附铸试样由供需双方商定，本体试样应在铸件最薄处和最厚处各取至少一根或由供需双方商定。除需方另有要求外，不测定本体试样的屈服强度。

6.3.2.2 除另有规定外，当在图样上指定有切取试样部位时，在连续生产的情况下，同一图样的铸件，每批用以检测指定部位切取试样的力学性能的铸件数按表 7 的规定，其指标应符合表 2 的规定。

表 7 检测力学性能用铸件

每批件数	试验用铸件数量
≤50	1
>50～200	2
>200	每批件数×2%

6.3.3 表面质量

铸件的表面质量应逐件检验。荧光、着色、表面粗糙度等检查由供需双方商定。

6.3.4 内部质量

6.3.4.1 Ⅰ类、Ⅱ类铸件应按图样或技术协议的规定进行 X 射线检测。其检测部位由供需双方商定，检测基数按每个熔炼炉次所浇注的铸件数计算。

6.3.4.2 对难以进行 X 射线检测的盲区部位，应由供需双方商定抽样解剖检查。

6.3.4.3 有气密性要求的铸件，按图样或技术协议的规定检测。

6.3.5 铸件修复和校正

6.3.5.1 铸件焊补后应经 X 射线检测和荧光或着色检测,检测面积不得小于焊补面积的 2 倍。Ⅰ类铸件的焊补部位应全部检查;Ⅱ类铸件焊补后,按供需双方商定比例进行抽查。

6.3.5.2 铸件校正后应检查有无裂纹。

6.4 判定及复验

6.4.1 化学成分

铸件化学成分第一次送检分析不合格时,允许重新取样分析不合格元素。若第二次分析仍不合格,则判定该熔炼炉次的铸件化学成分不合格。

6.4.2 力学性能

6.4.2.1 每批的三根单铸试样中的两根试样的力学性能符合 GB/T 1177—2018 的规定,则该批铸件的力学性能合格。单铸试样和铸件上切取试样第一次检测力学性能不合格时,允许将单铸试样和铸件重复热处理,随后取样检测。若不合格,允许进行第三次热处理,若检测结果仍不合格,则该批铸件不合格。每次热处理后,若单铸试样力学性能不合格,但铸件上切取试样的力学性能合格时,则该批铸件合格。

6.4.2.2 由于试验本身故障或拉伸试样存在目视可见的夹渣、气孔等铸造缺陷而造成检测结果不合格的,不计入检验次数,应更换试样重新进行试验。

6.4.3 内部质量

当用 X 射线检测抽查有不合格时,应取双倍铸件。若仍不合格,应逐个检测全部铸件。

7 标志、包装、运输和贮存

铸件的包装、标志、运输和贮存按 GB/T 32792 的规定执行。

附　录　A

（资料性附录）

镁合金铸件内部缺陷 X 射线检测

A.1　在确定铸件内部缺陷等级时,需方应与供方协商。

A.2　除另有规定外,可按表 A.1 的规定选择各类铸件内部缺陷验收等级。表 A.1 中注有"无"的缺陷在铸件上不准许存在。表 A.1 的规定适用于≤50 mm 厚的铸件 X 射线检测。铸件内部缺陷 X 射线检测验收应小于或等于表 A.1 的数值。

表 A.1　铸件 X 射线检测验收等级

缺陷	标准 X 射线底片[a]	A 级	B 级	C 级	D 级
气孔	VO1 Ⅰ 1.1	无	1	2	5
羽毛状显微疏松	VO1 Ⅰ 2.31	1	1	2	4
海绵状显微疏松	VO1 Ⅰ 2.32	1	1	2	4
较低密度外来夹杂	VO1 Ⅰ 3.11	1	2	2	4
较高密度外来夹杂	VO1 Ⅰ 3.12	无	1	2	4
流线型共晶偏析[b]	VO1 Ⅱ	无	[c]	[c]	[d]
热裂型共晶偏析[b]	VO1 Ⅱ	无	[c]	[c]	[d]
管状收缩型共晶偏析[b]	VO1 Ⅱ	无	无	[c]	[c]
显微疏松型共晶偏析[b]	VO1 Ⅱ	1	2	3	5
密度偏析[b]	VO1 Ⅱ	1	1	2	3
反应砂夹杂	VO1 Ⅱ	1	3	4	6

[a]　参照 6.4 mm 的标准 X 射线底片。

[b]　评定含锆合金的偏析。评定含 Al、Zn 合金的偏析为:A 级/无;B 级/无;C 级/1;D 级/1。

[c]　允许达到 X 射线底片显示量的一半。

[d]　允许达到 X 射线底片显示量。

ICS 65.120
B 46

中华人民共和国国家标准

GB/T 13884—2018
代替 GB/T 13884—2003

饲料中钴的测定　原子吸收光谱法

Determination of cobalt in feeds—Atomic absorption spectrometry

2018-05-14 发布

2018-12-01 实施

国家市场监督管理总局
中国国家标准化管理委员会　发布

前　言

本标准按照 GB/T 1.1—2009 给出的规则起草。

本标准代替 GB/T 13884—2003《饲料中钴的测定　原子吸收光谱法》。

本标准与 GB/T 13884—2003 相比,主要技术变化如下:

——增加了"定量限为 0.1 mg/kg",修改了"检出限为 0.03 mg/kg"(见第 1 章,2003 年版的第 1 章);

——修改了添加剂预混合饲料称样量为"0.5 g~2 g"(见 7.1.2,2003 年版 7.2);

——增加了"待测样液中钴的吸光度应在标准曲线范围内,超出标准曲线范围则应重新调整后再进行测定"(见 7.2);

——修改了计算公式的表述方式(见第 8 章,2003 年版第 8 章)。

本标准由全国饲料工业标准化技术委员会(SAC/TC 76)提出并归口。

本标准起草单位:国粮武汉科学研究设计院有限公司[国家饲料质量监督检验中心(武汉)]。

本标准主要起草人:王思思、黄逸强、杨林、姚亚军、高俊峰、程科、何一帆、王峻。

本标准所代替标准的历次版本发布情况为:

——GB/T 13884—1992、GB/T 13884—2003。

饲料中钴的测定　原子吸收光谱法

1　范围

本标准规定了饲料中钴含量测定的原子吸收光谱法。

本标准适用于饲料原料、配合饲料、精料补充料、浓缩饲料和添加剂预混合饲料中钴的测定。

本标准方法的检出限为 0.03 mg/kg,定量限为 0.1 mg/kg。

2　规范性引用文件

下列文件对于本文件的应用是必不可少的。凡是注日期的引用文件,仅注日期的版本适用于本文件。凡是不注日期的引用文件,其最新版本(包括所有的修改单)适用于本文件。

GB/T 6682　分析实验室用水规格和试验方法

GB/T 14699.1　饲料　采样

GB/T 20195　动物饲料　试样的制备

3　原理

用干法灰化饲料原料、配合饲料、浓缩饲料、精料补充料,在酸性条件下溶解残渣,定容制成试样溶液;用酸浸提法处理添加剂预混合饲料,定容制成试样溶液,将试样溶液导入原子吸收分光光度计中,测定其在 240.7 nm 处的吸光度,并与对应标准曲线的吸光度比较,计算饲料中钴的含量。

4　试剂或材料

除非另有说明,本标准所有试剂均为分析纯和符合 GB/T 6682 规定的三级水。

4.1　盐酸:优级纯。

4.2　硝酸:优级纯。

4.3　盐酸溶液(1+10)。

4.4　盐酸溶液(1+100)。

4.5　钴标准溶液。

4.5.1　钴标准储备溶液(1 000 μg/mL):有证标准物质钴单元素标准溶液或多元素混标溶液。

4.5.2　钴标准中间溶液:取钴标准储备溶液(4.5.1)2.00 mL 于 100 mL 容量瓶中,用盐酸溶液(4.4)稀释定容、摇匀,此溶液 1 mL 含有 20.0 μg 的钴。

4.5.3　钴标准工作溶液:取钴标准中间溶液(4.5.2)0.00 mL、1.00 mL、2.00 mL、2.50 mL、5.00 mL、10.00 mL 分别置于 100 mL 容量瓶中,用盐酸溶液(4.4)定容配成 0.00 μg/mL、0.20 μg/mL、0.40 μg/mL、0.50 μg/mL、1.00 μg/mL、2.00 μg/mL 的标准工作溶液。

4.6　分样筛:孔径为 0.45 mm。

5　仪器设备

5.1　分析天平:感量为 0.000 1 g。

5.2 高温炉:可控温度在 600 ℃±20 ℃。

5.3 瓷坩埚:50 mL。

5.4 调温电炉。

5.5 原子吸收分光光度计:带火焰原子化器,波长范围 190 nm～900 nm。

5.6 离心机:转速大于 5 000 r/min。

5.7 磁力搅拌器。

6 采样和试样制备

按 GB/T 14699.1 的规定,抽取有代表性的饲料样品,用四分法缩减取样,按 GB/T 20195 制备试样。粉碎至全部过 0.45 mm 分样筛(4.6),混匀装于密封容器,备用。

7 分析步骤

7.1 提取

7.1.1 饲料原料、配合饲料、浓缩饲料、精料补充料试样的处理

称取 5 g～10 g 试样(精确至 0.000 1 g)置于 50 mL 瓷坩埚(5.3)中,调温电炉(5.4)上小火炭化,600 ℃高温炉(5.2)中灰化 2 h,若仍有少量炭粒,可滴入硝酸(4.2)使残渣润湿,继续于 600 ℃高温炉中灰化至无炭粒,取出冷却,向残渣中滴入少量水,润湿,再加入 5 mL 盐酸(4.1),并加水至 15 mL,煮沸 2 min～3 min 后放冷,转移至适当体积的容量瓶中定容,过滤,得试样溶液,备用。同时制备试样空白溶液。

7.1.2 添加剂预混合饲料试样处理

称取 0.5 g～2 g 试样(精确至 0.000 1 g)置于 250 mL 具塞锥形瓶中,加入 100.0 mL 盐酸溶液(4.3),用磁力搅拌器(5.7)搅拌提取 30 min,再用离心机(5.6)以 5 000 r/min 离心分离 5 min,取其上层清液为试样溶液;或于搅拌提取后,取干过滤所得溶液作为试样溶液,同时制备试样空白溶液。

7.2 测定

分别取适量的钴标准工作溶液(4.5.3)和试样溶液(7.1)导入原子吸收分光光度计(5.5),在波长240.7 nm 处测定其吸光度,同时测定试样空白溶液吸光度,待测样液中钴的吸光度应在标准曲线范围内,超出标准曲线范围则应重新调整后再进行测定。由标准曲线求出试样溶液中钴的含量。

8 试验数据处理

试样中钴的含量 X,单位为毫克每千克(mg/kg),按式(1)计算:

$$X = \frac{(c_2 - c_1) \times V \times N}{m} \qquad\qquad \text{……………………………(1)}$$

式中:

c_2——标准曲线上查得的测定试样溶液中钴的浓度,单位为微克每毫升(μg/mL);

c_1——标准曲线上查得的试样空白溶液中钴的浓度,单位为微克每毫升(μg/mL);

V ——试样溶液的体积,单位为毫升(mL);

N ——稀释倍数;

m——试样的质量,单位为克(g)。

测定结果用平行测定的算术平均值表示,结果保留三位有效数字。

9 重复性

当试样含量小于 1 mg/kg 时,在重复性条件下获得的两次独立测试结果的绝对差值不大于这两个测定值的算术平均值的 20%;当试样含量大于或等于 1 mg/kg 时,在重复性条件下获得的两次独立测试结果的绝对差值不大于这两个测定值的算术平均值的 10%。

————————————

ICS 75.100
E 34

中华人民共和国国家标准

GB 13895—2018
代替 GB 13895—1992

重负荷车辆齿轮油(GL-5)

Heavy duty gear oils for automobile(GL-5)

2018-07-13 发布

2019-02-01 实施

国家市场监督管理总局
中国国家标准化管理委员会 发布

前　言

本标准第 4 章及第 5 章为强制性条款,其余为推荐性条款。

本标准按照 GB/T 1.1—2009 给出的规则起草。

本标准代替 GB 13895—1992《重负荷车辆齿轮油(GL-5)》。

本标准与 GB 13895—1992 相比的主要技术变化参见附录 A。

本标准由国家能源局提出并归口。

本标准起草单位:中国石化润滑油有限公司、中国石油天然气股份有限公司润滑油分公司、中国石油化工股份有限公司石油化工科学研究院、中国重型汽车集团有限公司、中国第一汽车集团公司、兰州博润石油添加剂有限责任公司。

本标准主要起草人:杜雪岭、周轶、糜莉萍、许淑艳、施茜、王清国、王帅彪、黄芸琪、杨鹤、赵明强、桃春生、姬昌昌。

本标准所代替标准的历次版本发布情况为:

——GB 13895—1992。

重负荷车辆齿轮油(GL-5)

1 范围

本标准规定了以精制矿物油、合成油或二者混合为基础油,加入多种添加剂调制的重负荷车辆齿轮油(GL-5)的要求和试验方法、检验规则、标志、包装、运输和贮存。

本标准适用于重负荷车辆齿轮油(GL-5),该产品主要适用于汽车驱动桥,特别适用于在高速冲击负荷、高速低扭矩和低速高扭矩工况下应用的双曲面齿轮。

2 规范性引用文件

下列文件对于本文件的应用是必不可少的。凡是注日期的引用文件,仅注日期的版本适用于本文件。凡是不注日期的引用文件,其最新版本(包括所有的修改单)适用于本文件。

GB/T 260 石油产品水含量的测定 蒸馏法

GB/T 265 石油产品运动黏度测定法和动力粘度计算法

GB/T 511 石油和石油产品及添加剂机械杂质测定法

GB/T 1995 石油产品粘度指数计算法

GB/T 2433 添加剂和含添加剂润滑油硫酸盐灰分测定法

GB/T 2541 石油产品黏度指数算表

GB/T 3535 石油产品倾点测定法

GB/T 3536 石油产品闪点和燃点的测定 克利夫兰开口杯法

GB/T 4756 石油液体手工取样法

GB/T 5096 石油产品铜片腐蚀试验法

GB/T 8926 在用的润滑油不溶物测定法

GB/T 11140 石油产品硫含量的测定 波长色散 X 射线荧光光谱法

GB/T 11145 润滑剂低温黏度的测定 勃罗克费尔特黏度计法

GB/T 12579 润滑油泡沫特性测定法

GB/T 17040 石油和石油产品硫含量的测定 能量色散 X 射线荧光光谱法

GB/T 17476 使用过的润滑油中添加剂元素、磨损金属和污染物以及基础油中某些元素测定法(电感耦合等离子体发射光谱法)

GB/T 17477 汽车齿轮润滑剂黏度分类

GB/T 17674 原油中氮含量的测定 舟进样化学发光法

NB/SH/T 0517 车辆齿轮油防锈性能的评定 L-33-1 法

NB/SH/T 0518 车辆齿轮油承载能力评定法 L-37 法

NB/SH/T 0704 石油和石油产品中氮含量的测定 舟进样化学发光法

NB/SH/T 0822 润滑油中磷、硫、钙和锌含量的测定 能量色散 X 射线荧光光谱法

NB/SH/T 0845 传动润滑剂黏度剪切安定性的测定 圆锥滚子轴承试验机法

SH/T 0037 齿轮油贮存溶解特性测定法

SH/T 0164 石油产品包装、贮存及交货验收规则

SH/T 0224 石油添加剂中氮含量测定法(克氏法)

SH/T 0270 添加剂和含添加剂润滑油的钙含量测定法

SH/T 0296 添加剂和含添加剂润滑油的磷含量测定法(比色法)

SH/T 0303 添加剂中硫含量测定法(电量法)

SH/T 0519 车辆齿轮油抗擦伤性能评定法(L-42 法)

SH/T 0520 车辆齿轮油热氧化安定性评定法

SH/T 0755 手动变速箱油和后桥用油的热氧化安定性评定法(L-60-1 法)

3 产品品种和标记

3.1 产品品种

本标准所属产品按 GB/T 17477 划分为 10 个黏度等级:75W-90、80W-90、80W-110、80W-140、85W-90、85W-110、85W-140、90、110 和 140。

3.2 产品标记

重负荷车辆齿轮油(GL-5)产品的标记为: 黏度等级品种代号重负荷车辆齿轮油标准号

例如:80W-90 GL-5 重负荷车辆齿轮油 GB 13895

4 要求和试验方法

重负荷车辆齿轮油(GL-5)的技术要求和试验方法见表1。

5 检验规则

5.1 检验分类与检验项目

5.1.1 出厂检验

出厂检验包括出厂批次检验和出厂周期检验。

出厂批次检验项目包括:运动黏度(100 ℃)、黏度指数、倾点、水分、铜片腐蚀、达到特定温度时的表观黏度、泡沫性(泡沫倾向)、机械杂质。

在原材料和工艺条件没有发生可能影响产品质量的变化时,出厂周期检验项目包括:闪点(开口)每十批测定一次;戊烷不溶物、硫酸盐灰分、硫、磷、氮、钙、KRL 剪切安定性每年检测一次。

5.1.2 型式检验

型式检验项目包括表1技术要求规定的所有检验项目。

在下列情况下进行型式检验:

a) 新产品投产或产品定型鉴定时;

b) 原材料、工艺等发生较大变化,可能影响产品质量时;

c) 出厂检验结果与上次型式检验结果有较大差异时。

5.2 组批

在原材料、工艺条件不变的条件下,每生产一罐或一釜产品为一批。

5.3 取样

取样按 GB/T 4756 进行,每批产品取样 3 L(如包括重负荷车辆齿轮油的台架试验酌情增加取样量)作为检验和留样用。

5.4 判定规则

出厂检验和型式检验均符合第 4 章的技术要求,则判定该产品合格。

5.5 复验原则

如出厂结果中有不符合表 1 中技术要求的规定时,按 GB/T 4756 的规定重新抽取双倍的样品进行复检,复检结果如有不符合第 4 章技术要求的规定时,则判定该批产品为不合格。

6 标志、包装、运输和贮存

标志、包装、运输和贮存及交货验收按 SH/T 0164 进行。

表 1 重负荷车辆齿轮油（GL-5）的技术要求和试验方法

分析项目		75W-90	80W-90	80W-110	80W-140	85W-90	85W-110	85W-140	90	110	140	试验方法
黏度等级												
运动黏度（100 ℃）/（mm²/s）		13.5～<18.5	13.5～<18.5	18.5～<24.0	24.0～<32.5	13.5～<18.5	18.5～<24.0	24.0～<32.5	13.5～<18.5	18.5～<24.0	24.0～<32.5	GB/T 265
黏度指数	不小于	报告	报告	报告	报告	报告	报告	报告	90	90	90	GB/T 1995ᵃ
KRL 剪切安定性（20 h）剪切后 100 ℃运动黏度/（mm²/s）	不大于	在黏度等级范围内										NB/SH/T 0845
倾点/℃	不高于	报告	报告	报告	报告	报告	报告	报告	−12	−9	−6	GB/T 3535
表观黏度（−40 ℃）/（mPa·s）	不大于	150 000	—	—	—	—	—	—	—	—	—	GB/T 11145
表观黏度（−26 ℃）/（mPa·s）	不大于	—	150 000	150 000	150 000	—	—	—	—	—	—	GB/T 11145
表观黏度（−12 ℃）/（mPa·s）	不大于	—	—	—	—	150 000	150 000	150 000	—	—	—	GB/T 11145
闪点（开口）/℃	不低于	170	180	180	180	180	180	180	180	180	200	GB/T 3536
泡沫性（泡沫倾向）/mL　24 ℃	不大于	20										GB/T 12579
93.5 ℃	不大于	50										
后 24 ℃	不大于	20										
铜片腐蚀（121 ℃,3 h）/级	不大于	3										GB/T 5096
机械杂质（质量分数）/%	不大于	0.05										GB/T 511
水分（质量分数）/%	不大于	痕迹										GB/T 260
戊烷不溶物（质量分数）/%		报告										GB/T 8926 A 法
硫酸盐灰分（质量分数）/%		报告										GB/T 2433
硫（质量分数）/%		报告										GB/T 17040ᵇ
磷（质量分数）/%		报告										GB/T 17476ᶜ

表 1（续）

分析项目		75W-90	80W-90	80W-110	80W-140	85W-90	85W-110	85W-140	90	110	140	试验方法
黏度等级												
氮（质量分数）/%		报告										NB/SH/T 0704[d]
钙（质量分数）/%		报告										GB/T 17476[c]
贮存稳定性												SH/T 0037
液体沉淀物（体积分数）/%	不大于	0.5										
固体沉淀物（质量分数）/%	不大于	0.25										
锈蚀性试验												NB/SH/T 0517
最终锈蚀性能评价	不小于	9.0										
承载能力试验[f]												NB/SH/T 0518
驱动小齿轮和环形齿轮												
螺脊	不小于	8										
波纹	不小于	8										
磨损	不小于	5										
点蚀/剥落	不小于	9.3										
擦伤	不小于	10										
抗擦伤试验[f]		优于参比油或与参比油性能相当										SH/T 0519
热氧化稳定性												SH/T 0520[g]
100 ℃运动黏度增长/%	不大于	100										GB/T 265
戊烷不溶物（质量分数）/%	不大于	3										GB/T 8926 A法
甲苯不溶物（质量分数）/%	不大于	2										GB/T 8926 A法

a　也可采用 GB/T 2541 方法进行，结果有争议时以 GB/T 1995 为仲裁方法。

b　也可采用 GB/T 11140、SH/T 0303，NB/SH/T 17040 方法进行，结果有争议时以 GB/T 17040 为仲裁方法。

c　也可采用 SH/T 0296、NB/SH/T 0822 方法进行，结果有争议时以 GB/T 17476 为仲裁方法。

d　也可采用 GB/T 17674、SH/T 0224 方法进行，结果有争议时以 NB/SH/T 0704 为仲裁方法。

e　也可采用 SH/T 0270、NB/SH/T 0822 方法进行，结果有争议时以 GB/T 17476 为仲裁试验。

f　75W-90 黏度等级需要同时满足标准版和加拿大版的承载能力试验和抗擦伤试验。

g　也可采用 SH/T 0755 方法进行，结果有争议时以 SH/T 0520 为仲裁方法。

附 录 A

（资料性附录）

本标准与 GB 13895—1992 相比的主要技术变化

本标准与 GB 13895—1992 相比的主要技术变化见表 A.1。

表 A.1 本标准与 GB 13895—1992 相比的主要技术变化

项 目	GB 13895—1992	本标准
范围	本标准所属产品适用于在高速冲击负荷，高速低扭矩和低速高扭矩工况下使用的车辆齿轮特别是客车和其他各种车辆的准双曲面齿轮驱动桥，也可用于手动变速器	本标准所属产品主要适用于汽车驱动桥，特别适用于在高速冲击负荷、高速低扭矩和低速高扭矩工况下应用的双曲面齿轮
多级油连接符号	多级油连接符号为"/"	多级油连接符号改为"—"，例如"80W/90"改为"80W-90"
黏度等级	共设置 6 个黏度等级：75W、80W/90、85W/90、85W/140、90 和 140	共设置 10 个黏度等级：75W-90、80W-90、80W-110、80W-140、85W-90、85W-110、85W-140、90、110 和 140（增加了 75W-90、80W-110、80W-140、85W-110、110 五个黏度级别，删掉了 75W 黏度级别）
运动黏度（100℃）	75W（≥4.1 mm²/s）80W/90、85W/90 和 90（13.5 mm²/s～<24.0 mm²/s）；85W/140 和 140（24.0 mm²/s～<41.0 mm²/s）	75W-90、80W-90、85W-90 和 90（13.5 mm²/s～<18.5 mm²/s）；80W-110、85W-110 和 110（18.5 mm²/s～<24.0 mm²/s）；80W-140、85W-140 和 140（24.0 mm²/s～<32.5 mm²/s）
黏度指数	90 和 140：不小于 75；75W、80W/90、85W/90 和 85W/140：报告；测试方法：GB/T 2541	90、110 和 140：不小于 90；75W-90、80W-90、85W-90、80W-110、85W-110、80W-140 和 85W/140：报告；增加测试方法 GB/T 1995
KRL 剪切安定性（20 h）剪切后 100 ℃ 运动黏度/（mm²/s）	不要求	在黏度等级范围内
倾点	90：报告；110：报告；140：报告	90：不高于—12 ℃；110：不高于—9 ℃；140：不高于—6 ℃

表 A.1（续）

项 目	GB 13895—1992	本标准
闪点	75W:不低于 150 ℃； 80W/90 和 85W/90:不低于 165 ℃； 85W/140 和 90:不低于 180 ℃； 140:不低于 200 ℃	75W-90:不低于 170 ℃； 80W-90、80W-110、80W-140、85W-90、85W-110、85W-140、90 和 110:不低于 180 ℃； 140:不低于 200 ℃
表观黏度	80W/90:表观黏度达 150 Pa·s 时的温度/℃,不高于−26； 85W/90 和 85W/140:表观黏度达 150 Pa·s 时的温度/℃,不高于−12	75W-90:表观黏度（−40℃）/mPa·s,不大于 150 000； 80W-90、80W-110 和 80W-140:表观黏度（−26℃）/mPa·s,不大于 150 000； 85W-90、85W-110 和 85W-140:表观黏度（−12℃）/mPa·s,不大于 150 000
成沟点	75W:不高于−45 ℃； 80W/90:不高于−35 ℃； 85W/90 和 85W/140:不高于−20 ℃； 90:不高于−17.8 ℃； 140:不高于−6.7 ℃	取消"成沟点"的要求
硫（质量分数）/%	GB/T 387、GB/T 388、GB/T 11140 和 SH/T 0172	增加了硫含量的测试方法 GB/T 17040 和 SH/T 0303,删除了 GB/T 387、GB/T 388 和 SH/T 0172 方法
磷（质量分数）/%	SH/T 0296	增加了磷含量的测试方法 GB/T 17476 和 NB/SH/T 0822
氮（质量分数）/%	SH/T 0224	增加了氮含量的测试方法 NB/SH/T 0704 和 GB/T 17674
钙（质量分数）/%	SH/T 0270	增加了钙含量的测试方法 GB/T 17476 和 NB/SH/T 0822
锈蚀性试验	盖板锈蚀面积/%,不大于 1 齿面,轴承及其他部件锈蚀情况,不大于无锈	最终锈蚀性能评价,不小于9.0
承载能力试验	通过	螺脊,不小于8 波纹,不小于8 磨损,不小于5 点蚀/剥落,不小于9.3 擦伤,不小于10
抗擦伤试验	通过	优于参比油或与参比油性能相当
热氧化稳定性	SH/T 0520	增加了热氧化稳定性的测试方法 SH/T 0755
第 5 章"检验规则"	锈蚀性试验、承载能力试验、抗擦伤试验和热氧化稳定性:每五年评定一次； 其余无要求	增加第 5 章"检验规则"； 锈蚀性试验、承载能力试验、抗擦伤试验和热氧化稳定性:型式检验

ICS 47.020.99
U 62

中华人民共和国国家标准

GB/T 14016—2018
代替 GB/T 14016—1992

船用声光报警信号器　通用技术条件

Marine acoustic and optical alarm signaller—General specification

2018-05-14 发布

2018-12-01 实施

国家市场监督管理总局
中国国家标准化管理委员会　发 布

前　言

本标准按照 GB/T 1.1—2009 给出的规则起草。

本标准代替 GB/T 14016—1992《船用声光报警信号器　通用技术条件》,与 GB/T 14016—1992 相比,主要技术变化包括:

——修改了规范性引用文件(见第 2 章,1992 年版的第 2 章);

——增加了术语的英文对应词(见第 3 章);

——修改了声信号的定义(见 3.1,1992 年版的 3.1);

——修改了光信号的定义(见 3.2,1992 年版的 3.2);

——删除了环境条件要求(见 1992 年版的 4.1);

——修改了绝缘线圈极限允许温升要求(见表 6,1992 年版的表 8);

——删除了运输要求(1992 年版的 4.7);

——增加了不应使用石棉材料的相关要求(见 4.1);

——修改了外壳防护等级的相关要求(见表 11,1992 年版的表 14);

——删除了滞燃试验相关要求(见 1992 年版的 5.17)。

本标准由全国海洋船标准化技术委员会(SAC/TC 12)提出并归口。

本标准起草单位:中国船舶工业综合技术经济研究院、青岛市产品质量监督检验研究院、杭州华雁数码电子有限公司、哈尔滨工程大学、中国船舶重工集团公司第七一四研究所。

本标准主要起草人:孙猛、姚崇、李环亭、王孝峰、邱心涛、曹林。

本标准所代替标准的历次版本发布情况为:

——GB/T 14016—1992。

船用声光报警信号器　通用技术条件

1　范围

本标准规定了船用声光报警信号器（以下简称报警器）的技术要求、试验方法、检验规则和标志、包装、运输和贮存。

本标准适用于船上与安全有关的声光报警信号器，如：指示灯、旋转闪光灯或不带此类闪光灯的机电式报警器及电子式报警器的设计、制造及验收。

本标准不适用于下列场合使用的报警器：

a)　存在腐蚀性和爆炸性的特殊条件下使用的报警器；

b)　船舶之间或船与岸之间航行用的报警器。

2　规范性引用文件

下列文件对于本文件的应用是必不可少的。凡是注日期的引用文件，仅注日期的版本适用于本文件。凡是不注日期的引用文件，其最新版本（包括所有的修改单）适用于本文件。

GB/T 2423.1—2008　电工电子产品环境试验　第2部分:试验方法　试验A:低温

GB/T 2423.2—2008　电工电子产品环境试验　第2部分:试验方法　试验B:高温

GB/T 2423.17—2008　电工电子产品环境试验　第2部分:试验方法　试验Ka:盐雾

GB/T 2423.18—2012　环境试验　第2部分:试验方法　试验Kb:盐雾,交变(氯化钠溶液)

GB/T 2423.101—2008　电工电子产品环境试验　第2部分:试验方法　试验:倾斜和摇摆

GB/T 2828.1　计数抽样检验程序　第1部分:按接收质量限(AQL)检索的逐批检验抽样计划

GB/T 3241—2010　电声学　倍频程和分数倍频程滤波器

GB/T 3783—2008　船用低压电器基本要求

GB/T 3785.1—2010　电声学　声级计　第1部分:规范

GB/T 3785.2—2010　电声学　声级计　第2部分:型式评价试验

GB/T 4208—2017　外壳防护等级(IP代码)

GB/T 4214.1—2000　声学　家用电器及类似用途器具噪声测试方法　第1部分:通用要求

GB/T 7345—2008　控制电机基本技术要求

GB/T 10250—2007　船舶电气与电子设备的电磁兼容性

IMO A.1021(26)决议(2009)警报器和指示器规则(CODE ON ALERTS AND INDICATORS)

3　术语和定义

下列术语和定义适用于本文件。

3.1

声信号　acoustic signals

由例如钟、蜂鸣器、喇叭、号笛、电子装置等音响装置所发出的信号。

3.2

光信号　optical signals

由例如闪光灯、旋转灯或其他发光装置所发出的信号。

3.3

机电式报警器 electromechanical alarm

以电气和机械相结合的构造方式使诸如电铃、蜂鸣器和电笛等发出声信号的报警器。

3.4

电子式报警器 electronic alarm

由电子器件组装的诸如电子喇叭等,可单独发出声信号,亦可同时发出声信号和光信号的报警器。

3.5

快速双音调 fast dual tone

由转换调频率为 800 Hz/1 000 Hz,周期 0.5 s 构成的一种音调。

3.6

单音长鸣调 tone ringing tone

仅由单音调频率为 200 Hz 构成的一种音调。

3.7

连续调频调 continuous frequency modulation

系统频率由 200 Hz 滑变到 600 Hz,约 3.5 s,再由 600 Hz 滑变到 200 Hz,约 3.5 s,周期共为 7 s 构成的一种音调。

3.8

正常工作 normal operation

产品在规定的工作条件下,其性能、参数变化均在预定范围内的工作状态。

3.9

可靠工作 reliable operation

产品在规定的工作条件下,能够无故障工作的状态。

3.10

报警 alarm

通告需要注意的异常情况和状态,按优先顺序分为四种:紧急报警、报警、警告和当心。

4 技术要求

4.1 材料和结构

4.1.1 材料

4.1.1.1 报警器的绝缘零部件应采用耐久、滞燃、耐潮和耐霉材料制造。不宜采用有毒材料以及能释放出有毒气体的材料。

4.1.1.2 报警器的导电部件宜采用铜、铜合金、银等材料制造,其接触部分应有良好的导电性能,当采用非铝制电气零件与铝相接时,应采取适当的防电腐蚀措施。

4.1.1.3 报警器中安装导电部件的绝缘材料应采用瓷制件、酚醛混合物等材料。

4.1.1.4 绝缘衬套、垫圈、隔离物或挡板可采用硬化纸板,但不应仅用硬化纸板作为不小于 50 V 的无绝缘导电部件的单个支承。

4.1.1.5 金属零部件除其材料本身有较好的耐腐蚀性能外,其外表面应有可靠的保护层。

4.1.1.6 报警器所有材料不应包含石棉材料。

4.1.2 结构

4.1.2.1 报警器的结构应便于检查和维修,并能用一般工具迅速拆装,若需专用工具时,应由制造厂供给。

4.1.2.2 工作电压不小于 50 V 的报警器,其金属外壳均应有可靠接地措施。并应有明显、清晰、耐久的接地标志

4.1.2.3 金属铸造外壳和金属薄板外壳应有可靠的机械强度,且能耐受使用中的碰撞,而不至于变形和损坏。

4.1.2.4 非金属外壳和非金属材料的外壳部件应具有可靠的机械强度,且其构造应能确保工作部件免受损坏。

4.1.2.5 报警器外壳接线盒内应具有足够的空间,以容纳所有连接导线,且避免导线的绝缘和内部零件产生损伤。

4.1.2.6 报警器外壳接线盒的配置方式应能确保报警器在按预定方式安装后,能便于维修和检查接线。

4.1.2.7 内部导线敷设应符合以下规定:

 a) 报警器内部所有导线应均匀成束,采用捆扎、线夹、扎带或其他等效的方法,固紧在支承上,以避免由于振动而引起绝缘损伤;

 b) 导线敷设应避免被锐边、铆钉、螺钉和类似零部件所损坏或由于铰链和类似运动部件的移动而引起损坏;

 c) 导线的扭曲应不超过 360°;

 d) 导线的敷设不应过紧,以免产生张力;

 e) 导线通过活动部位(例如用铰链接合的箱盖上的部件)时,导线或导线束应具有足够的长度,并使用线夹固定,以防零部件之间相互影响或损伤绝缘;

 f) 不同电压的内部接线之间应采用线夹或其他等效设施确保绝缘导线的相互隔开;

 g) 导线间应通过接线端子进行连接;

 h) 报警器内应附上带有接线编号的原理图或接线图。报警器的接线端头,应具有相应于图样的耐久标志或符号。

4.1.2.8 无绝缘的带电部件应具有防松装置或其他等效的设施予以紧固,防止带电部件的移动和移动而造成间隙的减小。

4.1.2.9 报警器内的指示灯,应尽可能做到不使用任何工具就能更换。

4.1.2.10 同类报警器的易损零部件应能互换,凡需要调整的零部件,经调整后应能正常工作。

4.2 电源

4.2.1 报警器应采用表 1 规定的额定电压和额定频率。

表 1 报警器额定电压和频率

额定电压 V	额定频率 Hz
直流:12、24、36、110、220	—
交流:24、36、110、220、380(440)	50(60)
蓄电池:12	—
注:括号内的 440 V 对应的频率为 60 Hz,国内船舶选用的较少。	

4.2.2 机电式报警器应在下列规定的电源电压和频率变化下正常工作:

 a) 交流电源的电压变化为额定电压的 $-10\% \sim +6\%$,频率变化为额定频率的 $\pm5\%$;

 b) 直流电源的电压变化为额定电压的 $-10\% \sim +10\%$;

c) 蓄电池电源的电压变化为额定电压的-25%～+20%。

4.2.3 电子式报警器应能在表2规定的电源电压和频率变化范围内正常工作。

表 2 报警器电压和频率波动

电源参数		变化		
		稳态 %	瞬态	
			%	恢复时间 s
交流	电压	-10～+6	±20	1.5
	频率	±5	±10	5
直流	电压	±10	—	

注：对于蓄电池供电的报警器，考虑由于充放电特性引起的-25%～+30%的电压变化，包括充电装置引起的波动电压。

4.3 环境适应性

4.3.1 高温

报警器在55 ℃的环境温度条件下，应能正常工作。

4.3.2 湿热

4.3.2.1 报警器应具有耐潮湿性能，在经受55 ℃交变湿热试验2周期后，应能正常工作，并应符合4.3.2.2～4.3.2.5的规定。

4.3.2.2 报警器的冷态绝缘电阻和湿热试验后的绝缘电阻值应符合表3的规定。

4.3.2.3 湿热试验后，金属电镀的镀层腐蚀区域面积之和占该零件表面面积5%～25%的零件数应不超过该台报警器零件总数的1/5，但允许个别零件的镀层腐蚀区域面积大于25%及个别金属零件出现锈点。

4.3.2.4 湿热试验后，报警器表面油漆层允许有轻微失光变色、少量针孔等缺陷。表面上任一平方分米内，直径为0.5 mm～1 mm的气泡不应多于2个，不准许出现直径大于1 mm的气泡。且漆膜附着力要求在九个1 mm² 方格中底漆脱落不超过1/3面积。

4.3.2.5 湿热试验后，绝缘材料和橡塑零件不应有变形、发黏、开裂等缺陷。

表 3 报警器绝缘电阻

额定电压 V		兆欧表电压等级 V	绝缘电阻 MΩ	
			冷态	湿热试验后
机电式报警器	≤65	250	≥10	≥1
	>65	500	≥100	≥2
电子式警器	≤65	250	≥10	≥1
	>65	500	≥100	≥10

4.3.3 盐雾

4.3.3.1 报警器的金属电镀件应具有耐盐雾侵蚀性能,经 48 h 的连续喷雾试验后,其外观变化应符合表 4 的规定。

表 4 报警器盐雾试验

底金属	镀层类别	后处理	合格要求
碳钢	铜＋镍＋铬	抛光	主要表面无棕锈
	低锡青铜＋铬		
	锌	钝化	主要表面无白色或灰黑色腐蚀物
铜和铜合金	镍＋铬	抛光	主要表面无浅绿色腐蚀物
	镍或高锡青铜	—	主要表面无灰黑色或浅绿色腐蚀物
	锡		主要表面无灰黑色腐蚀物
	银、金	钝化	主要表面无铜绿

4.3.3.2 安装在露天甲板处的报警器,应对整机进行四个循环(每一循环为 7 d)盐雾试验。试验后,其外壳涂覆层、材料及零部件应无腐蚀、质变现象,且报警器应能正常工作。

4.3.4 低温

报警器在 -25 ℃ 的环境温度条件下,应能正常工作。

4.3.5 倾斜、摇摆

报警器的耐倾斜、摇摆性能应符合 GB/T 2423.101—2008 的要求,在试验期间和试验后均应能正常工作。报警器应无机械损伤、紧固件松动等现象。

注:根据报警器结构即可判断其性能不受摇摆影响,可免做此项试验。

4.3.6 振动

报警器应具有耐振动性能,在试验期间和试验后,报警器应无机械损坏、误动作、接触不良、紧固件松动和其他异常现象,并能正常工作。

4.4 声光报警性能

4.4.1 报警器应具有不小于表 5 中所规定的各档最小 A 计权声压级的输出。

表 5 报警器声光报警性能

序号	报警器名称	基准频率 Hz	声压级 dB	推荐适用场所	音调	灯光颜色
1	电铃(含警钟)	—	66~76 71~81 81~116	驾驶室、居住区通道防火控制站、舵机舱、机舱等	—	红、乳白
2	蜂鸣器	—	75~85 76~96	驾驶室、居住区通道、防火控制室	—	红、绿、橙

表 5（续）

序号	报警器名称	基准频率 Hz	声压级 dB	推荐适用场所	音调	灯光颜色
3	电笛	600～1 200 1 750～2 500	66～76 71～81 81～116	机舱、防水控制室、专用工作舱室、机舱集控室等	—	红
4	电子喇叭	800～1 000	66～76 71～81 81～116	机舱、机舱集控室、驾驶室、居住区通道等	快速双音调	红
		200			单音长鸣调	
		200 滑变到 600 600 滑变到 200			连续调频调	

4.4.2 对于与人命安全有关的声信号和光信号的显示，应在船舶正常和紧急状态下均能可靠工作，符合 IMO A.1021(26)决议(2009)。

4.4.3 声信号的频率范围应为 200 Hz～2 500 Hz。

4.4.4 间断声信号的脉冲频率应在 0.5 Hz～2 Hz 之间，该频率也同样适用于双调声信号、颤音或类似信号。

4.4.5 闪光指示的脉冲频率范围应为 0.5 Hz～1.5 Hz。

4.4.6 光信号的光照亮度应在产品技术条件中予以具体规定。

4.4.7 电子式报警器的基准频率、声压级、音调及灯光颜色等应符合表 5 的规定。

4.5 极限允许温升

报警器的各部件在额定电压和额定电流下的极限允许温升应不超过表 6 的规定。高发热元件（如电阻元件、热元件）连接处的极限允许温升由产品技术条件规定。

表 6 报警器极限允许温升

单位为开尔文

部件及材料型式		极限允许温升	测量方法
绝缘线圈	A 级绝缘材料	55	电阻法
	E 级绝缘材料	70	
	B 级绝缘材料	75	
	F 级绝缘材料	95	
	H 级绝缘材料	120	
空气中触头	铜和铜合金	60	热电偶法
	银或镶银（镀银）	以不伤害相邻部件为限	
	所有其他金属或陶冶合金	由所用材料决定，以不伤害相邻部件为限	
裸导线		以不伤害相邻部件为限	
起弹簧作用的金属部件		以不伤害材料弹性和不伤害相邻部件为限	
与绝缘材料接触的金属部件		以不伤害绝缘材料为限	

表 6（续）   单位为开尔文

部件及材料型式		极限允许温升	测量方法
与外部绝缘导体相 连接的接线端子	有银保护层	65	热电偶法
	有锡保护层	55	

注：本表以环境空气温度 45 ℃ 为基准，如果环境空气温度高于（或低于）该基准值时，从表中数值减去（或加上）
差值。

4.6 介电强度

4.6.1 报警器的无绝缘带电部件与不带电金属部件之间，以及在不同极性的无绝缘的带电部件之间应
具有足够的电气间隙和爬电距离。其数值应不小于表 7 的规定，以保证产品能正常工作。

表 7 报警器电气间隙和爬电距离   单位为毫米

额定电压 V	相反极性的带电部分之间		裸露带电部分与接地金属间	
	电气间隙	爬电距离	电气间隙	爬电距离
≤60	2	3	3	3
>60～250	3	6	6	6

注：表中规定值不适用于电子器件、印刷电路、指示灯和插座。

4.6.2 机电式报警器在表 8 中规定的介电强度试验电压历时 1 min 应无击穿或闪络现象。

表 8 机电式报警器介电强度试验电压   单位为伏

报警器种类	带电机的报警器		不带电机的报警器	
额定电压	≤65	>65	≤65	>65
介电强度试验电压	500	1 000＋2 倍额定电压，不低于 1 500	1 000	2 000

4.6.3 电子式报警器在表 9 规定的介电强度试验电压历时 1 min 应无击穿或闪络现象。

表 9 电子式报警器介电强度试验电压   单位为伏

额定电压	介电强度试验电压
≤65	500
>65	2 倍额定电压＋1 000，但至少 1 500

4.7 电源端端子电磁干扰性

报警器在正常工作情况下，电源端端子电磁干扰性应符合表 10 的规定。

表 10 报警器电源端端子电磁干扰性

端口		频率	限值 dBμV/m
干扰电压	窄带	10 kHz~1 MHz	100~60
		>1 MHz~30 MHz	60
	宽带	10 kHz~150 kHz	90~56
		>150 kHz~1 MHz	76~60
		>1 MHz~30 MHz	60
干扰电流	窄带	10 kHz~1 MHz	90~17
		>1 MHz~30 MHz	17
	宽带	10 kHz~150 kHz	70~26
		>150 kHz~1 MHz	46~17
		>1 MHz~30 MHz	17

4.8 耐久工作性能

在额定电压和额定频率下,报警器经受通电和断电交变工作后,机电式报警器应正常工作。

4.9 外壳防护

报警器的外壳防护型式和等级应符合表 11 的规定。

表 11 报警器外壳防护等级

防护等级	环境条件	推荐适用处所
IP20	只有触及带电部分的危险	干燥居住处所、干燥的控制室
IP22	滴水和(或)中等机械损伤危险	控制室、机炉舱(花钢板以上)、舵机舱、冷藏机室(氨装置室除外)、应急机械室、一般贮藏室、配膳室、粮食库
IP34	较大的水(或)机械损伤危险	浴室、机炉舱(花钢板以下)、围蔽的燃油分离室、围蔽的滑油分离室
IP44	较大的水和(或)机械损伤危险	压载泵舱、冷藏舱、厨房和洗衣间
IP55	喷水危险、货物粉尘存在、严重机械损伤、腐蚀性气体	双层底中的轴隧或管道、干货舱
IP56	大量浸水危险	露天甲板

5 试验方法

5.1 电源试验

5.1.1 机电式和电子式报警器直流流电源在额定电压变化±10%的情况下,各运行 15 min,报警器应能可靠工作。

5.1.2 机电式和电子式报警器交流电源在额定电压下按照表 12 中每一种组合各运行 15 min,报警器应能可靠工作。

5.1.3 机电式和电子式报警器蓄电池电源,充电期间接于蓄电池额定电压变化为—25%～+30%,充电期间未接于蓄电池额定电压变化为—25%～+20%,各运行 15 min,报警器应能可靠工作。

5.2 高温试验

试验按 GB/T 2423.2—2008 中规定的试验方法进行,机电式报警器试验持续时间为 2 h,电子式报警器试验持续时间为 16 h,在试验中和试验后,报警器应能可靠工作。

表 12 报警器电源电压变化

组合	电压变化 %		频率变化 %	
	稳态	瞬态(恢复时间 1.5 s)	稳态	瞬态(恢复时间 5 s)
1	+6	—	+5	—
2	+6	—	—5	—
3	—10	—	—5	—
4	—	+20	—	+10
5	—	+20	—	—10

5.3 湿热试验

5.3.1 报警器设置在试验箱内,调节箱温至 25 ℃±3 ℃,使报警器达到温度稳定,然后按表 13 所示周期循环 2 次。

表 13 报警器湿热试验条件

阶段	温度 ℃	相对湿度 %	时间 h	
升温	25→55	>95 凝露	3±1/2	共 12
高温高湿	55±2	93±3	9±1/2	
降温	55→25	>95	3～6	共 12
低温高湿	25±3	>95	9～6	

5.3.2 在第一个周期高温高湿阶段的开始 2 h,及第 2 个周期高温高湿阶段的最后 2 h,报警器应能可靠工作。

5.3.3 试验结束后,将报警器从箱内取出,在正常大气条件下进行恢复(允许用手将报警器所有能接触到的表面和部件上的水渍抹去)。在 2 h 内,完成报警器主要性能测试。测试时,首先测量绝缘电阻,然后进行介电强度试验,试验应历时 1 min,而无击穿或闪络现象。试验后,报警器应能可靠工作。

5.4 盐雾试验

5.4.1 报警器的金属电镀件和室外整机耐盐雾性能试验按 GB/T 2423.17—2008、GB/T 2423.18—

2012 中规定的方法进行。

5.4.2 金属电镀件试验结束后,用室温下的流动清水轻轻冲洗试验样品表面盐沉积物,再在蒸馏水中漂洗,然后检查试验表面,应符合表 4 中的规定。

5.4.3 室外整机试验结束后,将报警器置在正常大气条件下恢复。将报警器用室温下的流动清水轻轻冲洗,除去盐的沉积物,然后立即干燥,检查报警器应符合 4.3.3.2 的要求。

5.5 低温试验

按 GB/T 2423.1—2008 中规定的试验方法进行,机电式报警器试验持续时间为 2 h,电子式报警器试验持续时间为 16 h,在试验中和试验后,报警器应能可靠工作。

5.6 倾斜、摇摆试验

按 GB/T 2423.101—2008 中规定的试验方法进行,试验时,报警器按正常工作位置向前、后、左、右四个方向倾斜 22.5°,各方向试验时间为 15 min;前后、左右两个水平轴各摇摆±22.5°,其周期为 10 s,各方向试验时间为 15 min。带电机报警器试验时间以轴承温升稳定为原则,并只做电机轴向二方向的倾斜试验。试验结束后,进行性能指标的测量和对外观、结构的检查,在试验中和试验后,报警器应能可靠工作。

5.7 振动试验

5.7.1 报警器应采用与在船上相同的安装状态和方式刚性地固定在振动台上,并通电进行工作。按表 14 规定的频率与振动往复扫描 1 次～3 次。检查有无共振现象,扫描方式应为对数或线性,对数扫描速度 1 倍频程/min,线性扫描速度 15 Hz/min。

表 14 报警器振动试验条件

振动参数		一般舱室		在往复机上及舵机室内		柴油机排气管之类振动剧烈场所
频率/Hz		2～13.2	13.2～100	2～25	25～100	根据具体情况
振幅	位移/mm	±1	—	±1.6	—	作特殊规定
	加速度/(m/s²)	—	±7	—	±4	

5.7.2 在最大共振点作 2 h 的耐久振动。若无明显的共振点,则在 30 Hz 频率上作 2 h 耐久振动。

5.7.3 检查危险频率,振幅放大率一般应不大于 5。

5.7.4 报警器应在三个轴向(垂、横、纵)依次进行上述试验。

5.7.5 报警器如有多种安装方式,则对每种方式都需考核。

注:带减振器的产品,带减振器一起做。

5.8 声光报警性能试验

5.8.1 测量仪器

测量仪器应符合以下规定:
a) 声学测量仪器应符合 GB/T 3785.2—2010 中规定的 2 型或 2 型以上声级计,也可采用其他同等性能的测量仪器,光学测量仪器包括照度器和频闪测量仪;
b) 声级计、滤波器和声级校准器的检定,应符合 GB/T 3785.1—2010 中规定的定期检定;
c) 传声器采用无规入射型,并符合 5.8.1a)中有关规定;

d) 当频谱分析时,使用的 1/1 或 1/3 倍频程滤波器应符合 GB/T 3241—2010 中的要求;

e) 每次测量始末,测量系统应采用准确度高于+0.5 dB 的声级校准器进行校准,前后两次校准之差应不大于±1 dB,否则测量无效。

5.8.2 被测报警器的安装及工作状况

5.8.2.1 被测报警器的安装应符合下列要求:

被测量的报警器应按制造厂规定的方式安装,任何情况下应紧固在一个金属底板上,其重量应大于被测报警器的 10 倍,且至少应为 30 kg;被测量报警器在测量过程中,不准许引起底板、地面或周围结构比较明显的附加振动,如产生这种现象,则需将被测报警器设置在弹性基础上。

5.8.2.2 工作状况包括:

a) 被测报警器应达到稳定运行时方可进行测试;

b) 被测报警器一般应在额定状态(额定负荷、额定频率、额定电压或额定转速)下进行测试。

5.8.3 测试环境

5.8.3.1 报警器性能试验的测试环境包括:

a) 提供一个反射面上方自由场的实验室,如半消声室;

b) 提供近似于一个反射面上方自由场的户外场所或普通房间;

c) 提供自由场的实验室,如消声室。但消声室只适用于球面布点测量的各类报警器。

5.8.3.2 报警器在消声室中进行试验时,消声室应满足下列要求:

a) 在被测声源的有效放声频率范围内,声源与测试传声器之间声场符合 1/r 规律,其误差不大于±1 dB。

b) 室内噪声级应低于被测声源发出平均声压级 20 dB。

c) 提供混响场的实验室,如混响室,并符合 GB/T 4214.1—2000 中附录 A 的要求。

5.8.3.3 背景噪声的频带声压级或 A 计权声压级比各测点测得的频带声压级或 A 计权声压级低于 10 dB 以上时,测量值不作修正;若小于 10 dB 时,应进行修正,并将测量值减去表 15 中的背景噪声修正值。

表 15 背景噪声修正值

声源工作时测得的声压级与 背景噪声声级之差	背景噪声修正值	
	符合 5.8.3.1 的声压环境中测量	专用混响室中测量
<4	测量无效	测量无效
4	测量无效	2
5	测量无效	2
6	1	1
7	1	1
8	1	1
9	0.5	0.5
10	0.5	0.5
>10	0	0

GB/T 14016—2018

5.8.3.4　户外测量时,风速应小于 6 m/s(相当于 4 级风),并应使用风罩。

注：若无消声室,亦可在满足上述条件的室外进行。

5.8.4　测量的量

测量的量包括：

a)　A 计权声压级；

b)　倍频程声压级,1/3 倍频程声压级；

c)　照度；

d)　频闪。

5.8.5　测量距离

测量时,传声器应距报警器 1 m;高度离地面 1.2 m,传声器膜片指向声源,除操作人员外传声器的 1 m 范围内不应有反射物。

5.8.6　测点布置

报警器测点布置要求如下：

a)　对指向性强的报警器,其测点应设置在噪声最大位置上；

b)　对于一般报警器,其测点应采用包括最大声级位置的 5 点法测量:设备的前、后、左、右及上方。

5.8.7　测量结果

测得的最大 A 计权声压级、照度、频闪应符合 4.4 的规定。

5.9　极限允许温升试验

按 GB/T 3783—2008 和 GB/T 7345—2008 中规定的方法进行极限允许温升试验。

5.10　介电强度试验

5.10.1　机电式报警器介电强度测量部位包括：

a)　各有关带电部位与接地的金属件(或外壳)之间；

b)　不同电极的带电部位之间；

c)　绝缘外壳的报警器,在各导电部分与外壳的支架之间。

5.10.2　电子式报警器交流侧介电强度试验:先将交流侧各输入端连接在一起,然后进行其与接地框架之间的介电强度试验。

5.10.3　按表 8 和表 9 中规定的试验电压,试验台的电源容量不小于 0.5 kVA,频率为 25 Hz～100 Hz 的任何一点上试验 1 min。试验时,应从试验电压的 1/3 开始,在 10 s 内均匀地升到规定值。保持 1 min,然后均匀地降到试验电压的 1/3,切断电源。

5.11　电源端端子电磁干扰性测量

报警器在正常工作情况下,按 GB/T 10250—2007 规定的方法进行试验。

5.12　耐久工作性能试验

5.12.1　在额定电压和额定频率下,机电式报警器通电和断电各 5 min,进行 48 个周期(8 h)交变工作后,再连续运行 72 h。

5.12.2　在额定电压和额定频率下,电子式报警器通电和断电各 1 s,进行 500 000 周期后,再连续运行 168 h。

5.13 外壳防护试验

按 GB/T 4208—2017 中规定的试验方法进行外壳防护试验。

6 检验规则

6.1 检验分类

本标准规定的检验分为：
a) 型式检验；
b) 出厂检验。

6.2 型式检验

6.2.1 检验时机

凡属下列情况之一者，应进行型式检验：
a) 新产品试制、定型或鉴定；
b) 转厂生产的首制产品；
c) 因产品结构、材料或工艺有较大改变，足以影响报警器性能；
d) 国家质量监督部门或检验主管部门提出进行型式检验要求。

6.2.2 检验样品数

报警器型式检验抽样按 GB/T 2828.1 规定的方法进行，其抽样方案按供需双方合同的规定。

6.2.3 检验项目及顺序

报警器型式检验项目及顺序见表16。

6.2.4 合格判据

报警器所有样品全部检验项目符合要求，判为型式检验合格。若有任一项不符合要求，应加倍取样对不合格项目进行复验。若复验符合要求，仍判报警器型式检验合格，若复验仍有不符合要求的项目，则判报警器型式检验不合格。

6.3 出厂检验

6.3.1 报警器出厂检验项目及顺序见表16。
6.3.2 每个报警器出厂前均应进行出厂检验。
6.3.3 出厂检验的项目全部符合要求的报警器判该报警器出厂检验合格。否则，判该报警器出厂检验为不合格。

表 16 报警器检验项目和顺序

序号	检验项目	型式检验	出厂检验	要求章条号	检验方法章条号
1	电源	●	●	4.2	5.1
2	高温	●	○	4.3.1	5.2
3	湿热	●	○	4.3.2	5.3

GB/T 14016—2018

表 16（续）

序号	检验项目	型式检验	出厂检验	要求章条号	检验方法章条号
4	盐雾	●	○	4.3.3	5.4
5	低温	●	○	4.3.4	5.5
6	倾斜、摇摆	●	○	4.3.5	5.6
7	振动	●	○	4.3.6	5.7
8	声光报警性能	●	●	4.4	5.8
9	极限允许温升	●	○	4.5	5.9
10	介电强度	●	●	4.6	5.10
11	电源端端子电磁干扰性	●	○	4.7	5.11
12	耐久工作性能	●	○	4.8	5.12
13	外壳防护	●	●	4.9	5.13

注 1：如制造厂具备有效期内的金属电镀件的盐雾试验合格报告，可免做盐雾试验。

注 2：●为必检项目；○为协商检验项目。

7 标志、包装、运输和贮存

7.1 标志

报警器应在易见部位装设由滞燃、耐久、耐腐蚀材料制成的铭牌，标志应清晰和易于识别。报警器标志如下：

a) 制造厂的名称和商标；

b) 产品名称和型号；

c) 制造日期（或编号）或生产批号；

d) 产品主要参数；

e) 防护等级；

f) 船检标记。

注：可根据产品的具体情况对上述各项内容适当增减，必要时，还可按实际情况列入其他所需内容。

7.2 包装

7.2.1 报警器及其附件在包装前，应对所有已经加工又无油漆或电镀层保护的金属表面采取临时性的涂封保护措施。

7.2.2 报警器的包装应紧固结实，且能适应多次装卸和运输的要求，具有防雨或防潮的性能。

7.2.3 包装箱箱面的标志应清楚、整齐，一般应包括下列内容：

a) 产品名称；

b) 产品数量；

c) 体积（长×宽×高）；

d) 净重与毛重；

e) 到站（港）及收货单位；

f) 发站（港）及发货单位；

g) 包装、贮运标志,如"船用电器""小心轻放"等。

7.2.4 必要时,包装部分可规定产品随机文件,如:

a) 产品合格证;

b) 产品说明书;

c) 装箱单;

d) 随机备附件清单;

e) 安装图;

f) 其他有关的技术资料。

7.3 运输

运输过程中,应对包装箱采取可靠的固定措施,并有防雨淋和防溅水措施。

7.4 贮存

报警器应贮存在干燥、通风的室内。

ICS 31.200
L 56

中华人民共和国国家标准

GB/T 14028—2018
代替 GB/T 14028—1992

半导体集成电路
模拟开关测试方法

Semiconductor integrated circuits—
Measuring method of analogue switch

2018-03-15 发布

2018-08-01 实施

中华人民共和国国家质量监督检验检疫总局
中国国家标准化管理委员会
发布

GB/T 14028—2018

前　言

本标准按照 GB/T 1.1—2009 给出的规则起草。

本标准代替 GB/T 14028—1992《半导体集成电路 模拟开关测试方法的基本原理》，与 GB/T 14028—1992 相比主要技术变化如下：

——增加了导通电阻路差率、导通电阻温度漂移率、通道转换无效输出时间、电荷注入量 4 项测试方法(见 5.16、5.17、5.18、5.19)；

——修改了第 4 章中对测试规定的说明；

——修改了全文图、表的表述形式；

——修改了"通道转换时间"测试方法中转换对象"$i+1$"为"j"；

——增加了对"截止态漏极漏电流"测试方法中未定义的多路模拟开关测试说明；

——修改了"通道转换时间测试方法"测试方法中存在图文歧义的 10% 含义。

请注意本文件的某些内容可能涉及专利。本文件的发布机构不承担识别这些专利的责任。

本标准由中华人民共和国工业和信息化部提出。

本标准由全国半导体器件标准化技术委员会(SAC/TC 78)归口。

本标准起草单位:中国航天科技集团公司第九研究院第七七一研究所、圣邦微电子(北京)股份有限公司、西北工业大学。

本标准主要起草人:张冰、李雷、陈志培、闫辉、朱华、黄德东。

半导体集成电路
模拟开关测试方法

1 范围

本标准规定了双极、MOS、结型场效应半导体集成电路模拟开关(以下称为器件)参数测试方法。
本标准适用于半导体集成电路模拟开关,也适用于多路转换器参数的测试。

2 规范性引用文件

下列文件对于本文件的应用是必不可少的。凡是注日期的引用文件,仅注日期的版本适用于本文件。凡是不注日期的引用文件,其最新版本(包括所有的修改单)适用于本文件。
GB/T 17940—2000 半导体器件 集成电路 第 3 部分:模拟集成电路

3 术语和定义

下列术语和定义适用于本文件。

3.1

模拟电压工作范围 analog switch range
在导通电流为额定值时模拟开关传送的电压范围。

3.2

导通电阻 on resistance
模拟开关导通时,开关两端间的电阻。

3.3

导通电阻路差 on resistance match between channels
对于含多个模拟开关的器件或模拟多路转换器,各路开关导通电阻间的最大差值。

3.4

截止态漏极漏电流 drain off leakage
在模拟开关截止时,流经模拟开关漏极的电流。

3.5

截止态源极漏电流 source off leakage
在模拟开关截止时,流经模拟开关源极的电流。

3.6

导通态漏电流 channel on leakage
模拟开关的导通通路与电路其他部分之间的漏电流。

3.7

开启时间 switch on time
在控制信号作用下,模拟开关开启所需要的时间。

3.8

关断时间 switch off time
在控制信号作用下,测试模拟开关截止所需要的时间。

3.9

通道转换时间　channel conversion time

对于多路转换器,在控制信号作用下,导通通道转换所需的时间。

3.10

最高控制频率　maximum control frequency

模拟开关输出电压幅度下降到规定值时的控制脉冲频率。

3.11

截止态隔离度　off isolation

模拟开关处于截止状态下的输入信号对输出信号幅度之比。

3.12

截止态馈通频率　feedback off frequency

截止态隔离度为规定值时,模拟开关输入端所加正弦信号的最高频率。

3.13

导通态串扰衰减　on crosstalk attenuation

多路模拟开关中处于导通状态的模拟开关通路输出电压与处于导通状态的另一模拟开关通路输出电压之比。

3.14

输入串扰衰减　input crosstalk attenuation

多路模拟开关中截止状态通道的输入电压与另一个导通态的通道输出电压之比。

3.15

控制信号串扰　control signal crosstalk

模拟开关的输入电压零,控制端施加规定脉冲信号时,模拟输出电压。

3.16

导通电阻路差率　on resistance mismatch rate between channel

对于含多个模拟开关的器件或模拟多路转换器,各路开关导通电阻间的失配误差率。

3.17

导通电阻温度漂移率　on resistance change rate with temperature

不同温度条件下,模拟开关导通时,开关两端间的电阻阻值随温度变化率。

3.18

通道转换无效输出时间　channel conversion invalid time

对于多路转换器,在选通控制信号作用下,复用输出通道切换信号过程中的无效信号传输时间。

3.19

电荷注入量　charge injection

模拟开关寄生电容因电荷注入效应,引发的开关输出端电平信号跳变量。

4　总则

4.1　测试环境要求

除另有规定外,电测试环境条件如下:

——环境温度:15 ℃~35 ℃。

——环境气压:86 kPa~106 kPa。

如果环境湿度对试验有影响,应在相关文件中规定。

4.2 测试注意事项

测试期间,应遵循以下事项:

a) 环境或参考点温度偏离规定值的范围应符合相关文件的规定。

b) 施于被测器件的电源电压应在规定值的±1%以内,施于被测器件的其他电参量的准确度应符合相关文件的规定。

c) 被测器件与测试系统连接或断开时,不应超过器件的使用极限条件。

d) 应避免因静电放电而引起器件损伤。

e) 非被测输入端和输出端是否悬空应符合相关文件的规定。

f) 在测试模拟开关动态参数时,输出端的负载电容 C_L 按照生产厂家器件规范的规定。如无规定,默认理想负载电容 $C_L = 0$。

g) 测试期间应避免外界干扰对测试精度的影响,测试设备引起的测试误差应符合器件相关文件的规定。

h) 若有要求时,应按器件相关文件规定的顺序接通电源。

i) 对于多路模拟开关或多路转换器,其闲置状态(非测试端口)输入端应接地端。

j) 若电参数值是由几步测试的结果经计算而确定时,这些测试的时间间隔应尽可能短。

4.3 电参数符号

根据 GB/T 17940—2000 的规定,本标准采用的参数文字符号按表1的规定。

表 1 电参数文字符号

符号	电参数
f_{cm}	最高控制频率
f_F	截止态馈通频率
$I_{D(off)}$	截止态漏极漏电流
$I_{DS(on)}$	导通态漏电流
$I_{S(off)}$	截止态源极漏电流
K_{OIRR}	截止态隔离度
R_{ON}	导通电阻
t_{off}	关断时间
t_{on}	开启时间
t_T	通道转换时间
ΔR_{on}	导通电阻路差
$\alpha_{x(IN)}$	输入串扰衰减
$\alpha_{x(ON)}$	导通态串扰衰减
R_{ON_Match}	导通电阻路差率
R_{ON_Drift}	导通电阻温度漂移率
t_{open}	通道转换无效输出时间
Q_{INJ}	电荷注入量
V_A	模拟电压工作范围
V_{CA}	控制信号串扰

5 参数测试

5.1 模拟电压工作范围（V_A）

5.1.1 目的

在导通电流为额定值时测试模拟开关传送的模拟电压范围。

5.1.2 测试原理图

V_A 测试原理图如图1所示。

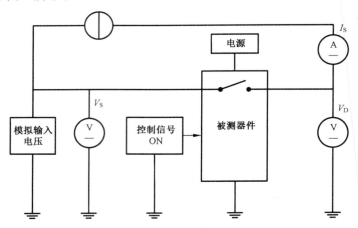

图 1 模拟电压工作范围测试原理图

5.1.3 测试程序

测试程序如下：

a) 将被测器件接入测试系统；

b) 接通电源；

c) 加上规定的控制信号使被测开关通路接通；

d) 按相关文件的规定将电源电流 I_S 调至规定值，把 S 端（源极）模拟输入电压调至零伏；

e) 按相关文件的规定，逐步改变模拟输入电压值，同时观察电压表 V_S 和 D 端（漏极）的模拟输出电压 V_D 的读数，记录下满足条件 $|V_S - V_D| \leqslant |I_S \cdot R_{ON}|$（$R_{ON}$ 为被测模拟开关的导通电阻）的 V_S 的最大读数 V_{Smax} 和最小读数 V_{Smin}，则模拟电压工作范围按式（1）计算：

$$V_A = V_{Smax} - V_{Smin} \qquad\cdots\cdots\cdots\cdots\cdots\cdots\cdots\cdots\cdots\cdots（1）$$

f) 如被测器件为多路开关或模拟多路转换器，则每一通路都按 c）～e）步骤进行测试，所有通路中 V_A 的最小值取为被测器件的 V_A。

5.1.4 测试条件

相关文件应规定下列条件：

a) 环境或参考点温度；

b) 电源电压；

c) 控制信号电平；

d) 电流源的电流值；

e) 模拟输入电压。

5.2 导通电阻（R_{on}）

5.2.1 目的

测试模拟开关导通时,开关两端间的电阻。

5.2.2 测试原理图

R_{on}原理图如图2所示。

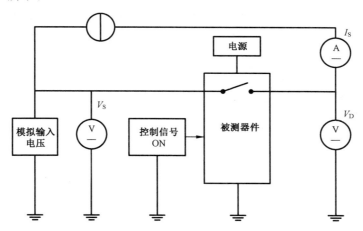

图 2 导通电阻测试原理图

5.2.3 测试程序

测试程序如下:

a) 将被测器件接入测试系统;

b) 接通电源;

c) 加上规定的控制信号,使被测开关通路接通;

d) 按相关文件的规定,将电源电流 I_S 调至规定值;

e) 按相关文件的规定,将 S 端(源极)模拟输入电压调至规定值 V_S;

f) 在被测器件 D 端(漏极)测出模拟输出电压 V_D,由式(2)求出模拟开关的导通电阻:

$$R_{ON} = \frac{V_S - V_D}{I_S} \qquad \cdots\cdots\cdots\cdots\cdots\cdots\cdots\cdots\cdots (2)$$

g) 如被测器件含多个模拟开关或者被测器件为模拟多路转换器,按 c)～f)的规定,分别测试每个开关通路,取所有通路中 R_{on} 的最大值为被测器件的导通电阻值。

5.2.4 测试条件

相关文件应规定下列条件:

a) 环境或参考点温度;

b) 电源电压;

c) 控制信号电平;

d) 电流源的电流值;

e) 模拟输入电压。

GB/T 14028—2018

5.3 导通电阻路差（ΔR_{on}）

5.3.1 目的

对于含多个模拟开关的器件或模拟多路转换器，测试各路开关导通电阻间的最大差值。

5.3.2 测试程序

测试程序如下：

a) 按 5.2 的规定测得被测器件每一开关通路的导通电阻，构成该器件的导通电阻集 $\{R_{on}\}$；

b) 取该导通电阻集的最大值 R_{onmax} 和最小值 R_{onmin}，由式（3）求出导通电阻路差 ΔR_{on}：

$$\Delta R_{on} = R_{onmax} - R_{onmin} \qquad\qquad\qquad (3)$$

5.3.3 测试条件

相关文件应规定下列条件：

a) 环境或参考点温度；

b) 电源电压；

c) 控制信号电平；

d) 电流源的电流值。

5.4 截止态漏极漏电流 $[I_{D(off)}]$

5.4.1 目的

在模拟开关截止时，测试流经模拟开关漏极的电流。

5.4.2 测试原理图

$I_{D(off)}$ 测试原理图如图 3 所示。

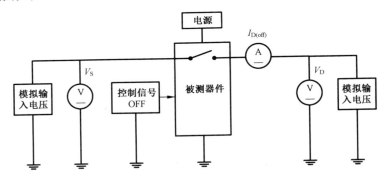

图 3 截止态漏极漏电流测试原理图

5.4.3 测试程序

测试程序如下：

a) 将被测器件接入测试系统；

b) 接通电源；

c) 加上规定的控制信号，使被测器件的开关通路全部处于截止状态；

d) 按相关文件规定将 S 端（源极）模拟输入电压和 D 端（漏极）模拟输入电压调至规定值；

264

e) 测出流经 D 端(漏极)的电流,即为 $I_{D(off)}$;

f) 若被测器件含多个模拟开关,需重复按 c)~f)的规定,分别测试其每个开关通路进行测试,取所有通路中 $I_{D(off)}$ 的最大值为被测器件的 $I_{D(off)}$。

5.4.4 测试条件

相关文件应规定下列条件:

a) 环境或参考点温度;

b) 电源电压;

c) 控制信号电平;

d) S 端(源极)模拟输入电压;

e) D 端(漏极)模拟输入电压。

5.5 截止态源极漏电流[$I_{S(off)}$]

5.5.1 目的

在模拟开关截止时,测试流经模拟开关源极的电流。

5.5.2 测试原理图

$I_{S(off)}$ 测试原理图如图 4 或图 5 所示。

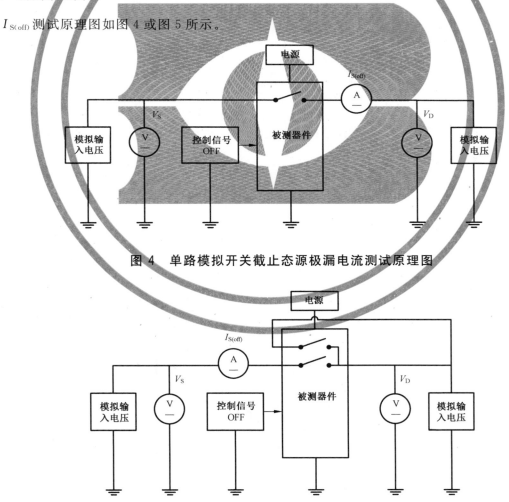

图 4　单路模拟开关截止态源极漏电流测试原理图

图 5　多路模拟开关截止态源极漏电流测试原理图

265

5.5.3 测试程序

测试程序如下：

a) 将被测器件接入测试系统；

b) 接通电源；

c) 加上规定的控制信号使被测开关通路处于截止状态；

d) 按相关文件规定,将S端(源极)模拟输入电压和D端(漏极)模拟输入电压调至规定值；

e) 测出流经S端(源极)的电流,即为$I_{S(off)}$；

f) 若被测器件含多个模拟开关,需重复c)~e)的步骤,分别对其每个开关通路进行测试,取所有通路中$I_{S(off)}$的最大值为被测器件的$I_{S(off)}$；

g) 若被测器件为多路转换器,需将非被测S端(源极)与D端(漏极)短路,其接法如图5所示,然后重复c)~e)的步骤,分别对其每个开关通路进行测试,取所有通路中$I_{S(off)}$最大值为被测器件的$I_{S(off)}$。

5.5.4 测试条件

相关文件应规定下列条件：

a) 环境或参考点温度；

b) 电源电压；

c) 控制信号电平；

d) S端(源极)模拟输入电压；

e) D端(漏极)模拟输入电压。

5.6 导通态漏电流$[I_{DS(on)}]$

5.6.1 目的

测试模拟开关的导通通路与电路其他部分之间的漏电流。

5.6.2 测试原理

$I_{DS(on)}$测试原理图如图6或图7所示。

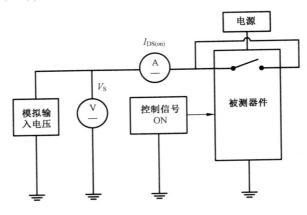

图 6 模拟开关导通态漏电流测试原理图

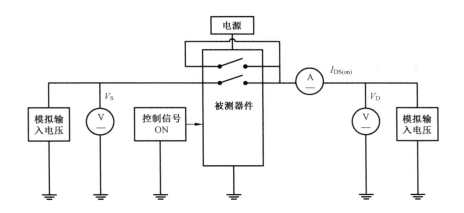

图 7   多路转换器导通态漏电流测试原理图

5.6.3   测试程序

测试程序如下：

a)   将被测器件接入测试系统；

b)   接通电源；

c)   加上规定的控制信号，使被测开关导通；

d)   按相关文件规定，将 S 端（源极）模拟输入电压调至规定值；

e)   测出从 S 端（源极）流出的电流值，即为若被测器件 $I_{DS(on)}$；

f)   若被测器件为多路开关，需对每一路重复 c)～e)的步骤，取其中最大的作为本器件的 $I_{DS(on)}$；

g)   若被测器件为多路转换器，在导通通路与截止通路之间需加上规定的电压，则测试原理图如图 7 所示，然后重复 c)～e)的步骤，分别对每个开关通路进行测试，取所有通路中 $I_{DS(on)}$ 的最大值为被测器件的 $I_{DS(on)}$。

5.6.4   测试条件

相关文件应规定下列条件：

a)   环境或参考点温度；

b)   电源电压；

c)   控制信号电平；

d)   模拟输入电压。

5.7   开启时间（t_{on}）

5.7.1   目的

在控制信号作用下，测试模拟开关开启所需要的时间。

5.7.2   测试原理图

t_{on} 测试原理图如图 8 所示、t_{on} 测试波形图如图 9 所示。

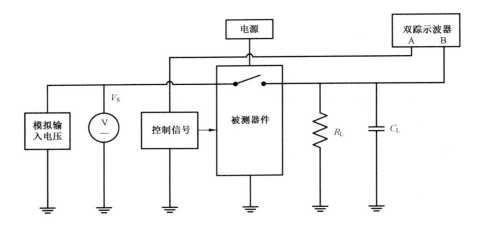

图 8　开启时间测试原理图

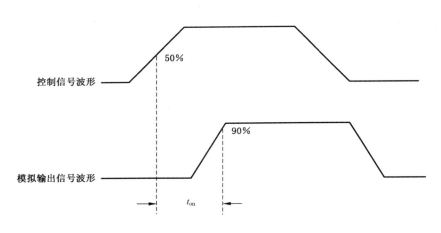

图 9　开启时间测试波形图

5.7.3　测试程序

测试程序如下：

a)　将被测器件接入测试系统；

b)　接通电源；

c)　按相关文件的规定，将 S 端（源极）模拟输入电压调至规定值；

d)　加上规定的开启控制信号；

e)　观察双踪示波器，取控制信号作用沿 50% 幅值点至模拟开关 D 端（漏极）输出信号变化到 90% 幅值之间的时间间隔，即为 t_{on}；

f)　若被测器件为多路模拟开关，需设定相应逻辑，逐一对每一路进行测试，取测试结果值最大者为被测器件的 t_{on}。

5.7.4　测试条件

相关文件应规定下列条件：

a)　环境或参考点温度；

b)　电源电压；

c)　控制信号电平和上升下降时间；

d)　模拟输入电压；

e) 负载电阻和负载电容。

5.8 关断时间(t_{off})

5.8.1 目的

在控制信号作用下,测试模拟开关截止所需要的时间。

5.8.2 测试原理图

t_{off}测试原理图如图 10 所示、t_{off}测试波形图如图 11 所示。

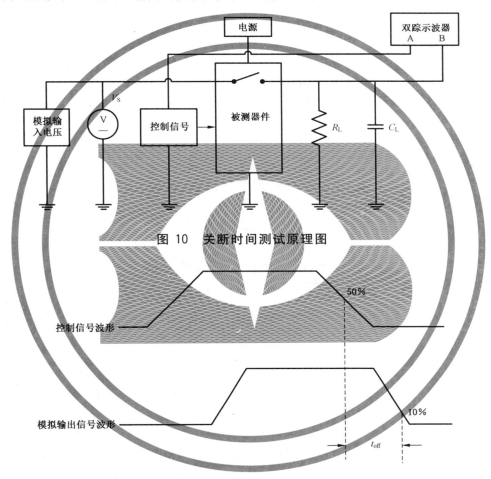

图 10 关断时间测试原理图

图 11 关断时间测试波形图

5.8.3 测试程序

测试程序如下:

a) 将被测器件接入测试系统;

b) 接通电源;

c) 按相关文件的规定,将 S 端(源极)的模拟输入电压调至规定值;

d) 加上规定的关断控制信号;

e) 观察双踪示波器,取关断作用沿的 50%幅值点至模拟开关 D 端(漏极)输出信号变化到 10%幅值点之间的时间间隔,即为 t_{off};

f) 若被测器件为多路模拟开关,需设定相应逻辑,逐一对每一路进行测试,取测试结果值最大者为被测器件的 t_{off}。

5.8.4 测试条件

相关文件应规定下列条件:

a) 环境或参考点温度;

b) 电源电压;

c) 控制信号电平和上升下降时间;

d) 模拟输入电压;

e) 负载电阻和负载电容。

5.9 通道转换时间(t_T)

5.9.1 目的

对于多路转换器,在控制信号作用下,测试导通通道转换所需的时间。

5.9.2 测试原理图

t_T 测试原理图如图 12 所示、t_T 测试波形图如图 13 所示。

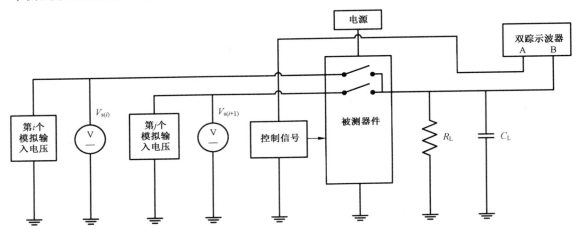

图 12 通道转换时间测试原理图

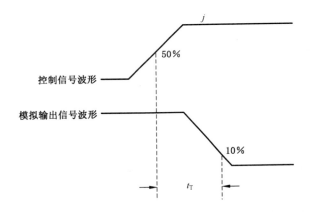

图 13 通道转换时间测试波形图

5.9.3 测试程序

测试程序如下：

a)　将被测器件接入测试系统；

b)　接通电源；

c)　将 S 端（源极）模拟输入电压 $V_{s(i)}$ 和 $V_{s(j)}$ 调至规定值；

d)　对被测器件施加使导通通路从第 i 路转换至 j 路的地址变化控制信号；

e)　观察示波器，取通路转换控制信号作用沿的 50% 幅值点至模拟开关 D 端（漏极）输出幅值的 10% 的幅值点间的时间间隔，即为 t_T；

f)　若为二路以上的多路转换器，需改变地址对所有的通路均按照 c)～e) 步骤进行测试，结果最大值为被测器件的 t_T。

5.9.4 测试条件

相关文件应规定下列条件：

a)　环境或参考点温度；

b)　电源电压；

c)　控制信号的电平和上升/下降时间；

d)　S 端（源极）模拟输入电压；

e)　负载电阻和负载电容。

5.10 最高控制频率（f_{CM}）

5.10.1 目的

测试模拟开关输出电压幅度下降到规定值时的控制脉冲频率。

5.10.2 测试原理图

f_{CM} 测试原理图如图 14 所示。

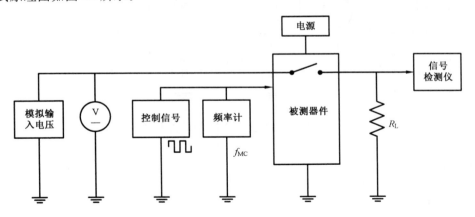

图 14　最高控制频率测试原理图

5.10.3 测试程序

测试程序如下：

a)　将被测器件接入测试系统；

b) 接通电源;

c) 将 S 端(源极)模拟输入电压调到规定值;

d) 逐渐增加控制端方波信号频率,同时观察输出波形,当模拟开关 D 端(漏极)输出幅度降到规定值时的控制方波频率,即为 f_{CM};

e) 若被测器件为多路模拟开关,需对每一路都进行测试,取测试结果的最小值为被测器件的 f_{CM}。

5.10.4 测试条件

相关文件应规定下列条件:

a) 环境或参考点温度;

b) 电源电压;

c) 控制信号电平和占空比;

d) 模拟输入电压;

e) 负载电阻。

5.11 截止态隔离度(K_{OIRR})

5.11.1 目的

测试模拟开关处于截止状态下的输入信号对输出信号幅度之比。

5.11.2 测试原理图

K_{OIRR} 测试原理图如图 15 所示。

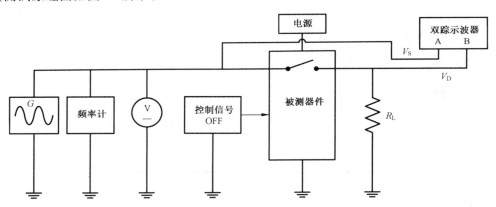

图 15 截止态隔离度测试原理图

5.11.3 测试程序

测试程序如下:

a) 将被测器件接入测试系统。

b) 接通电源。

c) 加上适当的控制信号使被测开关处于关断状态。

d) 按相关文件规定的幅度和频率对被测开关的 S 端(源极)施加正弦信号 V_S,同时测出 D 端(漏极)输出信号 V_D。

e) 按式(4)求出 K_{OIRR}:

$$K_{OIRR} = 20\lg\left|\frac{V_S}{V_D}\right| \qquad \cdots\cdots\cdots\cdots\cdots\cdots\cdots\cdots\cdots(4)$$

式中：

K_{OIRR}——截止态隔离度,单位为分贝(dB)。

g) 若被测器件为多路模拟开关,应对每一路都进行测试,取测试结果的最小值为被测器件的 K_{OIRR}。

5.11.4 测试条件

相关文件应规定下列条件：

a) 环境或参考点温度；

b) 电源电压；

c) 控制信号电平；

d) 输入正弦信号的幅度和频率；

e) 负载电阻。

5.12 截止态馈通频率(f_F)

5.12.1 目的

截止态隔离度为规定值时,测试模拟开关输入端所加正弦信号的最高频率。

5.12.2 测试原理图

f_F 的测试原理图如图 16 所示。

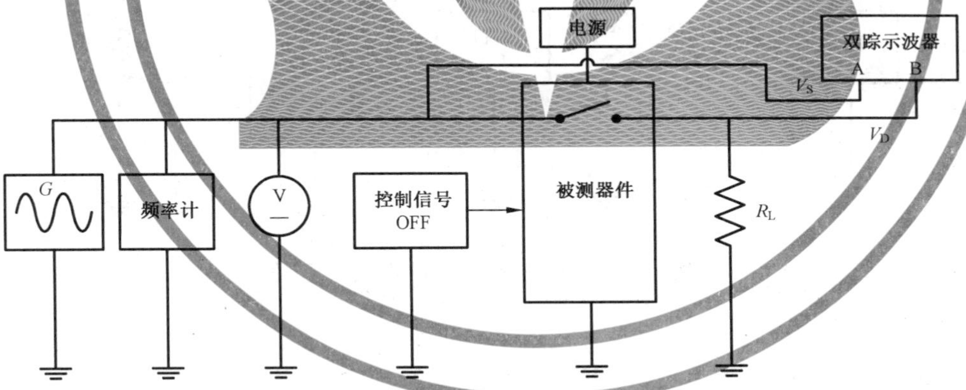

图 16 截止态馈通频率测试原理图

5.12.3 测试程序

测试程序如下：

a) 将被测器件接入测试系统；

b) 接通电源；

c) 加上规定的控制信号,使被测开关处于关断状态；

d) 按规定调整好输入正弦信号幅度,然后改变频率,读取 S 端(源极)的输入信号幅度 V_S 与 D 端(漏极)的输出信号幅 V_D,$20\lg\left|\dfrac{V_S}{V_D}\right|$ 等于规定值时的频率即为 f_F；

e) 若被测器件为多路模拟开关,需对每一路都进行测试,取各路中最小者为被测器件的 f_F。

5.12.4 测试条件

相关文件应规定下列条件：

a) 环境或参考点温度；

b) 电源电压；

c) 控制信号电平；

d) 输入正弦信号的幅度和频率；

e) 负载电阻。

5.13 导通态串扰衰减$[\alpha_{x(on)}]$

5.13.1 目的

测试多路模拟开关中处于导通状态的模拟开关通路输出电压与处于导通状态的另一模拟开关通路输出电压之比。

5.13.2 测试原理图

$\alpha_{x(on)}$ 的测试原理图如图 17 所示。

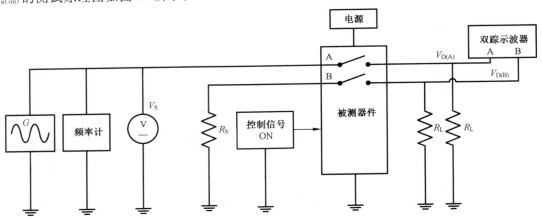

图 17 导通态串扰衰减测试原理图

5.13.3 测试程序

测试程序如下：

a) 将被测器件接入测试系统；

b) 接通电源；

c) 加上适当的控制信号，使被测开关处于导通状态；

d) 对开关 A，在 S 端(源极)按规定的幅度和频率施加正弦信号 V_S；

e) 分别测出开关 A 和开关 B 的 D 端(漏极)正弦信号 $V_{D(A)}$ 和 $V_{D(B)}$；

f) 按式(5)求出 $\alpha_{x(on)}$：

$$\alpha_{x(ON)} = 20\lg \left| \frac{V_{D(A)}}{V_{D(B)}} \right| \quad\quad\cdots\cdots\cdots\cdots\cdots\cdots (5)$$

5.13.4 测试条件

相关文件应规定下列条件：

a) 环境或参考点温度;

b) 电源电压;

c) 控制信号电平;

d) 模拟输入交流信号的幅度和频率;

e) 负载电阻。

5.14 输入串扰衰减[$\alpha_{x(IN)}$]

5.14.1 目的

测试多路模拟开关中截止状态通道的输入电压与另一个导通态的通道输出电压之比。

5.14.2 测试原理图

$\alpha_{x(IN)}$的测试原理图如图18所示。

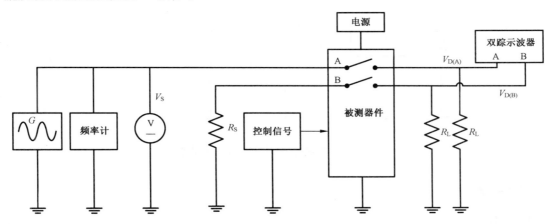

图 18   输入串扰衰减测试原理图

5.14.3 测试程序

测试程序如下:

a) 将被测器件接入测试系统;

b) 接通电源;

c) 加上规定的控制信号,使被测开关 A 处于规定的截止状态、开关 B 处于规定的导通状态;

d) 按规定的幅度和频率在开关 A 的 S 端(源极)施加正弦输入信号 $V_{S(A)}$;

e) 测出开关 B 的 D 端(漏极)的输出信号 $V_{D(B)}$;

f) 按式(6)求出 $\alpha_{x(IN)}$:

$$\alpha_{x(IN)} = 20\lg \left| \frac{V_{S(A)}}{V_{D(B)}} \right| \quad \cdots\cdots\cdots\cdots\cdots\cdots\cdots (6)$$

5.14.4 测试条件

相关文件应规定下列条件:

a) 环境或参考点温度;

b) 电源电压;

c) 控制信号电平;

d) 正弦输入信号的频率和幅度;

e) 负载电阻。

5.15 控制信号串扰(V_{CA})

5.15.1 目的

模拟开关的输入电压零,控制端施加规定脉冲信号时,测试模拟输出电压。

5.15.2 测试原理图

V_{CA}的测试原理图如图19所示。

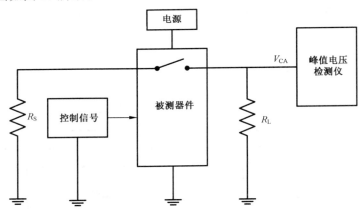

图 19 控制信号串扰测试原理图

5.15.3 测试程序

测试程序如下:

a) 被测器件接入测试系统;

b) 接通电源;

c) 加上规定的控制信号在 D 端(漏极)检测输出峰值电压,即为V_{CA};

d) 若被测器件为多路开关,需对每一路都进行测试,然后取最大的V_{CA}为被测器件的V_{CA}。

5.15.4 测试条件

相关文件应规定下列条件:

a) 环境或参考点温度;

b) 电源电压;

c) 控制信号频率;

d) 输入电阻;

e) 负载电阻。

5.16 导通电阻路差率(R_{ON_Match})

5.16.1 目的

对于含多个模拟开关的器件或模拟多路转换器,测试各路开关导通电阻间的失配误差率。

5.16.2 测试程序

测试程序如下:

a) 按 5.2 的规定,测得被测器件每个开关通路的导通电阻,构成该器件的导通电阻集{R_{ON}},并计算该集合的平均值 R_{ONAve};

b) 取该导通电阻集的最大值 R_{ONMax} 和最小值 R_{ONMin},由式(7)求出导通电阻路差率 R_{ON_Match}:

$$R_{ON\_Match} = \frac{R_{ONMax} - R_{ONMin}}{R_{ONAve}} \times 100\% \quad\cdots\cdots\cdots\cdots\cdots\cdots\cdots\cdots\cdots(7)$$

5.16.3 测试条件

相关文件应规定下列条件:

a) 环境或参考点温度;

b) 电源电压;

c) 控制信号电平;

d) 电流源的电流值;

e) 模拟输入电压。

5.17 导通电阻温度漂移率(R_{ON_Drift})

5.17.1 目的

测试不同温度条件下,模拟开关导通时,开关两端间的电阻阻值随温度变化率。

5.17.2 测试程序

测试程序如下:

a) 按照相关文件中规定的工作温度范围,按等间隔选取从最低工作温度至最高工作温度间若干温度点(10 组以上),对被测器件进行加温控制;

b) 按 5.2 的规定,测得每一特定温度条件下被测器件的导通电阻,构成该器件随温度变化的导通电阻集{R_{ON}},并计算该集合的平均值 R_{ONAve};

c) 在导通电阻集线性段区间中,选取最大值 R_{ONMax} 和最小值 R_{ONMin} 以及所对应的温度值 T_1 和 T_2,由式(8)求出导通电阻温度漂移率 R_{ON_Drift}:

$$R_{ON\_Drift} = \frac{R_{ONMax} - R_{ONMin}}{R_{ONAve} \times |T_1 - T_2|} \times 100\% \quad\cdots\cdots\cdots\cdots\cdots\cdots\cdots(8)$$

d) 如被测器件含多个模拟开关,或者被测器件为模拟多路转换器,则需按 b)~c)的步骤,分别对每个开关通路进行测试,取所有通路中 R_{ON_Drift} 的最大值为被测器件的导通电阻温度漂移率 R_{ON_Drift}。

5.17.3 测试条件

相关文件应规定下列条件:

a) 被测器件温度可控;

b) 电源电压;

c) 控制信号电平;

d) 电流源的电流值;

e) 模拟输入电压。

5.18 通道转换无效输出时间(t_{open})

5.18.1 目的

测试复用输出通道切换信号过程中的无效信号传输时间。

5.18.2 测试原理图

t_{open}测试原理图如图 20 所示、t_{open}测试波形图如图 21 所示。

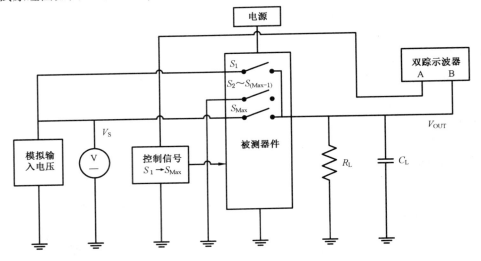

图 20 通道转换无效输出时间测试原理图

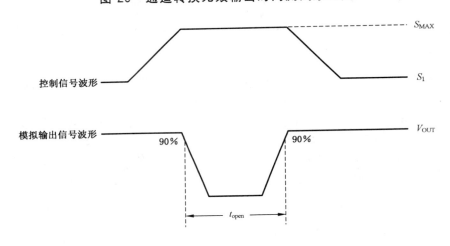

图 21 通道转换无效输出时间测试波形图

5.18.3 测试程序

测试程序如下:

a) 将被测器件接入测试系统;

b) 接通电源;

c) 按相关文件的规定,将待测器件 S_1 与 S_{Max} 端(源极)模拟输入电压调至最高工作电平,将 S_2 至 S_{Max-1} 端(源极)模拟输入电压连接至地端;

d) 对被测器件施加使导通通路从第 1 路转换至 Max 通路的地址变化控制信号;

e) 观察双踪示波器,取通路转换控制信号完成信号转换后,模拟开关 D 端(漏极)输出信号变化 10%幅值至恢复输出信号 90%幅值之间的时间间隔,即为 t_{open}。

5.18.4 测试条件

相关文件应规定下列条件:

a) 环境或参考点温度；

b) 电源电压；

c) 控制信号电平和上升/下降时间；

d) 模拟输入电压；

e) 负载电阻和负载电容。

5.19 电荷注入量(Q_{INJ})

5.19.1 目的

测试模拟开关寄生电容因电荷注入效应,引发的开关输出端电平信号跳变量。

5.19.2 测试原理图

Q_{INJ}测试原理图如图 22 所示、Q_{INJ}测试波形图如图 23 所示。

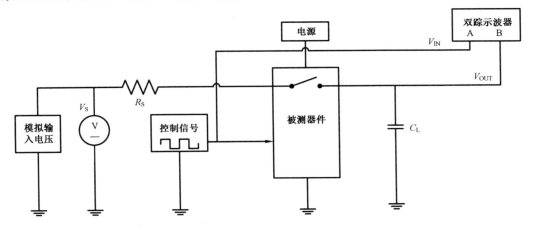

图 22 电荷注入量测试原理图

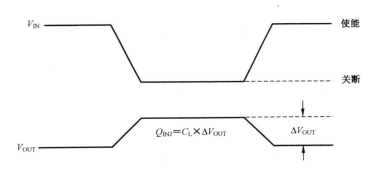

图 23 电荷注入量测试波形图

5.19.3 测试程序

测试程序如下:

a) 将被测器件接入测试系统；

b) 接通电源；

c) 按相关文件的规定,将待测器件 S 端(源极)模拟输入电压调至规定值；

d) 加上规定的开启控制信号；

e) 观察双踪示波器,记录控制信号使能期间模拟开关 D 端(漏极)输出信号电平 V_{OUT1}(采样时刻

规定为控制信号使能脉冲中间点)、控制信号关断期间模拟开关 D 端(漏极)输出信号电平
V_{OUT2}(控制信号关断脉冲中间点),在确定模拟开关 D 端(漏极)负载电容值 C_L 条件下,由
式(9)求出电荷注入量 Q_{INJ}:

$$Q_{INJ} = C_L \times |V_{OUT1} - V_{OUT2}| \qquad\qquad \cdots\cdots\cdots\cdots\cdots\cdots\cdots\cdots\cdots (9)$$

f) 如被测器件含多个模拟开关,或者被测器件为模拟多路转换器,则需按 c)～e)的步骤,分别对
每个开关通路进行测试,取所有通路中 Q_{INJ} 的最大值为被测器件的电荷注入量 Q_{INJ}。

5.19.4 测试条件

相关文件应规定下列条件:
a) 环境或参考点温度;
b) 电源电压;
c) 控制信号电平和上升/下降时间;
d) 模拟输入电压;
e) 输入电阻和负载电容。

ICS 47.020.50
U 27

中华人民共和国国家标准

GB 14035—2018
代替 GB 14035—1993

内河船舶救生浮具　睡垫、枕头、座垫

Lifesaving appliances for inland waterway ships—
Bed-type, pillow-type and cushion-type

2018-02-06 发布　　　　　　　　　　　　2018-09-01 实施

中华人民共和国国家质量监督检验检疫总局
中国国家标准化管理委员会　发布

前　言

本标准第 6 章为强制性要求,其余内容为推荐性要求。

本标准按照 GB/T 1.1—2009 给出的规则起草。

本标准代替 GB 14035—1993《内河船舶救生浮具　睡垫　枕头　座垫》,与 GB 14035—1993 相比主要技术变化如下:

——删除了范围中对浮力材料描述,以适合多种浮力材料救生浮具试验要求(见 1993 年版的第 1 章);

——增加了泡沫浮力材料、布边、经纱、纬纱等术语和定义(见第 3 章);

——修改了救生浮具逆向反光带的配图(见图 1~图 5,1993 年版的图 1~图 5);

——删除了救生浮具编织带的颜色要求(见 1993 年版的 5.1);

——增加了救生浮具的外观及标识要求(见 6.1.2);

——增加了配备逆向反光带要求(见 6.1.3);

——修改了枕头及座垫式救生浮具浮力要求(见表 4,1993 年版的表 2);

——删除了救生浮具的浮力材料发泡倍数要求(见 1993 年版的 5.3.2);

——删除了浮力材料的耐酸、耐碱等方面的物理化学性能要求(见 1993 年版的表 3);

——修改了浮力材料的其他要求和试验方法(见表 3,1993 年版的表 3);

——增加了包布等材料的要求和检验方法(见表 2);

——修改了检验规则和标志、包装、运输及储存(见第 9 章,1993 年版的第 7 章、第 8 章);

——增加了包布撕裂的试验方法(见附录 A)。

本标准由中华人民共和国交通运输部提出并归口。

本标准主要起草单位:中国船级社武汉规范研究所。

本标准主要起草人:方建东、李俊荣、项元璞。

本标准所代替标准的历次版本发布情况为:

——GB 14035—1993。

GB 14035—2018

内河船舶救生浮具 睡垫、枕头、座垫

1 范围

本标准规定了内河船舶救生浮具(睡垫式、枕头式、座垫式)的分类与标记、外形尺寸、技术要求、试验方法、检验规则,以及标志、包装和储存的要求。

本标准适用于江、河、湖泊及水库水域中各类船舶上使用的救生浮具。

2 规范性引用文件

下列文件对于本文件的应用是必不可少的。凡是注日期的引用文件,仅注日期的版本适用于本文件。凡是不注日期的引用文件,其最新版本(包括所有的修改单)适用于本文件。

GB/T 4303—2008 船用救生衣

3 术语和定义

下列术语和定义适用于本文件。

3.1

泡沫浮力材料 foam flotation material
闭孔(孔不相联)发泡合成材料。

3.2

布边 selvage
织物未裁剪时的边界部分。

3.3

经纱 warp
机织物中纵向延伸且平行于布边的纱。

3.4

纬纱 weft
机织物中从布边到布边与经纱成直角的纱。

4 分类与标记

4.1 产品的分类

内河船舶救生浮具(简称救生浮具)分为睡垫式、枕头式和座垫式三种型式。

4.2 产品标记的组成

救生浮具标记的组成及示例如下:

283

包布材料（"F"表示帆布；"H"表示化纤）

折叠数（"3"表示三层；"4"表示四层，无折叠可省略）

浮具名称（"SD"表示睡垫式；"ZT"表示枕头式；"ZD"表示座垫式）

示例：

SD-3F 表示包布材料为帆布、三层折叠、睡垫式救生浮具；

ZD-H 表示包布材料为化纤、无折叠、座垫式救生浮具。

5 外形尺寸

三种型式的救生浮具的外形尺寸见表1。

表 1 救生浮具外形尺寸

单位为毫米

名　称	型　式	主要尺寸		
		长　度	宽　度	厚　度
睡垫式救生浮具	SD-3F SD-4F SD-3H SD-4H	1 800	600	60
枕头式救生浮具	ZT-2F ZT-2H	600	400	60
座垫式救生浮具	ZD-F ZD-H	450	350	60

5.1 睡垫式救生浮具

5.1.1 睡垫式救生浮具为三层或四层可折叠式。

5.1.2 睡垫式救生浮具包布四周和正反两面的平面纵向中部附设便于抓取的救生攀拉手带。

5.1.3 睡垫式救生浮具尺寸如图1、图2所示。

单位为毫米

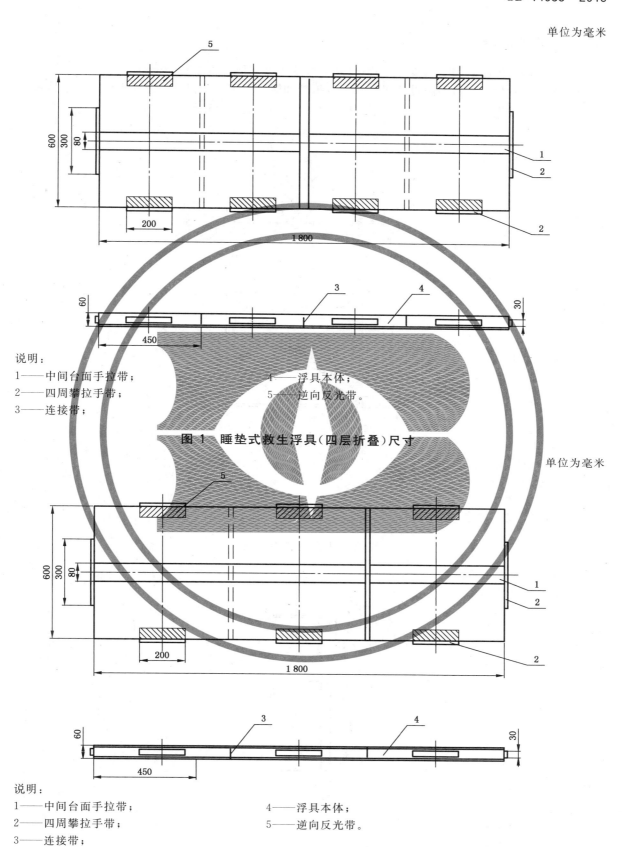

说明:
1——中间台面手拉带;
2——四周攀拉手带;
3——连接带;
4——浮具本体;
5——逆向反光带。

图 1　睡垫式救生浮具(四层折叠)尺寸

单位为毫米

说明:
1——中间台面手拉带;
2——四周攀拉手带;
3——连接带;
4——浮具本体;
5——逆向反光带。

图 2　睡垫式救生浮具(三层折叠)尺寸

5.2 枕头式救生浮具

5.2.1 枕头式救生浮具为二层可折叠式,折叠后应通过尼龙搭扣搭牢,使之呈枕头状。

5.2.2 枕头式救生浮具包布附设便于抓取的拉手带和能使人落水后保持一定浮态的交叉手挎带。

5.2.3 枕头式救生浮具尺寸如图3所示,其浮力材料尺寸如图4所示。

单位为毫米

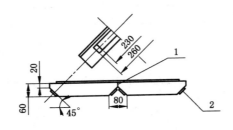

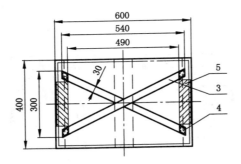

说明:

1——连接带;

2——边拉带;

3——交叉挎带;

4——尼龙搭扣;

5——逆向反光带。

图 3 枕头式救生浮具尺寸

单位为毫米

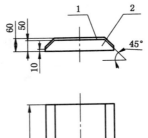

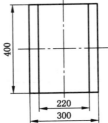

说明:

1——PV 泡沫塑料;

2——PE 泡沫塑料。

图 4 枕头式救生浮具的浮力材料尺寸

5.3 座垫式救生浮具

5.3.1 座垫式救生浮具包布附设前拉手带、边拉手带,并在平面上附设人字挎带。

5.3.2 座垫式救生浮具尺寸如图5所示。

单位为毫米

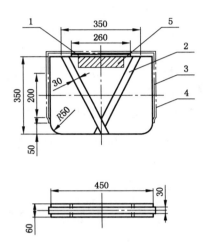

说明:

1——前手带;

2——人字挎带;

3——边拉手带;

4——肩挎带;

5——逆向反光带。

图 5 座垫式救生浮具尺寸

5.4 特殊配制尺寸

睡垫式、枕头式和座垫式救生浮具在制作时,用户也可根据实际情况提出配制尺寸。

6 技术要求

6.1 外观

6.1.1 救生浮具的包布颜色应为橙红色,拉带、挎带颜色应与包布颜色有明显区分。

6.1.2 救生浮具上应明显标示"救生浮具"字样和使用图示。

6.1.3 救生浮具应配备逆向反光带(见图1~图5),枕头及座垫正反两面应各配备不小于100 cm^{2}的逆向反光带,睡垫正反两面应各配备不小于600 cm^{2}逆向反光带。

6.1.4 救生浮具不应有尖角、毛刺等导致穿着者受伤的缺陷。

6.2 缝制质量

6.2.1 救生浮具包布缝边向里折进宽度应不小于10 mm。

6.2.2 救生浮具边缘接缝凸筋不应有破折和松弛现象。

6.2.3 救生浮具用手工缝制处,缝线距离应均匀、紧密、牢固,线尾应打结。

6.2.4 明缝线距离边缘应不小于3 mm;机缝密度50 mm应不少于20针;拉带、挎带端头镶入包布的长度应不小于 30 mm,且应不少于 3 趟缝线;手缝密度 50 mm 应不少于 13 针。

6.3 材料

6.3.1 包布、缝线、拉带、挎带

6.3.1.1 包布、缝线、拉带、挎带的强度要求应符合表 2 的规定。

6.3.1.2 制作救生浮具用的帆布密度每 100 mm 的经纱和纬纱应不少于 106 根;化纤布的密度每 100 mm 的经纱和纬纱应不少于 200 根。

6.3.1.3 救生浮具包布上附设的手拉带和挎带应采用柔软的编织带,其宽度应不小于 30 mm;睡垫式救生浮具中间台面手拉带若用外包布缝制,其宽度应不小于 80 mm。

6.3.1.4 拉带应设在浮具四个周边,并具有一定的松度,以便于攀拉。

表 2　包布、缝线、拉带、挎带的强度要求

单位为牛顿

序号	材料名称	项目名称	要求
1	包布	拉断强力(经向和纬向)	≥784
		撕裂强力(经向和纬向)	≥35
2	拉带、挎带	拉断强力	≥882.5
3	缝线		≥25

6.3.2 浮力材料

6.3.2.1 浮力材料的理化性能应符合表 3 的规定。

表 3　浮力材料的理化性能要求

测试项目	试验方法	性能指标
耐温性	7.3.2.3	经 10 个高低温循环后,与原试样比较,试样体积损失不大于 5%,且试样无皱缩、开裂、膨胀、分解或机械性能未发生改变
耐油性	7.3.2.4	在 0#柴油中浸泡 24 h 后,试样无皱缩、开裂、膨胀、分解等损坏
浮力损失	7.3.2.5	浸水 24 h 后及 168 h 后,经受了耐油试验的试样,浮力减少不大于 10%;其他试样,浮力减少不大于 5%;试样无皱缩、破裂、胀大、分解或机械性能未发生改变
抗拉强度	7.3.2.6	不小于 140 kPa;经 10 个高低温循环和浸渍柴油 24 h 后,抗拉强度的减少不大于 25%
压缩强度	7.3.2.7	≥4.9 N/cm²
反复压缩永久变形	7.3.2.8	反复压缩永久变形率不大于 8%

6.3.2.2 浮力材料应符合国家和地区环境保护的规定。

6.3.2.3 救生浮具的浮力材料,应采用闭孔型泡沫塑料。

6.3.2.4 救生浮具浮力材料发泡应均匀,表面无开裂,内部无分解现象。

6.3.2.5 浮力材料不应是松散的颗粒状。

6.4 耐高低温性能

救生浮具在承受 10 个高低温循环后,不应有皱缩、开裂、膨胀、分解等损坏。

6.5 浮力

救生浮具的浮力要求应符合表 4 的规定。

表 4 救生浮具的浮力要求 单位为牛顿

名　称	浮　力	备　注
睡垫式	≥588	8 人使用,颌部在水面以上
枕头式	≥90	1 人使用,颌部在水面以上
座垫式	≥90	1 人使用,颌部在水面以上

6.6 浮力损失

救生浮具在淡水中浸 24 h 后,其浮力损失应不超过 5%。

6.7 耐燃烧性能

救生浮具应能承受 2 s 的耐燃烧试验。

6.8 浸水性能

6.8.1 落水者按正确的使用方法操作枕头式和座垫式救生浮具时,应处于伏泳状态。

6.8.2 救生浮具应能使落水者的颌部暴露在水面上。

7 试验方法

7.1 外观

用目测方法检查救生浮具外观质量,结果应符合 6.1 的规定。

7.2 缝制质量

用目测方法和通用量具检查缝制质量,结果应符合 6.2 的规定。

7.3 材料

7.3.1 包布、缝线、拉带、挎带

救生浮具包布、拉带、挎带和缝线的拉断强力试验按 GB/T 4303—2008 中 6.1.1.3 进行,试验结果应符合表 2 的规定。

包布撕裂强力试验按附录 A 进行,试验结果应符合表 2 的规定。

7.3.2 浮力材料

7.3.2.1 试样选取

除另有规定外,浮力材料样品的尺寸应为:长 300 mm,宽 300 mm,评定材料的厚度。当材料厚度

为 16 mm 或更薄时,应将材料叠成若干层,使样品厚度接近 25 mm。

7.3.2.2 形状

以目测的方法来检验救生浮具浮力材料的形状。检验结果应符合 6.3.2.5 的规定。

7.3.2.3 耐温性

耐温性试验选取 8 个样品应在温度为(23±2)℃和相对湿度为(50±5)%的空气中调湿不少于 24 h。

温度循环按 GB/T 4303—2008 中 6.5 进行,试验开始和结束应记录样品体积,计算试验前后的体积变化,并于试验后抽取其中 2 个试样切开检查,试验结果均应符合表 3 中耐温性的规定。

7.3.2.4 耐油性

耐油性试验按 GB/T 4303—2008 中 6.7 进行,试验结果应符合表 3 中耐油性的规定。

7.3.2.5 浮力损失

救生浮具浮力材料的浮力损失试验按下列步骤进行:
a) 选取 6 个救生浮具浮力材料试样,其中 4 个为经过 7.3.2.3 耐温性试验后未切开的试样(其中 2 个应先按 7.3.2.4 的方法进行柴油浸渍试验),另 2 个为未经任何试验的试样;
b) 对 6 个试样进行浮力损失试验。浮力损失试验应在淡水中进行,试样应浸入水下 1.25 m,历时 168 h;
c) 在浸水 24 h 后及 168 h 后,分别测量并记录每一试样的浮力,单位为牛顿(N)。
试验结果应符合表 3 中浮力损失的规定。

7.3.2.6 抗拉强度

沿纵向、横向分别裁取 5 个试样,每个方向应平行取样,且纵向、横向取样方向相互垂直。试样上下表面应平行,切面应垂直于顶面,且没有锐口和毛刺。当材料超过 10 mm 厚时,应将样品制成 10 mm 厚或更薄。试样长 150 mm,宽 40 mm,颈部宽 25 mm,尺寸如图 6 所示。取试样分别放在拉力试验机上,测量试样在标线内的宽、厚度,选择试验机拉伸速度为 50 mm/min 进行试验,读取试样断裂时的最大负荷。

双钟形试样的抗拉强度应按式(1)计算:

$$S = \frac{F}{b \cdot t} \quad\quad\quad\quad\quad\quad (1)$$

式中:
S ——试样的抗拉强度,单位为牛顿每平方厘米(N/cm²);
F ——试样断裂时的最大负荷,单位为牛顿(N);
b ——试样的宽度,单位为厘米(cm);
t ——试样的厚度,单位为厘米(cm)。
试验结果应符合表 3 抗拉强度的规定。

单位为毫米

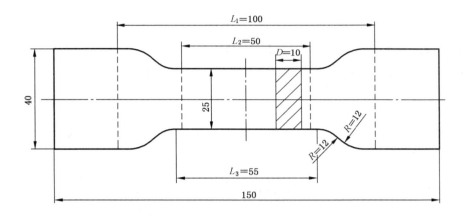

说明：

L_1——夹具距离；

L_2——标距长度；

L_3——颈部长度；

D ——厚度；

R ——圆弧半径。

图 6　抗拉强度试样尺寸

7.3.2.7　压缩强度

取 3 个试样，试样尺寸为 50 mm×25 mm×25 mm，分别放在电子万能试验机上。选择试验机压缩速度为 10 mm/min，量程为 15%～85%；压缩试样的压缩量为至初始厚度的 25%；停止 30 s 后读取试样的压缩负荷。试样压缩强度按式(2)计算：

$$P = \frac{F}{b \cdot l} \qquad\qquad\qquad\qquad\cdots\cdots\cdots\cdots\cdots\cdots\cdots\cdots\cdots\cdots\cdots\cdots(2)$$

式中：

P ——试样压缩强度，单位为牛顿每平方厘米(N/cm^2)；

F ——试样的压缩负荷，单位为牛顿(N)；

b ——试样的宽度，单位为厘米(cm)；

l ——试样的长度，单位为厘米(cm)。

计算结果取算术平均值二位有效数字；试验结果应符合表 3 压缩强度的规定。

7.3.2.8　反复压缩永久变形率

取 9 个试样，试样尺寸为 50 mm×50 mm×25 mm，分别放在反复永久变形试验机上，每次压缩量为初始厚度的 25%；以每分钟 60 次压缩频率，连续反复压缩 20 000 次；然后放置 24 h，用游标卡尺测量试样的厚度。变形率按式(3)计算：

$$e = \frac{h_0 - h_1}{h_0} \times 100 \qquad\qquad\qquad\cdots\cdots\cdots\cdots\cdots\cdots\cdots\cdots\cdots(3)$$

式中：

e ——反复压缩永久变形率，%；

h_0——试样的初始高度，单位为毫米(mm)；

h_1——试样试验后的高度，单位为毫米(mm)。

GB 14035—2018

计算结果取算术平均值二位有效数字,试验结果应符合表3反复压缩永久变形的规定。

7.4 高低温循环

高低温循环试验按 GB/T 4303—2008 中 6.5 的规定进行。

重复 10 个高低温循环试验后,检查救生浮具外观,结果应符合 6.4 的规定。

7.5 浮力

浮力测量按 GB/T 4303—2008 中 6.6 的规定进行,取 24 h 后浮力值,试验结果应符合 6.5 的规定。

7.6 浮力损失

浮力测量按 GB/T 4303—2008 中 6.6 的规定进行,试验结果应符合 6.6 的规定。

7.7 耐燃烧

耐燃烧试验按 GB/T 4303—2008 中 6.8 的规定进行,试验结果应符合 6.7 的规定。

7.8 浸水试验

由 8 名会游泳成年人在平静的淡水中进行试验,受试人员按照救生浮具的使用要求正确穿戴后进行浸水试验,在受试人员静止的情况下,试验结果应符合 6.8 的规定。

8 检验规则

8.1 检验分类

救生浮具的检验分为型式检验和出厂检验。

8.2 型式检验

8.2.1 救生浮具有下列情况之一时,应进行型式检验:
    a) 新产品鉴定(定型);
    b) 结构、材料、工艺等有重大变动,足以影响产品性能或质量;
    c) 批量生产后每隔 4 年;
    d) 产品停产 2 年以上,恢复生产;
    e) 主管检查机构有要求。

8.2.2 型式检验应对本标准中规定的全部技术要求进行检验。型式检验的检验项目见表5。

8.2.3 同工艺、同材料、连续生产的救生浮具为一批,每批不少于 100 件。

8.2.4 救生浮具型式检验的样品在出厂产品库中随机抽取 6 件。

表 5 救生浮具检验项目

序号	检验项目	技术要求	试验方法	型式检验	出厂检验
1	外观	6.1	7.1	●	●
2	缝制质量	6.2	7.2	●	●
3	材料	6.3	7.3	●	●
4	耐高低温循环	6.4	7.4	●	—

292

表 5（续）

序号	检验项目	技术要求	试验方法	型式检验	出厂检验
5	浮力	6.5	7.5	●	●
6	浮力损失	6.6	7.6	●	—
7	耐燃烧	6.7	7.7	●	—
8	浸水性能	6.8	7.8	●	—
注："●"必检项目；"—"不检项目。					

8.3 出厂检验

8.3.1 出厂检验的检验项目见表5。

8.3.2 救生浮具外观、缝制质量和属具要求应逐件检验；其他项目进行抽样检验。

8.3.3 同工艺、同材料、连续生产的救生浮具为一批，每批为 2 000 件，不足 2 000 件仍可计为一批。

8.3.4 抽样数量取批量的 2%，抽样少于 2 件时，则取 2 件。

8.4 判定规则

8.4.1 型式检验

所有产品的全部检验项目符合要求时，判定救生浮具型式检验合格。若有一项不符合要求，则判定救生浮具型式检验不合格。

8.4.2 出厂检验

所有产品的全部检验项目符合要求时，判定救生浮具出厂检验合格。若外观、缝制质量和属具不符合要求，可修复后复验。若复验符合要求，则仍判定该件救生浮具出厂检验合格；若复验仍不符合要求，则判定该件救生浮具出厂检验不合格。对于试验抽样，若材料不符合要求，判定该批救生浮具出厂检验不合格。其他项目中若有一项不符合要求，则应加倍取样进行复验。若复验都符合要求，则仍判定该批救生浮具出厂检验合格；若复验仍有不符合要求的项目，则判定该批救生浮具出厂检验不合格。

9 标志、包装、运输及储存

9.1 标志

出厂检验合格的救生浮具应加上标志，内容包括：
a) 救生浮具的名称和标记；
b) 救生浮具的使用说明或图示；
c) 标准号；
d) 检验机构的检验标志；
e) 制造厂印记、制造编号、制造日期及批号。

9.2 包装

救生浮具的包装应能防止其不受雨雪侵蚀。

9.3 运输

救生浮具可采取各种形式的运输工具进行运输,在运输过程中不得受到重压和损坏。

9.4 储存

救生浮具应存放在干燥的处所内,且应不受挤压。

附　录　A

（规范性附录）

救生浮具包布撕裂试验方法

A.1　试样数量：经向 5 个，纬向 5 个。

A.2　试样尺寸：每块试样的宽度为 50 mm±1 mm，长度为 200 mm±2 mm。

A.3　检测设备：电子拉力试验机。

A.4　试样剪裁：试样的裁剪应避开样品的褶皱处、布边及无代表性区域。每次取样应取经向和纬向两组，每组试样至少包括 5 块，每 2 块试样不能含有相同的经纱或纬纱，不能在布边 150 mm 以内取样。剪取试样的长度方向应平行于织物的经向或维向，其宽度应根据试样尺寸要求在长度方向的两侧拆去数量大致相等的纱线，直至试样的宽度符合标准要求。对于一般的机织物，毛边约 5 mm 或 15 根纱线为宜，较紧密的机织物可收窄毛边，较稀松的机织物可放宽毛边，毛边的宽度应保证在拉伸时纱线不脱出毛边。撕裂试验的试样长边平行于织物经向的试样为"纬向"撕裂试样，试样长边平行于织物纬向的试样为"经向"撕裂试样。

A.5　操作方法：环境温度(20±2)℃，相对湿度(65±4)％存放 24 h 后，在 50 mm×200 mm 试样的一端中间切 100 mm±1 mm 切口，在试样中间另一端 25 mm±1 mm 标注撕裂终点，如图 A.1 所示。隔距长度 100 mm±1 mm，将试样的每条裤腿各夹入一只夹具中，切线与夹具的中心线对齐，试样的末端切割处于自由状态，整个试样的夹持状态如图 A.2 所示。注意保证每条裤腿于夹具中使撕裂开始时是平行于切口且在撕力的方向上，试验不用预张力。选择试验机拉抽速度为(100±10)mm/min，启动拉力机，将试样持续撕破至试样终点标记处，试样未滑移、纱线未滑出，撕裂方向完全为施力方向，则为正确结果，记录撕破强力，单位为牛顿(N)，保留 2 位有效数字。

单位为毫米

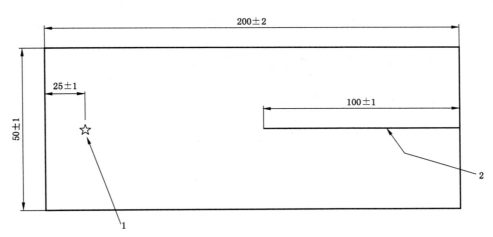

说明：

1——撕裂终点；

2——切口。

图 A.1　裤型试样尺寸

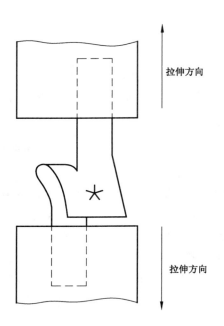

图 A.2　裤型试样的夹持

A.6　计算方法:撕裂轨迹应由计算机自动记录,撕裂强力有 2 种计算方法:人工计算和自动计算。

人工计算:分割峰值曲线,从第一峰开始至最后峰结束等分成四个区域,如图 A.3 所示,第一区域舍去不用,其余 3 个区域选择并标出两个最高峰和两个最低峰,用于计算的峰值两端的上升力值和下降力值至少为前一个下降峰值或后一个上升值的 10%。计算每个试样 12 个峰值的算术平均值,单位为牛顿(N)。

自动计算(计算机自动计算):要求拉力机软件有相应的功能。分割峰值曲线,从第一峰开始至最后峰结束等分成 4 个区域,如图 A.3 所示,舍去第一区域,记录其余 3 个区域所有峰值,用于计算的峰值两端的上升力值和下降力值至少为前一个下降峰值或后一个上升值的 10%。计算每个试样所有峰值的算术平均值,单位为牛顿(N)。

上述两种计算所使用的方法不同,结果也许会不同,不同方法得到的试验结果不具有可比性。实际试验中可相应选择其中一种计算方法。

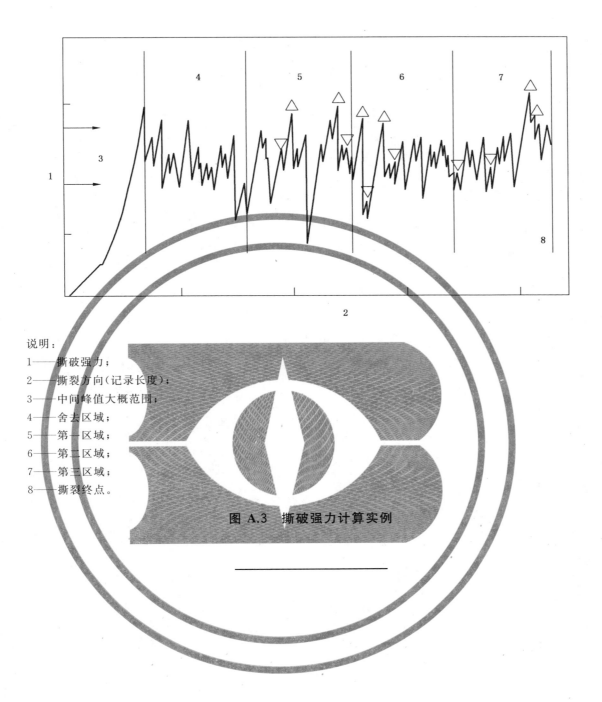

说明:
1——撕破强力;
2——撕裂方向(记录长度);
3——中间峰值大概范围;
4——舍去区域;
5——第一区域;
6——第二区域;
7——第三区域;
8——撕裂终点。

图 A.3 撕破强力计算实例

ICS 27.020
J 91

中华人民共和国国家标准

GB/T 14097—2018
代替 GB/T 14097—1999，GB/T 15739—1995

往复式内燃机　噪声限值

Reciprocating internal combustion engines—Limit values of emitted noise

2018-02-06 发布

2018-09-01 实施

中华人民共和国国家质量监督检验检疫总局
中国国家标准化管理委员会　发布

前　言

本标准按照 GB/T 1.1—2009 给出的规则起草。

本标准代替 GB/T 14097—1999《中小功率柴油机噪声限值》和 GB/T 15739—1995《小型汽油机噪声限值》。

本标准与 GB/T 14097—1999 和 GB/T 15739—1995 相比主要技术变化如下：

——修改了标准的适用范围；

——增加了术语和定义；

——修改了噪声测量方法,补充了特定声源噪声的处理规定和发动机的运转工况；

——给出了噪声限值公式,增加了发动机噪声等级规定及其评定方法；

——增加了发动机噪声等级的标识。

本标准由中国机械工业联合会提出。

本标准由全国内燃机标准化技术委员会(SAC/TC 177)归口。

本标准起草单位：上海内燃机研究所、上海汽车集团股份有限公司商用车技术中心、天津内燃机研究所、上海汽车集团股份有限公司、上海机动车检测认证技术研究中心有限公司、昆明云内动力股份有限公司、同济大学、浙江大学、雪龙集团股份有限公司、上海柴油机股份有限公司、常柴股份有限公司、江苏大学。

本标准主要起草人：袁卫平、胡爱华、景亚兵、杨凯、曹家骏、刘涛、蒋长龙、叶怀汉、张海丰、周毅、史嵩雁、庄国钢、郝志勇、尹必峰、刘宝华、熊飞、夏跃利、朱晓天、虞雷斌。

本标准所代替标准的历次版本发布情况为：

——GBN 259—1986,GB 14097—1993、GB/T 14097—1999；

——GBN 264—1986,GB/T 15739—1995。

往复式内燃机　噪声限值

1 范围

本标准规定了往复式内燃机 4 个等级的噪声声功率级限值。

本标准适用于 GB/T 21404 定义的往复式内燃机(以下除特别说明外,简称"发动机")。

2 规范性引用文件

下列文件对于本文件的应用是必不可少的。凡是注日期的引用文件,仅注日期的版本适用于本文件。凡是不注日期的引用文件,其最新版本(包括所有的修改单)适用于本文件。

GB/T 1859.1　往复式内燃机　声压法声功率级的测定　第 1 部分:工程法

GB/T 1859.3　往复式内燃机　声压法声功率级的测定　第 3 部分:半消声室精密法

GB/T 8170　数值修约规则与极限数值的表示和判定

GB/T 21404　内燃机　发动机功率的确定和测量方法　一般要求

3 术语和定义

GB/T 1859.1、GB/T 1859.3、GB/T 21404 界定的以及下列术语和定义适用于本文件。

3.1

发动机噪声等级　engine noise grade

按发动机噪声大小进行的划分。

3.2

1 级噪声发动机　engine noise grade 1;ENG1

所有运转工况的声功率级测定值均小于或等于其对应的 1 级声功率级限值的发动机。

3.3

2 级噪声发动机　engine noise grade 2;ENG2

所有运转工况的声功率级测定值均小于或等于其对应的 2 级声功率级限值,且至少 1 个工况的声功率级测定值大于其对应的 1 级声功率级限值的发动机。

3.4

3 级噪声发动机　engine noise grade 3;ENG3

所有运转工况的声功率级测定值均小于或等于其对应的 3 级声功率级限值,且至少 1 个工况的声功率级测定值大于其对应的 2 级声功率级限值的发动机。

3.5

4 级噪声发动机　engine noise grade 4;ENG4

至少 1 个工况的声功率级测定值大于其对应的 3 级声功率级限值的发动机。

4 测量方法

4.1 总则

发动机噪声测量优先按 GB/T 1859.3 的规定进行,也可按 GB/T 1859.1 的规定进行。

注:GB/T 1859.3 规定的测量不确定度比 GB/T 1859.1 的小,但发动机的工作状况和运转工况完全一致。

4.2 特定声源的声学处理

发动机的进气噪声、排气噪声和冷却风扇或鼓风机噪声等特定声源的声学处理应符合表1的规定。
冷凝冷却式发动机为水冷发动机,但噪声测量时应包含冷却风扇噪声。

表 1 发动机特定声源的声学处理规定和指数及常数的值

序号	类型	气缸数	冷却方式	特定声源的声学处理规定			指数			常数
				燃烧空气进口噪声	排气出口噪声	冷却风扇或鼓风机噪声	α	β	γ	C dB
1	火花点燃式	单缸	水冷	包含	包含	不包含	0.75	-1.75	3.5	30.5
2			风冷			包含				33.0
3		多缸	水冷	不包含	不包含	不包含				28.5
4			风冷			包含				31.0
5	压燃式	单缸	水冷	包含	包含	不包含			2.5	69.5
6			风冷			包含				72.0
7		多缸	水冷	不包含	不包含	不包含				67.5
8			风冷			包含				70.0

4.3 运转工况

噪声测量时,发动机运转工况应符合 GB/T 1859.3(或 GB/T 1859.1)的规定。固定转速用发动机
和船用发动机按额定工况运转;其他用途发动机按满负荷速度特性(即外特性)工况运转。

外特性工况运转时优先稳态测量,也可以升/降速瞬态测量,但均应包括额定转速工况和尽可能接
近的最低工作转速工况。稳态测量时,转速间隔按 400 r/min、200 r/min、100 r/min、50 r/min、25 r/min
数系选择,运转工况的数目至少 6 个、最好 10 个以上;升/降速瞬态测量时,转速间隔优先选择
25 r/min、也可选择 50 r/min,升/降速的周期可根据实际使用情况确定。

5 噪声限值

5.1 声功率级限值计算

各噪声等级发动机的 A 计权声功率级限值 L_{WGN} 应按式(1)计算,精确到 0.1,单位为分贝(dB):

$$L_{WGN} = 10\lg\left[\left(\frac{P_r}{P_{r0}}\right)^\alpha \left(\frac{n_r}{n_{r0}}\right)^\beta\right] + 10\lg\left(\frac{n}{n_0}\right)^\gamma + C + 3(N-1) \quad\cdots\cdots(1)$$

式中:
P_r ——ISO 标准功率(额定功率),单位为千瓦(kW)(基准值:$P_{r0}=1$ kW);
n_r ——ISO 标准功率下相应转速(额定转速),单位为转每分(r/min)(基准值:$n_{r0}=1$ r/min);
n ——转速,单位为转每分(r/min)(基准值:$n_0=1$ r/min);
α、β、γ——指数,见表1;
C ——常数,单位为分贝(dB),见表1;
N ——噪声等级的序数(1级,$N=1$;2级,$N=2$;3级,$N=3$)。

5.2 噪声等级评定

根据发动机实际运转工况声功率级测定值(见第 4 章)和计算得到的相应工况声功率限值(见 5.1)来评定发动机噪声等级。

发动机分为 1 级噪声发动机、2 级噪声发动机、3 级噪声发动机和 4 级噪声发动机,1 级噪声最低,4 级噪声最高,参见附录 A 图 A.1。

6 判定方法

发动机噪声声功率级测定值是否满足相应等级的限值要求,应按 GB/T 8170 规定的修约值比较法判定。

7 标识

发动机噪声等级的标识应符合表 2 的要求。

表 2 发动机噪声等级的标识

噪声等级	标记	标志
1 级	ENG1	■□□□
2 级	ENG2	■■□□
3 级	ENG3	■■■□
4 级	ENG4	■■■■

附　录　A
（资料性附录）
发动机噪声等级评定示例

本附录给出了发动机噪声等级评定的典型示例,参见图 A.1。

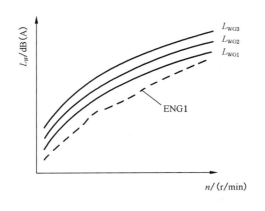

a）　1级噪声发动机

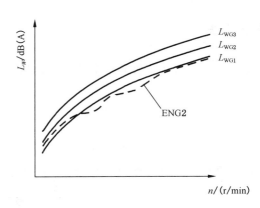

b）　2级噪声发动机

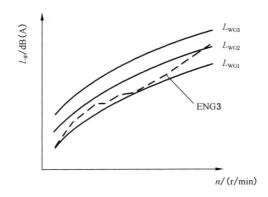

c）　3级噪声发动机

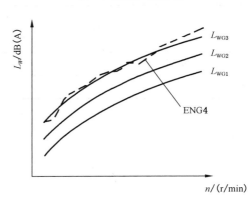

d）　4级噪声发动机

图 A.1　发动机噪声等级评定典型示例

ICS 73.060.10
D 31

中华人民共和国国家标准

GB/T 14201—2018
代替 GB/T 14201—1993

高炉和直接还原用铁球团矿
抗压强度的测定

Iron ore pellets for blast furnace and direct reduction feedstocks—
Determination of the crushing strength

(ISO 4700:2015,MOD)

2018-05-14 发布

2019-02-01 实施

国家市场监督管理总局
中国国家标准化管理委员会 发 布

前　言

本标准按照 GB/T 1.1—2009 给出的规则起草。

本标准代替 GB/T 14201—1993《铁矿球团抗压强度测定方法》,本标准与 GB/T 14201—1993 比较,除编辑性修改外,主要技术变化如下:

——增加了"警示"和"7　设备的确认";

——在"分析步骤"的试验结束条件中增加了"负荷降至记录最大负荷值的 50%,或又出现高于记录最大负荷";

——在"分析步骤"中增加了"当个别球团抗压强度低于 10 daN 时,在计算最终结果时应排除";

——修改了"试验报告"应包括的信息内容。

本标准使用重新起草法修改采用 ISO 4700:2015《高炉和直接还原用铁球团矿　抗压强度的测定》。

本标准与 ISO 4700:2015 相比,存在下列结构性调整:

——将 ISO 4700:2015 的第 10 章调整为本标准的第 7 章;

——将 ISO 4700:2015 的第 7 章调整为本标准的第 8 章;

——将 ISO 4700:2015 的第 8 章调整为本标准的第 9 章;

——将 ISO 4700:2015 的第 9 章调整为本标准的第 10 章。

本标准与 ISO 4700:2015 的技术性差异及其原因如下:

——关于规范性引用文件,本标准做了技术性差异的调整,以适应我国的技术条件,调整的情况集中反映在第 2 章"规范性引用文件"中,具体调整如下:

● 用等同采用国际标准的 GB/T 10322.1 代替了 ISO 3082;

● 用等同采用国际标准的 GB/T 20565 代替了 ISO 11323。

——5.1 中"随机筛选出干态球团矿试样量至少 1 kg"增加了"颗粒完整的"的要求。

——5.1 中"球团矿的粒度范围应为 10.0 mm～12.5 mm"增加了括号内容"也可由供需双方商定,但需在试验报告中加以注明",以符合我国的实际情况。

——6.1 中增加了"铁球团矿压力试验机"。

——8.2 中"整个试验期间以恒定的速度(10 mm/min～20 mm/min 之间的某一固定速度)施加负荷"增加了"推荐采用 15 mm/min±1 mm/min"。

——8.2 中"采用自动化设备检测,当个别球团抗压强度低于 10 daN 时,在计算最终结果时应排除。"删除了"采用自动化设备检测"。

本标准由中国钢铁工业协会提出。

本标准由全国铁矿石与直接还原铁标准化技术委员会(SAC/TC 317)归口。

本标准起草单位:绍兴市上虞宏兴机械仪器制造有限公司、中华人民共和国嵊泗出入境检验检疫局。

本标准主要起草人:张鸟飞、张关来、郑程、陈雯、穆卫华、张萍。

本标准所代替标准的历次版本发布情况为:

——GB/T 14201—1993。

高炉和直接还原用铁球团矿
抗压强度的测定

警示——使用本标准的人员应有正规实验室工作的实践经验。本标准并未指出所有可能的安全问题。使用者有责任采取适当的安全和健康措施,并保证符合国家有关法规规定的条件。

1 范围

本标准规定了高炉和直接还原用铁球团矿抗压强度的测定方法。
本标准适用于高炉和直接还原用铁球团矿。

2 规范性引用文件

下列文件对于本文件的应用是必不可少的。凡是注日期的引用文件,仅注日期的版本适用于本文件。凡是不注日期的引用文件,其最新版本(包括所有的修改单)适用于本文件。
GB/T 10322.1 铁矿石 取样和制样方法(GB/T 10322.1—2014,ISO 3082:2009,IDT)
GB/T 20565 铁矿石和直接还原铁 术语(GB/T 20565—2006,ISO 11323:2002,IDT)

3 术语和定义

GB/T 20565 界定的术语和定义适用于本文件。

4 原理

压板以一个特定的速度把压力负荷施加到一定粒度范围内的单个球团上,直至球团完全破裂时所受最大压力负荷。对所有球团试样重复这个过程,计算得到的所有测量值的算术平均值就是抗压强度值。

5 取样和制样

5.1 取样和样品制备

按照 GB/T 10322.1 进行取制样,随机筛选出颗粒完整的干态球团矿试样量至少 1 kg,球团矿的粒度范围应是 10.0 mm～12.5 mm(也可由供需双方商定,但需在试验报告中加以注明)。在测试试样前,试样应在 105 ℃±5 ℃的烘箱中烘干至恒重,并冷却至室温。

注:若连续两次干燥试样的质量变化不超过试样原始质量的 0.05%,则认为试样达到恒重状态。

5.2 试验样制备

试验样应从试样中随机取出,每一次试验的球团矿个数至少 60 个(大于 60 个时可由供需双方商定)。

为得到预定精密度的试验结果,试验球团的个数可按式(1)确定:

$$n = \left(\frac{2\sigma}{\beta}\right)^2 \quad\quad\quad\quad\quad\quad\quad\quad\quad\quad (1)$$

式中:

n ——试验球团的数量,单位为个;

σ ——标准偏差,从若干次试验中推导出来的数据,单位为牛(N);

β ——要求的精密度,95%置信度,单位为牛(N)。

6 试验设备

6.1 概述

试验设备应包括如下部分:

a) 常规试验设备,如烘箱、手动工具和安全装置等;

b) 铁球团矿压力试验机,包括负荷装置、负荷传送系统、负荷指示器或记录仪。

6.2 负荷装置

由两块钢制的平整的压板组成,且相互水平平行。与试样接触的板面部分应经过硬化处理的钢板制成。应能保证在整个试验期间,压板装置的升降速度在 10 mm/min～20 mm/min 内调节选定某一固定速度。

> 注:假如在试验期间压板的速度不固定,其结果有可能不同,这取决于所用的不同设备。采用等速增加负荷的压力机可以得到更均匀稳定的结果。

6.3 负荷传送系统

可以是一个负荷传感器或杠杆。该负荷传感器的传送能力至少是 10 kN。

6.4 负荷指示器或记录仪

可以用负荷传感式电动指示器(记录式仪表,指针式仪表或其他合适的设备),或杠杆式机械指示器(指针式量具或其他合适的仪表)。使用负荷传感器时,记录式仪表笔尖的满刻度全程偏转时间应在 1 s 以内。最小刻度是满刻度的 1/100。压力装置应定期校验。

7 设备的确认

为确保试验结果的可靠性,有必要定期对设备进行检查确认。检查的频率由各个实验室自行决定。检查的项目应包括:

——压板;

——负荷装置;

——负荷传送系统;

——负荷指示器;

——记录仪。

建议制备内部参考物质用于定期检查试验的重复性。

上述验证活动的记录应保存。

8 分析步骤

8.1 试验次数

完成试验需要 60 个或更多的球团矿个数(见 5.2)。

8.2 施加负荷

把一个试样(单个球团)放在下压板硬面部分的中心处,整个试验期间以恒定的速度(10 mm/min～20 mm/min 之间的某一固定速度,推荐采用 15 mm/min±1 mm/min)施加负荷。

当满足下列任何条件时,试验结束:

a) 负荷降至记录最大负荷值的 50%,或又出现高于记录最大负荷,见图 1;

b) 压板间距降至试样最初平均粒度的 50%,见图 2。

上述任何一种情况,抗压强度是试验中所获得的最大负荷。

当个别球团抗压强度低于 10 daN 时,在计算最终结果时应排除。

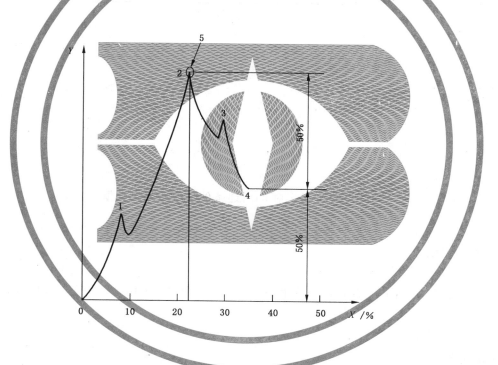

说明:

X ——缩小;

Y ——负荷;

1 ——第一点;

2 ——第二点;

3 ——第三点;

4 ——停止;

5 ——试样的抗压强度值。

图 1　8.2 中 a)所述条件下的抗压强度测量

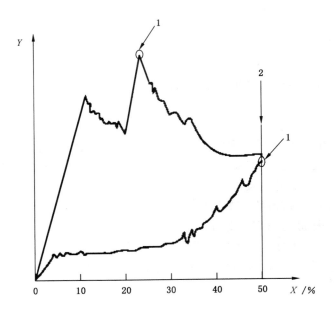

说明：

X——缩小；

Y——负荷；

1——试样的抗压强度值；

2——停止。

图2　8.2 中 b)所述条件的抗压强度测量

9　结果表示方法

试样的抗压强度是所有测量值的算术平均值。对每个球团都用 daN 作单位,其结果保留到小数点后一位。

10　试验报告

试验报告应包括下列信息：

a)　本标准的编号；

b)　试样测定中所有必要的详细说明；

c)　测试实验室名称和地址；

d)　试验日期；

e)　试验报告发布日期；

f)　试验责任者签字；

g)　本标准中没有规定的任何操作细节和试验条件,或认为可能对试验结果有影响的任何因素；

h)　抗压强度；

i) 试验的标准偏差；

j) 作为物理试验用的试样的粒度分布和试样的粒度范围；

k) 以 50 daN 为区间列出测定值的相对频率表，%；

l) 在规定粒度范围内试验球团矿个数；

m) 所采用的压板速度，用 mm/min 表示。

ICS 29.140
K 70

中华人民共和国国家标准

GB/T 14218—2018
代替 GB/T 14218—1993

电子调光设备性能参数与测试方法

Electronic lighting control equipment performance parameters
and measurement methods

2018-09-17 发布

2019-04-01 实施

国家市场监督管理总局
中国国家标准化管理委员会 发 布

前　言

本标准按照 GB/T 1.1—2009 给出的规则起草。

本标准代替 GB/T 14218—1993《电子调光设备性能参数与测试方法》，与 GB/T 14218—1993 相比主要技术变化如下：

——将规范性引用文件中引用文件进行了更新（见第 2 章，1993 年版的第 2 章）；

——将术语和定义中部分术语进行了更换，也增加了部分术语（见第 3 章，1993 年版的第 2 章）；

——修改了设备分类中"按控制方式划分"的内容（见 4.3，1993 年版的 4.2）；

——增加了设备"按安装型式划分"和"按工作方式划分"的内容（见 4.1 和 4.4）；

——修改了性能参数中关于调光设备基本要求的内容（见 6.2，1993 年版的 6.2）；

——增加了性能参数中关于分布式调光器的噪声要求（见 6.2.1d)）；

——增加了性能参数中关于调光设备保护接地端性能要求（见 6.2.1e)）；

——增加了性能参数中关于外壳防护等级要求的内容（见 6.2.1f)）；

——增加了性能参数中关于调光器基本要求的内容，包括柜体温升、短路和过载保护装置、插件式结构、触发精度、散热功能、电磁兼容、谐波、绝缘电阻和保护接地铜排最小截面积要求表（见 6.2.1）；

——删除了性能参数中关于输入阻抗的要求（见 1993 年版的 6.2.5a)）；

——增加了性能参数中关于数字调光控制台基本要求的内容（见 6.2.3）；

——增加了性能参数中调光器性能参数表和调光控制台的性能参数（见 6.3.1 和 6.3.2）；

——增加了性能参数测试中关于接地保护、绝缘电阻、工频耐受电压（抗电强度）、电磁兼容、谐波、调光器数据接收能力、调光控制台刷新频率实验、调光控制台和调光柜响应时间实验参数的内容（见 7.2.10～7.2.16）；

——删除了性能参数测试中关于串行传输的内容（见 1993 年版的 7.2.12）；

——增加了测量仪器的内容（见第 8 章）。

请注意本文件的某些内容可能涉及专利。本文件的发布机构不承担识别这些专利的责任。

本标准由中华人民共和国文化和旅游部提出。

本标准由全国剧场标准化技术委员会（SAC/TC 388）归口。

本标准起草单位：中国艺术科技研究所、杭州亿日科技有限公司、广州市新舞台灯光设备有限公司。

本标准主要起草人：俞健、王涛、洪美芳、何首锋、蒋其泓、周子庆、朱文彬、徐晰人。

本标准所代替标准的历次版本发布情况为：

——GB/T 14218—1993。

电子调光设备性能参数与测试方法

1 范围

本标准规定了电子调光设备的分类、分级、性能参数、测试方法和测量仪器。

本标准适用于演出场馆、电视演播厅、娱乐场所等场合使用的电子调光设备。其他类似使用场合的电子调光设备也可参照执行。

2 规范性引用文件

下列文件对于本文件的应用是必不可少的。凡是注日期的引用文件，仅注日期的版本适用于本文件。凡是不注日期的引用文件，其最新版本（包括所有的修改单）适用于本文件。

GB/T 7251.1—2013 低压成套开关设备和控制设备 第1部分：总则

GB/T 14549 电能质量 公用电网谐波

3 术语和定义

下列术语和定义适用于本文件。

3.1

调光回路 dimmer

在控制信号控制下，能实现调光的独立功率输出回路。

3.2

控制回路 channel

独立变化控制信号的最小单元。

3.3

亮度 level

舞台灯光控制系统中灯光明暗的等级值。

3.4

调光特性曲线 output profile

在调光时输出亮度随控制信号变化的曲线。

3.5

效果 effect

参数值在两（多）个不同值之间按照一定的规律循环交替或随机变化的过程。

3.6

输出电压温度漂移 dimmer voltage temperature drift

在标准电网、额定负载及设定的控制电压下，因环境温度变化而引起的调光回路输出电压的变化。

3.7

调光回路输出直流分量 direct voltage of dimmer

由于输出电压正、负半周波形的不对称而产生的直流分量。

3.8

刷新频率　renovate frequency

控制台在单位时间内对全部控制回路控制信号的输出次数。

3.9

响应时间　respond time

任一个控制操作结束到被控制设备相应控制信号产生所需的时间。

3.10

暗改　blind modification

在演出状态下,不影响实时灯光输出状态的修改。

3.11

配接　patch

可通过键盘修改的控制回路与调光回路的对应关系。

3.12

晶闸管调光器　thyratron dimmer

采用晶闸管实现移相触发控制的调光器。

3.13

IGBT 调光器　IGBT sine wave dimmer

采用绝缘栅双极晶体管(IGBT)实现高频脉宽调制控制的调光器。

3.14

正弦波调光器　sine wave dimmer

输入、输出及调压过程中电压波形为正弦波的调光器。

3.15

直通开关　direct switch

在控制信号作用下,具有通或断两种输出状态的装置。

3.16

操作杆　fader

用来控制灯光参数渐变的推杆。

3.17

多用户系统　multiuser system

允许不同权限的多个账号登陆的系统。

3.18

分布式系统　distributed system

允许多个调光控制台联机进行分布式计算和实时备份的系统。

3.19

3D 灯具布局　3D layout

用于模拟舞台的形状、大小,灯具的安装位置、方向等的三维模型图。

3.20

2D 灯具布局　2D layout

用于模拟灯具位置的二维模型图。

3.21

最大输出电压　max output voltage

在规定的电网电压和额定负载条件下,调光器可输出电压的最大值。

3.22

最小输出电压 min output voltage

在规定的电网电压和额定负载条件下,调光器可输出电压的最小值。

3.23

输出电压不一致性 output voltage difference between dimmers

含有两路或以上的调光器,在同一供电条件、相同负载、相同控制信号的情况下,该调光器各路输出电压的差异程度。

4 设备分类

4.1 按安装型式划分

按设备安装型式划分,可分为:
a) 集中式;
b) 分布式。

4.2 按结构型式划分

按设备结构型式划分,可分为:
a) 固定式;
b) 流动式。

4.3 按控制方式划分

按设备控制方式划分,可分为:
a) 调光控制台(主动控制设备);
b) 调光器(被动控制设备)。

4.4 按工作方式划分

按设备工作方式划分,可分为:
a) 晶闸管调光器;
b) IGBT 调光器;
c) 正弦波调光器;
d) 直通开关。

5 设备分级

5.1 各种电子调光控制设备分别按达到的性能参数分为一、二、三级机。
5.2 调光控制台与调光器一体化设备的一、二、三级机的性能参数应同时满足调光控制台与调光器相对应的一、二、三级机的要求。

6 性能参数

6.1 电子调光设备使用条件

6.1.1 电网条件

6.1.1.1 一般要求

调光设备在下述条件下应能正常工作(特殊类型设备除外)。

6.1.1.2 供电及接地方式

供电及接地方式宜符合下列要求：

a) 供电方式：三相五线或单相三线制；

b) 接地方式：接地系统为 TN-S 系统，即系统中设有单独的零线和接地线，如图 1 所示。

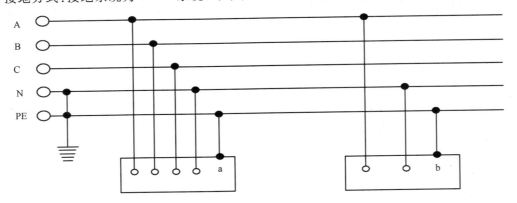

说明：

a、b —— 调光设备；

PE —— 配电系统的接地点。

图 1 调光设备接地方式示意图

6.1.1.3 电压波动范围

电压波动范围：相电压 220 V±22 V；

频率变化范围：50 Hz±1 Hz。

6.2 电子调光设备基本要求

6.2.1 基本要求

电子调光设备基本要求应符合以下规定：

a) 在正常电网条件下不允许有电网干扰脉冲引起的误触发和失触发现象；

b) 在正常使用条件下能带额定负载连续工作不少于 24 h；

c) 具有短路和过载保护功能；

d) 集中放置在调光室内的调光设备的运行总噪声应不大于 75 dB(A)；分布式调光器的单个运行噪声不大于 45 dB(A)；

e) 调光设备的不同外露可导电部分应有效连接到保护接地端，电阻不大于 0.1 Ω；

f) 外壳防护等级：户内用调光设备：IP30，户外用调光设备：IP34D。

6.2.2 调光器基本要求

调光器基本要求应符合以下规定：

a) 壳体内应安装单独的 N 铜排和 PE 铜排；

b) N 铜排的截面积≥相铜排截面积；

c) PE 铜排的最小截面应符合表 1 规定；

d) 满负荷运行时，壳体表面温升不超过 30 K，柜体内扼流圈的局部温升不得超过 70 K；

e) 每一个输出回路应有短路和过载保护装置；

f) 采用插件(抽屉)式结构,便于维护;

g) 触发精度≥256级;

h) 具有散热风机或散热装置;

i) 电磁兼容满足 GB/T 7251.1—2013 限值要求;

j) 谐波满足 GB/T 14549 规定的谐波电压限值要求。

k) 调光器主回路(不含控制器件)的三相进线(A、B、C 三相)与 PE 端,相线与相线之间,相线与 N 线之间的绝缘电阻>1 MΩ。

表 1 保护接地铜排最小截面

设备的相铜排截面积 S/mm^2	相应的保护接地铜排最小截面积 S_p/mm^2
$S \leqslant 16$	S
$16 < S \leqslant 35$	16
$35 < S \leqslant 400$	$S/2$
$400 < S \leqslant 800$	200
$800 < S$	$S/4$

6.2.3 模拟调光控制台基本要求

模拟调光控制台的基本要求应符合以下规定:

a) 控制电压为 0 V~10 V;

b) 每路控制信号输出电流≥1 mA;

c) 具有集中控制功能。

6.2.4 数字调光控制台基本要求

数字调光控制台的基本要求应符合以下规定:

a) 输出亮度等级≥256,人机界面亮度等级≥100;

b) 自动变光刷新频率≥20 Hz;

c) 响应时间≤0.1 s;

d) 具有实时修改和暗改功能;

e) 具有单控操作杆、集控操作杆、Q 控操作杆和总控操作杆;

f) 具有符合 DMX512A、Art-Net 或 sACN 要求的数字接口。

6.3 电子调光设备性能参数

6.3.1 调光器性能参数

调光器性能参数应符合以下规定:

a) 各调光回路的推荐输出功率 3 kW、4 kW、5 kW 和 6 kW;

b) 单个回路的过载能力应大于120%额定负载;

c) 每个回路都需具有有效的短路和过流保护;

d) 单个调光柜的推荐回路数为 48、60、72 和 96 路;

e) 具有 DMX512A 和网络双重控制信号接口;

f) 应有自检,预热和最后帧数据保持功能;

g) 其他参数见表2。

表 2　调光器性能参数

性能	参数		
	一级机	二级机	三级机
输出电压不一致性	≤$U\times1\%+1$	≤$U\times1\%+3$	≤$U\times1\%+5$
最大输出电压	压降小于输入电压的2%	压降小于输入电压的3%	压降小于输入电压的4%
最小输出电压/V	≤6.6	≤8.8	≤11
调光回路输出直流分量/V	≤1.0	≤2.0	≤3.0
输出电压温度漂移	≤$U\times1\%+1$	≤$U\times1\%+3$	≤$U\times1\%+5$
通讯接口和协议	支持 DMX512A、Art-Net 或 sACN	支持 DMX512A、Art-Net 或 sACN	支持 DMX512A
远程监制	自带彩色液晶触摸显示屏;柜身和远程同时支持起始号地址、工作模式、淡入时间、淡出时间等参数的设置和实时查询本柜温度、输出电流、空开状态等重要参数	—	—
调光特性曲线	自带5条以上的调光特性曲线(其中应包括1次方,2次方、2.7次方(或3次方))和具有自定义曲线功能	自带5条以上的调光特性曲线	—
控制功能	具有每个回路输出控制和集控功能	具有单路控制功能	—
工作模式设置方法	可以选择每一个回路的工作模式	—	—
双备份切换功能	无间断实时自动切换	有	—

注:U 为输出电压平均值,$U=\dfrac{\sum\limits_{i=1}^{n}U_i}{n}$。

6.3.2　调光控制台性能参数

调光控制台性能参数见表3。

表 3　调光控制台性能参数

性能	参数		
	一级机	二级机	三级机
最大控制回路数	≥2 000	≥500	≥100
最大内存段数	≥500	≥200	≥100
可同时输出的段或集数	≥20	≥4	≥2

表 3（续）

性能	参数		
	一级机	二级机	三级机
显示形式	彩色监视器	单色监视器	具有显示功能
调光特性曲线	内存≥5 可自编≥5	内存≥3	—
效果种类数	≥3	≥2	—
自动调光	有	有	
手动与自动调光的无干扰切换	有	有	
自动记录调光时间	有	有	
配接	有	有	
可同时输出分段数	≥10	—	
实时打印	有	—	
数字接口	DMX512A、Art-Net 或 sACN	DMX512A、Art-Net 或 sACN	DMX512A
开关机提示	有	有	
触摸屏	有	宜具有	
编码轮	有	有	
手动操作杆	有	有	有
电动操作杆	有	宜具有	
指示灯	有	有	有
轨迹球	有	—	
通讯协议兼容性	有	宜具有	—
多用户系统	有	宜具有	
分布式系统	有	宜具有	
3D灯具布局	宜具有	—	—
2D灯具布局	有	宜具有	—
时间码	MIDI 和 SMPTE	MIDI 或 SMPTE	—
跟踪	有	有	
软件升级	有	有	
远程控制	有	宜具有	
RDM 控制	有	宜具有	
宏管理	有	有	
效果管理	有	有	

6.3.3 观众厅调光设备性能参数

观众厅调光设备性能参数见表 4。

表 4　观众厅调光设备性能参数

性能	参数		
	一级机	二级机	三级机
渐亮、渐暗、停	有	有	—
自动和手动控制	有	有	有
调光时间可调	有	有	—
可受控制台控制	有	有	
多处远距离控制	有	有	
保存场景功能	有	—	—
定时开关	有	—	—
调光回路输出	性能参数应符合固定式调光设备相应等级要求		

7　性能参数测试

7.1　基本测试条件

本标准规定的性能参数除单独指明以外,均在现场实际使用条件,设备和线路经过 2 h 以上时间的有载运行下测试。抽样回路数见表 5。

表 5　被测设备调光回路数与抽样数关系数表

被测设备回路数	3～15	16～60	61～96	97～150
抽样数	3	6	9	12

7.2　测试项目

7.2.1　电网电压适应能力

7.2.1.1　测试条件

按测试环境划分,可分为:
a)　实验室条件下;
b)　A、B、C 三相均匀分配。

7.2.1.2　测试方法

测试方法可分为:
a)　电网电压适应能力测试,测试线路如图 2 所示。

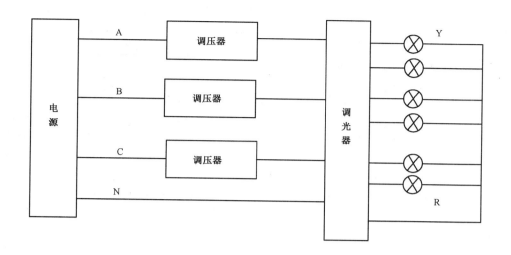

说明：

R——调光器负载；

Y——示波器控头。

图 2　电网电压适应能力测试电路

b)　在相电压 198 V、220 V、242 V 下，测试抽样回路在运行 2 h、5 h 和 8 h 后用示波器监视应能
　　关灭，用有效值电压表测量，最大输出电压应不小于输入电压的 96%，以及在调光过程中应无
　　闪烁和突跳现象。

7.2.2　误触发和失触发

7.2.2.1　测试条件

测试条件应符合以下规定：

a)　将多台调光器接在同一电网上，选择其中一台作为被测设备；

b)　作为干扰源的调光器应有载；

c)　被测回路应满载。

7.2.2.2　测试方法

在被测设备中随机抽取（按表 5）被测回路数进行测试，被测调光回路的输出电压分别在 25 V～30 V，
150 V～160 V，200 V～210 V 范围内时，变换干扰源调光器的输出亮度值，观察被测调光器的负载灯
具，不应有由误触发和失触发引起的闪烁现象。

7.2.3　负载能力

7.2.3.1　额定负载

在部分满载情况下，按表 5 抽样比例随机抽取若干回路。带额定负载（现场条件下以设计的最大容
量）进行温升试验。具体测试条件及测试方法：在开机之前使用测温仪测一次初始温度（环境温度），2 h
后使用测温仪测量各点的温度，可以用带探头的测温仪测量抽屉内部空间温度。测试部位及要求见
表 6。

表 6 额定负载测试表

部分	极限温升/K
晶闸管外壳(散热片)	65
回路输出接线端	60(裸铜)
铜母线的螺钉固定处	60(裸铜) 65(镀锡) 70(镀银)
抽屉内部最大温升	70

7.2.3.2 过载

在实验室条件下,按表4抽样比例随机抽取若干回路,带120%额定负载通电1 h,过载保护功能正常或者工作正常。

7.2.4 输出电压不一致性

7.2.4.1 测试条件

测试条件宜符合以下规定:

a) 采用适当量程的有效值电压表;

b) 输出电压分别在 25 V~30 V,150 V~160 V,200 V~210 V 范围内各选一点;

c) 被测试回路输入电压、负载和控制信号相同的条件下。

7.2.4.2 测试方法

用有效值电压表测量调光回路的输出端电压并进行比较,测试结果应符合表2的规定。

7.2.5 最大输出电压 $U_{\max}$

7.2.5.1 测试条件

测试条件宜符合以下规定:

a) 被测回路宜在额定负载条件下(现场测试时,以现场实际负载情况为准);

b) 随机抽样测量,抽样表见表5。

7.2.5.2 测试方法

控制信号即标准 DMX512 信号为最大 255 时,用有效值表测量输出电压,测试结果应符合表2规定。

7.2.6 最小输出电压 $U_{\min}$

7.2.6.1 测试条件

测试条件宜符合以下规定:

a) 被测回路宜在额定负载条件下(现场测试时,以现场实际负载情况为准);

b) 随机抽样测量,抽样表见表5。

7.2.6.2 测试方法

控制信号即标准 DMX512 信号,从 01 开始测试。如果 01 不能使晶闸管导通,则控制信号增加到 02,以此类推,通过示波器观察输出电压波形,确定晶闸管能有效打开的最小输出电压点,并且用有效值表读取电压数值。测试结果应符合表 2 规定。

7.2.7 温度漂移

7.2.7.1 测试条件

测试条件宜符合以下规定:
a) 被测回路满载;
b) 随机抽样测量,抽样表见表 5。

7.2.7.2 测试方法

开机稳定运行后将被测调光回路的输出电压设置为 U_1,运行 2 h 后测量输出电压 U_2,$\Delta U = U_2 - U_1$,U_1 至少应选三点(25 V~30 V,150 V~160 V,200 V~210 V)进行测量。测试结果应符合表 2 规定。

7.2.8 调光回路输出直流分量

7.2.8.1 测试条件

测试条件宜符合以下规定:
a) 被测回路有载;
b) 随机抽样测量,抽样表见表 5。

7.2.8.2 测试方法

开机稳定运行后,用直流分量测试仪测量回路的直流分量值,至少应选三点(25 V~30 V,150 V~160 V,200 V~210 V)进行测量。测试结果应符合表 2 规定。

7.2.9 噪声

7.2.9.1 测试条件

在噪声测试前应测量背景噪声。当测试值大于 6.2 中的要求,而背景噪声又未能低于测试值 10 dB以上,则测试结果只作为参考。

7.2.9.2 测试方法

使用声级计测试探头放置在距离调光柜 1 m,高度 1.5 m 处。
测量输出最大电压和输出电压为 150 V~160 V 之间时的最大噪声。测试结果应符合调光设备对噪声的基本要求。

7.2.10 接地保护

使用至少能输出 10 A 交流或直流电流的接地电阻测量仪进行测量,每个外露可导电部分与外壳保护接地端之间的电阻应小于 0.1 Ω。

7.2.11 绝缘电阻

7.2.11.1 测试条件

应在布线工程结束后,设备通电前测试。

7.2.11.2 测试方法

用绝缘电阻测试仪测量调光器主回路(不含控制器件)的三相进线(A、B、C 三相)与保护接地端,相线与相线之间,相线与 N 线之间的绝缘电阻,测量结果应大于 1 MΩ。

7.2.12 工频耐受电压(抗电强度)

7.2.12.1 测试条件

专业实验室条件下。

7.2.12.2 测试方法

调光器主回路(不含控制器件)按其工作电压,应能承受表 7 规定的工频耐受试验电压。试验电压施加部位为带电回路与金属外壳之间,主电路相相之间。

表 7 主电路的工频耐受电压值

单位为伏

额定绝缘电压 U_i (线-线 交流或直流)	介电试验电压 (交流有效值)	介电试验电压 (直流)
$U_i \leqslant 60$	1 000	1 415
$60 < U_i \leqslant 300$	1 500	2 120
$300 < U_i \leqslant 690$	1 890	2 670

7.2.13 电磁兼容

7.2.13.1 测试条件

专业实验室条件下。

7.2.13.2 测试方法

在专业的测量实验室进行,测试结果应符合 GB/T 7251.1—2013 限值要求。

7.2.14 谐波

将所有调光器输出回路都打开,在调光器的三相进线端使用电能质量分析仪进行谐波测量。测试结果应符合 GB/T 14549 限值规定。

7.2.15 调光器数据接收能力

7.2.15.1 DMX512 协议数据接收能力

用 DMX512 测试仪向调光器连续循环发送从 0→ff→0 的灯光数据,观察输出灯光的变化情况,结果应均匀变光,无闪烁或抖动现象。

7.2.15.2 Art-Net 协议数据接收能力

用 DMX-Workshop 软件向调光器连续循环发送从 0→ff→0 的灯光数据,观察输出灯光的变化情况,结果应均匀变光,无闪烁或抖动现象。

7.2.16 调光控制台刷新频率试验

7.2.16.1 DMX512 协议数据刷新频率

通过 DMX 测试仪对每组 DMX 输出的数据包进行计数,计算平均每秒收到的 DMX 数据包数量,即为 DMX 刷新频率,应满足不小于 20 Hz 的要求。

7.2.16.2 网络协议数据刷新频率

通过 DMX-Workshop 软件对网络输出的数据包进行计数,计算平均每秒收到的符合协议要求的数据包数量,即为网络数据刷新频率,应满足不小于 20 Hz 的要求。

7.2.17 调光控制台和调光柜响应时间试验

将调光控制台连接调光柜及灯具后,用户的操作和灯具亮度变化之间不应出现任何可以察觉的时间延迟。

8 测量仪器

对本标准中的性能参数测试项目进行测量的机构,应当配备符合检测要求的测量仪器设备、计量器具和相应测量工具。其中仪器的基本精度要求为:温度计和红外测温仪的精度应达到±1%,接地电阻测试仪和绝缘电阻测试仪的精度应达到±2%,电压测试仪精度应达到 1.5 级,声级计精度应达到 1 级。属于法定计量检定范畴的,应经过检定合格,且在有效期内。

参 考 文 献

[1] GB/T 2828.1—2012 计数抽样检验程序 第1部分:按接收质量限(AQL)检索的逐批检验抽样计划

[2] GB/T 2900.33—2004 电工术语 电力电子技术

[3] GB/T 14048.1—2012 低压开关设备和控制设备 第1部分:总则

[4] GB/T 14048.12—2016 低压开关设备和控制设备 第4-3部分:接触器和电动机启动器 非电动机负载用交流半导体控制器和接触器

[5] GB/T 25840—2010 规定电气设备部件(特别是接线端子)允许温升导则

[6] WH/T 32—2008 DMX512-A 数据传输协议

[7] Art-Net 3 Specification for the Art-Net 3 Ethernet Communication Protocol

ICS 71.040.50
J 31

中华人民共和国国家标准

GB/T 14235.1—2018

代替 GB/T 14235.1—1993，GB/T 14235.3—1993，GB/T 14235.4—1993，GB/T 14235.6—1993，
GB/T 14235.7—1993，GB/T 14235.8—1993

熔模铸造低温模料
第 1 部分：物理性能试验方法

Low temperature pattern wax material for investment casting—
Part 1: Testing methods for physical properties

2018-12-28 发布

2019-05-01 实施

国家市场监督管理总局
中国国家标准化管理委员会 发 布

前　言

GB/T 14235《熔模铸造低温模料》分为2个部分：
——第1部分：物理性能试验方法；
——第2部分：使用性能试验方法。
本部分为 GB/T 14235 的第1部分。

本部分按照 GB/T 1.1—2009 给出的规则起草。

本部分代替 GB/T 14235.1—1993《熔模铸造模料　熔点测定方法（冷却曲线）》，GB/T 14235.3—1993《熔模铸造模料　灰分测定方法》，GB/T 14235.4—1993《熔模铸造模料　线收缩率测定方法》，GB/T 14235.6—1993《熔模铸造模料　酸值测定方法》，GB/T 14235.7—1993《熔模铸造模料　流动性测定方法》和 GB/T 14235.8—1993《熔模铸造模料　黏度测定方法》6 项标准。

本部分是对 GB/T 14235.1—1993、GB/T 14235.3—1993、GB/T 14235.4—1993、GB/T 14235.6—1993、GB/T 14235.7—1993、GB/T 14235.8—1993 6 项标准的整合修订。本部分与此 6 项标准相比，主要技术内容变化如下：
——用软化点测定方法代替 GB/T 14235.1—1993；
——用线收缩率测试方法代替 GB/T 14235.4—1993；
——修改了酸值测定中使用的溶剂，规定了空白试验中溶剂的加入量（见5.4.4，GB/T 14235.6—1993 年版5.1）；
——删除了 GB/T 14235.7—1993 的流动性测定方法；
——修改了试验报告格式（见第8章）；
——附录 A 给出了本部分与被代替标准的结构差异对照表。

本部分由全国铸造标准化技术委员会（SAC/TC 54）提出并归口。

本部分负责起草单位：苏州泰尔航空材料有限公司。

本部分参加起草单位：东营嘉扬精密金属有限公司、合肥南方汽车零部件有限公司、南京优耐特精密机械制造有限公司、青岛新诺科铸造材料科技有限公司、西安航发精密铸造有限公司、浙江机电职业技术学院、苏州领标检测技术有限公司。

本部分主要起草人：李毅、宋珊珊、魏智育、陈亚辉、段继东、王光祥、张晓、朱顺锋、邵斌、武超、张凌峰、李华、陈云祥、黄盛洋。

本部分所替代标准的历次版本发布情况为：
——GB/T 14235.1—1993；
——GB/T 14235.3—1993；
——GB/T 14235.4—1993；
——GB/T 14235.6—1993；
——GB/T 14235.7—1993；
——GB/T 14235.8—1993。

熔模铸造低温模料
第1部分:物理性能试验方法

1 范围

GB/T 14235 的本部分规定了熔模铸造用低温模料的软化点、旋转黏度、酸值、线收缩率、灰分的测定方法和试验报告的基本要求。

本部分适用于熔模铸造用低温模料物理性能的测定。

2 规范性引用文件

下列文件对于本文件的应用是必不可少的。凡是注日期的引用文件,仅注日期的版本适用于本文件。凡是不注日期的引用文件,其最新版本(包括所有的修改单)适用于本文件。

GB/T 514—2005 石油产品试验用玻璃液体温度计技术条件

GB/T 601 化学试剂 标准滴定溶液的制备

GB/T 602 化学试剂 杂质测定用标准溶液的制备

GB/T 603 化学试剂 试验方法中所用制剂及制品的制备

GB/T 1800.1—2009 产品几何技术规范(GPS) 极限与配合 第1部分:公差、偏差和配合的基础

GB/T 6682—2008 分析实验室用水规格和试验方法

3 软化点测定方法

3.1 低温模料软化点的测定方法概述

置于肩或锥状黄铜环中两块水平试样圆片,在蒸馏水中以一定的速度加热,每块试样片上置有一只钢球,当试样软化到使两个放在试样上的钢球下落 25 mm 距离时,测得的温度的平均值即为软化点。

3.2 仪器与设备

3.2.1 环:两只黄铜肩环或锥环,其尺寸规格见图 1a)和图 1b)。

3.2.2 支撑板:扁平光滑的黄铜板,其尺寸约为 50 mm×75 mm。

3.2.3 钢球:两只直径为 9.5 mm 的钢球,每只质量为(3.50±0.05)g。

3.2.4 钢球定位器:两只钢球定位器用于使钢柱定位于试样中央,其一般形状和尺寸见图 1c)。

3.2.5 浴槽:可以加热的玻璃容器,其内径不小于 85 mm,离加热底部的深度不小于 120 mm。

3.2.6 环支撑架和支架:一只铜支撑架用于支撑两个水平位置的环,其形状和尺寸见图 1d),其安装图形见图 1e)。支撑架上的肩环的底部距离下支撑板的上表面为 25 mm,下支撑板的下表面距离浴槽底部为(16±3)mm。

3.2.7 温度计:应符合 GB/T 514—2005 中 GB-42 温度计的技术要求,即测温范围在 30 ℃～180 ℃,最小分度值为 0.5 ℃的全浸式温度计。

合适的温度计按图 1e)悬于支架上,使得水银球底部与环底部水平,其距离在 13 mm 以内,但不要接触环或者支撑架,不准许使用其他温度计代替。

3.2.8 刀:切模料用。

3.2.9 电炉:加热模料用。

单位为毫米

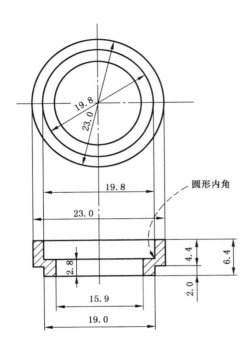

注意:该直径比钢球的直径(9.5 mm 大 0.05 mm 左右,刚好能够将钢球固定在中心处。

a) 肩环

b) 锥环

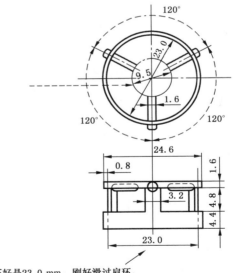

内径正好是23.0 mm,刚好滑过肩环。

c) 钢球定位器

图 1 环、钢球定位器、支架、组合装置图

单位为毫米

注意:该直径为 19.0mm,正好能够放入肩环。

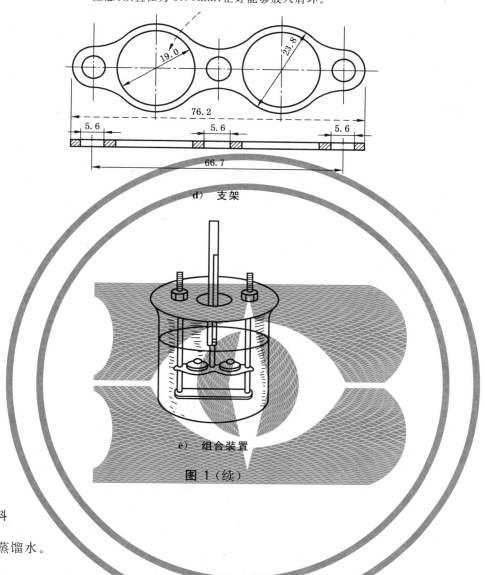

d) 支架

e) 组合装置

图 1 (续)

3.3 试剂与材料

加热介质:蒸馏水。

3.4 试样的制备

3.4.1 用电炉加热模料试样,待完全熔化后温度再升高 20 ℃,不断搅拌模料使其混合均匀,待内含气泡逸出后,向每个环中倒入略过量的试样,试样在室温中至少冷却 30 min。所有模料试样的准备和测试应在 6 h 内完成。

3.4.2 如果重复试验,不能重新加热样品,应在干净的容器中用新鲜样品重新制备试样。

3.4.3 当试样冷却后,用小刀或刮刀干净地刮去多余的试样,使得每一个圆片饱满且和环的顶部齐平。

3.5 试验步骤

3.5.1 在浴槽中装入蒸馏水,浴槽置于冷却水中,使蒸馏水的起始温度达到(5±1)℃。

3.5.2 把仪器放在通风橱内并配置两个样品环、钢球定位器,并将温度计插入合适的位置,浴槽装满蒸馏水,并使各仪器处于适当的位置。用镊子将钢球置于浴槽底部,使其同支架的其他部位达到相同的起始温度,最后将温度计插入合适的位置,再次用镊子从浴槽底部将钢球夹住并置于定位器中。

3.5.3 从浴槽底部开始加热使温度以恒定的速率 5 ℃/min 上升,试验期间不能取加热速率的平均值,但在 3 min 后,升温速率应达到(5±0.5)℃/min,若温度上升速率超过此限定范围,则此次试验失败。

3.5.4 当两个试环的球刚接触下支撑板时,分别记录温度计所显示温度,取两个温度的平均值作为模料的软化点。如果两个温度的差值超过 1 ℃,则重新试验。

3.6 测量精度与误差

3.6.1 重复性

重复测定两次结果的差数不得大于 1.0 ℃。

3.6.2 再现性

同一试样由两个实验室各自提供的试验结果之差不应超过 1.5 ℃。

4 旋转黏度测定方法

4.1 低温模料旋转黏度的测定方法概述

采用旋转黏度计,通过改变黏度计转子的剪切速率测得液态模料在指定温度下黏度的变化。

4.2 仪器与设备

测定旋转黏度所用的器具:
——旋转黏度计:测量范围 0.01 Pa·s～10 Pa·s,测量误差±5 %。
——精密水银温度计:温度范围 50 ℃～100 ℃,最小分度 0.1 ℃。
——恒温油浴槽:温度控制精度±1 ℃。
——水银温度计:半浸入式,温度范围 0 ℃～200 ℃,最小分度 1 ℃。
——盛样筒:直径不小于 35 mm,筒深不小于 165 mm,适用于单转子黏度计。

4.3 试验步骤

4.3.1 按使用说明安装调试好旋转黏度计并调成水平。

4.3.2 将油浴升至指定的测试温度下保温,黏度计在测试前要预热 30 min。

4.3.3 根据估计的模料黏度范围,选择适当的转子,并将选好的转子和盛样筒浸入油浴中预热不少于 30 min。

4.3.4 将盛入烧杯中的模料加热熔化并升温至指定温度以上 3 ℃～6 ℃,搅拌均匀,静置除气后将液态模料注入盛样筒内,放入油浴中保温待测。

4.3.5 迅速将转子从油浴中取出擦净,垂直地放入待测模料熔液中,转子上不应附着气泡。

4.3.6 按要求安装好盛样筒和转子。当使用单转子黏度计应使转子和盛样筒壁及筒底相距不小于 8 mm,模料熔液液面应位于距油浴面以下不小于 70 mm。

4.3.7 用精密水银温度计测定油浴温度,并控制在指定温度±1 ℃。使盛样筒内模料及转子在油浴中恒温不少于 30 min。

4.3.8 开动黏度计,待转子在模料熔液中稳定旋转 30 s～60 s 后读数。读数值应在黏度计量程的中段范围,否则,应改变转速或更换转子。

4.3.9 模料黏度在同一温度下有效测定次数应不少于 5 次,每次重复测试应更换盛样筒内的模料。

4.4 试验结果的计算

4.4.1 按黏度计要求将黏度测量值的单位换算成 Pa·s。

4.4.2 计算模料黏度各次测量的单值 X_1,X_2,……,X_n。按式(1)计算黏度的算术平均值$\overline{X}$,按式(2)计算黏度的标准差 σ:

$$\overline{X} = \frac{\sum_{i=1}^{n} \overline{X_i}}{n} \quad\cdots\cdots\cdots\cdots\cdots(1)$$

$$\sigma = \sqrt{\frac{\sum_{i=1}^{n}(X_i - \overline{X})^2}{n-1}} \quad\cdots\cdots\cdots\cdots(2)$$

式中:
$\overline{X}$ ——模料黏度各次测量值的算术平均值,单位为帕秒(Pa·s);
X_i ——模料黏度各次测量单值,单位为帕秒(Pa·s);
n ——试样个数;
σ ——标准差,单位为帕秒(Pa·s)。

4.5 测量精度与误差

4.5.1 与算术平均值之差超过±7％的测量值应剔除,有效测量值应不少于5个,取其算术平均值作为模料在该温度下、该剪切速率下的黏度,精至 0.001 Pa·s。

4.5.2 同一实验室同一操作者两次试验结果之差不应大于10％。

5 酸值测定方法

5.1 低温模料酸值的测定方法概述

用二甲苯溶解试样,然后用氢氧化钾乙醇标准溶液进行滴定,中和1 g模料所需的氢氧化钾毫克数即为酸值。

5.2 仪器与设备

测定酸值所用器具:
——锥形烧瓶:250 mL 或 300 mL。
——球形回流冷凝管:长约 300 mm。
——滴定管:10 mL,最小分度为 0.05 mL。
——刮刀。
——水浴锅或电加热板。
——分析天平:精度 0.000 1 g。

5.3 试剂与材料

5.3.1 二甲苯。

5.3.2 95％乙醇。

5.3.3 0.05 mol/L 或 0.1 mol/L 氢氧化钾乙醇溶液。

5.3.4　0.05 mol/L 或 0.1 mol/L 盐酸标准溶液。

5.3.5　1%酚酞指示剂溶液：称 1 g 酚酞，溶于 100 mL 95%乙醇中，并在水浴中煮沸回流 5 min，趁热用 0.1 mol/L 氢氧化钾乙醇溶液滴定至微粉红色。

5.3.6　除另有规定外，测定酸值所用试剂的级别应在分析纯（含）以上，所用标准滴定溶液、制剂及制品，应按 GB/T 601、GB/T 602、GB/T 603 的规定制备，试验用水应符合 GB/T 6682—2008 中三级水的规格。

5.4　试验步骤

5.4.1　用刮刀将蜡料表层去除，在不少于三处取等量模料混匀。称 1 g～10 g 试样，准确至 0.000 1 g，放在清洁干燥的锥形烧瓶中。酸度大的模料取 1 g 样，酸度小的模料可多称些，最多可称 10 g。

5.4.2　加入二甲苯 20 mL～60 mL，具体加入量参照表1，装上回流冷凝管。把锥形烧瓶置于水浴锅内恒温加热，温度控制范围在(70±5)℃。

表 1　试样质量与二甲苯溶剂用量的对应关系

试样质量/g	二甲苯用量/mL
1～3	20
>3～7	40
>7～10	60

5.4.3　当试样溶解至清澈透明后，取出锥形烧瓶迅速加入 6～10 滴酚酞指示剂，用 0.05 mol/L 或 0.1 mol/L 氢氧化钾乙醇溶液滴定，至溶液呈微红色并保持 30 s 不褪色为止；在每次滴定过程中，自锥形瓶停止加热到滴定到达终点的时间不应超过 3 min。若滴定过程中试样有凝固现象，则需重新加热溶解后再进行滴定。

5.4.4　空白试验：在一只清洁无水的锥形烧瓶中，加入二甲苯，二甲苯的加入量与溶解模料用二甲苯的加入量一致，装上回流冷凝管。在不断摇动下，将二甲苯煮沸 5 min 去除溶解于其中的二氧化碳。然后加入 6～10 滴酚酞指示剂，趁热用 0.05 mol/L 或 0.1 mol/L 氢氧化钾乙醇溶液滴定，至溶液呈微红色为止。

5.5　试验结果的计算

5.5.1　试样的酸值 X，用 mgKOH/g 的数值表示，按式(3)计算：

$$X = \frac{56.1c(V - V_0)}{W} \qquad\qquad\cdots\cdots\cdots\cdots (3)$$

式中：

56.1——氢氧化钾的摩尔质量，单位为克每摩尔(g/mol)；

c　——氢氧化钾乙醇溶液的浓度，单位为摩尔每升(mol/L)；

V　——模料试样消耗的氢氧化钾乙醇溶液体积数，单位为毫升(mL)；

V_0　——空白试验消耗的氢氧化钾乙醇溶液体积数，单位为毫升(mL)；

W　——模料试样的质量，单位为克(g)。

5.5.2　取重复测定三个结果的算术平均值，作为模料试样的酸值。

5.6　测量精度与误差

同一操作者重复测定同一试样，两个结果之差不应超过表2规定的数值。

表 2 酸值测量精度与误差

酸值范围/(mgKOH/g)	重复误差/(mgKOH/g)
≤10	±0.30
>10~20	±0.40
>20~40	±0.50
>40~60	±1.00
>60~80	±1.50
>80	±2.50

6 线收缩率测定方法

6.1 线收缩率的测定方法概述

将制备好的膏状或液态模料,在一定压力下注入一定温度的压型中,取出试样,在一定温度下放置 24 h 以上,然后测量试样规定测试部位的尺寸,用测试部位压型的尺寸与试样的尺寸差除以压型尺寸计算出的百分率,表示该种模料的线收缩率。

6.2 仪器与设备

测定线收缩率所用器具:
——压注机:液压活塞式压注机,注射嘴为水平放置。
——试样压型:试样压型型腔及尺寸形状参见附录 B。型腔内尺寸公差按 GB/T 1800.1—2009 中 IT6 级精度确定。
——恒温水浴槽:温度控制范围为 0 ℃~100 ℃,温度控制精度为±1 ℃。
——游标卡尺:量程为 0 mm~150 mm,最小分度为 0.02 mm。
——温度计:测量范围为 0 ℃~100 ℃,最小分度为 0.5 ℃。

6.3 试样的制备

6.3.1 蜡料压注温度选择实际生产认为的最佳温度,压注温度波动范围控制在±1 ℃内。

6.3.2 压注压力为(1.18±0.02)MPa。如果采用其他压力时,需在试验报告中注明。

6.3.3 压型温度为(28±2)℃。保压时间为(100±10)s。

6.3.4 将蜡料熔化后冷却到(85±5)℃装入压注机,冷却到注蜡温度后恒温 12 h 以上,进行压注。压注完后注蜡缸内的蜡料厚度不小于 20 mm。

6.3.5 仔细检查试样,其待测表面不得有任何影响测试的缺陷,如气泡、冷隔和缩陷等。除去毛刺和模口余料。

6.3.6 重复压制合格试样 6 个以上。

6.3.7 试样在(20±1)℃恒温水浴中恒温放置 24 h,取出擦干测试。

6.4 试验步骤

6.4.1 用游标卡尺测量试样规定测试部位 01、02、L1、03,见图 B.1。

6.4.2 同一试样测试三次,每两个测试直径的夹角应大于 90°。

6.5 试验结果的计算

6.5.1 线收缩率按式(4)计算：

$$\delta = \frac{D - D_1}{D} \times 100 \quad\quad\quad\quad\quad\quad\quad\quad (4)$$

式中：

δ ——线收缩率,%；

D ——试样压型型腔尺寸,单位为毫米(mm)；

D_1 ——实测试样尺寸,单位为毫米(mm)。

6.5.2 试验结果取其测试三次的算术平均值。

6.6 测量精度与误差

6.6.1 重复性

同一操作者在同一实验室重复测定同一模料试样,两个平行测定结果之差不应超过0.10%。

6.6.2 再现性

不同操作者在不同实验室测定同一种模料试样,两个结果之差值不应大于0.16%。

7 灰分测定方法

7.1 灰分的测定方法概述

以无灰滤纸作引火芯点燃试样,再将固体残渣灼烧至恒重,求得其灰分。

7.2 仪器与设备

测定灰分所用器具：

——瓷坩埚:35 mL～50 mL。

——电加热板或电炉。

——箱式电阻炉:最高炉温900 ℃～1 050 ℃,工作温度(850±25)℃。

——分析天平:最小称量0.002 g,精度0.000 1 g。

——坩埚钳。

——干燥器。

7.3 试剂与材料

测定灰分所用试剂与材料：

——盐酸:化学纯,配制成20%(体积分数)的盐酸溶液。

——硝酸:化学纯,配制成25%(体积分数)的硝酸溶液。

——蒸馏水。

——无灰滤纸:直径9 cm。

7.4 试验步骤

7.4.1 用20%盐酸溶液洗涤陶瓷坩埚,若不干净可再用25%硝酸溶液洗涤,最后用蒸馏水洗净、干燥。在(850±25)℃下灼烧30 min,稍冷,置于干燥器中。冷却至室温后称量,精确至0.000 1 g。

7.4.2 重复灼烧、冷却及称量,直至获得两次连续称量间的差数值不大于 0.000 4 g 为止。

7.4.3 将模料熔化、搅拌及过滤。冷却后分别从不少于 3 处取等量模料混均匀。

7.4.4 从混均后的模料中称取试样 5 g,精确至 0.000 1 g,放入灼烧至恒重的坩埚中。

7.4.5 将坩埚放在电炉上缓慢加热试样至熔化,勿使蜡液溢出或溅出。用无灰滤纸作灯芯,放入模料溶液中点燃。

7.4.6 当坩埚中试样完全燃烧仅剩残渣时,再将之放入已加热至(850±25)℃的箱式电阻炉中灼烧约 1 h。取出稍冷,再放入干燥器中冷却至室温,称量。然后再重复灼烧、冷却、称量,连续两次称量的差数值不大于 0.000 4 g 时,测试值有效。

7.5 试验结果及处理

7.5.1 灰分含量按式(5)计算:

$$f = \frac{a-b}{c} \times 100 \qquad\qquad (5)$$

式中:

f ——灰分含量,%;

a ——盛有残灰的坩埚质量,单位为克(g);

b ——坩埚质量,单位为克(g);

c ——试样质量,单位为克(g)。

7.5.2 取两次有效试验结果的算术平均值作为该模料的灰分,精确至 0.001%。

7.6 测量精度与误差

模料灰分应平行测定两次,两次试验结果的差数应符合表 3 的规定。

表 3 灰分允许差数

灰分范围/%	允许差数/%
≤0.005	≤0.004
>0.005~0.01	≤0.006
>0.01~0.1	≤0.01
>0.1~1.0	≤0.02
>1.0	≤0.10

8 试验报告

模料物理性能试验报告一般应包括下列内容:

——模料名称、牌号、批号、试样来源及试样质量;

——试验编号;

——模料物理性能测试的种类、方法;

——试验人员、校对、审核、批准;

——试验日期。

附　录　A
（资料性附录）
新旧标准的结构差异对照表

表 A.1　新旧标准的结构差异对照表

序号	GB/T 14235.1—1993、GB/T 14235.3—1993、GB/T 14235.4—1993、GB/T 14235.6—1993、GB/T 14235.8—1993	GB/T 14235.1—2018
1	GB/T 14235.1—1993 的第 1 章规定了熔模铸造模料熔点的测定方法;适用于用冷却曲线法测定晶质模料的熔点,不适用于测定微晶或非晶质模料的熔点。 GB/T 14235.3—1993 的第 1 章规定了熔模铸造模料灰分的测定方法;适用于测定各种熔模铸造模料的灰分。 GB/T 14235.4—1993 的第 1 章规定了熔模铸造模料线收缩率的测定方法;适用于测定熔模铸造模料从压注温度冷却至室温的线性尺寸变化率。 GB/T 14235.6—1993 的第 1 章规定了熔模铸造模料酸值的测定方法;适用于测定各种熔模铸造模料的酸值。 GB/T 14235.8—1993 的第 1 章规定了熔模铸造模料黏度的测定方法;适用于测定熔模铸造模料处于液态某一指定温度不同剪切速率下的黏度。	1. 范围 GB/T 14235.1—2018 的本部分规定了熔模铸造用低温模料的软化点、旋转黏度、酸值、线收缩率、灰分的测定方法和试验报告的基本要求。 本部分适用于熔模铸造用低温模料物理性能的测定
2	2. 规范性引用文件 GB 514 石油产品试验用液体温度计技术条件 GB 1800～1804 公差与配合	2. 规范性引用文件 GB/T 514—2005 石油产品试验用玻璃液体温度计技术条件 GB/T 601 化学试剂 标准滴定溶液的制备 GB/T 602 化学试剂 杂质测定用标准溶液的制备 GB/T 603 化学试剂 试验方法中所用制剂及制品的制备 GB/T 1800.1—2009 产品几何技术规范（GPS） 极限与配合 第1部分:公差、偏差和配合的基础 GB/T 6682—2008 分析实验室用水规格和试验方法
3	GB/T 14235.1—1993 熔模铸造模料 熔点测定方法(冷却曲线法)	3 软化点测定方法
4	GB/T 14235.1—1993 的 3 方法提要	3.1 低温模料软化点的测定方法概述
5	GB/T 14235.1—1993 的 4 设备仪器	3.2 仪器与设备
6	GB/T 14235.1—1993 的 4.1～4.3	3.2.1～3.2.9
7	—	3.3 试剂与材料
8	—	3.4 试样的制备

表 A.1（续）

序号	GB/T 14235.1—1993、GB/T 14235.3—1993、GB/T 14235.4—1993、GB/T14235.6—1993、GB/T 14235.8—1993	GB/T 14235.1—2018
9	GB/T 14235.1—1993 的 5.1～5.6	3.4.1～3.4.3
10	GB/T 14235.1—1993 的 5 试验步骤	3.5 试验步骤
11	GB/T 14235.1—1993 的 7 精密度	3.6 测量精度与误差
12	GB/T 14235.1—1993 的 7.1 重复性	3.6.1 重复性
13	GB/T 14235.1—1993 的 7.2 再现性	3.6.2 再现性
14	GB/T 14235.8—1993 熔模铸造模料　黏度测定方法	4 旋转黏度测定方法
15	GB/T 14235.8—1993 的 2 方法提要	4.1 低温模料旋转黏度的测定方法概述
16	GB/T 14235.8—1993 的 3 设备仪器	
17	GB/T 14235.8—1993 的 3.1 双筒旋转黏度计	
18	—	4.2 仪器与设备
19	GB/T 14235.8—1993 的 3.2 超级恒温水浴	
20	GB/T 14235.8—1993 的 3.3 水银温度计	
21	GB/T 14235.8—1993 的 3.4 盛样筒	
22	GB/T 14235.8—1993 的 3.5 恒温水浴或烘箱	
23	GB/T 14235.8—1993 的 4 试验步骤	4.3 试验步骤
24	GB/T 14235.8—1993 的 4.1	4.3.1
25	GB/T 14235.8—1993 的 4.2～4.3	4.3.2～4.3.3
26	GB/T 14235.8—1993 的 4.4～4.5	4.3.4
27	GB/T 14235.8—1993 的 4.6	4.3.5～4.3.7
28	GB/T 14235.8—1993 的 4.7～4.8	4.3.8～4.3.9
29	GB/T 14235.8—1993 的 5 试验结果的计算	4.4 试验结果的计算
30	—	4.4.1～4.4.2
31	GB/T 14235.8—1993 的 6 允许差	4.5 测量精度与误差
32	GB/T 14235.6—1993	5 酸值测定方法
33	GB/T 14235.6—1993 的 2 方法提要	5.1 低温模料酸值的测定方法概述
34	GB/T 14235.6—1993 的 4 设备仪器	5.2 仪器与设备
35	GB/T 14235.6—1993 的 3 试剂	5.3 试剂与材料
36	—	5.3.1 二甲苯
37	GB/T 14235.6—1993 的 3.1	5.3.2
38	GB/T 14235.6—1993 的 3.2～3.4	5.3.3～5.3.5
39	—	5.3.6
40	GB/T 14235.6—1993 的 5 试验步骤	5.4 试验步骤
41	GB/T 14235.6—1993 的 5.2	5.4.1

表 A.1（续）

序号	GB/T 14235.1—1993、GB/T 14235.3—1993、GB/T 14235.4—1993、GB/T14235.6—1993、GB/T 14235.8—1993	GB/T 14235.1—2018
42	GB/T 14235.6—1993 的 5.3	5.4.2
43	GB/T 14235.6—1993 的 5.4	5.4.3
44	GB/T 14235.6—1993 的 5.1 空白试验	5.4.4 空白试验
45	GB/T 14235.6—1993 的 6 计算	5.5 试验结果的计算
46	GB/T 14235.6—1993 的 6 计算	5.5.1
47	GB/T 14235.6—1993 的 5.5	5.5.2
48	GB/T 14235.6—1993 的 7 精密度	5.6 测量精度与误差
49	GB/T 14235.4—1993	6 线收缩率测定方法
50	GB/T 14235.4—1993 的 3 方法提要	6.1 线收缩率的测定方法概述
51	GB/T 14235.4—1993 的 4 设备仪器	
52	GB/T 14235.4—1993 的 4.5 压注机	
53	GB/T 14235.4—1993 的 4.6 试样压型	6.2 仪器与设备
54	GB/T 14235.4—1993 的 4.3～4.4	
55	GB/T 14235.4—1993 的 4.1 水银温度计	
56	GB/T 14235.4—1993 的 5 试样制备	6.3 试样的制备
57	GB/T 14235.4—1993 的 5.1～5.4	6.3.1～6.3.3
58	GB/T 14235.4—1993 的 5.5	6.3.4
59	GB/T 14235.4—1993 的 5.6～5.8	6.3.5～6.3.7
60	GB/T 14235.4—1993 的 6 试验步骤	6.4 试验步骤
61	GB/T 14235.4—1993 的 6.1	6.4.1
62	GB/T 14235.4—1993 的 6.2	6.4.2
63	GB/T 14235.4—1993 的 7 试验结果的计算	6.5 试验结果的计算
64	GB/T 14235.4—1993 的 7 试验结果的计算	6.5.1
65	GB/T 14235.4—1993 的 6.2	6.5.2
66	GB/T 14235.4—1993 的 8 精密度	6.6 测量精度和误差
67	GB/T 14235.4—1993 的 8.1	6.6.1
68	GB/T 14235.4—1993 的 8.2	6.6.2
69	GB/T 14235.3—1993	7 灰分测定方法
70	GB/T 14235.3—1993 的 2 方法提要	7.1 灰分的测定方法概述
71	GB/T 14235.3—1993 的 4 设备仪器	7.2 仪器与设备
72	GB/T 14235.3—1993 的 3 试剂	7.3 试剂与材料
73	GB/T 14235.3—1993 的 5 试验步骤	7.4 试验步骤
74	GB/T 14235.3—1993 的 5.1～5.6	7.4.1～7.4.6

表 A.1（续）

序号	GB/T 14235.1—1993、GB/T 14235.3—1993、GB/T 14235.4—1993、GB/T14235.6—1993、GB/T 14235.8—1993	GB/T 14235.1—2018
75	GB/T 14235.3—1993 的 6 计算	7.5 试验结果及处理
76	GB/T 14235.3—1993 的 6 计算	7.5.1
77	GB/T 14235.3—1993 的 5.7	7.5.2
78	GB/T 14235.3—1993 的 6 允许差	7.6 测量精度与误差
79	—	8 试验报告
80	—	附录 B（资料性附录）线收缩率测试用试样

附　录　B

（资料性附录）

线收缩率测试用试样

B.1　测试用试样

测试线收缩率所用试样图及规定测试位置见图 B.1。

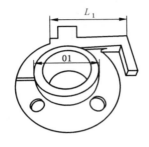 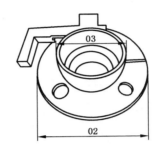

说明：

01——外径 $\phi54$ mm，内径 $\phi40$ mm 的圆环；

02——外径 $\phi100$ mm，厚 5 mm 的圆饼；

03——外径 $\phi55$ mm，内径 $\phi50$ mm 的圆环；

L1——长 90 mm，宽 15 mm，厚 10 mm 矩形。

图 B.1　试样图

B.2　测试用模具

测试线收缩率所用模具图及规定测试位置见图 B.2～图 B.4。

单位为毫米，Ra 0.4 μm

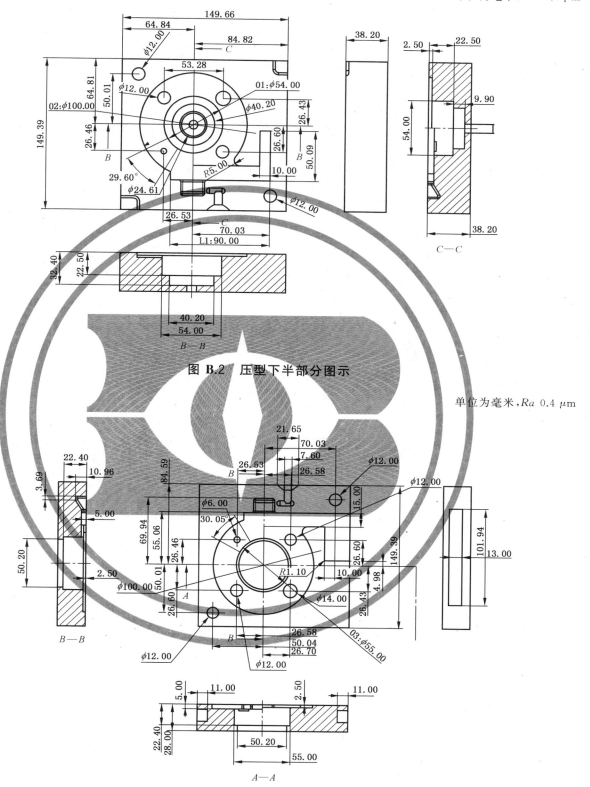

图 B.2　压型下半部分图示

单位为毫米，Ra 0.4 μm

图 B.3　压型上半部分图示

单位为毫米，*Ra* 0.4 μm

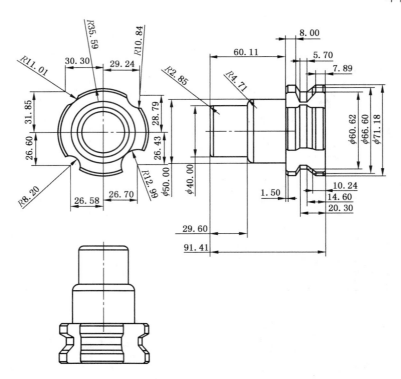

图 B.4　压型型芯图

ICS 71.040.50
J 31

中华人民共和国国家标准

GB/T 14235.2—2018
代替 GB/T 14235.2—1993,GB/T 14235.5—1993,GB/T 14235.9—1993

熔模铸造低温模料
第 2 部分：使用性能试验方法

Low temperature pattern wax materials for investment casting—
Part 2：Testing methods for usability properties

2018-12-28 发布

2019-05-01 实施

国家市场监督管理总局
中国国家标准化管理委员会　发布

前　言

GB/T 14235《熔模铸造低温模料》分为 2 个部分：
——第 1 部分：物理性能试验方法；
——第 2 部分：使用性能试验方法。
本部分为 GB/T 14235 的第 2 部分。
本部分按照 GB/T 1.1—2009 给出的规则起草。
本部分代替 GB/T 14235.2—1993《熔模铸造模料　抗弯强度测定方法》，GB/T 14235.5—1993《熔模铸造模料　表面硬度测定方法》，GB/T 14235.9—1993《熔模铸造模料　热稳定性测定方法》3 项标准；本部分是将 GB/T 14235.2—1993，GB/T 14235.5—1993 和 GB/T 14235.9—1993 3 项标准整合修订。本部分与被代替的 3 项标准相比，主要技术内容变化如下：
——修改了标准的适用范围（见第 1 章）；
——增加了熔模铸造模料黏结剂润湿角的测定方法（见第 6 章）；
——增加了试验报告（见第 7 章）；
——附录 A 给出了本部分与被代替的 3 项标准的差异对照表。
本部分由全国铸造标准化技术委员会（SAC/TC 54）提出并归口。
本部分负责起草单位：宁波吉威熔模铸造有限公司。
本部分参加起草单位：东营嘉扬精密金属有限公司、东风精密铸造有限公司、苏州泰尔航空材料有限公司、南京优耐特精密机械制造有限公司、青岛新诺科铸造材料科技有限公司。
本部分主要起草人：罗绍康、许罗东、魏智育、陈亚辉、段继东、马波、蓝勇、李毅、张晓、宋珊珊、朱顺锋、李华、邵斌、武超。
本部分所代替标准的历次版本发布情况为：
——GB/T 14235.2—1993；
——GB/T 14235.5—1993；
——GB/T 14235.9—1993。

熔模铸造低温模料
第2部分：使用性能试验方法

1 范围

GB/T 14235 的本部分规定了熔模铸造低温模料的抗弯强度、表面硬度、热稳定性和熔模-黏结剂润湿角等使用性能的试验方法。

本部分适用于熔模铸造低温模料的抗弯强度、表面硬度、热稳定性和熔模-黏结剂润湿角等使用性能的测定。

2 术语和定义

下列术语和定义适用于本文件。

2.1

低温模料的室温抗弯强度 bending strength at ambient temperature of low temperature pattern wax materials

一定加载速度下静态弯曲至脆断时的载荷所求得的强度。

3 抗弯强度的测定

3.1 室温抗弯强度的测定方法概述

用制备好的膏状或液态模料，压制成规定尺寸的强度试样，试样在一定温度下放置 24 h 后，用弯曲性能测试仪测出其静态弯曲脆性断裂的载荷峰值，并用力学公式计算出试样的抗弯强度。

3.2 仪器与设备

测定抗弯强度所用的器具：

——弯曲性能测试仪：弯曲性能测试仪上安装的试样夹具见图 1，支点间距 30 mm。

——水银温度计：测温范围为 0 ℃～200 ℃，精度为 1 ℃。

——表面温度计：测温范围为 0 ℃～100 ℃，精度为 1 ℃。

——恒温水浴：温度控制精度±1 ℃。

——游标卡尺：量程为 0 mm～150 mm，精度为 0.02 mm。

——压注机：气动或液压活塞式压注机或射蜡机。

GBT 14235.2—2018

单位为毫米

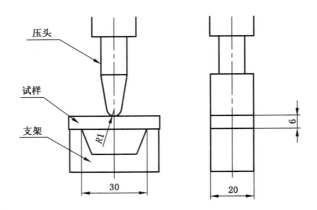

图 1 试样夹具示意图

3.3 试样的制备

3.3.1 压型型腔及模口,尺寸形状见图2。

3.3.2 试块尺寸:20 mm×40 mm×6 mm。

单位为毫米

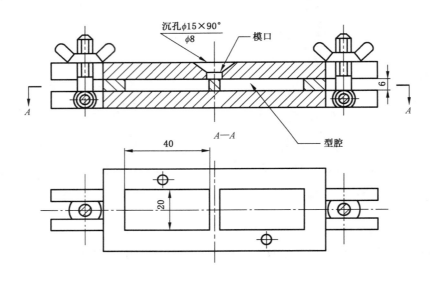

图 2 试样压型示意图

3.3.3 压注温度选用实际生产中认定的最佳温度值、压注温度波动范围控制在±1 ℃内。

3.3.4 压注压力为(1.18±0.02)MPa,选用其他压注压力时要在试验报告中注明。

3.3.5 压型温度为(28±1)℃,保压时间为(100±10)s。

3.3.6 将模料装入预热至压注温度的模料筒内进行压注,每次装料只能压注一次,压注完毕,蜡筒内的余料厚度不得小于 20 mm。

3.3.7 模料试样不得有裂纹、气孔、机械损伤、冷隔等缺陷。迎光透视检查试样,内部不应有孔洞。

3.3.8 重复压制合格试样 9 个以上。

3.3.9 试样放入(20±0.5)℃的恒温水浴中保温 4 h,取出擦干待测,存放期内试样不得弯曲变形。

3.4 试验步骤

3.4.1 用游标卡尺测量试样尺寸。

3.4.2 将试样存放在试验机装制夹具支架上,不得歪斜或倾斜。压头固定在加载杆上,其刃口应与支架上的两个刃口相平行,且处于中间位置。

3.4.3 开动试验机加载,加载速率为 1.5 N/s~2 N/s。

3.4.4 记录试样断裂时的载荷。

3.4.5 断口有缺陷时,试验无效。

3.5 试验结果的计算

3.5.1 将测试结果代入式(1),求出模料的抗弯强度。

$$\sigma_w = \frac{3FL}{2bh^2} \qquad\qquad\qquad\qquad\qquad (1)$$

式中:

σ_w ——抗弯强度,单位为兆帕(MPa);

F ——试样断裂时的载荷,单位为牛顿(N);

L ——试样两支点间距,单位为毫米(mm);

b ——试样宽度,单位为毫米(mm);

h ——试样厚度,单位为毫米(mm)。

3.5.2 计算出模料抗弯强度试验结果的标准偏差(σ),剔除 3σ 以外数据后计算出算术平均值,即为该模料的抗弯强度值。用于计算算术平均值的试样数量不得少于 9 个。

3.6 测量精度与误差

3.6.1 重复性

同一操作者在同一实验室重复测定同一模料试样,两个结果差值不得大于 0.6 MPa。

3.6.2 再现性

不同操作者在不同实验室测定同一模料试样,两个结果之差值不得大于 1 MPa。

4 表面硬度的测定

4.1 表面硬度的测定方法提要

低温模料的表面硬度以针入度表示,系指在温度 20 ℃、100 g 载荷下,在 5 s 内标准针沿垂直方向插入模料的深度,以 10^{-1} mm 计。

4.2 仪器与设备

测定表面硬度所用仪器:

——采用针入度测定仪或自动针入度测定仪及其附件。

——表面温度计:测温范围为 0 ℃~100 ℃,精度为 1 ℃。

——水银温度计:测温范围为 0 ℃~200 ℃,精度为 1 ℃。

——恒温水浴:温度控制精度 ±1 ℃。

——平底保温皿:容量不小于 1 L,深度不小于 50 mm。

4.3 试样

4.3.1 试样盛样环

试样盛样环用不锈钢制成,形状和尺寸如图3所示。

单位为毫米

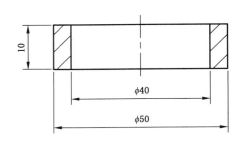

图 3 盛样环示意图

4.3.2 试样制备

4.3.2.1 将盛样环平放在涂有脱模油的平板玻璃上,加热待试模料至熔点以上约30 ℃,并在此温度下保持足够的时间以使模料温度均匀,然后小心注入盛样环中,注满为止。

4.3.2.2 试样冷却后刮平,带环取下,以模料与玻璃板形成的试验表面为待测面。待测面应光滑平整,不应有缩陷、气泡和冷隔等缺陷。

4.3.2.3 试样在室温下冷却不少于1 h,再浸入(20±1)℃的恒温水浴中保温不少于1 h,浴内水面应比试样表面高出不小于25 mm。

4.3.3 试验步骤

4.3.3.1 调整针入度测定仪使成水平。按规定安装好标准针。

4.3.3.2 将试样从恒温水浴中取出,立即放入水温(20±1)℃的平底保温皿中,试样表面以上水层高度应不小于10 mm。

4.3.3.3 将放有试样的保温皿放在针入度测定仪的圆形平台上,调节标准针使针尖与试样表面刚好接触,按下活杆,使之与连接标准针的连杆接触,并将刻度指针调至零点。

4.3.3.4 用手压紧按钮,同时启动秒表,自由地穿入试样中,5 s后松开按钮,使标准针停止穿入试样。

4.3.3.5 按下活杆使之再次与连杆顶端接触。记下刻度盘上指针的读数,即试样的针入度。

4.3.3.6 同一试样至少测定3次。每次穿入点距盛样环边缘及其相互间距均不应小于10 mm。

4.3.3.7 每次测定后,应将标准针取下,用浸有酒精或汽油的棉花擦净,再用干净棉丝擦干。若标准针弯曲或针尖发毛应及时更换。

4.3.4 试验结果及处理

4.3.4.1 同一试样表面硬度测定的最大值与最小值之差,不应超过表1的规定。

表 1 表面硬度测定的允许偏差

测定表面硬度时插入模料的深度范围/mm	允许偏差/mm
≤0.5	0.05
>0.5～1	0.1
>1～2.5	0.2

4.3.4.2　试样表面硬度的有效测量值应不少于 3 个，取其算术平均值作为该模料的表面硬度，取至 0.1 mm。

4.3.4.3　同一实验室同一操作者两次试验结果之差不应大于 0.1 mm。

5　热稳定性的测定

5.1　热稳定性的测定方法提要

将模料试样一端固定在热变形量测定仪支架上，在给定温度下保温 2 h，测量试样悬臂伸出端的下垂量，用以衡量模料受热时抗软化变形的能力。

测定模料试样下垂量不大于 2 mm 时的最高温度，即热稳定性温度，用以表示模料的热稳定性。

5.2　热变形量测定仪

热变形量测定仪主要由压板、支架和定位块组成，其示意图见图 4。

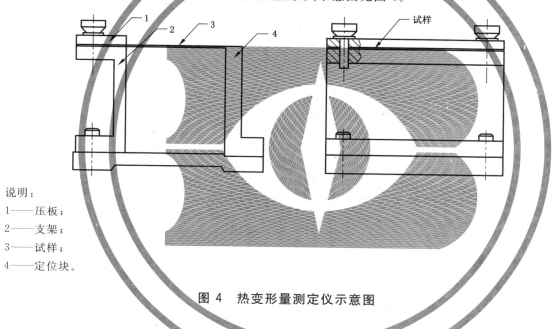

说明：
1——压板；
2——支架；
3——试样；
4——定位块。

图 4　热变形量测定仪示意图

5.3　其他试验仪器和设备

测定热稳定性所用的其他器具：
——水银温度计：测温范围为 0 ℃～200 ℃，精度为 1 ℃。
——表面温度计：测温范围为 0 ℃～100 ℃，精度为 1 ℃。
——压注机：气动或液压活塞式压注机或射蜡机。
——游标卡尺：量程为 0 mm～150 mm，精度为 0.02 mm。
——鼓风恒温干燥箱：温度控制精度为±1 ℃。有效容积为不小于 300 mm×300 mm×300 mm。
——游标高度尺或读数显微镜：游标高度尺量程为 150 mm，精度 0.02 mm。读数显微镜量程 100 mm，精度 0.01 mm，物镜焦距 30 mm 以上。

5.4　试样制备

5.4.1　试样带注蜡口的形状、尺寸应符合图 5 规定。

单位为毫米

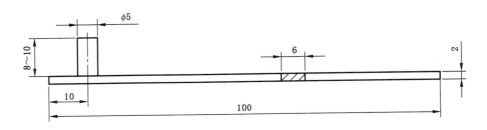

图 5　试样形状、尺寸

5.4.2　压制试样时,模料温度按实际生产中的最佳压注温度控制,压注时的温度范围应控制在±1 ℃,压注压力为(1.18±0.20)MPa,压型温度为(28±2)℃,保压时间为(25±5)s,将模料装入预热至约 40 ℃并涂有脱模油的注蜡筒中压注。每次装料只能压注一次,不应连续压注。压注完毕,蜡筒内余料厚度不得小于 10 mm。

5.4.3　对光透视试样,内部不应有气泡,检查试样外形,试样应平直,不应弯曲和翘曲,用小刀修去多余毛刺及注蜡口,逐个测量试样厚度,厚度超过(2±0.1)mm者作废;有效试样数量应不少于 9 个。

5.5　试验步骤

5.5.1　将检查合格的试样仔细安装在热变形量测定仪的支架上,试样上无毛刺的一面朝下作为测量基准面。试样相互间应留有间隙,不应粘连。用固定块保证试样悬臂长 60 mm。然后压板压紧,试样不应松动(如图 6 所示)。

5.5.2　小心移去定位块,使试样悬臂伸出端呈自由状态。用高度尺或读数显微镜逐一测出其高度 H_1。

单位为毫米

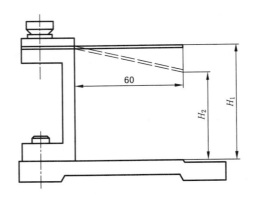

图 6　热变形量测定示意图

5.5.3　将装好试样的热变形量测定仪放入预先已升温至预定温度的恒温箱中。温度以试样所在位置的温度为准。几套测定仪同时加热时其相互间距离及其与炉门/炉壁之间的距离均应大于 50 mm,加热时温度偏差应控制在±1 ℃范围内。

5.5.4　从试样入炉开始计时,保温 2 h 后取出试样,在室温(20±2)℃下停放 2 h 后逐个测量试样悬臂伸出端高度 H_2。

5.6　试验结果及处理

5.6.1　热变形量的计算

5.6.1.1　按式(2)计算试样热变形量:

$$\Delta H_{t-2}=H_1-H_2 \qquad\qquad \cdots\cdots\cdots\cdots(2)$$

式中：

ΔH_{t-2}——试样在设定温度 t 下保温 2 h 后的热变形量,单位为毫米(mm);

H_1——试样在加热前悬臂伸出端高度,单位为毫米(mm);

H_2——试样在设定温度下加热后悬臂伸出端高度,单位为毫米(mm)。

5.6.1.2 计算每个试样热变形量 ΔH_{t-2} 的单值,为方便公式表示,用 $X_1,X_2,\cdots\cdots X_n$,表示每个试样热变形量的单值。

5.6.1.3 按式(3)计算热变形量的平均值 $\overline{X}$:

$$\overline{X}=\frac{\sum_{i=1}^{n}X_i}{n} \qquad\qquad \cdots\cdots\cdots\cdots\cdots\cdots(3)$$

式中：

$\overline{X}$——一组试样热变形量的算术平均值,单位为毫米(mm);

X_i——测定的试样热变形量的单值,单位为毫米(mm)。

5.6.1.4 按式(4)计算每组试样热变形量的标准差 σ:

$$\sigma=\sqrt{\frac{\sum(X_i-\overline{X})^2}{n-1}} \qquad\qquad \cdots\cdots\cdots\cdots\cdots\cdots(4)$$

式中：

σ——标准差,单位为毫米(mm);

n——试样个数。

5.6.1.5 按式(5)计算离散系数 C_v:

$$C_v=\frac{\sigma}{\overline{X}} \qquad\qquad \cdots\cdots\cdots\cdots\cdots\cdots(5)$$

式中：

C_v——离散系数。

5.6.1.6 与算术平均值之差超过 ±0.4 mm 的测量值应剔除,有效测量值应不少于 9 个,取其算术平均值作为该模料的热变形量,精确至 ±0.01 mm;同一实验室同一操作者两次试验结果之差应不大于0.3 mm。

5.6.2 热稳定性温度

5.6.2.1 如果在给定试验温度下,试样的下垂量 $\Delta H<2$ mm,则应更换新试样,每次将试验温度提高2 ℃再测,直至获得 ΔH 为 2 mm 的试验温度,则此试验温度 t 即为模料热稳定性温度。

若将试验温度提高 2 ℃后,即 $(t+2)$℃时的试样 $\Delta H>2$ mm,则再测 $(t+1)$℃时下垂量:

a) 若 $\Delta H\leqslant2$ mm,则 $(t+1)$℃为热稳定性温度;

b) 若 $\Delta H>2$ mm,则 t ℃为热稳定性温度。

5.6.2.2 如果在给定试验温度下,试样的下垂量 $\Delta H>2$ mm,则更换新试样,每次将试验温度降低 2 ℃再测,直至获得 ΔH 为 2 mm 的试验温度,则此试验温度 t 即为模料热稳定性温度。

若将试验温度降低 2 ℃后,即 $(t-2)$℃时的试样 $\Delta H<2$ mm,则再测 $(t-1)$℃时下垂量:

a) 若 $\Delta H\leqslant2$ mm,则 $(t-1)$℃为热稳定性温度;

b) 若 $\Delta H>2$ mm,则 $(t-2)$℃为热稳定性温度。

6 熔模-黏结剂润湿角的测定

6.1 熔模铸造熔模-黏结剂润湿角的测定

根据黏结剂在熔模试样表面形成的液滴,测量其外形弧线与熔模试样表面产生的弦切角,用以度量黏结剂对熔模表面的润湿程度。图 7 为接触润湿角测定示意图。

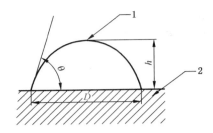

说明：

1——黏结剂液滴；

2——熔模试样。

图 7　接触润湿角测定示意图

6.2　试验仪器与设备

测定熔模-黏结剂润湿角所用的器具：

——水银温度计:测温范围为 0 ℃～200 ℃,精度为 1 ℃。

——表面温度计:测温范围为 0 ℃～100 ℃,精度为 1 ℃。

——游标卡尺:量程为(0～150)mm,精度为 0.02 mm。

——测量显微镜:精度 0.01 mm。

——注射器:容量 1 mL。

——注射针头:4½号。

6.3　试样尺寸

试样推荐尺寸为 2 mm×25 mm×60 mm。

6.4　试样制备

熔模试样按实际生产中的制模工艺制成,试样表面应平整,无流痕、气泡、缩陷、裂纹等缺陷。

6.5　试样数量

有效试样数量不少于 8 个。

6.6　试验步骤

6.6.1　试验前用中性清洗剂将试样表面清洗干净,再用清水冲洗,擦干。试样表面应无油污、灰尘或脱模剂存在。

6.6.2　将测量显微镜水平安放在支架上,并调整水平。

6.6.3　将试样放在载物台的小试架上,调整光路,对准焦距。

6.6.4　将待测水玻璃黏结剂小心吸入注射器,排除空气,装上针头,用纱布擦净针头上的余液。

6.6.5　稍加微力,使针头露出一液滴,待其欲滴时,令黏结剂液滴接触被测试样表面,并使液滴滴落于试样表面上。保持环境温度(20±2)℃。

6.6.6　调整焦距,按图 3 测量液滴高度,液滴直径,精确至 0.01 mm。

6.6.7　测量、读数应在 20 s～30 s 内完成。

6.7 试验结果及处理

6.7.1 润湿角按式(6)计算:

$$\theta = 2 \operatorname{arctg} \frac{2h}{D} \qquad \cdots\cdots\cdots\cdots\cdots\cdots\cdots (6)$$

式中:

θ ——润湿角,单位为度(°);

h ——液滴高度,单位为毫米(mm);

D ——液滴直径,单位为毫米(mm)。

6.7.2 计算每个熔模试样润湿角 θ 的单值,为了方便用公式表示,每个熔模试样润湿角 θ 的单值分别用 $X_1,X_2,\cdots\cdots,X_n$ 表示。

6.7.3 按式(7)计算模料润湿角的算术平均值 $\overline{X}$,取至 $1°$。

$$\overline{X} = \frac{\sum\limits_{i=1}^{n} X_i}{n} \qquad \cdots\cdots\cdots\cdots\cdots\cdots\cdots (7)$$

式中:

$\overline{X}$ ——一组试样润湿角的算术平均值,单位为度(°);

X_i ——试样润湿角测定的单值,单位为度(°)。

6.7.4 按式(8)计算每组试样润湿角的标准差 σ:

$$\sigma = \sqrt{\frac{\sum (X_i - \overline{X})^2}{n-1}} \qquad \cdots\cdots\cdots\cdots\cdots\cdots\cdots (8)$$

式中:

n ——试样个数。

6.7.5 按式(9)计算离散系数 C_v:

$$C_v = \frac{\sigma}{\overline{X}} \qquad \cdots\cdots\cdots\cdots\cdots\cdots\cdots (9)$$

式中:

σ ——标准差,单位为度(°);

C_v ——离散系数。

6.7.6 同一实验室同一操作者两次试验结果之差应小于 $5°$。

7 试验报告

试验报告应包括下列内容:

a) 模料名称、牌号、批号及试样来源;

b) 本部分编号及名称;

c) 试验环境的温度、湿度;

d) 模料使用性能测试种类、数值等;

e) 试验人员、校对、审核、批准;

f) 试验日期。

附　录　A
（资料性附录）
新旧标准的差异对照表

表 A.1　新旧标准的差异对照表

序号	GB/T 14235.2—1993、GB/T 14235.5—1993、GB/T 14235.9—1993	GB/T 14235.2—2018
1	GB/T 14235.2—1993 的第 1 章规定了熔模铸造模料在室温下的抗弯强度的测定方法；适用于测定熔模铸造模料室温弯曲脆断时的强度。 GB/T 14235.5—1993 的第 1 章规定了熔模铸造模料表面硬度的测定方法；适用于测定熔模铸造用均质模料的表面硬度。 GB/T 14235.9—1993 的第 1 章规定了熔模铸造模料热稳定性的测定方法；适用于测定各种熔模铸造用模料的热稳定性	1　范围 GB/T 14235 的本部分规定了熔模铸造低温模料的抗弯强度、表面硬度、热稳定性和熔模-黏结剂润湿角等使用性能的试验方法。 本部分适用于熔模铸造低温模料的抗弯强度、表面硬度、热稳定性和熔模-黏结剂润湿角等使用性能的测定
2	规范性引用文件： GB 1800～1804　公差与配合 GB 4985　石油蜡针入度测定方法	—
3	—	2　术语和定义
4	—	2.1　低温模料的室温抗弯强度
5	GB/T 14235.2—1993 熔模铸造模料　抗弯强度测定方法	3　抗弯强度的测定
6	GB/T 14235.2—1993 的 3 方法提要	3.1　室温抗弯强度的测定方法概述
7	GB/T 14235.2—1993 的 4 设备仪器	3.2　仪器与设备
8	GB/T 14235.2—1993 的 5 试样的制备	3.3　试样的制备
9	—	3.3.1
10	—	3.3.2
11	GB/T 14235.2—1993 的 5.1～5.2	3.3.3～3.3.4
12	GB/T 14235.2—1993 的 5.3、5.4	3.3.5
13	GB/T 14235.2—1993 的 5.5～5.7	3.3.6～3.3.8
14	GB/T 14235.2—1993 的 5.8 试样在室温下存放 20 h 以上，再放入(20±1)℃的恒温水浴中保温 4 h，取出擦干待测。若试样在 20 ℃下恒温存放，则不必再经过(20±1)℃的恒温处理。存放期内试样不得弯曲变形	3.3.9　试样放入(20±0.5)℃的恒温水浴中保温 4 h，取出擦干待测，存放期内试样不得弯曲变形
15	GB/T 14235.2—1993 的 6 试验步骤	3.4　试验的步骤
16	GB/T 14235.2—1993 的 6.1～6.4	3.4.1～3.4.4

表 A.1（续）

序号	GB/T 14235.2—1993、GB/T 14235.5—1993、GB/T 14235.9—1993	GB/T 14235.2—2018
17	—	3.4.5
18	GB/T 14235.2—1993 的 7 试验结果的计算	3.5 试验结果的计算
19	GB/T 14235.2—1993 的 7 试验结果的计算	3.5.1～3.5.2
20	GB/T 14235.2—1993 的 8 精密度	3.6 测量精度与误差
21	GB/T 14235.2—1993 的 8 用以下规定来判断试验结果的可靠度(95%置信度)	—
22	GB/T 14235.2—1993 的 8.1～8.2	3.6.1～3.6.2
23	GB/T 14235.2—1993 的附录 A	—
24	GB/T 14235.5—1993 熔模铸造模料 表面硬度测定方法	4 表面硬度的测定
25	GB/T 14235.5—1993 的 3 方法提要	4.1 表面硬度的测定方法提要
26	GB/T 14235.5—1993 的 4 设备仪器	4.2 仪器与设备
27	—	4.3 试样
28	—	4.3.1 试样盛样环
29	GB/T 14235.5—1993 的 5 试样制备	4.3.2 试样制备
30	GB/T 14235.5—1993 中的 5.1 将黄铜板置于 2 个软木塞上,用脱模及湿润其上表面,放上试样成型器。然后,把它们放入(30±1)℃的保温箱内恒温 20 min。GB/T 14235.5—1993 的 5.2 加热模料,待融化后温度再升高 20 ℃。熔化时充分搅拌模料液,并使其含气泡逸出后才可注入恒温的成型器。如果模料收缩过大无法形成光滑试样表面时,可适当提高黄铜板的恒温温度,或者降低试样浇注温度	4.3.2.1 将盛样环平放在涂有脱模油的平板玻璃上,加热待试模料至熔点以上约 30 ℃,并在此温度下保持足够的时间以使模料温度均匀,然后小心注入盛样环中,注满为止
31	GB/T 14235.5—1993 的 5.3 浇注试样使之成凸面,并在(20±1)℃下冷却 1 h,然后刮去多余的模料,从板上取下成型器。再将与光铜板接触的试样光滑面朝上,在试验温度精确至±1 ℃的水浴中放置 1 h。一般试验温度为 20 ℃,也可测定其他选定温度的针入度,但报告中要予以说明	4.3.2.2 试样冷却后刮平,带环取下,以模料与玻璃板形成的试验表面为待测面。待测面应光滑平整,不应有缩陷、气泡和冷隔等缺陷
32	GB/T 14235.5—1993 的 5.4 将装有试样的成型器从水浴中取出,迅速放入玻璃小水浴中,使水面高出试样光滑面 20 mm,用温度计直接测量玻璃小水浴的温度。当修正值等于或者超过 0.05 ℃时水银柱露出部分需要修正,修正方法见附录 A	4.3.2.3 试样在室温下冷却不少于 1 h,再浸入(20±1)℃的恒温水浴中保温不少于 1 h,浴内水面应比试样表面高出不小于 25 mm
33	GB/T 14235.5—1993 的 6 试验步骤	4.3.3 试验步骤

表 A.1（续）

序号	GB/T 14235.2—1993、GB/T 14235.5—1993、 GB/T 14235.9—1993	GB/T 14235.2—2018
34	GB/T 14235.5—1993 的 6.1 使滑杆与指针相接触，将针入度刻度盘指示值调整为零。调节可调节针组使标准针靠近试样表面，观察针尖投影，用微调使针尖恰好接触试样表面。5 min 后释放滑杆，使标准针自由降落 5 s 后立即卡住滑杆。然后轻轻按下指针杆使之与滑杆顶住，准确地由刻度盘读取针入度值。用秒表计时，要在试验前开动秒表，当秒针走至易于读算位置时释放滑杆，经 5 s 时立即卡住滑杆	4.3.3.1 调整针入度测定仪使成水平。按规定安装好标准针。 4.3.3.2 将试样从恒温水浴中取出，立即放入水温（20±1）℃的平底保温皿中，试样表面以上水层高度应不小于 10 mm。 4.3.3.3 将放有试样的保温皿放在针入度测定仪的圆形平台上，调节标准针使针尖与试样表面刚好接触，按下活杆，使之与连接标准针的连杆接触，并将刻度指针调至零点。 4.3.3.4 用手压紧按钮，同时启动秒表，自由地穿入试样中，5 s 后松开按钮，使标准针停止穿入试样。 4.3.3.5 按下活杆使之再次与连杆顶端接触。记下刻度盘上指针的读数，即试样的针入度
35	GB/T 14235.5—1993 的 6.2 每个试样需测试 4 点，每个测试点距试样边缘不小于 6 mm，并且彼此间距均不得少于 8 mm。不要选择试样表面有白斑或皱纹处作为测试点。每次测定前要认真检查水浴温度。用清洁的干绸布顺针尖擦拭，以除去前次测定所附着的渣屑	4.3.3.6 同一试样至少测定 3 次。每次穿入点距盛样环边缘及其相互间距均不应小于 10 mm。 4.3.3.7 每次测定后，应将标准针取下，用浸有酒精或汽油的棉花擦净，再用干净棉丝擦干。若标准针弯曲或针尖发毛应及时更换
36	GB/T 14235.5—1993 的 7 试样结果的计算	4.3.4 试验结果及处理
37	—	4.3.4.1 增加表 1 表面硬度测定的允许偏差
38	GB/T 14235.5—1993 的 7 取四次测定结果的算术平均值作为测定结果，即表面硬度值。计算结果精确到一个单位	4.3.4.2 试样表面硬度的有效测量值应不少于 3 个，取其算术平均值作为该模料的表面硬度，取至 0.1 mm
39	GB/T 14235.5—1993 的 8 精密度（8.1 重复性、8.2 再现性）	4.3.4.3 同一实验室同一操作者两次试验结果之差不应大于 0.1 mm
40	GB/T 14235.5—1993 附录 A	
41	GB/T 14235.9—1993 熔模铸造模料 热稳定性测定方法	5 热稳定性的测定
42	GB/T 14235.9—1993 的 2 方法提要	5.1 热稳定性的测定方法提要
43	GB/T 14235.9—1993 的 3.1	5.2 热变形量测量仪
44	GB/T 14235.9—1993 的 3 设备仪器	5.3 其他试验仪器和设备
45	GB/T 14235.9—1993 的 4 试样制备	5.4 试样制备
46	GB/T 14235.9—1993 的 4.1	5.4.1
47	GB/T 14235.9—1993 的 4.2～4.7	5.4.2～5.4.3
48	GB/T 14235.9—1993 的 5 试验步骤	5.5 试验步骤

表 A.1（续）

序号	GB/T 14235.2—1993、GB/T 14235.5—1993、GB/T 14235.9—1993	GB/T 14235.2—2018
49	GB/T 14235.9—1993 的 5.1～5.4	5.5.1～5.4
50	—	5.6 试验结果及处理
51	—	5.6.1 热变形量的计算
52	—	5.6.1.1～5.6.1.4 热变形量、热变形量的标准差、离散系统的计算式
53	GB/T 14235.9—1993 的 5.5	5.6.1.5
54	—	5.6.2 热稳定性温度
55	GB/T 14235.9—1993 的 5.6	5.6.2.1～5.6.2.2
56	—	6 熔模-黏结剂润湿角的测定
57	—	7 试验报告
58	—	附录 A 新旧标准的差异对照表

参 考 文 献

[1] GB/T 514—2005 石油产品试验用玻璃液体温度计技术条件

[2] GB/T 1800.1—2009 产品几何技术规范(GPS) 极限与配合 第1部分:公差、偏差和配合的基础

[3] GB/T 4985 石油蜡针入度测定法

ICS 67.140.10
X 55

中华人民共和国国家标准

GB/T 14456.2—2018
代替 GB/T 14456.2—2008

绿茶 第2部分：大叶种绿茶

Green tea—Part 2：Dayezhong green tea

2018-02-06 发布

2018-06-01 实施

中华人民共和国国家质量监督检验检疫总局
中国国家标准化管理委员会 发布

前　言

GB/T 14456《绿茶》分为以下 6 个部分：

——第 1 部分：基本要求；

——第 2 部分：大叶种绿茶；

——第 3 部分：中小叶种绿茶；

——第 4 部分：珠茶；

——第 5 部分：眉茶；

——第 6 部分：蒸青茶。

本部分为 GB/T 14456 的第 2 部分。

本部分按照 GB/T 1.1—2009 给出的规则起草。

本部分代替 GB/T 14456.2—2008《绿茶　第 2 部分：大叶种绿茶》。

本部分与 GB/T 14456.2—2008 相比，主要技术差异如下：

——修改了规范性引用文件（见第 2 章，2008 年版的第 2 章）；

——增加了蒸青绿茶、炒青绿茶、烘青绿茶、晒青绿茶的定义（见 3.2、3.3、3.4、3.5）；

——炒青绿茶、烘青绿茶和晒青绿茶不再细分毛茶和精制茶，各茶类感官品质要求进行了修改（见
5.2，2008 年版的 5.2）；

——理化指标不再区分毛茶和精制茶，将碎末茶指标改为粉末（见表 5，2008 年版的表 8）；

——增加茶多酚和儿茶素项目，明确水溶性灰分、水溶性灰分碱度、酸不溶性灰分、粗纤维四项理化
指标为参考指标（见表 5）。

本部分由中华全国供销合作总社提出。

本部分由全国茶叶标准化技术委员会（SAC/TC 339）归口。

本部分起草单位：中华全国供销合作总社杭州茶叶研究院、云南省产品质量监督检验研究院、云南
省腾冲市高黎贡山生态茶业有限公司。

本部分主要起草人：赵玉香、金阳、祝红昆、刘亚峰、周红杰、翁昆、张亚丽、陈亚忠。

本部分所代替标准的历次版本发布情况为：

——GB/T 14456.2—2008。

绿茶 第2部分：大叶种绿茶

1 范围

GB/T 14456 的本部分规定了大叶种绿茶的术语和定义、产品规格与实物标准样、要求、试验方法、检验规则、标志、标签、包装、运输和贮存。

本部分适用于以大叶种茶树[*Camellia sinensis*(L.)O.Kuntze]的芽、叶、嫩茎为原料，经过摊青、杀青、揉捻、干燥、整形等工艺制成的绿茶产品。

2 规范性引用文件

下列文件对于本文件的应用是必不可少的。凡是注日期的引用文件，仅注日期的版本适用于本文件。凡是不注日期的引用文件，其最新版本(包括所有的修改单)适用于本文件。

GB/T 191 包装储运图示标志

GB 2762 食品安全国家标准 食品中污染物限量

GB 2763 食品安全国家标准 食品中农药最大残留限量

GB 5009.3 食品安全国家标准 食品中水分的测定

GB 5009.4 食品安全国家标准 食品中灰分的测定

GB 7718 食品安全国家标准 预包装食品标签通则

GB/T 8302 茶 取样

GB/T 8303 茶 磨碎试样的制备及其干物质含量测定

GB/T 8305 茶 水浸出物测定

GB/T 8309 茶 水溶性灰分碱度测定

GB/T 8310 茶 粗纤维测定

GB/T 8311 茶 粉末和碎茶含量测定

GB/T 8313 茶叶中茶多酚和儿茶素类含量的检测方法

GB/T 14456.1 绿茶 第1部分：基本要求

GB/T 14487 茶叶感官审评术语

GB/T 18795 茶叶标准样品制备技术条件

GB/T 23776 茶叶感官审评方法

GB/T 30375 茶叶贮存

GH/T 1070 茶叶包装通则

JJF 1070 定量包装商品净含量计量检验规则

定量包装商品计量监督管理办法(国家质量监督检验检疫总局〔2005〕第75号令)

国家质量监督检验检疫总局关于修改《食品标识管理规定》的决定(国家质量监督检验检疫总局〔2009〕第123号令)

3 术语和定义

GB/T 14487 界定的以及下列术语和定义适用于本文件。

3.1

大叶种绿茶 dayezhong green tea

用大叶种茶树[*Camellia sinensis*(L.)O.Kuntze]的鲜叶,经过摊青、杀青、揉捻、干燥、整形等加工工艺制成的绿茶。

3.2

蒸青绿茶 steamed green tea

鲜叶用蒸汽杀青后,经初烘、揉捻、干燥,并经滚炒、筛分等工艺制成的绿茶。

3.3

炒青绿茶 pan-fried green tea

鲜叶用锅炒或滚筒高温杀青,经揉捻、初烘、炒干并经筛分整理、拼配等工艺制成的绿茶。

3.4

烘青绿茶 roasted green tea

鲜叶用锅炒或滚筒高温杀青,经揉捻、全烘干燥并经筛分整理、拼配等工艺制成的绿茶。

3.5

晒青绿茶 sundried green tea

鲜叶用锅炒高温杀青,经揉捻、日晒方式干燥并经筛分整理、拼配等工艺制成的绿茶。

4 产品规格与实物标准样

4.1 产品规格

4.1.1 大叶种绿茶根据加工工艺的不同,分为蒸青绿茶、炒青绿茶、烘青绿茶和晒青绿茶。

4.1.2 蒸青绿茶按照产品感官品质的不同,分为:特级(针形)、特级(条形)、一级、二级、三级。

4.1.3 炒青绿茶按照产品感官品质的不同,分为特级、一级、二级、三级。

4.1.4 烘青绿茶按照产品感官品质的不同,分为特级、一级、二级、三级。

4.1.5 晒青绿茶按照产品感官品质的不同,分为特级、一级、二级、三级、四级、五级。

4.2 实物标准样

产品的每一等级均设置实物标准样,为品质的最低界限,每三年更换一次。实物标准样的制备按GB/T 18795 的规定执行。

5 要求

5.1 基本要求

应符合 GB/T 14456.1 的要求。

5.2 感官品质

5.2.1 蒸青绿茶

应符合表 1 的规定。

表 1 蒸青绿茶感官品质要求

级别	项目							
	外形				内质			
	条索	整碎	净度	色泽	香气	滋味	汤色	叶底
特级（针形）	紧细重实	匀整	净	乌绿油润白毫显露	清高持久	浓醇鲜爽	绿明亮	肥嫩绿明亮
特级（条形）	紧结重实	匀整	净	灰绿润	清高持久	浓醇爽	绿明亮	肥嫩绿亮
一级	紧结尚重实	匀整	有嫩茎	灰绿润	清香	浓醇	黄绿亮	嫩匀黄绿亮
二级	尚紧结	尚匀整	有茎梗	灰绿尚润	纯正	浓尚醇	黄绿	尚嫩黄绿
三级	粗实	欠匀整	有梗朴	灰绿稍花	平正	浓欠醇	绿黄	叶张尚厚实黄绿稍暗

5.2.2 炒青绿茶

应符合表 2 的规定。

表 2 炒青绿茶感官品质要求

级别	项目							
	外形				内质			
	条索	整碎	净度	色泽	香气	滋味	汤色	叶底
特级	肥嫩紧结重实显锋苗	匀整平伏	净	灰绿光润	清高持久	浓厚鲜爽	黄绿明亮	肥嫩匀黄绿明亮
一级	紧结有锋苗	匀整	稍有嫩梗	灰绿润	清高	浓醇	黄绿亮	肥软黄绿亮
二级	尚紧结	尚匀整	有嫩梗卷片	黄绿	纯正	浓尚醇	黄绿尚亮	厚实尚匀黄绿尚亮
三级	粗实	欠匀整	有梗片	绿黄稍杂	平正	浓稍粗涩	绿黄	欠匀绿黄

5.2.3 烘青绿茶

应符合表 3 的规定。

表 3 烘青绿茶感官品质要求

级别	项目							
	外形				内质			
	条索	整碎	净度	色泽	香气	滋味	汤色	叶底
特级	肥嫩紧实有锋苗	匀整	净	青绿润白毫显露	嫩香浓郁	浓厚鲜爽	黄绿明亮	肥嫩匀黄绿明亮

表 3（续）

级别	项目							
	外形				内质			
	条索	整碎	净度	色泽	香气	滋味	汤色	叶底
一级	肥壮紧实	匀整	有嫩茎	青绿尚润 有白毫	嫩浓	浓厚	黄绿尚亮	肥厚黄 绿尚亮
二级	尚肥壮	尚匀整	有茎梗	青绿	纯正	浓醇	黄绿	尚嫩匀黄绿
三级	粗实	欠匀整	有梗片	绿黄稍花	平正	尚浓稍粗	绿黄	欠匀绿黄

5.2.4 晒青绿茶

应符合表4的规定。

表 4 晒青绿茶感官品质要求

级别	项目							
	外形				内质			
	条索	整碎	净度	色泽	香气	滋味	汤色	叶底
特级	肥嫩紧结 显锋苗	匀整	净	深绿润 白毫显露	清香浓长	浓醇回甘	黄绿明亮	肥嫩多芽 绿黄明亮
一级	肥嫩紧实 有锋苗	匀整	稍有嫩茎	深绿润 有白毫	清香	浓醇	黄绿亮	柔嫩有芽 绿黄亮
二级	肥大紧实	匀整	有嫩茎	深绿尚润	清纯	醇和	黄绿尚亮	尚柔嫩 绿黄尚亮
三级	壮实	尚匀整	稍有梗片	深绿带褐	纯正	平和	绿黄	尚软绿黄
四级	粗实	尚匀整	有梗朴片	绿黄带褐	稍粗	稍粗淡	绿黄稍暗	稍粗黄稍褐
五级	粗松	欠匀整	梗朴片较多	带褐枯	粗	粗淡	黄暗	粗老黄褐

5.3 理化指标

理化指标应符合表5的规定。

表 5 理化指标

项目		指标			
		蒸青	炒青	烘青	晒青
水分/(g/100 g)	≤	7.0			9.0
总灰分/(g/100 g)	≤	7.5			
粉末（质量分数)/%	≤	0.8			
水浸出物（质量分数)/%	≥	36.0			
粗纤维（质量分数)/%	≤	16.0			

表 5（续）

项目		指标			
		蒸青	炒青	烘青	晒青
酸不溶性灰分/(g/100 g)	≤	1.0			
水溶性灰分,占总灰分(质量分数)/%	≥	45.0			
水溶性灰分碱度(以 KOH 计)(质量分数)/%		≥1.0ᵃ;≤3.0ᵃ			
茶多酚(质量分数)/%	≥	16.0			
儿茶素(质量分数)/%	≥	11.0			

注：茶多酚、儿茶素、粗纤维、酸不溶性灰分、水溶性灰分、水溶性灰分碱度为参考指标。

ᵃ 当以每 100 g 磨碎样品的毫克当量表示水溶灰分碱度时,其限量为:最小值 17.8;最大值 53.6。

5.4 卫生指标

5.4.1 污染物:应符合 GB 2762 的规定。

5.4.2 农药残留:应符合 GB 2763 的规定。

5.5 净含量

应符合《定量包装商品计量监督管理办法》的规定。

6 试验方法

6.1 感官品质检验按 GB/T 23776 的规定执行。

6.2 试样的制备按 GB/T 8303 的规定执行。

6.3 水分检验按 GB 5009.3 的规定执行。

6.4 总灰分、水溶性灰分、酸不溶性灰分检验按 GB 5009.4 的规定执行。

6.5 水溶性灰分碱度检验按 GB/T 8309 的规定执行。

6.6 粉末检验按 GB/T 8311 的规定执行。

6.7 水浸出物检验按 GB/T 8305 的规定执行。

6.8 粗纤维检验按 GB/T 8310 的规定执行。

6.9 茶多酚和儿茶素检验按 GB/T 8313 的规定执行。

6.10 污染物检验按 GB 2762 的规定执行。

6.11 农药残留检验按 GB 2763 的规定执行。

6.12 净含量检验按 JJF 1070 的规定执行。

7 检验规则

7.1 取样

7.1.1 取样以"批"为单位,同一批投料、同一条生产线、同一班次的产品为一个生产批,同批产品的品质和规格一致。

7.1.2 取样按 GB/T 8302 规定执行。

7.2 检验

7.2.1 出厂检验

每批产品均应做出厂检验,经检验合格签发合格证后,方可出厂。出厂检验项目为感官品质、水分、粉末和净含量。

7.2.2 型式检验

型式检验每年应不少于一次,型式检验项目为第5章要求中的全部项目(参考指标除外)。有下列情况之一时,应进行型式检验:

a) 出厂检验结果与上一次型式检验结果有较大差异时;
b) 当原料、生产工艺有较大改变,可能影响产品质量时;
c) 停产一年及以上,恢复生产时;
d) 国家法定质量监督机构提出型式检验要求时。

7.3 判定规则

按本部分要求的项目检验,检验结果全部符合要求时,则判产品为合格品;检验结果中若有一项或一项以上不符合要求时均判为不合格产品。

7.4 复验

对检验结果有争议时,用留存样对不合格项目进行复验,或在同批产品中重新按 GB/T 8302 规定加倍取样对不合格项目进行复验,检验结果以复验结果为准。

8 标志、标签、包装、运输和贮存

8.1 标志、标签

包装储运图示标志应符合 GB/T 191 的规定;产品标签应符合 GB 7718 和《国家质量监督检验检疫总局关于修改〈食品标识管理规定〉的决定》的规定。

8.2 包装

包装应符合 GH/T 1070 的规定。

8.3 运输

8.3.1 运输工具应清洁、干燥、无异味、无污染。
8.3.2 运输时应有防雨、防潮、防暴晒措施。
8.2.3 不得与有毒、有害、有异味、易污染的物品混装、混运。

8.4 贮存

应符合 GB/T 30375 的规定。

ICS 71.080.60
G 16

中华人民共和国国家标准

GB/T 14571.2—2018
代替 GB/T 14571.2—1993

工业用乙二醇试验方法
第2部分：纯度和杂质的测定
气相色谱法

Test method of ethylene glycol for industrial use—
Part 2：Determination of purity and impurities—
Gas chromatography

2018-03-15 发布

2018-10-01 实施

中华人民共和国国家质量监督检验检疫总局
中国国家标准化管理委员会 发布

前　言

GB/T 14571《工业用乙二醇试验方法》已经或计划发布以下几部分：
——第1部分：酸度的测定　滴定法；
——第2部分：纯度和杂质的测定　气相色谱法；
——第3部分：总醛含量的测定　分光光度法；
——第4部分：紫外透过率的测定　紫外分光光度法；
——第5部分：氯离子的测定。

本部分为GB/T 14571的第2部分。

本部分按照GB/T 1.1—2009给出的规则起草。

本部分代替GB/T 14571.2—1993《工业用乙二醇中二乙二醇和三乙二醇含量的测定　气相色谱法》。

本部分与GB/T 14571.2—1993相比，主要变化如下：
——修改了标准名称；
——修改了相关章条的标题（见第3章～第11章，1993年版的第3章～第9章）；
——修改了范围（见第1章，1993年版的第1章）；
——规范性引用文件增加了相关标准（见第2章，1993年版的第2章）；
——修改了原理（见第3章，1993年版的第3章）；
——删除了填充柱，修改了毛细管柱类型及色谱分析条件（见表1，1993年版的表1）；
——增加了乙二醇纯度的计算（见第8章）；
——增加了1,2-丙二醇、1,2-丁二醇、1,4-丁二醇、1,2-己二醇、碳酸乙烯酯和1,3-二氧杂烷-2-甲醇
　　的测定的相关内容（见第1章、第7章、4.5.2）；
——定量方法由外标法和内标法修改为校正面积归一化法（见第8章，1993年版的7.3和附录A）；
——修改了方法的精密度数据（见表2，1993年版的表2）；
——增加了质量保证和控制（见第10章）；
——删除了附录A（见1993年版的附录A）。

本部分由中国石油化工集团公司提出。

本部分由全国化学标准化技术委员会石油化学分会（SAC/TC 63/SC 4）归口。

本部分起草单位：中国石油化工股份有限公司上海石油化工研究院。

本部分主要起草人：范晨亮、高枝荣、王川、张育红。

本部分所代替标准的历次版本发布情况为：
——GB/T 14571.2—1993。

工业用乙二醇试验方法
第2部分:纯度和杂质的测定
气相色谱法

警示——本部分并不是旨在说明与其使用有关的所有安全问题。使用者有责任采取适当的安全与健康措施,保证符合国家有关法规的规定。

1 范围

GB/T 14571的本部分规定了测定工业用乙二醇中纯度及杂质气相色谱法的原理、试剂或材料、仪器设备、样品、试验步骤、试验数据处理、精密度、质量保证和控制、试验报告。

本部分适用于测定纯度不低于98.0%(质量分数)的工业用乙二醇样品。其中,1,2-丙二醇和三乙二醇的检测限为0.002 0%(质量分数),1,3-二氧杂烷-2-甲醇、二乙二醇、1,2-丁二醇、1,4-丁二醇、1,2-己二醇和碳酸乙烯酯的检测限为0.001 0%(质量分数)。

2 规范性引用文件

下列文件对于本文件的应用是必不可少的。凡是注日期的引用文件,仅注日期的版本适用于本文件。凡是不注日期的引用文件,其最新版本(包括所有的修改单)适用于本文件。

GB/T 3723 工业用化学产品采样安全通则
GB/T 6678 化工产品采样总则
GB/T 6680 液体化工产品采样通则
GB/T 8170 数值修约规则与极限数值的表示和判定

3 原理

在规定的条件下,将适量试样注入配置氢火焰离子化检测器(FID)的色谱仪。乙二醇与各杂质组分在色谱柱上被有效分离,测量所有组分的峰面积,根据校正面积归一化法计算乙二醇纯度及各杂质的含量。

4 试剂或材料

警示——4.1~4.4气体为高压压缩气体或带压力的极易燃气体,4.5标准试剂中大多为易燃或有毒的液体,使用时注意安全。

4.1 载气

氦气或氮气,纯度不低于99.99%(体积分数),经硅胶及5A分子筛干燥和净化。

4.2 燃烧气

氢气,纯度不低于99.99%(体积分数),经硅胶及5A分子筛干燥和净化。

4.3 助燃气

空气,无油,经硅胶及 5A 分子筛干燥和净化。

4.4 辅助气

氮气,纯度不低于 99.99%(体积分数),经硅胶及 5A 分子筛干燥和净化。

4.5 试剂

4.5.1 高纯度乙二醇:用于配制校准溶液的基液。将纯度不低于 99.90%(质量分数)的乙二醇进行蒸馏提纯,收集中间 30%的馏分备用。该馏分按本部分规定条件分析,不应检出本部分所涉及的杂质;否则,在进行校正因子测定和计算时应扣除本底。

4.5.2 1,2-丙二醇、1,2-丁二醇、1,4-丁二醇、1,2-己二醇、二乙二醇、三乙二醇、碳酸乙烯酯、1,3-二氧杂烷-2-甲醇:用于配制校准溶液的杂质组分。各试剂纯度应不低于 99.0%(质量分数),否则配制标样时按各试剂实际纯度计算。

5 仪器设备

5.1 **气相色谱仪**:配置氢火焰离子化检测器,对本部分所规定的最低测定浓度的杂质所产生的峰高应至少大于噪声的两倍,动态线性范围满足定量要求。

5.2 **色谱柱**:推荐的色谱柱及典型操作条件参见表1,也可使用能满足分离要求的其他色谱柱和色谱条件。

表 1 推荐的色谱柱及典型操作条件

色谱柱固定相		6%-氰丙基苯基-94%-二甲基聚硅氧烷	
柱长/m		30	60
内径/mm		0.32	0.25
液膜厚度/μm		1.8	1.4
载气及流量/(mL/min)		0.7(N₂)	1.0(N₂)
柱温控制	初温/℃	80	80
	初温保持时间/min	5	5
	升温速率/(℃/min)	15	10
	终温/℃	230	230
	终温保持时间/min	5	15
汽化室温度/℃		300	
检测器温度/℃		300	
分流比		50:1	
进样量/μL		0.6~0.8	

5.3 **分析天平**:感量 0.1 mg。

5.4 **进样装置**:10 μL 微量注射器或液体自动进样器。

5.5 **记录装置**:电子积分仪或色谱工作站。

6 样品

按 GB/T 3723、GB/T 6678、GB/T 6680 的规定取样。

7 试验步骤

7.1 仪器准备

按照仪器操作说明书,在色谱仪中安装并老化色谱柱。调节仪器至表1推荐的操作条件或能达到等同分离效果的其他适宜条件。待仪器稳定后即可开始测定。

7.2 校准溶液的配制

用称量法配制含有高纯度乙二醇(4.5.1)和待测杂质(4.5.2)的校准溶液。各组分应准确称量至0.000 1 g,计算标样中各杂质组分的配制浓度(w_i),精确至0.000 1%(质量分数)。所配制的杂质浓度应与待测试样中的相近。

注:若测定乙烯氧化/环氧乙烷水合工艺的乙二醇,校准溶液中可不配入1,2-丙二醇、1,2-丁二醇、1,4-丁二醇、1,2-己二醇、碳酸乙烯酯等杂质。

7.3 校正因子的测定

在表1推荐的色谱条件下,取适量校准溶液(7.2)注入色谱仪,重复测定3次。典型的色谱图见图1。测量所有色谱峰面积,1,2-丙二醇与乙二醇若未达到基线分离,1,2-丙二醇的色谱峰应按照拖尾峰斜切处理。

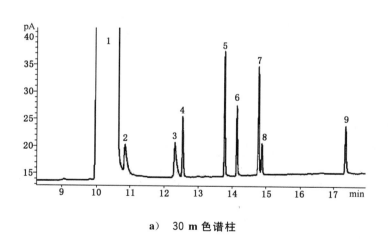

a) 30 m色谱柱

图 1 标样典型色谱图

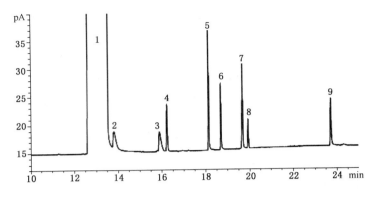

b) 60 m色谱柱

说明：

1——乙二醇；

2——1,2-丙二醇；

3——1,2-丁二醇；

4——1,3-二氧杂烷-2-甲醇；

5——1,4-丁二醇；

6——二乙二醇；

7——1,2-己二醇；

8——碳酸乙烯酯；

9——三乙二醇。

图 1（续）

7.4 试样的测定

在表1推荐的色谱条件下,取适量待测试样注入色谱仪,测量各组分的色谱峰面积。1,2-丙二醇与乙二醇若未达到基线分离,1,2-丙二醇的色谱峰应按照拖尾峰斜切处理。

8 试验数据处理

8.1 校正因子的计算

按式(1)计算各杂质相对于乙二醇的校正因子(f_i):

$$f_i = \frac{w_i \times A_0}{A_i \times w_0} \quad\quad \cdots\cdots\cdots\cdots\cdots\cdots\cdots(1)$$

式中：

w_i——校准溶液中组分 i 的含量（质量分数），%；

w_0——校准溶液中乙二醇的含量（质量分数），%；

A_i——校准溶液中组分 i 的色谱峰面积；

A_0——校准溶液中乙二醇的色谱峰面积。

3次重复测定结果的相对标准偏差（RSD）应不大于5%,取3次的平均值（$\overline{f_i}$）作为校正因子,保留3位有效数字。

8.2 分析结果的计算

乙二醇试样的纯度及杂质的含量（w'_i）,以%（质量分数）表示,按式(2)计算:

$$w'_i = \frac{\overline{f_i} \times A'_i}{\sum \overline{f_i} \times A'_i} \times (100 - \dot{w}_{水}) \qquad \cdots\cdots\cdots\cdots\cdots\cdots\cdots (2)$$

式中：

$\overline{f_i}$ ——试样中组分 i 的校正因子；

A'_i ——试样中组分 i 的色谱峰面积；

$w_{水}$ ——试样中的水分含量（质量分数），%。

注：试样中若存在其他未知组分，其校正因子以 1.00 计。

8.3 分析结果的表述

对于任一试样，各组分的含量以两次平行测定结果的算术平均值表示。

按 GB/T 8170 的规定进行修约，纯度计算结果表示到小数点后两位，杂质含量计算结果表示到小数点后四位。

9 精密度

9.1 重复性

在同一实验室，由同一操作者使用相同设备，按相同的测试方法，并在短时间内对同一被测对象相互独立进行测试获得的两次独立测试结果的绝对差值应不大于表2中的重复性限（r），以大于重复性限（r）的情况不超过 5% 为前提。

9.2 再现性

在任意两个实验室，由不同操作者使用不同设备，按相同的测试方法，对同一被测对象相互独立测试，获得的两个独立测试的结果绝对差值应不大于表2中的再现性限（R），以大于再现性限（R）的情况不超过 5% 为前提。

表 2 重复性限与再现性限

组分名称	重复性限（r）	再现性限（R）
三乙二醇（质量分数）/%	平均值的 20%	平均值的 25%
其他杂质组分（质量分数）/%		
$0.001 \leqslant w \leqslant 0.010$	平均值的 20%	平均值的 25%
$w > 0.010$	平均值的 10%	平均值的 15%
乙二醇纯度（质量分数）/%	0.02	0.03

10 质量保证和控制

10.1 实验室应定期分析质量控制样品，以保证测试结果的准确性。

10.2 质量控制样品应当是稳定的，且相对于被分析样品是具有代表性的。质量控制样品可选用按 7.2 自行配制的校准溶液或市售的有证标准溶液。

11 试验报告

报告应包括以下内容：

a) 有关样品的全部资料,例如样品名称、批号、采样日期、采样地点、采样时间等;

b) 本部分编号;

c) 分析结果;

d) 测定过程中所观察到的任何异常现象的细节及其说明;

e) 分析人员姓名,分析日期。

ICS 59.140.20
Y 46

中华人民共和国国家标准

GB/T 14629.1—2018
代替 GB/T 14629.1—1993

小 湖 羊 皮

Huyang lamb skin

2018-12-28 发布

2019-07-01 实施

国家市场监督管理总局
中国国家标准化管理委员会　发 布

前　　言

本标准按照 GB/T 1.1—2009 给出的规则起草。

本标准代替 GB/T 14629.1—1993《裘皮　小湖羊皮》。

本标准与 GB/T 14629.1—1993《裘皮　小湖羊皮》相比,主要技术变化如下:

——修改了标准名称;

——删除了通用术语(见 1993 年版的第 2 章);

——删除了等级比差(见 1993 年版的 3.2);

——修改了检验规则(见第 5 章,1993 年版的第 5 章);

——简化了包装、运输、贮存(见第 6 章,1993 年版的第 6 章)。

本标准由中国轻工业联合会提出。

本标准由全国皮革工业标准化技术委员会(SAC/TC 252)归口。

本标准起草单位:桐乡市仙人裘皮草有限公司、嘉兴市皮毛和制鞋工业研究所、桐乡鑫诺皮草有限公司、中国皮革和制鞋工业研究院、嘉兴学院。

本标准主要起草人:袁绪政、姜苏杰、徐建清、沈国清、俞明锋、赵立国、沈兵、步巧巧。

本标准所代替标准的历次版本发布情况为:

——GB/T 14629.1—1993。

小 湖 羊 皮

1 范围

本标准规定了小湖羊皮的术语和定义、要求、检验方法、检验规则、包装、运输和贮存。

本标准适用于经宰杀后未经处理或仅经过适当保藏处理的生小湖羊皮。

2 术语和定义

下列术语和定义适用于本文件。

2.1

湖羊 huyang

原产我国太湖流域,主要分布于浙江省嘉兴市、湖州市、杭州市余杭区以及江苏省苏州市和上海市部分地区。属短脂尾绵羊,为白色羔皮羊品种。

2.2

小湖羊皮 huyang lamb skin

纯种湖羊所产的初生羔羊宰杀后剥取的皮,皮张面积一般不超过 2 700 cm²。

2.3

波浪卷花 wave pattern

花纹由弯曲成"S"形毛纤维紧密排列,组成毛面似波浪起伏图案。

2.4

片形花纹 sheet pattern

花纹排列不规则,组成形似片云状花纹图案。

3 要求

3.1 初加工要求

3.1.1 宰剥适当,皮形完整,毛、板清净干燥。

3.1.2 加工形状为自然板。

3.2 皮板面积

皮板面积应符合表 1 的规定。

表 1 皮板面积

单位为平方厘米

皮片类型	皮板面积	计量方式
大片皮	1 780~2 700	以盐湿皮计,其他保藏方式适当调整
小片皮	<1 780	

3.3 被毛长度

被毛长度应符合表2的规定。

表 2 被毛长度

单位为厘米

被毛类型	小毛	中毛	大毛
被毛长度(l)	$1 \leqslant l < 2.5$	$2.5 \leqslant l < 3.1$	$3.1 \leqslant l < 3.5$

3.4 分级

分级应符合表3的规定。

表 3 分级

等级	质量要求
一级	小毛,色泽光润,本白,大片皮,板质良好无折痕,毛细波浪形卷花或片花形花纹占全皮面积1/2以上,或中毛,弹性较好波浪形卷花或片花形花纹占全皮面积3/4以上
二级	中毛,色泽光润,本白,大片皮,板质良好无折痕,毛细波浪形花或片花纹占全皮面积1/2以上,或小毛,花纹欠明显或毛略粗花纹明显;或具有一等皮品质的小片皮
三级	大毛,色泽欠光润,大片皮,板质尚好,波浪形卷花欠显明或片花形占全皮面积1/2,或小毛,花纹隐暗;或毛粗涩有花纹或具有二等皮品质的小片皮
四级	不符合等内皮品质的大片皮;或具有等内品质,长度36.3 cm腰宽29.7 cm以上的小片张皮;或花纹明显,颈部有底绒的非纯种大片皮
五级	不符合一级、二级、三级、四级要求,但仍具有制裘价值的大片皮张、小片皮张
凡毛绒空疏或轻微折痕、瘦薄板、淤血板、陈板等可以视品质酌情定级。对黄板、水伤皮、烘熟板、花板等,按四级皮、五级皮定级。	
不符合大片皮规格的降一级,不符合小片皮规格的按五级皮定级。	

4 检验方法

4.1 总则

采用以量具测量与感官相结合的检验方法。

4.2 检验工具、设备与条件

4.2.1 测量工具,钢直尺、钢卷尺,精度1 mm;梳子、镊子。

4.2.2 检验台,长、宽、高适度,台面平整,样品能在台上摊平。

4.2.3 检验条件,在自然光线充足,阳光不直射的室内检验。

4.3 板质

板朝上,观察其皮板是否清白和伤残情况,抚摸板面厚薄是否适中均匀和坚韧。

4.4 色泽

毛朝上,在室内对着自然光线(阳光不能直射),观察毛面上所反射出的光泽程度。

4.5 毛长度

毛面朝上,在皮的荐部,用镊子将一束毛轻轻拉直,用量尺从毛根到毛稍进行测量。

4.6 花纹面积

毛朝上,上下边对折,花纹面积余缺互补。

4.7 皮板面积

将皮平放在检验台上,长度从颈部中间至尾根量出,宽度在腰间处量出,长、宽相乘即得面积。

5 检验规则

5.1 组批

以同一品种、同一产地、同一规格的产品组成一个检验批。

5.2 检验

逐张进行检验,应符合第3章的规定。

6 包装、运输和贮存

6.1 包装

产品的包装应采用适宜的包装材料,防止产品受损。

6.2 运输和贮存

运输和贮存应符合以下规定:
——防曝晒、防雨雪;
——保持通风干燥,防蛀、防潮、防霉、防腐,避免高温环境;
——远离化学物质、液体侵蚀;
——避免尖锐物品的戳、划。

ICS 59.140.20
Y 46

中华人民共和国国家标准

GB/T 14629.4—2018
代替 GB/T 14629.4—1993

猾 子 皮

Goatling skin

2018-12-28 发布

2019-07-01 实施

国家市场监督管理总局
中国国家标准化管理委员会 发 布

前　言

本标准按照 GB/T 1.1—2009 给出的规则起草。

本标准代替 GB/T 14629.4—1993《裘皮　猾子皮》。本标准与 GB/T 14629.4—1993 相比，主要技术变化如下：

——修改了标准名称；

——删除了"术语"中的通用术语（见 1993 年版的第 2 章）；

——删除了"技术要求"中的"加工要求""等级比差"（见 1993 年版的第 4 章）；

——修改了检验方法（见第 5 章，1993 年版的第 5 章）；

——修改了检验规则（见第 6 章，1993 年版的第 6 章）；

——修改了包装、贮存、运输要求（见第 7 章，1993 年版的第 7 章）。

本标准由中国轻工业联合会提出。

本标准由全国皮革工业标准化技术委员会（SAC/TC 252）归口。

本标准起草单位：浙江中辉皮草有限公司、嘉兴市皮毛和制鞋工业研究所、桐乡鑫诺皮草有限公司、中国皮革和制鞋工业研究院、嘉兴学院。

本标准主要起草人：赵国徽、姜苏杰、周利强、胡建中、沈国清、赵立国、沈兵、步巧巧。

本标准所代替标准的历次版本发布情况为：

——GB/T 14629.4—1993。

猾　子　皮

1　范围

本标准规定了猾子皮的术语和定义、分类、要求、检验方法、检验规则、包装、运输和贮存。

本标准适用于经宰杀后未经处理、或仅经过适当保藏处理的生猾子皮。

2　术语和定义

下列术语和定义适用于本文件。

2.1

猾子皮　goatling skin

各种山羊产的羊羔,在适于取皮的生长期内或流产、产后死亡宰剥的皮。

2.2

青猾皮　gray goatling skin

青山羊产的由黑白两色毛相间均匀组成的青色羔羊,在出生后 3 d 内宰剥的皮。皮张示意图见图 1。

2.3

白猾皮　white goatling skin

山羊产的毛色纯白的羊羔,在出生后 3 d 内宰剥的皮。皮张示意图见图 1。

2.4

西路黑猾皮　black goatling skin in westward

内蒙古、青海、陕西、宁夏、甘肃、山西、河北等地黑山羊羔皮。皮张示意图见图 2。

注:毛色纯黑,具备分脊毛或插式花纹。

2.5

杂路猾皮　goatling skin in elsewhere

上述山羊羔皮以外其他品种的山羊羔皮和不能列入青、白、黑猾皮的不分地区、不分颜色的山羊羔皮。皮张示意图见图 2。

2.6

中卫猾皮　goatling skin in midland

宁夏中卫县及其毗邻地区的山羊羔,在出生 35 d 左右或自然死亡宰剥的皮。皮张示意图见图 3。

注:毛长 6 cm~7 cm,有黑、白色两种。

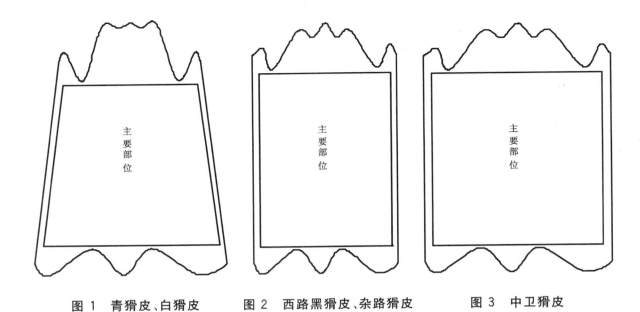

图 1　青猾皮、白猾皮　　　　图 2　西路黑猾皮、杂路猾皮　　　　图 3　中卫猾皮

2.7

毛色正青　the colour of fur is gray

青猾皮脊背两侧的中间部位,黑白色毛相间,黑色毛占 35% 左右。

2.8

毛色略深略浅　the colour of fur is slightly deep or slightly shallow

黑色毛占全部被毛 45% 左右为略深,白色毛占 70% 左右为略浅。

2.9

毛色较深较浅　the colour of fur is a bit deep or a bit shallow

黑色毛占全部被毛 55% 左右为较深,白色毛占 75% 左右为较浅。

2.10

色浅　the colour of fur is too shallow

白色毛占全部被毛 85% 左右。

2.11

草上霜　the colour of fur with frost

在青猾皮中,黑白两色毛不够平齐,白色毛高于黑色毛且粗直。

2.12

铁青色　the colour of fur is too deep

黑色毛占 75% 以上或全皮面积中黑色毛高于白色毛且显粗直。

3　分类

3.1　按产地分类

按产地分类如下:

——青猾皮;

——白猾皮;

——西路黑猾皮;

——中卫猾皮;

——杂路猾皮。

3.2 按颜色分类

颜色分类应符合表1的规定。

表 1 猾子皮颜色分类

毛色分类	黑毛占比	白毛占比	其他
铁青色	目测约大于75%	—	黑色毛高、粗直
较深	目测约55%		—
略深	目测约45%		—
正青	目测约35%		黑白相间
略浅	—	目测约70%	—
较浅	—	目测约75%	—
色浅	—	目测约85%	—
草上霜	—	—	青猾皮中黑白毛不平齐,白色毛粗直、高

4 要求

4.1 分级

4.1.1 青猾皮

青猾皮分级应符合表2的规定。

表 2 青猾皮分级

等级	板质	毛色	光泽	毛粗细	毛密度	花纹	毛长 cm	面积 cm²	伤残
一级	良好	正青、略深略浅	光润	适中	密	明显坚实	约1.5	≥950	无
二级	良好	正青、略深略浅	光润	适中	密	明显坚实	约1.5	≥890	无
	良好	较深较浅	有	略粗略细	密	有或隐暗	约1.5	≥950	主要部位硬伤不超过2处
三级	良好	较深较浅	有	略粗略细	密	有或隐暗	约1.5	≥780	主要部位硬伤不超过1处
	略薄	色浅或欠均匀	较差	较粗较细	略空疏	无	1.3~2	≥850	次要部位硬伤不超过3处
等外	不符合一、二、三级要求,或带大量白针毛或铁青色的皮张								

4.1.2 白猾皮

白猾皮分级应符合表3的规定。

表 3 白猾皮分级

等级	板质	毛色	光泽	毛粗细	毛密度	花纹	毛长 cm	面积 cm²	伤残
一级	良好	色正或白中显黄	光润	适中	密	明显	约1.8	≥950	无
二级	良好	色正或白中显黄	光润	适中	密	明显	约1.8	≥850	无
	略薄	白色或白中显黄	有	适中	密	有	约1.8	≥900	次要部位硬伤不超过2处
三级	略薄	白色或白中显黄	有	适中	密	有	约1.8	≥800	次要部位硬伤不超过2处
	较薄弱	略黄	暗淡	略粗略细	略空疏	无	1.5～2.5	≥850	主要部位无伤残
等外	不符合一、二、三级要求的皮张								

4.1.3 西路黑猾皮

西路黑猾皮分级应符合表4的规定。

表 4 西路黑猾皮分级

等级	板质	毛色	光泽	毛粗细	毛密度	花纹	毛长 cm	面积 cm²	伤残
一级	良好	色正	光润	适中	密	分脊明显有插式花纹	约1	≥540	无
二级	略薄	显红	有	适中	密	明显或有分脊	约1	≥540	主要部位无伤残
三级	较薄弱	显红	有	略粗略细	略空疏	有或隐暗	约1	≥540	主要部位硬伤不超过2处
等外	不符合一、二、三级要求的皮张								

4.1.4 中卫猾皮

中卫猾皮分级应符合表5的规定。

表 5　中卫猾皮分级

等级	板质	毛色	光泽	毛细密	毛绺弯曲	毛长 cm	面积 cm²	伤残
一级	良好	一致	光润	适中	多	6～7	≥2 200	无
二级	良好	一致	有	适中	较多	6～7	≥1 800	无软伤残
三级	略薄	一致	有	略空疏	有	6～7	≥1 350	无软伤残
等外	不符合一、二、三级要求的皮张							

4.1.5　杂路猾皮

杂路猾皮分级应符合表6的规定。

表 6　杂路猾皮分级

等级	质量要求
等内	板质良好;毛细密或毛粗有花纹;有光泽;毛长 1.3 cm～2 cm;面积≥750 cm²;主要部位无伤残
等外	不符合等内要求的皮张

4.2　伤残规定

主要部位伤残每处长应不超过 1 cm 或面积应不超过 0.5 cm²;次要部位伤残每处长应不超过 2 cm 或面积应不超过 1 cm²。1 处伤残长度或面积超过规定一倍,应按 2 处计算。

5　检验方法

5.1　检验工具、设备与条件

5.1.1　测量工具,钢板尺、钢卷尺,精度 1 mm。
5.1.2　检验台,长、宽、高适度,台面平整,样品能在台上摊平。
5.1.3　检验条件,在自然光线充足,阳光不直射的室内检验。

5.2　毛长度

将皮张在检验台上摊放平直,毛面朝上,在中脊两侧适当部位将毛绺轻轻拉直,用量尺从毛绺根部量至除去虚毛尖部位,测出长度。

5.3　感官要求

用感官进行检验。

5.4　缺陷

分别从毛面、板面进行检验,用量尺量出缺陷的长度、宽度,计算出伤残面积。

5.5　面积

将皮张在检验台上摊放平直,板面朝上,用量尺从颈部中间直线量至尾根,测出长度;在长度中心附近,用量尺横向测出宽度;长度乘以宽度计算出面积。

6 检验规则

6.1 组批

以同一品种、同一产地、同一规格的产品组成一个检验批。

6.2 检验

逐张进行检验,先看毛面,后看板面,然后测量皮板规格,结合伤残情况综合评定,应符合第4章的规定。

7 包装、运输和贮存

7.1 包装

产品的包装应采用适宜的包装材料,防止产品受损。

7.2 运输和贮存

运输和贮存应符合如下要求:
——防曝晒、防雨雪;
——保持通风干燥,防蛀、防潮、防霉、防腐,避免高温环境;
——远离化学物质、液体侵蚀;
——避免尖锐物品的戳、划。

ICS 65.120
B 46

中华人民共和国国家标准

GB/T 14700—2018
代替 GB/T 14700—2002

饲料中维生素 B_1 的测定

Determination of thiamine in feed

2018-05-14 发布

2018-12-01 实施

国家市场监督管理总局
中国国家标准化管理委员会 发 布

前　言

本标准按照 GB/T 1.1—2009 给出的规则起草。

本标准代替 GB/T 14700—2002《饲料中维生素 B₁ 的测定》。

本标准与 GB/T 14700—2002 相比,主要技术变化如下:

——修改了适用范围(见第 1 章,2002 年版的第 1 章);

——删去了硫胺素的分子式(见第 3 章,2002 年版的 3.1);

——酸性 20％乙醇溶液的制备给出具体配置过程(见第 3 章,2002 年版的 3.2);

——样品制备中规定添加剂预混合饲料不粉碎(见第 4 章,2002 年版的 4.4);

——复合预混合饲料提取液区别于维生素预混合饲料,改为酸性氯化铵甲醇溶液(见第 4 章,2002 年版的 4.2.9);

——增加了维生素 B₁ 的色谱图和光谱图(见附录 A)。

本标准由全国饲料工业标准化技术委员会(SAC/TC 76)提出并归口。

本标准起草单位:中国农业科学院农业质量标准与检测技术研究所[国家饲料质量监督检验中心(北京)]。

本标准主要起草人:李兰、贾铮、樊霞。

本标准所代替标准的历次版本发布情况为:

——GB/T 14700—1999、GB/T 14700—2002。

饲料中维生素 B_1 的测定

1 范围

本标准规定了用荧光分光光度法和高效液相色谱法测定饲料中维生素 B_1 含量的两种方法。

本标准方法 1 适用于饲料原料、配合饲料、浓缩饲料中的维生素 B_1 的测定。方法的定量限为 1 mg/kg（在有吸附硫胺素或影响硫色素荧光干扰物质存在的情况,本方法不适用）。该方法所测定的维生素 B_1 包括内源性以及添加量总和。

本标准规定的方法 2 适用于复合预混合饲料、维生素预混合饲料的测定。方法 2 的检出限为 3 mg/kg;定量限为 15 mg/kg。

2 规范性引用文件

下列文件对于本文件的应用是必不可少的。凡是注日期的引用文件,仅注日期的版本适用于本文件。凡是不注日期的引用文件,其最新版本（包括所有的修改单）适用于本文件。

GB/T 6682 分析实验室用水规格和试验方法

GB/T 14699.1 饲料 采样

GB/T 20195 动物饲料 试样的制备

3 方法 1:荧光分光光度法

3.1 原理

试样中的维生素 B_1 经稀酸以及消化酶分解、吸附剂的吸附分离提纯后,在碱性条件下被铁氰化钾氧化生成荧光色素-硫色素,用正丁醇萃取。硫色素在正丁醇中的荧光强度与试样中维生素 B_1 的含量成正比,依此进行定量测定。

3.2 试剂或溶液

除特殊注明外,本标准所用试剂均为分析纯,色谱用水应满足 GB/T 6682 中一级水的要求;实验用水应满足 GB/T 6682 中三级水的要求。

3.2.1 盐酸溶液 c（HCl）＝0.1 mol/L。

3.2.2 硫酸溶液 $c(1/2\ H_2SO_4)$＝0.05 mol/L。

3.2.3 乙酸钠溶液 $c(CH_3COONa)$＝2.0 mol/L。

3.2.4 100 g/L 淀粉酶悬乳液:用乙酸钠溶液（3.2.3）悬浮 10 g 淀粉酶制剂,稀释至 100 mL,使用当日制备。

3.2.5 氯化钾溶液:250 g/L。

3.2.6 酸性氯化钾溶液:将 8.5 mL 浓盐酸加入至氯化钾溶液（3.2.5）中,并稀释至 1 000 mL。

3.2.7 氢氧化钠溶液:150 g/L。

3.2.8 铁氰化钾溶液:10 g/L。

3.2.9 碱性铁氰化钾溶液:移取 4.00 mL 的铁氰化钾溶液（3.2.8）与氢氧化钠溶液（3.2.7）混合使之成 100 mL,此液 4 h 内使用。

3.2.10 冰乙酸溶液:30 mL/L。

3.2.11 酸性20％乙醇溶液:取80 mL水,用盐酸溶液(3.2.1)调节pH 3.5～4.3,与20 mL无水乙醇混合。

3.2.12 人造沸石[0.25 mm～0.18 mm(60目～80目)]:使用前应活化,方法如下:将适量人造沸石置于大烧杯中,加入10倍容积,加热到60 ℃～70 ℃的冰乙酸溶液(3.2.10),用玻璃棒均匀搅动10 min,使沸石在冰乙酸溶液中悬浮,待沸石沉降后,弃去上层冰乙酸液,重复上述操作2次。换用5倍容积,加热到60 ℃～70 ℃的氯化钾溶液(3.2.5)搅动清洗2次,每次15 min。再用热冰乙酸溶液洗10 min。最后用热水清洗沸石至无氯离子(用10 g/L硝酸银水溶液检验)。用布氏漏斗抽滤,105 ℃烘干,贮于磨口瓶可使用6个月。

使用前,检查沸石对维生素B₁标准溶液的回收率,如达不到92％,应重新活化沸石。

> 注:沸石对维生素B₁回收率的检查:移取维生素B₁标准中间液(3.2.13.2)2 mL用酸性氯化钾溶液(3.2.6)定容至100 mL。按照3.5.4.1～3.5.4.3步骤进行氧化,作为外标。另一份维生素B₁标准工作液(3.2.13.3)移取25 mL重复3.5.3.1～3.5.3.3过柱操作,按照3.5.4.1～3.5.4.3步骤进行氧化。同时测定两份溶液荧光强度,依照式(1)计算,经换算为百分数就是沸石对维生素B₁的回收率值。

3.2.13 维生素B₁标准溶液

3.2.13.1 维生素B₁标准贮备液:取硝酸硫胺素标准品(纯度大于99％),于五氧化二磷干燥器中干燥24 h。称取0.01 g(精确至0.000 1 g),溶解于酸性20％乙醇溶液(3.2.11)中并定容至100 mL,盛于棕色瓶中,2 ℃～8 ℃冰箱保存,可使用3个月。该溶液含0.1 mg/mL维生素B₁。

3.2.13.2 维生素B₁标准中间液:取维生素B₁标准贮备液(3.2.13.1)10 mL用酸性20％乙醇溶液(3.2.11)定容至100 mL,盛于棕色瓶中,2 ℃～8 ℃冰箱保存,可使用48 h。该溶液含10 μg/mL维生素B₁。

3.2.13.3 维生素B₁标准工作液:取维生素B₁标准中间液(3.2.13.2)2 mL与65 mL盐酸溶液(3.2.1)和5 mL乙酸钠溶液(3.2.3)混合,定容至100 mL,分析前制备。该溶液含0.2 μg/mL维生素B₁。

3.2.14 硫酸奎宁溶液

3.2.14.1 硫酸奎宁贮备液:称取硫酸奎宁0.1 g(精确至0.001 g),用硫酸溶液(3.2.2)溶解并定容至1 000 mL。贮于棕色瓶中,冷藏。若溶液混浊则需要重新配制。

3.2.14.2 硫酸奎宁工作液:取贮备液(3.2.13.1)3 mL,用硫酸溶液(3.2.2)定容至1 000 mL。贮于棕色瓶中,冷藏。该溶液含0.3 μg/mL硫酸奎宁。

3.2.15 正丁醇:荧光强度不超过硫酸奎宁工作液(3.2.14.2)的4％,否则需用全玻璃蒸馏器重蒸馏,取114 ℃～118 ℃馏分。

3.3 仪器设备

3.3.1 实验室常用玻璃器皿。

3.3.2 分析天平:感量0.000 1 g,0.001 g。

3.3.3 高压釜,使用温度为121 ℃～123 ℃或压力达到15 kg/cm²。

3.3.4 电热恒温箱,45 ℃～50 ℃。

3.3.5 吸附分离柱:全长235 mm,外径×长度如下:上端贮液槽尺寸为35 mm×70 mm,容量约为50 mL,中部吸附管8 mm×130 mm;下端35 mm拉成毛细管。

3.3.6 具塞离心管25 mL。

3.3.7 荧光分光光度计,备1 cm石英比色杯。

3.3.8 注射器:10 mL。

3.4 样品

按照GB/T 14699.1抽取有代表性的饲料样品,用四分法缩减取样。按GB/T 20195制备试样,粉碎过 0.425 mm 孔径筛,充分混匀。

3.5 试验步骤

3.5.1 称样

称取原料、配合饲料、浓缩饲料 1 g～2 g,精确至 0.001 g,置于 100 mL 棕色锥形瓶中。

3.5.2 试样溶液的制备

3.5.2.1 水解:加入盐酸溶液(3.2.1)65 mL 于锥形瓶中,加塞后置于沸水浴加热 30 min[或于高压釜(3.3.2)中加热 30 min],开始加热 5 min～10 min 内不时摇动锥形瓶,以防结块。

3.5.2.2 酶解:冷却锥形瓶至 50 ℃以下,加 5 mL 淀粉酶悬浮液(3.2.4),摇匀。该溶液 pH 约为 4.0～4.5,将锥形瓶至于电热恒温箱(3.3.4)中 45 ℃～50℃保温 3 h,取出冷却,用盐酸溶液(3.2.1)调整 pH 至 3.5,转移至 100 mL 棕色容量瓶中,用水定容至 100 mL,摇匀。

3.5.2.3 过滤:将全部试液通过无灰滤纸过滤,弃去初滤液 5 mL,收集滤液作为试样溶液。

3.5.3 试样溶液的纯化

3.5.3.1 制备吸附柱:称取 1.5 g 活化人造沸石(3.2.12)置于 50 mL 小烧杯中,加入 3% 冰乙酸溶液(3.2.10)浸泡,溶液液面没过沸石即可。将脱脂棉置于吸附分离柱(3.3.5)底部,用玻璃棒轻压。然后将乙酸浸泡的沸石全部洗入柱中(勿使吸附柱脱水),过柱流速控制在 1 mL/min 为宜。再用 10 mL 近沸的水洗柱 1 次。

3.5.3.2 吸取 25 mL 试样溶液(3.5.2.3),慢慢加入制备好的吸附柱中,弃去滤液,用每份 5 mL 近沸的水洗柱 3 次,弃去洗液。同时做平行样。

3.5.3.3 用 25 mL 60 ℃～70 ℃酸性氯化钾溶液(3.2.6)分 3 次连续加入吸附柱,收集洗脱液于 25 mL 容量瓶中,冷却后用酸性氯化钾溶液定容,混匀。

3.5.3.4 同时用 25 mL 维生素 B$_1$ 标准工作液(3.2.13.3)。重复 3.5.3.1～3.5.3.3 操作,作为外标。

3.5.4 氧化与萃取

警示——以下操作避光进行。

3.5.4.1 于 2 只具塞离心管(3.3.6)中各吸入 5 mL 洗脱液(3.5.3.3),分别标记为 A、B。

3.5.4.2 在 B 管加入 3 mL 氢氧化钠溶液(3.2.7),再向 A 管中加 3 mL 碱性铁氰化钾溶液(3.2.9),轻轻旋摇。依次立即向 A 管加入 15 mL 正丁醇(3.2.15)加塞,剧烈振摇 15 s,再向 B 管加入 15 mL 正丁醇加塞,共同振摇 90 s,静置分层。

3.5.4.3 用注射器(3.3.8)吸去下层水相,向各反应管加入约 2 g 无水硫酸钠,旋摇,待测。

3.5.4.4 同时将 5 mL 作为外标的洗脱液(3.5.3.4),置入另 2 只具塞离心管,分别标记为 C、D,按 3.5.4.1～3.5.4.3 操作。

3.5.5 测定

3.5.5.1 用硫酸奎宁工作液(3.2.14.2)调整荧光仪,使其固定于一定数值,作为仪器工作的固定条件。

3.5.5.2 于激发波长 365 nm,发射波长 435 nm 处测定 A 管、B 管、C 管、D 管中萃取液的荧光强度。

3.6 试验数据处理

本方法测定的维生素 B$_1$ 以硝酸硫胺素计,如需要以盐酸硫胺素计,按 1 mg 盐酸硫胺素含 1.03 mg 硝酸硫胺素换算。

试样中维生素 B_1 含量按式(1)计算:

$$w_i = \frac{T_1 - T_2}{T_3 - T_4} \times \rho \times \frac{V_2}{V_1} \times \frac{V_0}{m} \quad\quad\quad\quad\quad\quad\quad (1)$$

式中:

w_i ——试样中维生素 B_1 的含量,单位为毫克每千克(mg/kg);

T_1 ——A 管试液的荧光强度;

T_2 ——B 管试液空白的荧光强度;

T_3 ——C 管标准溶液的荧光强度;

T_4 ——D 管标准溶液空白的荧光强度;

ρ ——维生素 B_1 标准工作液浓度,单位为微克每毫升(μg/mL);

V_0 ——提取液总体积,单位为毫升(mL);

V_1 ——分取溶液过柱的体积,单位为毫升(mL);

V_2 ——酸性氯化钾洗脱液体积,单位为毫升(mL);

m ——试样质量,单位为克(g)。

测定结果用平行测定的算术平均值表示,保留三位有效数字。

3.7 重复性

对于维生素 B_1 含量低于 5 mg/kg 的饲料,在重复性条件下,获得的 2 次独立测定结果与其算术平均值的差值不大于这两个测定值算术平均值的 15%;

对于维生素 B_1 含量大于 5 mg/kg 而小于 50 mg/kg 的饲料,在重复性条件下,获得的 2 次独立测定结果与其算术平均值的差值不大于这两个测定值算术平均值的 10%;

对于维生素 B_1 含量大于 50 mg/kg 的饲料,在重复性条件下,获得的 2 次独立测定结果与其算术平均值的差值不大于这两个测定值算术平均值的 5%。

4 方法 2:高效液相色谱法

4.1 原理

试样经酸性提取液超声提取后,将过滤离心后的试液注入高效液相色谱仪反相色谱系统中进行分离,用紫外(或二极管矩阵检测器)检测,外标法计算维生素 B_1 的含量。

4.2 试剂或溶液

除特殊说明外,所用试剂均分析纯,色谱用水符合 GB/T 6682 中一级用水规定。

4.2.1 氯化铵:优级纯。

4.2.2 庚烷磺酸钠(PICB$_7$):优级纯。

4.2.3 冰乙酸:优级纯。

4.2.4 三乙胺:色谱纯。

4.2.5 甲醇:色谱纯。

4.2.6 酸性乙醇溶液:20%,制备见 3.2.11。

4.2.7 二水合乙二胺四乙酸二钠(EDTA):优级纯。

4.2.8 维生素预混合饲料提取液:

称取 50 mg EDTA(4.2.7)于 1 000 mL 容量瓶中,加入约 1 000 mL 去离子水,同时加入 25 mL 冰乙酸(4.2.3)、约 10 mL 三乙胺(4.2.4),超声使固体溶解,调节溶液 pH 3～4,过 0.45 μm 滤膜,取 800 mL 该溶液,与 200 mL 甲醇混合既得。

4.2.9 复合预混合饲料提取液：

称取 107 g 氯化铵(4.2.1)溶解于 1 000 mL 水中,用 2 mol/L 盐酸调节溶液 pH 为 3～4。取 900 mL 氯化铵溶液与 100 mL 甲醇混合既得。

4.2.10 流动相：

称取庚烷磺酸钠(4.2.2)1.1 g、50 mg EDTA 于 1 000 mL 容量瓶中,加入约 1 000 mL 水,同时加入 25 mL 冰乙酸(4.2.3)、约 10 mL 三乙胺(4.2.4),超声使固体溶解,pH 计调节溶液 pH 为 3.7 ,过 0.45 μm 滤膜,取 800 mL 该溶液,与 200 mL 甲醇(4.2.5)混合既得。

4.2.11 维生素 B_1 标准溶液

4.2.11.1 维生素 B_1 标准贮备液:制备过程同 3.2.13.1。

4.2.11.2 维生素 B_1 标准工作液 A:准确吸取 1 mL 维生素 B_1 标准贮备液(4.2.11.1)于 50 mL 棕色容量瓶中,用流动相(4.2.10)定容至刻度,该标准工作液浓度为 20 μg/mL,该溶液存于 2 ℃～8 ℃冰箱可以使用 48 h。

4.2.11.3 维生素 B_1 标准工作液 B:准确吸取 5 mL 维生素 B_1 标准工作液 A(4.2.11.2)于 50 mL 棕色容量瓶中,用流动相(4.2.10)定容至刻度,该标准工作液浓度 2.0 μg/mL,该溶液使用前稀释制备。

4.3 仪器设备

4.3.1 实验室常用玻璃器皿。

4.3.2 pH 计(带温控,精准至 0.01)。

4.3.3 超声波提取器。

4.3.4 针头过滤器备 0.45 μm(或 0.2 μm)滤膜。

4.3.5 高效液相色谱仪带紫外或二极管矩阵检测器。

4.4 样品

按照 GB/T 14699.1 抽取有代表性的饲料样品,用四分法缩减取样。按 GB/T 20195 制备试样,充分混匀。

4.5 试验步骤

警示——避免强光照射。

4.5.1 提取

4.5.1.1 维生素预混合饲料的提取

称取试样 0.25 g～0.5 g(精确到 0.000 1 g),置于 100 mL 棕色容量瓶中,加入提取液(4.2.8)约 70 mL,边加边摇匀,置于超声水浴中超声提取 15 min,期间摇动 2 次,冷却,用提取液定容至刻度,摇匀。取少量溶液于离心机上 8 000 r/min 离心 5 min,上清液过 0.45 μm 微孔滤膜,上 HPLC 测定。

4.5.1.2 复合预混合饲料的提取

称取试样约 3.0 g(精确到 0.001 g),置于 100 mL 棕色容量瓶中,加入提取液(4.2.9)约 70 mL,边加边摇匀后置于超声水浴中超声提取 30 min,期间摇动 2 次,冷却,用提取液定容至刻度,摇匀。取少量溶液于离心机上 8 000 r/min 离心 5 min,上清液过 0.45 μm 微孔滤膜,上 HPLC 测定。

4.5.2 参考色谱条件

色谱柱:C_{18}柱,长 250 mm,内径 4.6 mm,粒度 5 μm(或相当性能类似的分析柱)。

流动相:4.2.10。

流速:1.0 mL/min。

温度:25 ℃~28 ℃。

检测波长:242 nm。

进样量:20 μL。

4.5.3 定量测定

平衡色谱柱后,依分析物浓度向色谱柱注入相应的维生素 B₁ 标准工作液 A(4.2.11.2)或者维生素 B₁ 标准工作液 B(4.2.11.3)和试样溶液(4.5.1),得到色谱峰面积响应值,用外标法定量测定,维生素 B₁ 色谱图参见附录 A。

4.6 试验数据处理

本方法测定的维生素 B₁ 以硝酸硫胺素计,如需要以盐酸硫胺素计,按 1 mg 盐酸硫胺素含 1.03 mg 硝酸硫胺素换算。

试样中维生素 B₁ 的含量,按式(2)计算:

$$w = \frac{P_1 \times V \times \rho}{P_2 \times m} \quad \cdots\cdots\cdots\cdots\cdots\cdots\cdots\cdots (2)$$

式中:

w —— 为维生素 B₁ 质量分数,单位为毫克每千克(mg/kg);

m —— 试样质量,单位为克(g);

V —— 稀释体积,单位为毫升(mL);

ρ —— 维生素 B₁ 标准工作液浓度,单位为微克每毫升(μg/mL);

P_1 —— 试样溶液峰面积值;

P_2 —— 维生素 B₁ 标准工作液峰面积值。

测定结果用平行测定的算术平均值表示,保留三位有效数字。

4.7 重复性

对于维生素 B₁ 含量低于 5 mg/kg 的饲料,在重复性条件下,获得的 2 次独立测定结果与其算术平均值的差值不大于这两个测定值算术平均值的 15%;

对于维生素 B₁ 含量大于 5 mg/kg 而小于 50 mg/kg 的饲料,在重复性条件下,获得的 2 次独立测定结果与其算术平均值的差值不大于这两个测定值算术平均值的 10%;

对于维生素 B₁ 含量大于 50 mg/kg 的饲料,在重复性条件下,获得的 2 次独立测定结果与其算术平均值的差值不大于这两个测定值算术平均值的 5%。

附　录　A
（资料性附录）
维生素 B₁ 标准色谱图和光谱图

维生素 B₁ 标准色谱图见图 A.1；维生素 B₁ 标准光谱图见图 A.2。

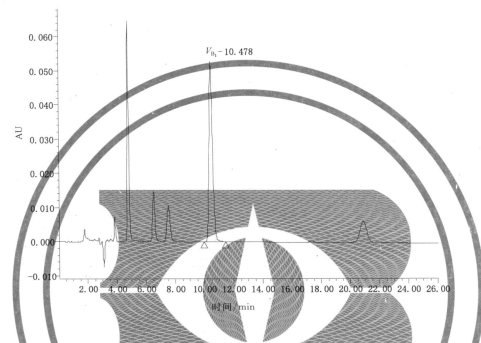

图 A.1　22 μg/mL 维生素 B₁ 标准色谱图（在 6 种水溶性维生素混合标准品中）

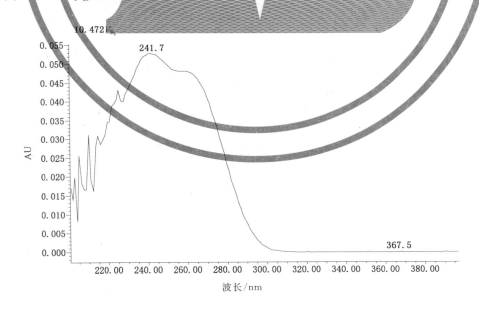

图 A.2　维生素 B₁ 标准光谱图

ICS 65.120
B 46

中华人民共和国国家标准

GB/T 14702—2018
代替 GB/T 14702—2002

添加剂预混合饲料中维生素 B6 的测定
高效液相色谱法

Determination of vitamin B6 in premix—
High performance liquid chromatograph

2018-09-17 发布

2019-04-01 实施

国家市场监督管理总局
中国国家标准化管理委员会 发 布

前　言

本标准按照 GB/T 1.1—2009 给出的规则起草。

本标准代替 GB/T 14702—2002《饲料中维生素 B₆ 的测定　高效液相色谱法》。

本标准与 GB/T 14702—2002 相比,主要技术内容修改如下:

——标准名称由《饲料中维生素 B₆ 的测定　高效液相色谱法》改为《添加剂预混合饲料中维生素 B₆ 的测定　高效液相色谱法》;

——增加了高效液相色谱-荧光检测器的色谱条件(见第 7 章,2002 年版的 7.2.2);

——增加了维生素 B₆ 液相色谱-紫外检测器色谱条件下以及液相色谱-荧光检测器色谱条件下的标准色谱图(见附录 A 中图 A.1 和图 A.2)。

本标准由全国饲料工业标准化技术委员会(SAC/TC 76)提出并归口。

本标准起草单位:中国农业科学院农业质量标准与检测技术研究所[国家饲料质量监督检验中心(北京)]。

本标准主要起草人:李兰、索德成、魏书林。

本标准所代替标准的历次版本发布情况为:

——GB/T 14702—1993、GB/T 14702—2002。

添加剂预混合饲料中维生素 B₆ 的测定
高效液相色谱法

1 范围

本标准规定了添加剂预混合饲料中维生素 B₆(盐酸吡哆醇)测定的高效液相色谱法。

本标准适用于维生素预混合饲料和复合预混合饲料中维生素 B₆ 的测定。

紫外检测器色谱条件下的定量限为 30 mg/kg;荧光检测器色谱条件下的定量限为 10 mg/kg。

2 规范性引用文件

下列文件对于本文件的应用是必不可少的。凡是注日期的引用文件,仅注日期的版本适用于本文件。凡是不注日期的引用文件,其最新版本(包括所有的修改单)适用于本文件。

GB/T 6682 分析实验室用水规格和试验方法

GB/T 14699.1 饲料 采样

GB/T 20195 动物饲料 试样的制备

3 原理

试样中维生素 B₆ 经酸性提取液超声提取后,注入高效液相色谱仪反相色谱系统中进行分离,用紫外检测器(二极管矩阵检测器)或者荧光检测器检测,外标法计算维生素 B₆ 的含量。

4 试剂或溶液

除特殊说明外,所用试剂均为分析纯,水为蒸馏水,色谱用水为去离子水,符合 GB/T 6682 中一级用水规定。

4.1 二水合乙二胺四乙酸二钠(EDTA):优级纯。

4.2 庚烷磺酸钠(PICB₇):优级纯。

4.3 冰乙酸:优级纯。

4.4 三乙胺:优级纯。

4.5 甲醇:色谱纯。

4.6 盐酸溶液:取 8.5 mL 盐酸,用水定容至 1 000 mL。

4.7 磷酸二氢钠溶液:3.9 g 磷酸二氢钠溶于 1 000 mL 超纯水中,过 0.45 μm 水系滤膜。

4.8 提取剂:在 1 000 mL 容量瓶中,称 50 mg(精确至 0.001 g)EDTA(4.1)、依次加入 700 mL 去离子水,超声使 EDTA 完全溶解。加入 25 mL 冰乙酸(4.3)、5 mL 三乙胺(4.4),用去离子水定容至刻度,摇匀。取该溶液 800 mL 与 200 mL 甲醇混合,超声脱气,待用。

4.9 流动相:在 1 000 mL 容量瓶中,称 50 mg(精确至 0.001 g)EDTA(4.1)、1.1 g(精确至 0.001 g)庚烷磺酸钠(4.2),依次加入 700 mL 去离子水,25 mL 冰乙酸(4.3)、5 mL 三乙胺(4.4),用去离子水定容至刻度,摇匀。用冰乙酸、三乙胺调节该溶液 pH 至 3.70±0.10,过 0.45 μm 滤膜。取该溶液 800 mL 与 200 mL 甲醇(4.5)混合,超声脱气,备用。

4.10 维生素 B_6 标准溶液

4.10.1 维生素 B_6 标准贮备液:准确称取维生素 B_6(维生素 B_6 纯度大于98%)0.05 g(精确至0.000 1 g)于100 mL 棕色容量瓶中,加盐酸溶液(4.6)约70 mL,超声5 min,待全部溶解后,用盐酸溶液(4.6)定容至刻度。此溶液中维生素 B_6 浓度为500 $\mu g/mL$,2 ℃～8 ℃冰箱避光保存,可使用3个月。

4.10.2 维生素 B_6 标准工作液 A:准确吸取2.00 mL 维生素 B_6 标准贮备液(4.10.1)于50 mL 棕色容量瓶中,用磷酸二氢钠溶液(4.7)定容至刻度。该标准工作液中维生素 B_6 浓度为20 $\mu g/mL$,2 ℃～8 ℃冰箱避光保存,可使用一周。

4.10.3 维生素 B_6 标准工作液 B:准确吸取5.00 mL 维生素 B_6 标准工作液 A(4.10.2)于50 mL 棕色容量瓶中,用磷酸二氢钠溶液(4.7)定容至刻度。该标准工作液中维生素 B_6 浓度为2.0 $\mu g/mL$,上机测定前制备,可使用48 h。

5 仪器设备

5.1 高效液相色谱仪:配紫外检测器(二极管矩阵检测器)或荧光检测器。

5.2 pH 计(带温控,精度为0.01)。

5.3 超声波提取器。

5.4 针头过滤器:备0.45 μm 水系滤膜。

6 试样制备

按 GB/T 14699.1 的规定,抽取有代表性的饲料样品,用四分法缩减取样。按 GB/T 20195 制备试样,磨碎,通过0.425 mm 孔筛,混匀,装入密闭容器中,避光低温保存备用。

7 试验步骤

以下操作应避免强光照射。

7.1 试样溶液的制备

称取维生素预混合饲料试样0.25 g～0.5 g(精确至0.000 1 g);复合预混合饲料试样2 g～3 g(精确至0.000 1 g),于100 mL 棕色容量瓶中,加入70 mL 磷酸二氢钠溶液(4.7)在超声波提取器(5.3)中超声提取20 min(中间旋摇一次以防样品附着于瓶底),待温度降至室温后用提取剂定容至刻度,过滤(若滤液浑浊则需5 000 r/min 离心5 min)。溶液过0.45 μm 滤膜(5.4),其中维生素 B_6 浓度约为2.0 $\mu g/mL$～100 $\mu g/mL$,待上机。

7.2 测定

7.2.1 高效液相色谱参考条件 I

色谱柱:C_{18},长250 mm,内径4.6 mm,粒度5 μm,或性能相当的 C_{18} 柱。
流动相:见4.9。
流速:1.0 mL/min。
柱温:25 ℃～28 ℃
进样体积:10 μL～20 μL。
检测器:紫外或二极管矩阵检测器,检测波长290 nm。

7.2.2 高效液相色谱参考条件Ⅱ

色谱柱:C$_{18}$,长 250 mm,内径 4.6 mm,粒度 5 μm,或性能相当的 C$_{18}$柱。

流动相:A:磷酸二氢钠溶液(4.7),B:甲醇。梯度淋洗程序参见表1。

表 1 梯度淋洗程序

时间/min	磷酸二氢钠溶液(A)/%	甲醇(B)/%
0.00	99.0	1.0
3.00	88.0	12.0
6.50	70.0	30.0
12.00	70.0	30.0
12.10	99.0	1.0
18.00	99.0	1.0

流速:1.0 mL/min。

柱温:25 ℃~28 ℃。

进样体积:10 μL~20 μL。

检测器:荧光检测器,激发波长 293 nm;发射波长 395 nm。

7.2.3 定量测定

根据所测样品维生素 B$_6$的含量向色谱仪注入工作液 A(4.10.2)或工作液 B(4.10.3)及试样溶液(7.1),得到色谱峰面积的响应值,用外标法定量计算。维生素 B$_6$荧光检测器色谱图参见附录 A。

8 试验数据处理

试样中维生素 B$_6$(盐酸吡多醇)的含量,以质量分数 w 计,单位以毫克每千克(mg/kg)表示,按式(1)计算

$$w = \frac{A_i \times V \times c \times V_{sti}}{A_{sti} \times m \times V_i} \quad\cdots\cdots\cdots\cdots(1)$$

式中:

A_i ——试样溶液峰面积值;

V ——试样稀释体积,单位为毫升(mL);

c ——标准溶液浓度,单位为微克每毫升(μg/mL);

V_i ——试样溶液进样体积,单位为微升(μL);

V_{sti} ——标准溶液进样体积,单位为微升(μL);

A_{sti} ——标准溶液峰面积平均值。

m ——试样质量,单位为克(g);

测定结果用平行测定的算术平均值表示,结果保留三位有效数字。

9 精密度

对于维生素 B$_6$含量大于或者等于 500 mg/kg 的饲料,在重复性条件下,获得的两次独立测定结果

与其算术平均值的差值不大于这两个测定值算术平均值的 5%。

对于维生素 B_6 含量小于 500 mg/kg 的饲料,在重复性条件下,获得的两次独立测定结果与其算术平均值的差值不大于这两个测定值算术平均值的 10%。

附　录　A

（资料性附录）

维生素 B₆ 标准色谱图

液相色谱-紫外检测器色谱条件下维生素 B₆ 标准色谱图见图 A.1；液相色谱-荧光检测器色谱条件下维生素 B₆ 标准色谱图见图 A.2。

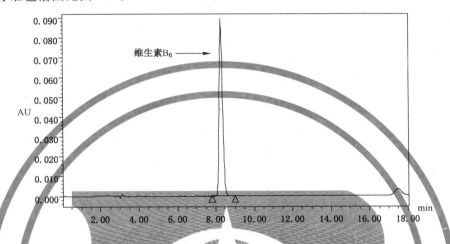

图 A.1　液相色谱-紫外检测器色谱条件下维生素 B₆ 标准色谱图（维生素 B₆ 浓度为 10 μg/mL）

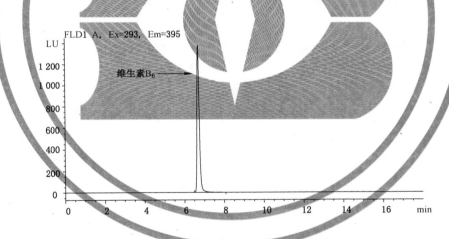

图 A.2　液相色谱-荧光检测器色谱条件下维生素 B₆ 标准色谱图（维生素 B₆ 浓度为 18 μg/mL）

ICS 59.140.20
Y 46

中华人民共和国国家标准

GB/T 14787—2018
代替 GB/T 14787—1993

黄　鼬　皮

Yellow weasel skin

2018-12-28 发布

2019-07-01 实施

国家市场监督管理总局
中国国家标准化管理委员会 发 布

前　言

本标准按照 GB/T 1.1—2009 给出的规则起草。

本标准代替 GB/T 14787—1993《裘皮　黄鼬皮》。本标准与 GB/T 14787—1993 相比,主要技术变化如下:

——修改了标准名称;

——删除了通用术语(见 1993 年版的第 2 章);

——删除了"质量规格"中的"等级比差"、"地区品质比差",并调整了部分内容的表达形式(见 1993 年版的第 4 章);

——修改了检验方法(见第 5 章,1993 年版的第 5 章);

——修改了检验规则(见第 6 章,1993 年版的第 6 章);

——修改了包装、运输、贮存要求(见第 7 章,1993 年版的第 7 章)。

本标准由中国轻工业联合会提出。

本标准由全国皮革工业标准化技术委员会(SAC/TC 252)归口。

本标准起草单位:浙江经纬公证检验行有限公司、嘉兴市皮毛和制鞋工业研究所,中国皮革和制鞋工业研究院、嘉兴学院、桐乡市佳邦皮草有限公司。

本标准主要起草人:张红、朱丽琼、万继鑫、董家斌、赵立国、沈兵、沈明达、步巧巧。

本标准所代替标准的历次发布版本情况为:

——GB/T 14787—1993。

黄　鼬　皮

1　范围

本标准规定了黄鼬皮的术语和定义、分类、要求、检验方法、检验规则、包装、运输和贮存。
本标准适用于经宰杀后未经处理、或仅经过适当保藏处理的生黄鼬皮。

2　术语和定义

下列术语和定义适用于本文件。

2.1

箭杆皮　pipe shaped skin

晾晒时,用力将皮拉成细长的管状元皮。

2.2

上翻尾皮　reversed tail skin

将尾巴从臀部皮板割口翻出的元皮。

2.3

缺尾皮　no tail skin

皮张无全尾或只有二分之一尾。

2.4

翻毛皮　reversed hair

将元皮剥成毛朝外的筒皮。

3　分类

黄鼬皮根据产区不同、加工方法不同,其商品名也不同,一般分为三种,分别称为元皮、黄狼皮、京东
条。分类见表1。

表 1　黄鼬皮分类

分类	产地	主要特征
元皮	东北三省,内蒙古呼伦贝尔市、兴安盟、通辽市、赤峰市和河北省北部的部分地区	毛长绒足,色泽金黄,毛绒灵活,加工成不开后裆,头、腿、尾齐全的圆筒皮
京东条	河北省唐山地区,天津部分地区	毛色浅黄,毛绒丰厚,比元皮毛绒略短粗,皮板油性大,发红色,有的身体背中部针毛发暗灰色,尾尖毛也发黑,为河北省黄鼬皮质量最好者。一般加工成头、腿、尾齐全的圆筒皮
黄狼皮	除了元皮产区和京东条产区之外所生产的黄鼬皮	毛绒与元皮比略显短而空疏,因产地不同毛色有杏黄、浅黄、黄棕、黄褐等颜色。加工成头、腿、尾齐全,除净油脂,从腹中线剖开的片状皮

4 要求

4.1 初加工要求

4.1.1 元皮、京东条

应沿嘴部开刀,用退套的方式翻剥,头、腿、尾齐全,抽出尾骨、腿骨,除净油脂,四肢翻出并外露,尾从肛门处抽出,不开后裆,圆筒晾干,皮形完整。

4.1.2 黄狼皮

应沿嘴部开刀,用退套的方式翻剥,头、腿、尾齐全,抽出尾骨、腿骨,除净油脂,上钉板或楦架,加工成从腹中线剖开的宝塔形片皮,长宽比例应为4∶1。

4.2 分级

4.2.1 元皮

元皮分级应符合表2的规定。

表 2 元皮分级

等级	季节特征	限定伤残	面积
一级	正冬皮:皮板为白色,板质良好,毛绒丰足,尾毛蓬松,色泽光润。 早冬皮:毛绒品质与正冬皮相似,皮板臀部后端呈青灰色,尾毛欠丰满。 晚冬皮:皮板颈部或两侧粉红色,毛绒品质与正冬皮相似,尾毛尖略显弯曲	可带轻斑疹、轻血污,允许在次要部位有小孔2个	公皮300 cm²以上,母皮无面积要求
二级	晚秋皮:后臀部皮板呈青灰色,尾毛不蓬松,毛绒欠丰足,尾毛较短。 早春皮:颈部皮板较厚硬,呈红色,尾毛尖较弯曲,毛绒弹性,光泽较差	具有一级皮的毛质,板质可带下列伤残之一: a) 撕破口,总长度不超过3 cm; b) 破洞,疮疤,硬伤掉毛3处,总面积不超过1 cm²; c) 较重斑疹,或较重血污,或掉一只腿,小伤身皮	公皮300 cm²以上,母皮无面积要求
三级	中秋皮:背部呈灰黑色,毛绒短、稀。春皮:皮板厚硬呈红色,毛绒无弹性,无光泽,尾毛尖弯曲	具有一、二级皮的毛质,板质可带有下列伤残之一: a) 撕破口,总长度不超过6 cm; b) 破洞,疮疤,硬伤掉毛5处,总面积不超过3 cm²以上; c) 重斑疹或重血污; d) 毛朝外无伤残的圆筒皮	公皮300 cm²以上,母皮无面积要求
等外	不符合一级、二级、三级要求的皮张		

注1:撑板、病瘦皮、黑背皮、破头皮、懒出洞皮、干板后翻身皮、烟筒皮、箭杆皮、缺尾皮、上翻尾皮、冻糠皮、较重火烤皱缩及烟熏皮、脏皮均降一级。

注2:夹伤皮、破口线缝皮、火燎皮、狗咬皮、咬脖子皮、受闷脱毛皮、虫蛀皮均酌情降级。

注3:夏皮、油烧板等缺陷的皮板不具有使用价值。

4.2.2 京东条、黄狼皮

京东条、黄狼皮分级应符合表 3 的规定。

表 3　京东条、黄狼皮分级

等级	季节特征	限定伤残	面积
一级	正冬皮：皮板为白色，毛绒丰足整齐，灵活，色泽光润，尾毛蓬松。 初冬皮：颈肩部或臀部略呈灰暗，底绒略不足，带少数硬针，表面整齐，尾毛较蓬松。 迎春皮：颈部皮板局部微呈红色，周身毛绒与冬皮同，色泽略欠光泽	可带下列伤残之一： a) 撕破口两处，总长度不超过 3 cm； b) 破洞，擦伤 2 处，总面积不超过 1 cm²	公皮＞500 cm²； 母皮＞300 cm²
二级	晚秋皮：皮板略青，毛绒短、平齐，尾毛平伏，硬针较多。 早春皮：皮板略厚微呈红色，毛绒较空疏，毛面尚整齐	可带下列伤残之一： a) 可带一级皮伤残； b) 具有一级皮毛质、板质，可带破口 3 处，总长度不超过 8 cm；破洞、擦伤 3 处，总面积不超过 4 cm²	公皮＞500 cm²； 母皮＞300 cm²
等外	不符合一级、二级要求的皮张		
等级皮规定的伤残总面积，指公皮，对母皮应缩小一半。			
注 1：在耳根以下 3 cm 以内带夹伤总面积不超过 1 cm² 不算缺点。 注 2：严重斑疹，严重疤疮，火烧、陈皮、受闷脱毛，尾部损伤超过尾长的三分之一均酌情定级。其他伤残处理同元皮。			

5　检验方法

5.1　检验工具、设备与条件

5.1.1　测量工具，钢板尺、钢卷尺，精度 1 mm。

5.1.2　检验台，长、宽、高适度，台面平整，样品能在台上摊平。

5.1.3　检验条件，在自然光线充足，阳光不直射的室内检验。

5.2　性别鉴别

性别鉴别如下：

——公皮张幅大，皮板厚，腹部有生殖器痕迹，尾巴较长，尾毛长且粗；

——母皮张幅小，皮板略薄，腹部无生殖器痕迹，尾巴较短，尾毛短而细。

5.3　感官要求

用感官进行检验。

5.4　缺陷

分别从毛面、板面进行检验，用量尺量出缺陷的长度、宽度，计算出伤残总面积。

5.5 面积

长、宽相乘计算出面积:
——元皮,从两眼中间量至尾根为长度,选腰间适当部位量宽度(圆筒皮宽度加倍);
——黄狼皮,从鼻尖量至尾根为长度,选腰间适当部位量宽度;
——京东条,从鼻尖量至尾根为长度,选腰间适当部位量宽度(圆筒皮宽度加倍)。

6 检验规则

6.1 组批

以同一品种、同一产地、同一规格的产品组成一个检验批。

6.2 检验

逐张进行检验,先看毛面,后看板面,然后测量皮板规格,结合伤残情况综合评定,所有项目符合第4章的规定时,判产品合格。

7 包装、贮存和运输

7.1 包装

产品的包装应采用适宜的包装材料,防止产品受损。

7.2 贮存和运输

贮存和运输应满足如下条件:
——防曝晒、防雨雪;
——保持通风干燥,防蛀、防潮、防霉、防腐,避免高温环境;
——远离化学物质、液体侵蚀;
——避免尖锐物品的戳、划。

ICS 59.140.20
Y 46

中华人民共和国国家标准

GB/T 14788—2018
代替 GB/T 14788—1993

貉　皮

Raw nyctereutes procyonoides skin

2018-12-28 发布

2019-07-01 实施

国家市场监督管理总局
中国国家标准化管理委员会 发 布

前　言

本标准按照 GB/T 1.1—2009 给出的规则起草。

本标准代替 GB/T 14788—1993《裘皮　貂皮》。本标准与 GB/T 14788—1993 相比，主要技术变化如下：

——修改了标准名称；

——删除了通用术语（见 1993 年版的第 2 章）；

——删除了加工要求（见 1993 年版的 4.1）；

——删除了貂皮分级要求中的等级比差（见 1993 年版的 4.2）；

——修改了检验规则（见第 6 章,1993 年版的第 6 章）；

——简化了包装、运输、贮存要求（见第 7 章,1993 年版的第 7 章）。

本标准由中国轻工业联合会提出。

本标准由全国皮革工业标准化技术委员会（SAC/TC 252）归口。

本标准起草单位：桐乡市中菱裘皮制品有限公司、嘉兴市皮毛和制鞋工业研究所、桐乡鑫诺皮草有限公司、中国皮革和制鞋工业研究院、嘉兴学院。

本标准主要起草人：张文军、张红林、曹利学、董荣华、陈晓红、赵立国、沈兵、步巧巧。

本标准所代替标准的历次版本发布情况为：

——GB/T 14788—1993。

貉　　皮

1　范围

本标准规定了貉皮的术语和定义、分类、要求、检验方法、检验规则、包装、运输和贮存。
本标准适用于经宰杀后未经处理或仅经过适当保藏处理的生貉皮。

2　术语和定义

下列术语和定义适用于本文件。

2.1

正季节皮　skin in season
毛被、板质成熟之皮。

2.2

皮形完整　form whole
头、耳、鼻、尾齐全的皮张。

2.3

板质良好　nice hide
皮板柔韧,富有弹性,油性好,光泽强,无明显色素。

2.4

撑拉过大　stretched
上楦时将皮张强行拉长,致使毛绒空疏。

2.5

刺脖　sclerothrix necked
颈部毛绒稀短。

2.6

油烧板　dermatome were soaked with fat
皮板呈黄黑色,带有油垢、皱缩、脆硬。

2.7

受闷脱毛　shedders
受湿、热、闷捂,造成脱毛。

2.8

擦针　rubbed
局部毛针被磨损。

2.9

蹲裆　bald crotch
臀部毛绒被磨损。

2.10

塌脊　sclerothrix back
背中部针毛较两侧毛短疏。

2.11

缠结毛 matted

针绒毛缠结,呈束状、毡状。

2.12

自咬伤 bites

因患自咬病、食毛症,致使毛绒皮板残缺、破损。

2.13

疮疤 scar

患疮疖、疮疹处,板质硬结,毛绒发育不良。

2.14

透毛 leakage root of hair

刮油时用力过猛,板面露出毛根或毛绒。

3 分类

3.1 南貉皮

一般产于长江以南,张幅小,毛绒稀短,平顺,多呈橘黄色。

3.2 北貉皮

一般产于长江以北,张幅大,皮板肥壮,毛高绒厚,多呈青灰色或青黄色。

4 要求

4.1 南貉皮

南貉皮分级应符合表1的规定。

表 1 南貉皮分级

等级	品 质 要 求
一级	正季节皮,毛绒丰足,针毛齐全,色泽光润,板质良好;可带破洞2处,总面积不超过 11 cm²
二级	正季节皮,毛绒略空疏或略短薄,可带一级皮伤残或具一级皮毛质、板质;可带破洞 3 处,总面积不超过 17 cm²
三级	毛绒空疏或短薄,可带一级皮伤残或具有一级、二级皮毛质,板质;破洞总面积不超过 56 cm²
等外	不符合一级、二级、三级要求的皮张

4.2 北貉皮

北貉皮分级应符合表2的规定。

表 2 北貉皮分级

等级	品 质 要 求
一级	正季节皮,皮形完整,毛绒丰足,针毛齐全,绒毛清晰,色泽光润,板质良好,无伤残
二级	正季节皮,皮形完整,毛绒略空疏,针毛齐全,绒毛清晰,板质良好,无伤残,或具有一级皮质量,带有下列伤残之一者: ——下颚和腹部毛绒空疏,两肋或后臀部略显擦伤、擦针; ——自咬伤,疮疤和破洞,面积不超过 13.0 cm²; ——破口长度不超过 7.6 cm; ——轻微流针飞绒; ——撑拉过大者
三级	皮形完整,毛绒空疏或短薄,或具有一级、二级品质,带有下列伤残之一者: ——刀伤,破洞总面积不超过 26.0 cm²; ——破口长度不超过 15.2 cm; ——两肋或臀部毛绒擦伤较重; ——腹部无毛或较重刺脖
等外	不符合一级、二级、三级要求的皮张

4.3 颜色比差

颜色比差应符合表3的规定。

表 3 颜色比差

绒毛颜色	针毛尖颜色	比差/%
青灰色	黑色	100
黄褐色	褐色	90
白灰色	灰白色	60
白色	黄白色	30

4.4 长度分级

长度分级应符合表4的规定。

表 4 长度分级要求

尺码号	00	0	1	2	3	4
长度(l)/cm	$l \geqslant 106$	$97 \leqslant l < 106$	$88 \leqslant l < 106$	$88 \leqslant l < 79$	$79 \leqslant l < 70$	$l < 70$

5 检验方法

5.1 总则

采用以量具测量与感官相结合的检验方法。

5.2 检验工具、设备与条件

5.2.1 测量工具,钢板尺、钢卷尺,精度 1 mm。

5.2.2 检验台,长、宽、高适度,台面平整,样品能在台上摊平。

5.2.3 检验条件,在自然光线充足,阳光不直射的室内检验。

5.3 毛绒检验

将皮平放于操作台上,一手按住皮的臀部,另一手捏住皮的头部,上下抖拍,使毛绒恢复自然状态。先看颈背部,后看腹部的毛绒是否丰足、平齐、灵活、光润及毛绒颜色,有无蹲裆、刺脖等伤残。

5.4 皮板检验

看皮型是否完整,脂肪是否去净,有无油烧板等伤残。手感皮板的厚薄,从板面颜色看季节特征和是否陈皮。

5.5 南貉皮面积测量

将皮平放于操作台上,用量尺从耳根至尾根量出长度,选择腰间适当部位量其宽度,长宽相乘,求出面积,见图1。

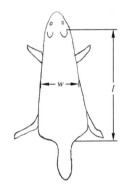

图 1 南貉皮面积测量图

5.6 北貉皮长度测量

将皮平放于操作台上,用量尺自鼻尖至尾根量出长度,确定尺码号。

5.7 伤残面积测量

将皮平放于操作台上,用量尺量出伤残的长度、宽度、长宽相乘。

6 检验规则

6.1 组批

以同一品种、同一产地、同一规格的产品组成一个检验批。

6.2 检验

逐张进行检验,应符合第4章的规定。

7 包装、运输和贮存

7.1 包装

产品的包装应采用适宜的包装材料,防止产品受损。

7.2 运输、贮存

运输和储存应符合以下规定:
——防曝晒、防雨雪;
——保持通风干燥,防蛀、防潮、防霉、防腐,避免高温环境;
——远离化学物质、液体侵蚀;
——避免尖锐物品的戳、划。

ICS 21.220.10
G 42

中华人民共和国国家标准

GB/T 14829—2018
代替 GB/T 14829—2007

农业机械用变速 V 带

Variable-speed V-belt for agricultural machinery

2018-05-14 发布

2018-12-01 实施

国家市场监督管理总局
中国国家标准化管理委员会 发 布

前　言

本标准按照 GB/T 1.1—2009 给出的规则起草。

本标准代替 GB/T 14829—2007《农业机械用变速 V 带》。与 GB/T 14829—2007 相比,除编辑性修改外主要技术变化如下:

——修改了农业机械用变速 V 带线绳粘合强度要求(见 5.3,2007 年版的 5.3);

——修改了农业机械用变速 V 带疲劳性能要求(见 5.4,2007 年版的 5.4);

——增加了 HG、HH、HN、HO 型号的农业机械用变速 V 带的参考力伸长率的参考力值(见 6.3, 2007 年版的 7.3)。

本标准由中国石油和化学工业联合会提出。

本标准由全国带轮与带标准化技术委员会摩擦型带传动分技术委员会(SAC/TC 428/SC 3)归口。

本标准起草单位:无锡市中惠橡胶科技有限公司、马鞍山锐生工贸有限公司、佳木斯惠尔橡塑股份有限公司、浙江三维橡胶制品股份有限公司、浙江紫金港胶带有限公司、浙江凯欧传动带股份有限公司、青岛市产品质量检验技术研究所。

本标准主要起草人:朱树生、李芳、刘志刚、王宏钢、刘友良、庞长志、解德利、郝永亮。

本标准所代替标准的历次版本发布情况为:

——GB/T 14829—1993、GB/T 14829—2007。

农业机械用变速 V 带

1 范围

本标准规定了农业机械用变速 V 带(以下简称"V 带")的结构、型号和标记、要求、检验规则、试验方法及标志、标签、包装、贮存和运输。

本标准适用于农业机械(特别是收割、脱粒机械)用变速 V 带。

2 规范性引用文件

下列文件对于本文件的应用是必不可少的。凡是注日期的引用文件,仅注日期的版本适用于本文件。凡是不注日期的引用文件,其最新版本(包括所有的修改单)适用于本文件。

GB/T 3686 带传动 V 带和多楔带 拉伸强度和伸长率试验方法

GB/T 3688 V 带线绳粘合强度试验方法

GB/T 10821 农业机械用 V 带和多楔带 尺寸

GB/T 12735 带传动 农业机械用 V 带 疲劳试验

GB/T 13490 V 带 带的均匀性 测量中心距变化量的试验方法

3 结构

3.1 V 带按结构分为包边式 V 带和切边式 V 带两类;其中,切边式 V 带分为普通切边 V 带、有齿切边 V 带和底胶夹布切边 V 带三种。

3.2 V 带由包布、顶布、顶胶、缓冲胶、抗拉体、底胶、底胶夹布、底布组成(见图 1)。

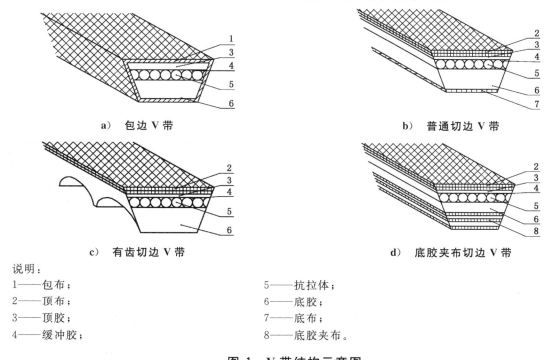

a) 包边 V 带   b) 普通切边 V 带

c) 有齿切边 V 带   d) 底胶夹布切边 V 带

说明:

1——包布;   5——抗拉体;

2——顶布;   6——底胶;

3——顶胶;   7——底布;

4——缓冲胶;   8——底胶夹布。

图 1 V 带结构示意图

4 型号和标记

4.1 型号

V带应具有对称的梯形横截面,V带高度与其节宽之比约等于0.5。其型号分为HG、HH、HI、HJ、HK、HL、HM、HN、HO九种。

4.2 标记

V带的标记示例。以符合GB/T 14829,HM型号,基准长度为3 750 mm的V带为例,其标记为:

HM3750 GB/T 14829

标记中各要素的含义如下:

HM ——V带的型号为HM型;

3 750 ——V带基准长度为3 750 mm。

5 要求

5.1 外观质量

V带的外观不应有任何明显影响使用的扭曲、开裂、气泡、嵌有物等缺陷。包边式V带不应有鼓泡、包布搭缝脱开、带身压偏、海绵状、工作面包布纵向搭缝;外包布带角包布破损每边累积长度不应超过带长的20%,内包布不应有破损。切边式V带不应有分层、切割重边等缺陷。

5.2 尺寸

V带的基准长度极限偏差、中心距变化量等尺寸应符合GB/T 10821的规定。

5.3 物理性能

V带的物理性能应符合表1的规定。

表 1　V带的物理性能

型号	拉伸强度/kN ≥	参考力伸长率/% ≤	线绳粘合强度/(kN/m) ≥
HG	5.0	6.0	18.0
HH	7.0		19.0
HI	10.0		20.0
HJ	13.0		23.0
HK	16.0	7.0	23.0
HL	22.0		25.0
HM	28.0		25.0
HN	29.0		25.0
HO	31.0		25.0

注:线绳粘合强度以聚酯线绳为准,其他材料供需双方协商。

5.4 疲劳性能

V 带的疲劳性能应符合表 2 的规定。

表 2　V 带的疲劳性能

型号	疲劳寿命/h ≥	外周长变化率/% ≤
HK		
HL	100	2.0
HM		

注：试验 V 带基准长度为 2 500 mm～3 500 mm。

6　试验方法

6.1　V 带的尺寸按 GB/T 10821 的规定进行测量，中心距变化量按 GB/T 13490 的规定进行试验。

6.2　V 带线绳粘合强度按 GB/T 3688 的规定进行试验。

6.3　V 带拉伸强度和参考力伸长率按 GB/T 3686 的规定进行试验，参考力应符合表 3 的规定。

表 3　V 带的参考力

型号	HG	HH	HI	HJ	HK	HL	HM	HN	HO
参考力/kN	4.0	5.6	8.0	10.4	12.8	17.6	22.4	23.2	24.8

6.4　V 带疲劳寿命和外周长变化率按 GB/T 12735 的规定进行试验。

7　检验规则

7.1　出厂检验

7.1.1　V 带由制造厂质量检验部门检验合格，并出具合格证明后方能出厂。

7.1.2　V 带的出厂检验项目包括尺寸、外观质量和物理性能。

7.1.3　V 带应逐条进行外观质量检查。

7.1.4　以同种材料、同种型号 V 带不多于 20 000 条为一批，在该批产品中抽取 5 条试样进行尺寸和各项物理性能检查，每月不得少于 1 次。

7.2　型式检验

7.2.1　V 带的型式检验每半年至少进行 1 次。

7.2.2　对 V 带进行型式检验时，应检验第 5 章中的全部项目。

7.3　不合格的判定

7.3.1　若 V 带物理性能检验中有一项不符合本标准的要求，应在该批产品中另取双倍试样对不合格项目进行复试，若其中一个复试结果仍不符合本标准的要求，则该批产品为不合格品。

7.3.2 疲劳试验时,每次应抽取 1 条进行试验。若试验结果不符合本标准合格品的要求,则应在该批产品中另取 2 条试样进行复试,如所得结果中有一个仍不符合本标准的要求,则该批产品为不合格品。

8 标志、标签、包装、贮存和运输

8.1 标志

每条 V 带上应有明显标志,应至少包括以下内容:

a) 标记;

b) 制造商名或商标;

c) 制造年月。

8.2 标签和包装

采用合适的包装物进行包装,标签应至少包括以下内容:

a) 标记;

b) 制造商名或商标;

c) 制造年月。

8.3 贮存和运输

8.3.1 V 带在运输和贮存中,应避免阳光直射和雨雪浸淋,保持清洁,防止酸、碱、油及有机溶剂等有害于带质量的物质接触,带的贮存位置应离热源装置 1 m 以上,贮存中不能使带受到过大的弯曲和挤压,不得反向折曲。

8.3.2 贮存时库房温度宜保持在 —18 ℃～40 ℃,相对湿度不宜超过 70%。

8.3.3 贮存期间应避免使 V 带变形,可将 V 带挂在月牙形的架子上或平整地放在货架上。

ICS 83.060
G 40

中华人民共和国国家标准

GB/T 14837.3—2018/ISO 9924-3:2009

橡胶和橡胶制品　热重分析法测定硫化胶
和未硫化胶的成分　第3部分：抽提后的
烃橡胶、卤化橡胶、聚硅氧烷类橡胶

Rubber and rubber products—Determination of the composition of
vulcanizates and uncured compounds by thermogravimetry—
Part 3：Hydrocarbon rubbers，halogenated rubbers
and polysiloxane rubbers after extraction

（ISO 9924-3：2009，IDT）

2018-03-15 发布

2018-10-01 实施

中华人民共和国国家质量监督检验检疫总局
中国国家标准化管理委员会　发布

前　言

GB/T 14837《橡胶和橡胶制品　热重分析法测定硫化胶和未硫化胶的成分》分为 3 个部分：
——第 1 部分：丁二烯橡胶、乙烯-丙烯二元和三元共聚物、异丁烯-异戊二烯橡胶、异戊二烯橡胶、苯乙烯-丁二烯橡胶；
——第 2 部分：丙烯腈-丁二烯橡胶和卤化丁基橡胶；
——第 3 部分：抽提后的烃橡胶、卤化橡胶、聚硅氧烷类橡胶。
本部分为 GB/T 14837 的第 3 部分。
本部分按照 GB/T 1.1—2009 给出的规则起草。
本部分使用翻译法等同采用 ISO 9924-3:2009《橡胶和橡胶制品　热重分析法测定硫化胶和未硫化橡胶成分　第 3 部分：抽提后的烃橡胶、卤化橡胶、聚硅氧烷类橡胶》。
与本部分中规范性引用的国际文件有一致性对应关系的我国文件如下：
——GB/T 2941—2006　橡胶物理试验方法试样制备和调节通用程序（ISO 23529:2004,IDT）
——GB/T 3516—2006　橡胶　溶剂抽出物的测定（ISO 1407:1992,MOD）
本部分由中国石油和化学工业联合会提出。
本部分由全国橡胶与橡胶制品标准化技术委员会通用试验方法分技术委员会（SAC/TC 35/SC 2）归口。
本部分主要起草单位：贵州轮胎股份有限公司、西北橡胶塑料研究设计院有限公司、三角轮胎股份有限公司、沈阳橡胶研究设计院有限公司、风神轮胎股份有限公司、安徽佳通乘用子午线轮胎有限公司、双钱轮胎有限公司、怡维怡橡胶研究院有限公司、北京市理化分析测试中心、广州合成材料研究院有限公司、西双版纳州质量技术监督综合检测中心、北京橡胶工业研究设计院、中国石油化工股份有限公司北京北化院燕山分院。
本部分主要起草人：吕强、周吉、武晶、韩文霞、倪淑杰、许秋焕、孙艳玲、马英、任绍文、刘晴晴、隋圆、李冰玉、董文武、黄中瑛、刘爱芹、张艳玲、邹涛、郭姝、覃红阳、王瑞萍、谭辉、曾涛、丁晓英、赵霞。

橡胶和橡胶制品 热重分析法测定硫化胶和未硫化胶的成分 第3部分:抽提后的烃橡胶、卤化橡胶、聚硅氧烷类橡胶

警示——使用本部分的试验人员应熟悉正规的实验室操作规程。本部分无意涉及因使用本部分可能出现的所有安全问题。使用者有责任制定相应的安全和健康制度并确保符合国家法规的规定。

注意——使用本部分规定的程序有可能涉及一些物质的使用或产生,可能产生一些废物。这有可能导致本地环境危害,应在使用后参照相应的文件进行安全处理和处置。

1 范围

GB/T 14837 的本部分规定了使用热重分析仪测定橡胶中的总聚合物、炭黑和矿物填料含量的方法。本方法建立于被测材料的热重"指纹"曲线上。但测试结果和橡胶配方的理论值并不完全一致。

本部分适用于初步抽提后的生橡胶、混炼胶和硫化胶。

本部分适用于单一或者并用的烃基橡胶(如 NR、BR、SBR、IIR、EPDM、ACM、AEM)。对于它们的并用胶,得到的聚合物量为总的橡胶烃含量,通常无法得到每一种单一橡胶的含量。

本部分适用于含卤素的橡胶(如 CR、CSM、FKM、CM、CO、ECO 等)或者含氮的橡胶(如 NBR、HNBR、NBR/PVC 等)以及它们的并用胶。但是,这些橡胶通常会形成碳质残余物而干扰分析。可采用适当的程序来减少这些干扰。

本部分适用于聚硅氧烷类橡胶(如 VMQ 等)以及其他未列出的橡胶。

2 规范性引用文件

下列文件对于本文件的应用是必不可少的。凡是注日期的引用文件,仅注日期的版本适用于本文件。凡是不注日期的引用文件,其最新版本(包括所有的修改单)适用于本文件。

ISO 1407 橡胶 溶剂抽出物的测定(Rubber—Determination of solvent extract)

ISO 23529 橡胶 物理测试方法制备和调节样品的一般程序(Rubber—General procedures for preparing and conditioning test pieces for physical test methods)

3 原理

在已知气氛中,按照预定程序对称重后的样品进行加热。先将样品在惰性气氛(氮气)中裂解然后在氧化性气氛中燃烧。一般来说,引起质量变化的反应有分解、氧化或反应挥发等。质量损失与温度的函数可以作为材料的特征谱图用于定量分析。

4 试剂

4.1 干燥的氮气

最小纯度为 99.995%(质量分数),氧气含量低于 10 mg/kg(ppm),烃含量低于 1.5 mg/kg(ppm)。

4.2 干燥无油的空气

空气、氮气加上氧气的纯度不小于 99.5%(质量分数)。在某些情况下,也可使用纯氧气。

5 仪器

5.1 热重分析仪

5.1.1 目前有多款型号热重分析仪都适合用于本部分。热重分析仪应包括 5.1.2~5.1.8 的基本配置。

5.1.2 热重天平:带有由非氧化材料制成的样品盘,其量程不低于 50 mg,精度为 1 μg,以及配有能维持从室温到 1 000 ℃ 的加热炉。

5.1.3 合适的密封装置:允许样品保留在规定的气氛中。

5.1.4 样品盘或坩埚:大小合适,应尽量小以减少样品晃动影响。

5.1.5 控温系统:能够控制温度在 10 ℃/min 到 50 ℃/min 之间程序升温。

5.1.6 气体切换装置:在控制的流速下能够连续导入惰性气体和氧气。

5.1.7 气体流速测量设备:控制气体流速范围在 10 mL/min 到 250 mL/min。

5.1.8 数据采集和处理系统。

6 试样制备

6.1 试样调节

试样应在 ISO 23529 规定的湿度和标准实验室温度下调节。这些条件是首选的,但不是强制的。

6.2 试样抽提

应按照 ISO 1407 规定使用适当的溶剂对试样中的增塑剂和填料进行预抽提。为了方便,把抽提物质量分数表示为 w_1。

6.3 测试部分

试样按 6.2 抽提后,制备质量为 (8±3)mg 的小颗粒样品。

注:样品的制备可能影响橡胶动力学性能。

7 分析步骤

7.1 概述

根据聚合物分解模式不同,本部分规定了两种试验程序:

a) 程序 A 适用于烃基橡胶。

b) 程序 B 适用于硅氧烷类和氟碳烃类橡胶。

   如果使用程序 A 在 600 ℃ 时还没有得到稳定的热重曲线,应使用程序 B。

   各族类橡胶简单的推荐程序参见附录 A 中的表 A.1。

7.2 程序说明

详细操作步骤见表 1 的程序 A 和程序 B。

表 1　操作步骤

操作步骤	单位	程序 A	程序 B
初始温度	℃	35±10	35±10
氮气下升温速率	℃/min	20	20
氮气下终止温度	℃	600	800
氮气下终止温度保持时间	min	0	5
氮气下冷却温度	℃	600~400	800~400
气体转换的温度	℃	400	400
转换为空气下的停留时间	min	2	2
空气下加热速率	℃/min	20	20
设备在空气下设定的最终温度ᵃ	℃	800~850	800~850
在空气下最终温度保留时间	min	10~20	10~20
ᵃ　如果在空气下终了温度时热重曲线下的质量还没有恒定,应在终了温度下保持一段时间直到达到质量平衡。			

7.3　测试步骤

7.3.1　连接仪器,调整(5.1.6)气流流速在 20 mL/min~250 mL/min。根据选择的程序设置参数。推荐的流速为 100 mL/min。

7.3.2　测试前,保证样品盘(5.1.4)或坩埚清洁。

7.3.3　关闭热重分析仪的加热炉,用预设定的流速充进氮气清理。平衡后,调整零点以补偿样品盘或坩埚的质量。

7.3.4　把按 6.3 制备好的样品放入样品盘或坩埚中,按照 7.3.3 规定的条件称重,记录质量为 m_0。

7.3.5　按表 1 规定的程序进行操作。

7.3.6　测试结束后,把加热炉冷却至室温,打开,清理样品盘或坩埚。

8　分析结果的表示

8.1　记录

记录两种情形下的曲线图,以进行必要的计算:

a)　质量损失百分比(w)与温度或时间曲线图;

b)　微分图 dw/dT。

这些图将用来获得各种组分的含量。

8.2　从曲线上计算质量变化

图 B.1 给出了热重分析的一个例子:

当要定义以下质量变化中拐点时需要用到微分曲线。

根据最近的导数为零的点在微分曲线上确定 A_0'、A_1'、A_2' 和 A_3' 最低值。在质量变化曲线上标出这些点。报告 A_0、A_1、A_2、A_3 对应的坐标点,并且读出相应的质量 m_0、m_1、m_2、m_3。

说明:

m_0——试片初始的质量;

m_1——裂解后试样质量；

m_2——裂解和炭黑燃烧后试样的质量；

m_3——残余物的质量。

由于裂解产生的质量损失百分数 w_2 为：

$$w_2 = \frac{m_0 - m_1}{m_0} \times 100 \qquad \cdots\cdots\cdots\cdots\cdots (1)$$

由于炭黑燃烧产生的质量损失百分数 w_5 为：

$$w_5 = \frac{m_1 - m_2}{m_0} \times 100 \qquad \cdots\cdots\cdots\cdots\cdots (2)$$

由于部分或总无机填料分解产生的质量损失百分数 w_7 为：

$$w_7 = \frac{m_2 - m_3}{m_0} \times 100 \qquad \cdots\cdots\cdots\cdots\cdots (3)$$

残余物的质量百分数 w_8 为：

$$w_8 = \frac{m_3}{m_0} \times 100 \qquad \cdots\cdots\cdots\cdots\cdots (4)$$

总的质量百分数：$w_2 + w_5 + w_7 + w_8$ 应为 100%（不包括分析误差）。

注：这些计算可由计算机进行。

8.3 说明

8.3.1 概述

样品的热重分析图中可给出可裂解、不可裂解的物质质量损失和残余物。

8.3.2 烃基橡胶

a) 氮气气氛中：

最开始的质量损失 w_2，是由一种或多种聚合物裂解而导致的质量损失。在氮气气氛下，加热到最后，聚合物裂解是自发结束的。

b) 在氧气气氛中：

1) 质量损失 w_5，是由于炭黑燃烧产生的（如果配方中有的话）。

2) 质量损失 w_7，是由于部分或全部矿物质填料（如：$CaCO_3$）分解产生的，参见图 B.3。

3) w_8 是在 800 ℃下的残余物产生的。

4) w_6 是无机物填料含量，等于 $w_7 + w_8$。

8.3.3 含氮的烃基橡胶（参见图 B.4）

对于含氮的烃基橡胶，在氮气气流下的热重图与 8.3.2 的相似。但是，伴随着裂解产生，可能产生碳质残余物。这些残余物通常在比炭黑低的温度下氧化。如果微分曲线允许，相应的质量分数损失 w_3，应加到裂解产物 w_2 中。

8.3.4 含卤素的烃基橡胶（参见图 B.5）

对于含卤素的烃基橡胶，聚合物的裂解分若干步骤，特别是：

a) 产生挥发性卤代烃链段；

b) 碳质残余物的形成。

挥发性卤代烃的质量损失百分数 w_4，在进行聚合物的含量计算时，聚合物含量应等于 $w_2 + w_4$。

因为碳质残余物很难从炭黑中分辨出来，所以总炭黑含量应为 $w_3 + w_5$。

8.3.5 含氮、氧烃基橡胶

表示方式同烃基橡胶(见8.3.2)。

8.3.6 聚硫橡胶

表示方式同烃基橡胶(见8.3.2)。

8.3.7 硅橡胶

表示方式同烃基橡胶(见8.3.2)。

8.4 分析结果的表示

8.4.1 从 TGA 曲线上得到的结果

需要时,注明以下的值:

a) w_2:可裂解聚合物含量;

b) w_3:任何碳残余物燃烧损失质量;

c) w_4:任何卤素挥发分链段损失质量;

d) w_5:由于炭黑燃烧的损失质量;

e) w_6:矿物填料和金属盐类质量含量;

f) w_7:矿物填料分解损失质量;

g) w_8:空气气氛下,在 800 ℃ 或 850 ℃ 下矿物残留。

8.4.2 用抽提校正的材料质量百分数计算

在计算百分含量时,需考虑到抽提物的含量。用抽提来校正的质量分数 w'_n,应使用下列公式:

$$w'_n = \frac{w_n(100 - w_1)}{100} \qquad\qquad (5)$$

式中:

n ——2~8(各个参数的定义见8.4.1);

w_1——可抽提物含量,质量百分数表示,由溶剂抽出确定。

9 试验报告

试验报告应至少包括下列内容:

a) 试样情况:

    1) 试样详细的描述及来源;

    2) 试样的制备条件;

    3) 抽提溶剂及使用的方法;

b) 测试方法:

    1) 参考的测试标准,例:本标准编号;

    2) 使用的方法（A 或 B）;

c) 试验情况:

    1) 实验室温度;

    2) 试验前调节的时间和温度;

3) 如果是非标准实验室温度下的测试温度；

4) 仪器型号；

5) 可能出现的非本部分规定的试验步骤详细情况；

d) 测试结果：

1) 试样数量；

2) 单个试验测试结果；

3) 测试日期。

10 精密度

参见附录 C。

附　录　A
（资料性附录）
推荐的试验程序

本部分中推荐的试验程序如表 A.1。

表 A.1　根据橡胶种类推荐的程序（简单列表）

橡 胶 种 类	程序
碳氢主链橡胶	
天然胶（NR）或合成异戊二烯橡胶	A
丁二烯橡胶（BR）	A
苯乙烯-丁二烯橡胶（SBR）	A
异丁烯-异戊二烯橡胶（通称丁基橡胶）（IIR）	A
乙烯、丙烯与二烯烃的三聚物（EPDM）	A
丙烯酸乙酯（或其他丙烯酸酯）与少量能促进硫化的单体的共聚物（ACM）	A
丙烯酸乙酯（或其他丙烯酸酯）与乙烯的共聚物（AEM）	A
乙烯和乙酸乙烯酯类聚合物（EVM）	A
含氮类碳氢主链橡胶	
丙烯腈-丁二烯橡胶（通称丁腈橡胶）（NBR）	A
氢化丙烯腈-丁二烯橡胶（HNBR）	A
羧基-丙烯腈-丁二烯橡胶（XNBR）	A
含卤化氢主链橡胶	
氯丁二烯橡胶（CR）	A
氯磺化聚乙烯（CSM）	A
氯化聚乙烯（CM）	A
烷基氯磺化聚乙烯（ACSM[a]）	A
聚环氧氯丙烷（通称氯醚橡胶）（CO）	A
环氧乙烷和环氧氯丙烷的共聚物（通称氯醚橡胶）（ECO）	A
丁腈橡胶/聚氯乙烯共混物（丁腈橡胶/聚氯乙烯）（NBR/PVC）	A
溴化异丁烯-异戊二烯橡胶（通称溴化丁基橡胶）或氯化异丁烯-异戊二烯橡胶（通称氯化丁基橡胶）（BIIR 或 CIIR）	A
氟橡胶（（FKM）	B
含有氮、氧碳氢主链材料的橡胶	
聚酯型聚氨酯或聚醚型聚氨酯（AU 或 EU）	A
含硫类碳氢主链橡胶	
聚合物链中含有碳、氧和硫的橡胶（通称聚硫橡胶）（T）	A
含聚硅烷碳氢主链橡胶	
聚合物链中含有甲基和乙烯基两种取代基团的硅橡胶（VMQ）	B
聚合物链中含有甲基和氟两种取代基团的硅橡胶（FMQ）	B
[a] ISO 1629 中没有的命名。	

附　录　B
（资料性附录）
温度记录曲线的示例

不同的温度记录曲线示例如图 B.1～图 B.5。

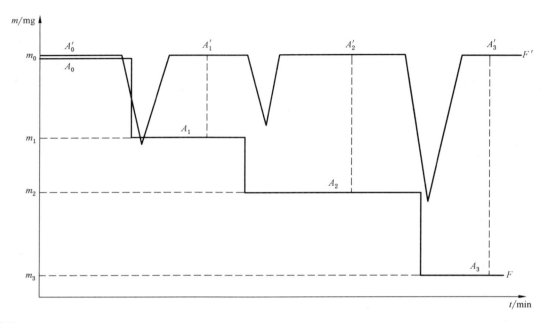

说明：

A_0、A_1、A_2、A_3——绝对值最小；

A_0'、A_1'、A_2'、A_3'——导数最小；

F　　　　——主曲线；

F'　　　——辅助曲线；

m　　　　——质量；

m_0　　　——试样初始质量；

m_1　　　——裂解后的试样质量；

m_2　　　——裂解和炭黑燃烧后试样质量；

m_3　　　——残余物产生的质量；

t　　　　——时间。

图 B.1　温度曲线

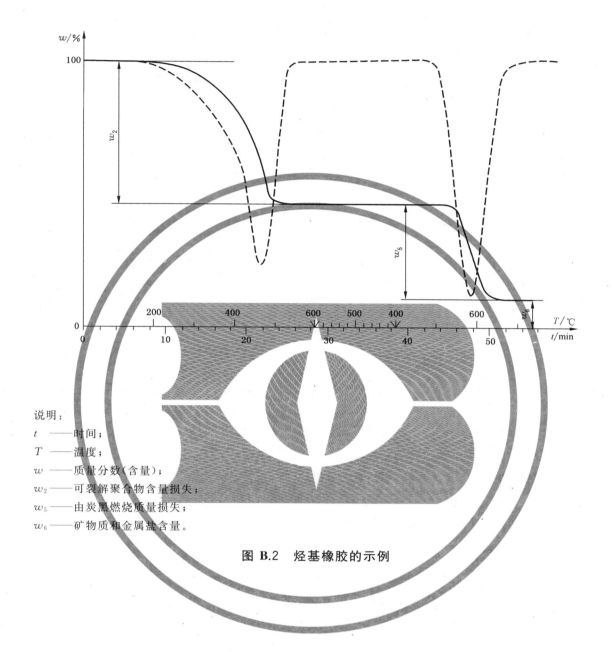

说明：

t —— 时间；

T —— 温度；

w —— 质量分数（含量）；

w_2 —— 可裂解聚合物含量损失；

w_5 —— 由炭黑燃烧质量损失；

w_6 —— 矿物质和金属盐含量。

图 B.2 烃基橡胶的示例

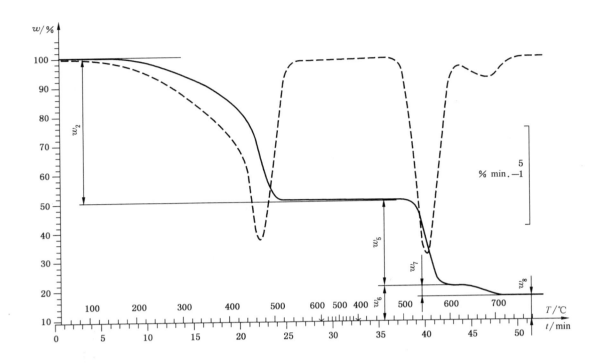

说明:

t ——时间;

T ——温度;

w ——质量分数(含量);

w_2 ——聚合物可裂解部分损失含量;

w_5 ——炭黑燃烧质量损失;

w_6 ——矿物填料和金属盐含量;

w_7 ——矿物填料分解损失量;

w_8 ——空气气氛下在 800 ℃ or 850 ℃ 矿物残余物。

图 B.3 含碳酸钙的烃基橡胶示例

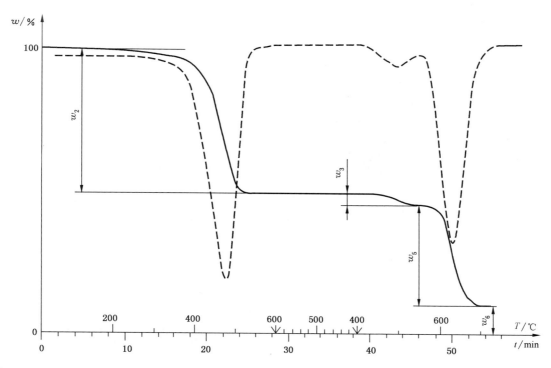

说明：

t ——时间；

T ——温度；

w ——质量分数（含量）；

w_2——聚合物可裂解部分损失含量；

w_3——任何碳残余燃烧损失质量；

w_5——炭黑燃烧损失质量；

w_6——矿物质和金属盐含量。

图 B.4　含氮的烃基橡胶示例

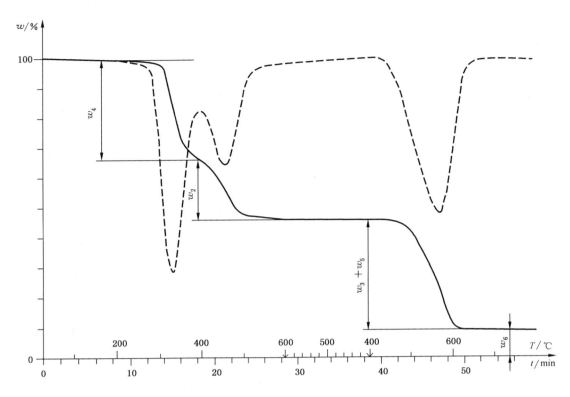

说明：

t ——时间；

T ——温度；

w ——质量分数(含量)；

w_2 ——聚合物可裂解部分损失含量；

w_3 ——任何碳残余燃烧损失质量；

w_4 ——含卤素挥发分损失质量；

w_5 ——炭黑燃烧损失质量；

w_6 ——矿物质和金属盐含量。

图 B.5　含卤素烃基橡胶的示例

附 录 C
（资料性附录）
精 密 度

C.1 概述

关于精密度的 ITP 试验是 2006 年根据 ISO/TR 9272:2005 进行的。精密度的术语、分析步骤和表示的详细情况见 ISO/TR 9272:2005。

表 C.1 给出了进行实验室间比对用的三种不同材料。在 CR 和 NBR 中主要分析了聚合物、炭黑和矿物质组成；VMQ 中主要分析了两种化合物：有机物含量和矿物残留物。总共有 17 个实验室参加了 ITP 试验，试验在一周内的 1 天～2 天内完成。测试结果是化合物中单个成分的测试结果。

离散值的取舍按照 ISO/TR 9272:2005 方案一进行。

表 C.1 给出了所有类型化合物的精密度结果。在没有精密度确定结果实际适用于所试验的产品或材料的文件证明的情况下，由实验室间试验方案确定的精密度不适用于任一组材料或产品的验收或拒收。

C.2～C.5 中引用了精密度结果使用的简要说明。包括绝对精密度（r 和 R）和相对精密度[(r) 和 (R)]的术语。

表 C.1 ITP 试验精密度

材料	组分/%	平均值	标准偏差[a] S_r	实验室内			实验室间		去掉离散值后的实验室数量
				重复性[a] (r)	相对重复性 (r)	标准偏差[a] S_R	再现性 R	相对再现性 (R)	
CR	总聚合物	41.0	0.20	0.56	1.36	0.90	2.52	6.15	15
	炭黑	55.8	0.28	0.77	1.38	1.24	3.48	6.23	16
	矿物盐	2.8	0.11	0.32	11.2	0.55	1.53	53.9	12
NBR	总聚合物	59.1	0.23	0.64	1.09	0.33	0.93	1.57	14
	炭黑	37.7	0.22	0.63	1.66	0.34	0.94	2.5	15
	矿物盐	3.1	0.063	0.176	5.61	0.28	0.77	24.7	11
VMQ	有机物含量	45.7	0.17	0.46	1.01	0.40	1.11	2.42	12
	灰分含量	54.2	0.7	0.47	0.97	0.41	1.16	2.13	12
[a] 测试单位。									

C.2 重复性

重复性（Repeatability）：重复性或局部领域精密度，在表 C.1 中可以看到已建立的每一种橡胶的重复性数值,两个单个的测试结果(正确使用本部分获得的)在以下情况下被认为可疑或来自于不同的区域:r(以测量单位表示)和(r)(以百分数表示)大于列表中的值时,建议进行一些适当的调查。

C.3 再现性

再现性(Reproducibility):再现性或整体领域精密度,在表 C.1 中可以看到已建立的每一种橡胶的再现性数值,两个单个的测试结果(正确使用本部分获得的)在以下情况下被认为可疑或来自于不同的区域:R(以测量单位表示)和(R)(以百分数表示)大于列表中的值时,建议进行一些适当的调查。

C.4 分析意见

对于总聚合物和炭黑,所有的 ITP 结果都是比较好的,它们的相对重复性,(r),范围为 1%～2%。

对于总聚合物和炭黑,所有的 ITP 结果也都是比较好的,它们的相对再现性,(R),范围为 2%～7%。

对于 CR 和 NBR 的残余物和金属盐含量,精密度比较差(值比较高),(r)值从 6%～11%,(R)值从 25%～55%。

对于 VMQ,矿物填料残余含量测量给出的(r)大约是 1%,(R)值的范围为 2%～3%,这两个结果都不错。

C.5 偏差

偏差是测试结果的平均值和参考值或真值之间的差值。本试验的参考值不存在因此不能评估偏差。

参 考 文 献

[1]　ISO 1629　Rubber and latices—Nomenclature

[2]　ISO/TR 9272:2005　Rubber and rubber products—Determination of precision for test method standards

ICS 29.045
H 80

中华人民共和国国家标准

GB/T 14844—2018
代替 GB/T 14844—1993

半导体材料牌号表示方法

Designations of semiconductor materials

2018-12-28 发布

2019-11-01 实施

国家市场监督管理总局
中国国家标准化管理委员会 发布

前　言

本标准按照 GB/T 1.1—2009 给出的规则起草。

本标准代替 GB/T 14844—1993《半导体材料牌号表示方法》,与 GB/T 14844—1993 相比主要技术变化如下:

——修改了范围中本标准适用性的描述(见第 1 章,1993 年版的第 1 章);

——将原 3.1.1 中生产方法和用途分成两项,并对牌号表示方法排序进行调整,名称为第一项,生产方法为第二项(见 3.1.1,1993 年版的 3.1);

——删除了多晶生产方法中的"铸造法",增加了"T 表示三氯氢硅法"、"S 表示硅烷法"、"F 流化床法"和"其他生产方法表示形式参照以上方法进行"(见 3.1.3,1993 年版的 3.1.1);

——修改了"N 表示块状"为"C 表示块状",并增加了"G 表示颗粒状"和"其他多晶形状表示形式参照以上方法进行"(见 3.1.4,1993 年版的 3.1.3);

——增加了"E 表示电子级用途"和"S 表示太阳能级用途"(见 3.1.6);

——调整了单晶牌号表示方法排序(见 3.2.1,1993 年版的 3.2);

——增加了示例"如硅单晶 Si、砷化镓单晶 GaAs、碳化硅单晶 SiC、锗单晶 Ge、锑化铟单晶 InSb、磷化镓单晶 GaP 和磷化铟单晶 InP 等"(见 3.2.2);

——增加了"C 表示铸锭法"(见 3.2.3);

——增加了导电类型示例"例如 N 型导电类型掺杂元素有磷 P、锑 Sb、砷 As,P 型导电类型掺杂元素有硼 B,区熔气相掺杂用 FGD 表示等"(见 3.2.4);

——增加了示例"例如晶向〈111〉、〈100〉和〈110〉等"(见 3.2.5);

——增加了示例"如硅片 Si、砷化镓片 GaAs、碳化硅片 SiC、锗片 Ge、锑化铟片 InSb、磷化镓片 GaP 和磷化铟片 InP 等"(见 3.3.2);

——增加了"SCW 表示太阳能切割片"(见 3.3.4);

——调整了外延片牌号表示方法排序(见 3.4.1,1993 年版的 3.4);

——增加了示例"如硅外延片 Si、砷化镓外延片 GaAs、碳化硅外延片 SiC、锗外延片 Ge、锑化铟外延片 InSb、磷化镓外延片 GaP 和磷化铟外延片 InP 等"(见 3.4.2);

——增加了牌号中字母表示方法(见附录 A)。

本标准由全国半导体设备和材料标准化技术委员会(SAC/TC 203)与全国半导体设备和材料标准化技术委员会材料分会(SAC/TC 203/SC 2)共同提出并归口。

本标准起草单位:浙江省硅材料质量检验中心、有色金属技术经济研究院、有研半导体材料有限公司、浙江海纳半导体有限公司、东莞中镓半导体科技有限公司、南京国盛电子有限公司、江苏中能硅业科技发展有限公司、苏州协鑫光伏科技有限公司、天津市环欧半导体材料技术有限公司。

本标准主要起草人:楼春兰、毛卫中、杨素心、汪新华、邹剑秋、孙燕、潘金平、刘晓霞、马林宝、宫龙飞、张雪囡、丁晓民、贺东江。

本标准所代替标准的历次版本发布情况为:

——GB/T 14844—1993。

半导体材料牌号表示方法

1 范围

本标准规定了半导体多晶、单晶、晶片、外延片等产品的牌号表示方法。

本标准适用于半导体多晶、单晶、晶片、外延片等产品的牌号表示,其他半导体材料牌号表示可参照执行。

2 牌号分类

按照晶体结构和产品形状,半导体材料牌号分为多晶、单晶、晶片和外延片四类,牌号中涉及的字母含义参见附录 A。

3 牌号表示方法

3.1 多晶牌号

3.1.1 多晶的牌号表示为:

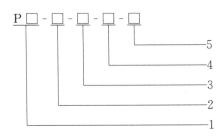

其中:

1、2、3、4、5 分别代表牌号的第一项至第五项。

3.1.2 牌号的第一项中第 1 位 P 表示多晶,后几位用分子式表示多晶名称,如硅 Si、锗 Ge 等。

3.1.3 牌号的第二项表示多晶的生产方法,用英文第一个字母的大写形式表示,其中:

　　a)　T 表示三氯氢硅法;

　　b)　S 表示硅烷法;

　　c)　R 表示还原法;

　　d)　Z 表示区熔法;

　　e)　F 表示流化床法;

　　f)　其他生产方法表示形式参照以上方法进行。

3.1.4 牌号的第三项表示多晶的形状,用英文第一个字母的大写形式表示,其中:

　　a)　I 表示棒状;

　　b)　C 表示块状;

　　c)　G 表示颗粒状;

　　d)　其他多晶形状表示形式参照以上方法进行。

3.1.5 牌号的第四项表示多晶产品的等级,用阿拉伯数字或英文字母表示。

3.1.6 牌号的第五项表示多晶的特殊用途,用英文的第一个字母或其字母组合的大写形式表示,其中:

    a) E 表示电子级用途;

    b) S 表示太阳能级用途;

    c) IR 表示红外光学用途;

    d) 其他用途表示形式参照以上方法进行。

3.1.7 若多晶产品不强调生产方法、用途或形状等,其牌号相应部分可省略,省略部分用 N/A 表示。

3.1.8 多晶的牌号表示见示例1～示例4。

    示例1:PSi-T-I-1-E 表示三氯氢硅法生产的一级棒状电子级多晶硅。

    示例2:PSi-N/A-C-1-N/A 表示一级块状多晶硅。

    示例3:PGe-Z-N/A-1-N/A 表示一级区熔锗锭。

    示例4:PGe-R-N/A-1-N/A 表示一级还原锗锭。

3.2 单晶牌号

3.2.1 单晶的牌号表示为:

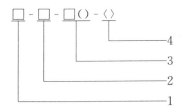

其中:

    1、2、3、4 分别代表牌号的第一项至第四项。

    注:太阳能铸锭法多晶或类单晶参照单晶的牌号表示方法。

3.2.2 牌号的第一项用分子式表示单晶的名称,如硅单晶 Si、砷化镓单晶 GaAs、碳化硅单晶 SiC、锗单晶 Ge、锑化铟单晶 InSb、磷化镓单晶 GaP 和磷化铟单晶 InP 等。

3.2.3 牌号的第二项表示单晶的生产方法,用英文的第一个字母或其字母组合的大写形式表示,其中:

    a) CZ 表示直拉法;

    b) FZ 表示悬浮区熔法;

    c) HB 表示水平法;

    d) LEC 表示液封直拉法;

    e) MCZ 表示磁场拉晶法;

    f) C 表示铸锭法;

    g) 其他生产方法表示形式参照以上方法进行。

3.2.4 牌号的第三项中用 N 或 P 表示导电类型,括号内元素符号表示掺杂剂。例如 N 型导电类型掺杂元素有磷 P、锑 Sb、砷 As,P 型导电类型掺杂元素有硼 B,中子嬗变掺杂法用 NTD 表示,区熔气相掺杂用 FGD 表示等。

3.2.5 牌号的第四项用密勒指数表示晶向,如晶向〈111〉、〈100〉和〈110〉等。

3.2.6 若单晶不强调生产方法或不掺杂时,其牌号的相应部分可省略,省略部分用 N/A 表示。

3.2.7 单晶的牌号表示见示例1～示例4。

    示例1:Si-CZ-P(B)-〈100〉表示晶向为〈100〉的 P 型掺硼直拉硅单晶。

    示例2:Si-FZ-N(N/A)-〈111〉表示晶向为〈111〉的 N 型悬浮区熔硅单晶。

    示例3:GaAs-HB-N(Si)-〈100〉表示晶向为〈100〉的 N 型掺硅水平砷化镓单晶。

    示例4:GaAs-LEC-(N/A)(Cr+O)-〈100〉表示晶向为〈100〉掺铬和氧的液封直拉砷化镓单晶。

3.3 晶片牌号

3.3.1 晶片的牌号表示为:

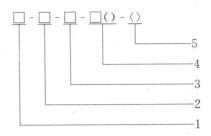

其中:

1、2、3、4、5 分别代表牌号的第一项至第五项。

3.3.2 牌号的第一项用分子式表示晶片的名称,如硅片 Si、砷化镓片 GaAs、碳化硅片 SiC、锗片 Ge、锑化铟片 InSb、磷化镓片 GaP 和磷化铟片 InP 等。

3.3.3 牌号的第二项表示晶片的生产方法,其表示方法同 3.2.3。

3.3.4 牌号的第三项表示晶片种类,用英文第一个字母组合的大写形式表示,其中:

a) CW 表示切割片;

b) LW 表示单面研磨片;

c) DLW 表示双面研磨片;

d) EtW 表示腐蚀片;

e) PW 表示单面抛光片;

f) DPW 表示双面抛光片;

g) DW 表示扩散片;

h) AW 表示退火片;

i) SCW 表示太阳能切割片;

j) 其他晶片种类表示形式参照以上方法进行。

3.3.5 牌号的第四项中用 N 或 P 表示导电类型,括号内元素符号表示掺杂剂。例如 N 型导电类型掺杂元素有磷 P、锑 Sb、砷 As,P 型导电类型掺杂元素有硼 B,中子嬗变掺杂用 NTD 表示,区熔气相掺杂用 FGD 表示等。

3.3.6 牌号的第五项用密勒指数表示晶向,如晶向〈111〉、〈100〉和〈110〉等。

3.3.7 若晶片不强调晶体生产方法,或晶体不掺杂时,其牌号的相应部分可省略,省略部分用 N/A 表示。

3.3.8 晶片的牌号表示见示例1~示例2。

示例1:Si-CZ-PW-N(Sb)-〈111〉表示晶向为〈111〉的 N 型掺锑直拉硅单晶单面抛光片。

示例2:Si-FZ-DLW-N(NTD)-〈111〉表示晶向为〈111〉的 N 型中照悬浮区熔硅单晶双面研磨片。

3.4 外延片牌号

3.4.1 外延片的牌号表示为:

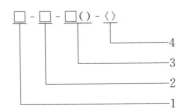

其中：

1、2、3、4 分别代表牌号的第一项至第四项。

3.4.2 牌号的第一项用分子式表示外延片的名称,如硅外延片 Si、砷化镓外延片 GaAs、碳化硅外延片 SiC、锗外延片 Ge、锑化铟外延片 InSb、磷化镓外延片 GaP 和磷化铟外延片 InP 等。

3.4.3 牌号第二项表示外延片的生产方法,用英文第一个字母组合的大写形式表示,其中:

a) VPE 表示气相外延;

b) LPE 表示液相外延;

c) MBE 表示分子束外延;

d) MOCVD 表示金属有机化合物化学气相沉积。

3.4.4 牌号的第三项表示外延片的结构,括号内用元素符号表示衬底掺杂剂,如掺磷 P、掺锑 Sb、掺砷 As、掺硼 B 等。其中:

a) n/n^+ 表示在 n^+ 型衬底上生长 N 型外延层;

b) p/p^+ 表示在 p^+ 型衬底上生长 P 型外延层;

c) n/p(或 p/n)表示在 P 型(或 N 型)衬底上生长导电类型相反的外延层;

d) n/I(或 p/I)表示在绝缘衬底上生产 N 型(或 P 型)外延层;

e) n/p/n 表示在 N 型衬底上先生长 P 型外延层,再生长 N 型外延层,其他多层外延片结构的表示方法以此类推;

f) n/SI 表示在半绝缘衬底上生产 N 型外延层。

3.4.5 牌号的第四项用密勒指数表示晶向,如晶向〈111〉、〈100〉和〈110〉等。

3.4.6 外延片的牌号表示见示例 1～示例 2。

示例 1:Si-VPE-n/n^+(Sb)-〈100〉表示晶向〈100〉的衬底为重掺锑外延层掺磷的 N 型气相硅外延片。

示例 2:GaAs-LPE-n/n^+(Te)-〈100〉表示晶向〈100〉的衬底掺碲的 N 型液相砷化镓外延片。

附　录　A
（资料性附录）
半导体材料牌号中字母表示方法

半导体材料牌号中字母表示方法见表 A.1。

表 A.1　半导体材料牌号中字母表示方法

对应条款号	名称	字母代号	代号含义	英文
3.1				
3.1.2	多晶	P	英文名称的第一个字母	Polycrystalline
3.1.3				
3.1.3a)	三氯氢硅法	T	英文名称的第一个字母	Trichlorosilane method
3.1.3b)	硅烷法	S	英文名称的第一个字母	Silane method
3.1.3c)	还原法	R	英文名称的第一个字母	Reduction method
3.1.3d)	区熔法	Z	英文名称的第一个字母	Zone melting method
3.1.3e)	流化床法	F	英文名称的第一个字母	Fluidized bed process
3.1.4				
3.1.4a)	棒状	I	英文名称的第一个字母	Ingot
3.1.4b)	块状	C	英文名称的第一个字母	Chunk
3.1.4c)	颗粒状	G	英文名称的第一个字母	Granule
3.1.6				
3.1.6a)	电子级	E	英文名称的第一个字母	Electronic grade
3.1.6b)	太阳能级	S	英文名称的第一个字母	Solar grade
3.1.6c)	红外光学	IR	"红外"英文名称的字母组合	Infrared optics
3.2.3				
3.2.3a)	直拉法	CZ	英文名称的第一个单词前两个字母	Czochralski technique
3.2.3b)	悬浮区熔法	FZ	英文名称的前两个单词的第一个字母组合	Floating zone method
3.2.3c)	水平法	HB	英文名称的前两个单词的第一个字母组合	Horizontal Bridgman crystal growth method
3.2.3d)	液封直拉法	LEC	英文名称的前三个单词的第一个字母组合	Liquid encapsulation czochralski process
3.2.3e)	磁场拉晶法	MCZ	CZ 直拉法前面加上磁场的英文名称第一个字母 M	Magnetic field
3.2.3f)	铸锭法	C	英文名称的第一个字母	Casting
3.2.4	中子嬗变掺杂法	NTD	英文名称的第一个字母组合	Neutron transmutation doping
	区熔气相掺杂法	FGD	英文名称的第一个字母组合	Floating zone by gas doping

表 A.1（续）

对应条款号	名称	字母代号	代号含义	英文
3.3.4				
3.3.4a)	切割片	CW	英文名称的第一个字母组合	Cutting wafer
3.3.4b)	单面研磨片	LW	英文名称的第一个字母组合	Lapped wafer
3.3.4c)	双面研磨片	DLW	英文名称的第一个字母组合	Double lapped wafer
3.3.4d)	腐蚀片	EtW	英文名称的两个单词的字母组合	Etched wafer
3.3.4e)	单面抛光片	PW	英文名称的第一个字母组合	Polished wafer
3.3.4f)	双面抛光片	DPW	英文名称的第一个字母组合	Double polished wafer
3.3.4g)	扩散片	DW	英文名称的第一个字母组合	Diffusive wafer
3.3.4h)	退火片	AW	英文名称的第一个字母组合	Annealing wafer
3.3.4i)	太阳能切割片	SCW	英文名称的第一个字母组合	Solar cutting wafer
3.4.3				
3.4.3a)	气相外延	VPE	英文名称的第一个字母组合	Vapour phase epitaxy
3.4.3b)	液相外延	LPE	英文名称的第一个字母组合	Liquid phase epitaxy
3.4.3c)	分子束外延	MBE	英文名称的第一个字母组合	Molecular beam epitaxy
3.4.3d)	金属有机化合物化学气相沉积	MOCVD	英文名称的第一个字母组合	Metal-organic chemical Vapor deposition
3.1.7、3.2.6、3.3.7	不适用的	N/A	英文名称的两个单词的字母组合	Not applicable

ICS 01.040.25；25.080.99
J 59

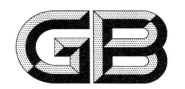

中华人民共和国国家标准

GB/T 14896.9—2018

特种加工机床　术语
第 9 部分：激光加工机床

Non-traditional machines—Terminology—
Part 9：Laser processing machines

2018-07-13 发布

2019-02-01 实施

国家市场监督管理总局
中国国家标准化管理委员会　发 布

前　言

GB/T 14896《特种加工机床　术语》分为 14 个部分：
——第 1 部分：基本术语；
——第 2 部分：电火花加工机床；
——第 3 部分：电解加工机床；
——第 4 部分：超声加工机床；
——第 5 部分：复合加工机床；
——第 6 部分：其他特种加工机床；
——第 7 部分：增材制造机床；
——第 8 部分：电熔爆加工机床；
——第 9 部分：激光加工机床；
——第 10 部分：电子束加工机床；
——第 11 部分：离子束加工机床；
——第 12 部分：等离子弧加工机床；
——第 13 部分：射流加工机床；
——第 14 部分：磨粒流加工机床。
本部分为 GB/T 14896 的第 9 部分。
本部分按照 GB/T 1.1—2009 给出的规则起草。
本部分由中国机械工业联合会提出。
本部分由全国特种加工机床标准化技术委员会（SAC/TC 161）归口。
本部分起草单位：北京工业大学、苏州电加工机床研究所有限公司、深圳市大族智能装备科技有限公司、浙江工业大学、中国机械工程学会特种加工分会。
本部分主要起草人：肖荣诗、徐洁洁、徐均良、陈焱、姚建华、陈虹、杨武雄、王应、于志三、冯建国、陈智君、曾丽霞。

特种加工机床 术语
第 9 部分:激光加工机床

1 范围

GB/T 14896 的本部分界定了激光加工机床的名称、参数、主要零部件、加工方法的术语及其定义。
本部分适用于各类激光加工机床及其辅助设备和附配件。

2 机床名称

2.1
激光加工机床 laser processing machines
采用激光作为能量源进行材料加工的机床。

2.2
激光切割机床 laser cutting machines
采用激光作为能量源进行材料切割的激光加工机床。

2.2.1
光纤激光切割机床 fiber laser cutting machines
采用光纤激光作为能量源的激光切割机床。

2.2.2
碟片激光切割机床 disc laser cutting machines
采用碟片激光作为能量源的激光切割机床。

2.2.3
超快激光切割机床 ultrafast laser cutting machines
采用超快激光作为能量源的激光切割机床。
注:超快激光是指脉冲宽度小于 10 ps 的激光,具有极短脉冲宽度和超高光强。

2.2.4
CO_2 激光切割机床 CO_2 laser cutting machines
采用 CO_2 激光作为能量源的激光切割机床。

2.2.5
Nd:YAG 固体激光切割机床 Nd:YAG solid state laser cutting machines
采用 Nd:YAG 固体激光作为能量源的激光切割机床。

2.2.6
非金属激光切割机床 laser nonmetal cutting machines
切割非金属材料的激光切割机床。

2.2.7
管材激光切割机床 laser tube cutting machines
切割管材的激光切割机床。

2.3
激光焊接机床 laser welding machines
采用激光作为能量源进行材料焊接的激光加工机床。

2.3.1

激光拼焊机床 laser tailor welding machines
采用激光材料拼焊工艺的激光焊接机床。

2.3.2

激光压力焊接机床 laser pressure welding machines
采用激光压力焊接工艺的激光焊接机床。

2.3.3

激光复合焊接机床 laser hybrid welding machines
采用激光复合焊接工艺的激光焊接机床。

2.3.4

激光电弧复合焊机床 laser-arc hybrid welding machines
采用激光电弧复合焊接工艺的激光焊接机床。

2.3.5

填丝激光焊接机床 wire filling laser welding machines
采用填丝激光焊接工艺的激光焊接机床。

2.3.6

填粉激光焊接机床 powder filling laser welding machines
采用填粉激光焊接工艺的激光焊接机床。

2.3.7

激光钎焊机床 laser brazing/soldering machines
采用激光钎焊工艺的激光焊接机床。

2.3.8

双光束激光焊接机床 dual-beam laser welding machines
采用双光束激光焊接工艺的激光焊接机床。

2.3.9

远程激光焊接机床 remote laser welding machines
采用激光远距离焊接工艺的激光焊接机床。

2.4

激光切焊机床 laser cutting and welding machines
兼具切割和焊接功能的激光加工机床。

2.5

激光增材制造机床 laser additive manufacturing machines
以激光为能量源,采用逐层离散/堆积的原理进行零件或构件制造的激光加工机床。

2.5.1

激光沉积成形制造机床 laser deposition manufacturing machines
采用同步送粉熔化沉积工艺的激光增材制造机床。

2.5.2

激光选区熔化成形机床 selective laser melting machines
采用选区熔化成形工艺的激光增材制造机床。
[GB/T 14896.7—2015,定义 3.3]

2.5.3

激光选区烧结成形机床 selective laser sintering machines
采用选区烧结成形工艺的激光增材制造机床。

[GB/T 14896.7—2015,定义 3.2]

2.5.4

激光立体固化成形机床 laser stereolithography machines

采用立体固化成形工艺的激光增材制造机床。

2.5.5

激光叠层实体制造机床 laser laminated object manufacturing machines

采用激光叠层实体制造工艺的激光增材制造机床。

2.6

激光表面处理机床 laser surface processing machines

采用激光作为能量源进行材料表面处理的激光加工机床。

2.6.1

激光抛光机床 laser polishing machines

采用激光抛光工艺的激光表面处理机床。

2.6.2

激光毛化机床 laser texturing machines

采用激光毛化工艺的激光表面处理机床。

2.6.3

激光清洗机床 laser cleaning machines

采用激光清洗工艺的激光表面处理机床。

2.6.4

激光冲击强化机床 laser shock peening machines

采用激光冲击强化工艺的激光表面处理机床。

2.6.5

激光相变硬化机床 laser phase transformation hardening machines

采用激光相变硬化工艺的激光表面处理机床。

2.6.6

激光合金化机床 laser alloying machines

采用激光合金化工艺的激光表面处理机床。

2.6.7

激光熔覆机床 laser cladding machines

采用激光熔覆工艺的激光表面处理机床。

2.7

激光刻印机床 laser marking and engraving machines

采用激光作为能量源进行刻印的激光加工机床。

2.7.1

激光打标机床 laser marking machines

采用激光打标工艺的激光刻印机床。

2.7.2

激光雕刻机床 laser engraving machines

采用激光雕刻工艺的激光刻印机床。

2.7.3

激光刻线机床 laser scribing machines

采用激光刻线工艺的激光刻印机床。

2.8

激光调阻机床 laser resistance trimming machines

采用激光作为能量源通过去除材料以调整其电阻阻值的激光加工机床。

2.9

激光打孔机床 laser drilling machines

采用激光作为能量源进行打孔的激光加工机床。

2.10

激光划片机床 laser dicing machines

采用激光作为能量源进行划片的激光加工机床。

2.11

激光板材成形机床 laser sheet forming machines

采用激光作为能量源进行板料成形的激光加工机床。

2.11.1

激光热成形机床 laser thermal forming machines

采用激光热成形工艺的激光板材成形机床。

2.11.2

激光冲击成形机床 laser shock forming machines

采用激光冲击成形工艺的激光板材成形机床。

3 参数

本章除定义了机床参数术语外,还定义了部分工艺参数术语。机床通用参数术语参见 GB/T 14896.1—2009,激光增材制造机床的其他参数术语参见 GB/T 14896.7—2015。

3.1

工作台尺寸 worktable dimension

激光加工机床工作台平面尺寸。

3.2

加工幅面 processing dimension

机床能有效加工的二维平面尺寸。

3.3

加工室尺寸 working chamber dimension

用于在密闭环境进行激光加工的工作室三维空间尺寸。

3.4

光束质量 beam quality

激光束可聚焦程度的度量,是表征激光束聚焦能力的指标。

3.5

光束质量因子 beam quality factor
光束传输比 beam propagation ratio

激光束斑逼近理想高斯光束衍射极限程度的度量。

注:光束质量因子是激光光束质量的评估和控制理论基础。

3.6

激光功率 laser power

激光器单位时间内输出的激光能量。

3.7

额定激光输出功率　rated laser output power

激光器标称的最大输出功率。

3.8

激光功率密度　laser power density

投射到表面面元上的激光功率与该面元的面积之商,即单位面积的激光功率。

3.9

激光波长　laser wavelength

激光器输出激光束的波长。

3.10

光斑形状　spot shape

激光束在任意(或特定)横截面投射光斑的形状。

3.11

光斑尺寸　spot size

激光束在任意(或特定)横截面投射光斑的尺寸。

3.12

光束模式　laser beam mode

激光谐振腔内能够独立存在的具有特定波矢的单色平面驻波,沿光束传播方向的光束模式称为纵模,垂直光束传播方向的光束模式称为横模。

3.13

束散角　divergence angle

光束宽度[内含功率(或能量)定义的]在远场增大形成的渐近面锥所构成的全角度。

[GB/T 15313—2008,定义 2.1.65]

3.14

聚焦镜焦距　focal length

聚焦镜的光学中心到焦点的距离。

3.15

离焦量　defocusing distance

聚焦激光束在材料表面的作用位置与其焦点的距离。

3.16

正离焦　positive defocusing

焦点位于加工面之上。

3.17

负离焦　negative defocusing

焦点位于加工面之下。

3.18

焦点漂移　focus shift

聚焦光束焦点位置沿光束传播方向的变化。

3.19

脉冲宽度　pulse duration

激光脉冲上升和下降到它的50%峰值功率点之间的间隔时间。

[GB/T 15313—2008,定义 2.1.74]

3.20

占空比　duty cycle

在一个脉冲周期内,输出激光能量的时间与脉冲周期之比。

3.21

脉冲波形　pulse shape

激光输出脉冲的形状。

3.22

峰值功率　peak power

功率时间函数的最大值。

[GB/T 15313—2008,定义2.1.82]

3.23

脉冲间隔　pulse interval

两相邻激光输出脉冲发射的时间间隔。

3.24

脉冲能量　pulse energy

单个脉冲释放的能量,等于脉冲功率乘以脉冲宽度。

3.25

脉冲频率　pulse frequency

单位时间内发出的单脉冲或序列脉冲的个数。

3.26

重复频率　repetition frequency

周期性的输出激光脉冲的个数。

3.27

扫描域尺寸　scanning range dimension

激光束扫描范围大小。

3.28

切割速度　cutting speed

机床在切割作业时,切割头和工件的相对运动速度。

3.29

切缝宽度　kerf width

切割后在切割件上留下的割缝的宽度。

3.30

最大切割厚度　maximum cutting thickness

机床能正常切透材料的最大厚度。

3.31

切割表面粗糙度　cutting surface roughness

切割断口表面的粗糙度。

3.32

切割气体压力　cutting gas pressure

切割时进入切割头的气体压力。

3.33

切割喷嘴口径　cutting nozzle diameter

切割喷嘴中心孔的直径。

3.34

切割头随动精度 following accuracy

切割时切割喷嘴跟踪工件表面的精度。

3.35

焊接速度 welding speed

机床焊接作业时焊接头与工件的相对运动速度。

3.36

送丝速度 wire feeding rate

单位时间内输送的焊丝的长度。

3.37

保护气体流量 shielding gas flow rate

单位时间内输送保护气体的体积。

3.38

焊接深度 weld depth

在焊缝横截面中,从焊趾连线到焊缝根部的距离。

3.39

焊缝深宽比 weld depth-to-width ratio

焊缝深度和宽度的比值。

3.40

扫描速度 scanning speed

激光束在工件上的移动速度。

3.41

扫描幅面 scanning dimension

激光束在工件上扫描移动的平面二维尺寸。

3.42

沉积速率 deposition rate

单位时间内沉积在工件上的材料的质量。

3.43

材料利用率 materials utilization ratio

有效利用的材料与实际消耗的材料之比。

3.44

粉末利用率 powder utilization ratio

有效利用的粉末与输送粉末总量的比值。

3.45

熔覆速度 cladding speed

机床熔覆作业时熔覆头与工件的相对运动速度。

3.46

熔覆层 cladding layer

通过熔覆材料熔化形成的与基体材料表面冶金结合的表面涂层。

3.47

熔覆宽度 cladding width

熔覆材料熔化区域的宽度。

3.48

熔覆厚度　cladding thickness

熔覆层表面到基体材料的距离。

3.49

单道　single bead

激光扫描一道形成的熔覆层。

3.50

搭接率　overlap ratio

相邻两道熔覆层搭接的宽度与单道熔覆层宽度的比值。

3.51

稀释率　dilution ratio

熔覆材料被稀释的程度,即基体材料在熔覆层中所占的百分比。

3.52

送粉量/速率　powder feeding rate

单位时间内输送粉末的质量。

3.53

储粉量　powder storage quantity

储粉器所能容纳粉末的最大质量。

3.54

铺粉厚度　powder layer thickness

单层铺设的粉末层厚度。

3.55

气体消耗量　gas consumption

单位时间内使用的气体的体积。

3.56

成形精度　forming accuracy

成形件达到的外形尺寸精度。

3.57

扫描路径　scanning path

光束移动的轨迹。

3.58

激光能量利用率　laser energy utilization efficiency

激光加工时材料吸收的激光功率占输入总激光功率的比例。

3.59

刻蚀速率　ablation rate

激光刻蚀时单位时间去除材料的体积。

3.60

刻蚀深度　ablation depth

激光刻蚀时去除材料的深度。

3.61

刻蚀精度　ablation accuracy

激光刻蚀区的尺寸精度。

3.62

最小孔径 minimum hole diameter

打孔机床最小可加工孔的直径。

3.63

打孔深度 drilling depth

加工完成后孔表面与孔底之间的距离。

3.64

打孔圆度 hole roundness

加工后孔的特定横截面接近理论圆的程度,可用最大外切圆与最小内切圆半径之差表征。

3.65

孔深径比 hole depth-to-diameter ratio

孔的深度和直径的比值。

3.66

穿孔时间 piercing time

切割前激光穿透材料形成通孔所用时间。

3.67

打标速度 marking rate

单位时间内标记像点的数量。

3.68

激光清洗效率 laser cleaning efficiency

单位时间内清洗的面积。

4 主要零部件

机床通用零部件术语参见 GB/T 14896.1—2009,激光增材制造机床的其他主要零部件术语参见 GB/T 14896.7—2015。

4.1

切割工作台 cutting table

安装激光切割工件的平台。

4.2

焊接工作台 welding table

安装激光焊接工件的平台。

4.3

自动上下料工作台 automatic loading and unloading table

能自动对材料装夹和工件下料的工作台。

4.4

加工室 working chamber

进行激光加工的封闭空间。

4.4.1

真空室 vacuum chamber

具有一定真空度的加工室。

4.4.2

惰性气体加工室 inert gas chamber

充斥惰性气体的加工室。

4.5

激光器　laser

利用受激辐射原理使光在工作介质中放大或振荡发射的器件。

4.6

传导光纤　delivery fiber

用于将激光器产生的激光传导到加工头的光纤。

4.7

切割头　cutting head

采用聚焦激光束对材料进行切割的装置,主要由聚焦镜、切割喷嘴和高度传感器等部分组成。

4.8

焊接头　welding head

采用聚焦激光束对材料进行焊接的装置,主要由聚焦镜、保护气体喷嘴和横向气帘等部分组成。

4.9

切割喷嘴　cutting nozzle

切割头前端接近工件,可喷出高速气流的部件。

4.10

高度随动传感器　height sensor

激光切割中,跟踪监测喷嘴和工件距离的器件。

4.10.1

电容式高度传感器　capacitive height sensor

基于电容测量喷嘴与工件之间高度的随动传感器。

4.10.2

电感式高度传感器　inductive height sensor

基于电感测量喷嘴与工件之间高度的随动传感器。

4.11

送丝机构　wire feeder

输送焊丝的装置。

4.12

导丝嘴　wire guide nozzle

引导焊丝进入熔池的导向部件。

4.13

保护气体喷嘴　shielding gas nozzle

向熔池输送保护气体的装置。

4.14

气体流量计　gas flowmeter

测量气体流量大小的计量器具。

4.15

气体压力传感器　gas pressure sensor

测量辅助气体压力的检测传感器。

4.16

保护镜　protective lens

激光加工头前部保护聚焦镜的光学元件。

4.17

激光熔覆头　laser cladding head

采用聚焦激光束对材料进行熔覆的装置,主要由聚焦镜、送粉喷嘴和横向气帘等部分组成。

4.17.1

同轴熔覆头　coaxial cladding head

激光束和输送的粉末束同轴线的激光熔覆头。

4.17.2

旁轴熔覆头　paraxial cladding head

激光束和输送的粉末束不同轴线的激光熔覆头。

4.18

横向气帘　cross jet

通过高速气流吹离激光加工过程中产生的烟气和飞溅物以保护光学元件不被污染的装置。

4.19

送粉器　powder feeder

输送粉末材料的装置。

4.20

导光系统　beam guide system

将激光器输出的光束进行导向传输的装置。

4.21

指示光　indicating light

对激光作用位置进行指示的可见光。

4.22

光闸　optical shutter

用于切换光路中光束传输方向的装置。

4.23

聚焦镜　focusing mirror/lens

将光束汇聚的光学元件。

4.24

积分镜　integrating mirror/lens

将激光束分割成若干微小光束,然后进行重新叠加获得特定功率密度分布的光学元件。

4.25

匀光镜　homogenization mirror/lens

将激光束能量分布进行均匀化的光学元件。

4.26

准直镜　collimation mirror

通过扩束减小光束发散角的光学元件。

4.27

焊缝跟踪器　seam tracking system

实时检测焊接过程中焊缝位置偏差的装置。

4.28

防护装置　guard device

通过物体障碍方式专门用于人身保护的装置。

注:防护装置的结构可以是壳、屏、门、防护罩、挡板围封、封闭式防护装置等。

4.29

安全装置 safety device

消除或减小风险的单一装置或与防护装置联用(而不是防护装置)的装置。

4.30

冷水机 chiller

产生循环冷水对激光器元件、加工头等部件进行冷却的机器。

4.31

烟尘抽排系统 exhausting system

利用负压对激光加工过程中产生的烟尘进行吸除的装置。

4.32

激光防护眼镜 laser protection glasses

对特定波长激光具有防护作用的特种眼镜。

5 加工方法

激光增材制造机床的加工方法术语参见 GB/T 14896.7—2015。

5.1

激光加工 laser processing

以激光为主要能量源,通过光与物质的相互作用,改变材料的物态、成分、组织、应力等,从而实现零件/构件的成形与成性的加工方法。

5.2

激光切割 laser cutting

利用高功率(能量)密度激光束作用于被加工工件,使其吸收激光能量而产生熔化、汽化或冲击断裂,从而达到切割工件的目的。

[GB/T 15313—2008,定义 2.5.6]

5.2.1

激光熔化切割 laser fusion cutting

激光加热使材料熔化,并用高速气流吹除熔融物质而形成切口的切割方法。

5.2.2

激光气化切割 laser vaporization cutting

激光加热使材料气化而形成切口的切割方法。

5.2.3

激光应力切割 laser thermal stress cutting

激光加热产生应力,诱导并控制裂纹扩展来分割脆性材料的切割方法。

5.3

激光焊接 laser welding

通过激光加热使两个或两个以上工件达到原子之间的结合而形成永久性连接的加工方法。

5.3.1

激光拼焊 laser tailor welding

采用激光将不同板材(材质、厚度、涂层、形状等)拼接在一起形成整体件的激光焊接方法。

5.3.2

激光压力焊 laser pressure welding

激光加热辅以机械压力,使材料产生熔化、塑性变形、再结晶和扩散等作用从而实现永久连接的激光焊接方法。

5.3.3

激光复合焊接 laser hybrid welding

采用激光作为主要能量源,并与其他能源方式复合使材料形成永久连接的激光焊接方法。

5.3.4

激光电弧复合焊接 laser-arc hybrid welding

采用激光作为主要能量源,并与电弧复合使材料形成永久连接的激光焊接方法。

5.3.5

填丝激光焊接 wire filling laser welding

在激光焊接过程中加入焊丝作为填充材料的激光焊接方法。

5.3.6

填粉激光焊接 powder filling laser welding

在激光焊接过程中加入粉末作为填充材料的激光焊接方法。

5.3.7

激光钎焊 laser brazing

采用比母材熔点低的金属材料作为钎料,利用激光作为能量源将母材和钎料加热到高于钎料熔点但低于母材熔点的温度,利用液态钎料润湿母材,填充接头间隙并使钎料与母材相互扩散实现连接的激光焊接方法。

5.3.8

双光束激光焊接 dual-beam laser welding

针对 T 形接头,两束激光从接头两侧同时作用完成整条焊缝的激光焊接方法。

5.3.9

多光斑激光焊接 multi-spot laser welding

采用两个或两个以上聚焦光斑同时作用在工件上实现材料永久连接的激光焊接方法。

5.3.10

远程激光焊接 remote laser welding

通过光束偏转使聚焦光斑远距离快速扫描实现材料永久连接的激光焊接方法。

5.4

激光熔覆 laser cladding

通过激光加热在基体表面形成一个主要由熔覆材料组成并与基体冶金结合的表面熔覆层的激光加工方法。

5.4.1

同轴送粉激光熔覆 coaxial powder feeding laser cladding

激光熔覆过程中,输送的粉末束流共同轴线与激光束同轴的激光熔覆方法。

5.4.2

侧向送粉激光熔覆 lateral powder feeding laser cladding

激光熔覆过程中,将粉末从激光束一侧送入熔池的激光熔覆方法。

5.5

激光表面处理 laser surface processing

利用激光能量对材料表面进行处理改变其表面状态的加工方法。

5.5.1

激光淬火 laser quenching

激光辐照加热金属,使其表面产生相变从而增加表面硬度的激光表面处理方法。

5.5.2

激光重熔处理 laser remelting

激光辐照加热熔化材料表面,改变金相组织从而改善表面性能的激光表面处理方法。

5.5.3

激光表面合金化 laser alloying

激光辐照加热金属表面,同时添加合金化元素,通过改变材料表面化学成分和组织,改善表面性能的激光表面处理方法。

5.5.4

激光抛光 laser polishing

通过激光辐照,使材料表面薄层物质熔化或去除,降低表面粗糙度的激光表面处理方法。

5.5.5

激光表面织构化 laser texturing

采用聚焦脉冲激光在材料表面形成微/纳米结构,获得特定表面功能的激光表面处理方法。

5.5.6

激光清洗 laser cleaning

通过聚焦激光辐照,使材料表面附着物发生气化/分解/剥离等物理/化学过程脱离物体表面,达到表面洁净目的的激光表面处理方法。

5.5.7

激光冲击强化 laser shock peening

高能密度脉冲激光作用于材料表面,引发冲击波使材料表面发生塑性变形,实现表面强化的激光表面处理方法。

5.6

激光划片 laser dicing

聚焦激光作用于蓝宝石、硅、碳化硅、金刚石等基片材料,在激光扫描路径处产生划痕或缺陷,并在外力作用下实现材料分离的一种激光加工方法。

5.7

激光退火 laser annealing

激光辐照使材料快速升温到相变温度点之下,实现材料表面微观组织和应力状态调控的激光加工方法。

5.8

激光刻印 laser marking and engraving

利用聚焦激光在物体表面形成印记或立体图案的激光加工方法。

5.8.1

激光打标 laser marking

利用聚焦激光选择性去除表层材料或改变颜色在物体表面形成印记的激光刻印方法。

5.8.2

激光雕刻 laser engraving

利用聚焦激光选择性去除材料在物体表面形成立体图案的激光刻印方法。

5.8.3

激光内雕 sub-surface laser engraving

将激光聚焦在透明材料内部产生缺陷形成可见图案的激光刻印方法。

5.9

激光调阻 laser resistance trimming

采用激光对薄膜或厚膜电阻进行局部刻蚀实现阻值精密调节的激光加工方法。

5.10

激光光刻　laser lithography

利用光化学反应原理将光敏材料固化形成特定形状的激光加工方法。

5.11

激光刻蚀　laser ablation

利用脉冲激光将材料表层物质快速去除形成特定结构的激光加工方法。

5.12

激光打孔　laser drilling

利用聚焦激光去除材料,在工件上加工出具有一定形状和深度的孔的激光加工方法。

5.12.1

激光冲击打孔　laser percussion drilling

采用聚焦脉冲激光将材料快速加热到气化温度形成孔的激光打孔方法。

5.12.2

激光环切打孔　laser trepanning drilling

激光冲击打孔和激光切割技术相结合,将冲击打孔形成的通孔切割成所需直径的孔的激光打孔方法。

5.12.3

激光螺旋打孔　laser helical drilling

激光束相对于工件螺旋运动去除材料形成孔的激光打孔方法。

5.12.4

激光铣削打孔　laser milling drilling

类似于机械铣削,聚焦激光逐点逐层去除材料形成孔的激光打孔方法。

5.13

激光板材成形　laser sheet forming

激光作用使板材产生可控塑性变形,获得所需形状的激光加工方法。

5.13.1

激光热成形　laser thermal forming

通过激光局部加热板材产生不均匀应力,使板材发生可控塑性变形,获得所需形状的激光板材成形方法。

5.13.2

激光冲击成形　laser shock forming

利用脉冲激光诱导产生的冲击波,使板材发生可控塑性变形,获得所需形状的激光板材成形方法。

5.14

激光非晶化　laser amorphization

激光辐照材料,使材料表面发生物理化学变化后快速冷却而制备出非晶材料的激光加工方法。

5.15

激光微纳加工　laser micro-/nanomachining

通过激光作用产生微纳米(小于 $100~\mu m$)结构,或制造对象的特征尺寸至少一个维度在微纳米尺度的激光加工方法。

GB/T 14896.9—2018

参 考 文 献

[1]　GB/T 14896.1—2009　特种加工机床　术语　第1部分:基本术语
[2]　GB/T 14896.7—2015　特种加工机床　术语　第7部分:增材制造机床
[3]　GB/T 15313—2008　激光术语

474

索　引

汉语拼音索引

K

L

英文对应词索引

A

B

C

D

M

N

ICS 75.100
E 30

中华人民共和国国家标准

GB/T 14906—2018
代替 GB/T 14906—1994

内燃机油黏度分类

Classification of internal combustion engine oils viscosity

2018-12-28 发布

2019-07-01 实施

国家市场监督管理总局
中国国家标准化管理委员会 发布

前　言

本标准按照 GB/T 1.1—2009 给出的规则起草。

本标准代替 GB/T 14906—1994《内燃机油黏度分类》。与 GB/T 14906—1994 相比,除编辑性修改外主要技术变化如下:

——增加了 8、12、16 黏度等级(见表 2);

——"低温黏度"修改为"低温启动黏度",试验条件和指标限值均发生变化(见表 2,1994 年版的表);

——"边界泵送温度"修改为"低温泵送黏度",试验方法和指标限值均发生变化(见表 2,1994 年版的表);

——20 黏度等级中 100 ℃运动黏度指标由"不小于 5.6 mm²/s～小于 9.3 mm²/s"修改为"不小于 6.9 mm²/s～小于 9.3 mm²/s"(见表 2,1994 年版的表);

——增加了高温高剪切黏度检测项目及检测方法(见表 2);

——增加了 SAE 8～SAE 20 高温黏度等级表示方法(见 4.3);

——增加了附录 A"SE、SF 质量等级汽油机油和 CC、CD 质量等级柴油机油以及农用柴油机油黏度分类"(见附录 A)。

本标准由全国石油产品和润滑剂标准化技术委员会(SAC/TC 280)提出并归口。

本标准起草单位:中国石油化工股份有限公司石油化工科学研究院。

本标准主要起草人:陈延。

本标准所代替标准的历次版本发布情况为:

——GB/T 14906—1994。

内燃机油黏度分类

1 范围

本标准仅从流变学的角度规定了内燃机油的黏度分类。

本标准适用于确定内燃机油黏度等级,并不涉及油的其他特性。

2 规范性引用文件

下列文件对于本文件的应用是必不可少的。凡是注日期的引用文件,仅注日期的版本适用于本文件。凡是不注日期的引用文件,其最新版本(包括所有的修改单)适用于本文件。

GB/T 265 石油产品运动粘度测定法和动力粘度计算法

GB/T 6538 发动机油表观黏度的测定 冷启动模拟机法

GB/T 9171 发动机油边界泵送温度测定法

NB/SH/T 0562 低温下发动机油屈服应力和表观黏度测定法

SH/T 0618 高剪切条件下的润滑油动力粘度测定法(雷范费尔特法)

SH/T 0703 润滑油在高温高剪切速率条件下表观粘度测定法(多重毛细管粘度计法)

SH/T 0751 高温和高剪切速率下粘度测定法(锥形塞粘度计法)

3 分类方法

3.1 本标准采用含字母 W 和不含字母 W 两组黏度等级系列。含字母 W 的一组单级内燃机油是以低温启动黏度、低温泵送黏度和 100 ℃时运动黏度划分黏度等级;不含字母 W 的一组单级内燃机油是以 100 ℃时运动黏度和 150 ℃时高温高剪切黏度划分黏度等级。

3.2 一个多黏度等级内燃机油,其低温启动黏度和低温泵送黏度应满足系列中一个 W 级的要求,同时,其 100 ℃运动黏度和 150 ℃高温高剪切黏度应在系列中一个非 W 级分类规定的黏度范围之内。

4 黏度牌号表示方法

4.1 本标准中黏度等级以六个含字母 W 的低温黏度等级号(0W、5W、10W、15W、20W、25W)和八个不含字母 W 的高温黏度等级号(8、12、16、20、30、40、50、60)表示。

4.2 黏度牌号有单级油和多级油之分。任何一个牛顿油可标为单级油(含 W 或不含 W)。一些经聚合物黏度指数改进剂调配的油是非牛顿油,应标上适当的多黏度等级(含 W 和高温等级),即含 W 黏度级和高温黏度级,并且两黏度级号之差大于等于 15。例如,一个多级油可标为 10W-30 或 20W-40,而不可标为 10W-20 或 20W-20。一个油可能同时符合多个 W 级,所标记的含 W 级号或多黏度级号只取最低 W 级号。例如,一个多级油同时符合 10W、15W、20W、25W 和 30 级号,黏度牌号只能标为 10W-30。

4.3 对于黏度等级为 SAE 8~SAE 20 的内燃机油,其 100 ℃运动黏度可能同时符合一个以上高温黏度等级要求,在标记一个符合一个以上高温黏度等级要求的单级油或多级油时,仅需标记符合最大高温高剪切黏度的黏度等级。其标记示例见表1。

表 1　标记示例

运动黏度(100 ℃)/(mm²/s)	高温高剪切黏度(150 ℃)/(mPa·s)	SAE 黏度等级
7.0	2.6	20
7.0	2.4	16
7.0	2.1	12
5.6	2.1	12
5.6	1.9	8

5　内燃机油黏度分类

内燃机油黏度分类见表2。SE、SF 质量等级汽油机油和 CC、CD 质量等级柴油机油以及农用柴油机油黏度分类见附录 A。

表 2　内燃机油黏度分类

黏度等级	低温启动黏度 mPa·s 不大于	低温泵送黏度 (无屈服应力时) mPa·s 不大于	运动黏度 (100 ℃) mm²/s 不小于	运动黏度 (100 ℃) mm²/s 小于	高温高剪切黏度 (150 ℃) mPa·s 不小于
试验方法	GB/T 6538	NB/SH/T 0562	GB/T 265	GB/T 265	SH/T 0751[a]
0W	6 200 在 −35 ℃	60 000 在 −40 ℃	3.8	—	—
5W	6 600 在 −30 ℃	60 000 在 −35 ℃	3.8	—	—
10W	7 000 在 −25 ℃	60 000 在 −30 ℃	4.1	—	—
15W	7 000 在 −20 ℃	60 000 在 −25 ℃	5.6	—	—
20W	9 500 在 −15 ℃	60 000 在 −20 ℃	5.6	—	—
25W	13 000 在 −10 ℃	60 000 在 −15 ℃	9.3	—	—
8	—	—	4.0	6.1	1.7
12	—	—	5.0	7.1	2.0
16	—	—	6.1	8.2	2.3
20	—	—	6.9	9.3	2.6
30	—	—	9.3	12.5	2.9
40	—	—	12.5	16.3	3.5(0W-40,5W-40 和 10W-40 等级)
40	—	—	12.5	16.3	3.7(15W-40,20W-40,25W-40 和 40 等级)
50	—	—	16.3	21.9	3.7
60	—	—	21.9	26.1	3.7

[a]　也可采用 SH/T 0618、SH/T 0703 方法,有争议时,以 SH/T 0751 为准。

附　录　A

（规范性附录）

SE、SF 质量等级汽油机油和 CC、CD 质量等级柴油机油以及农用柴油机油黏度分类

表 A.1 给出了 SE、SF 质量等级汽油机油和 CC、CD 质量等级柴油机油以及农用柴油机油黏度分类。

表 A.1　SE、SF 质量等级汽油机油和 CC、CD 质量等级柴油机油以及农用柴油机油黏度分类

黏度等级	低温启动黏度 mPa·s 不大于	边界泵送温度 ℃ 不高于	运动黏度（100 ℃时） mm²/s 不小于	运动黏度（100 ℃时） mm²/s 小于
试验方法	GB/T 6538	GB/T 9171	GB/T 265	GB/T 265
0W	3 250 在－30 ℃	－35 ℃	3.8	—
5W	3 500 在－25 ℃	－30 ℃	3.8	—
10W	3 500 在－20 ℃	－25 ℃	4.1	—
15W	3 500 在－15 ℃	－20 ℃	5.6	—
20W	4 500 在－10 ℃	－15 ℃	5.6	—
25W	6 000 在－5 ℃	－10 ℃	9.3	—
20	—	—	5.6	9.3
30	—	—	9.3	12.5
40	—	—	12.5	16.3
50	—	—	16.3	21.9
60	—	—	21.9	26.1

ICS 13.220.50
C 84

中华人民共和国国家标准

GB 14907—2018
代替 GB 14907—2002

钢 结 构 防 火 涂 料

Fire resistive coating for steel structure

2018-11-19 发布

2019-06-01 实施

国家市场监督管理总局
中国国家标准化管理委员会 发 布

前　言

本标准的 5.1.5、5.2 和第 7 章为强制性的，其余为推荐性的。

本标准按照 GB/T 1.1—2009 给出的规则起草。

本标准代替 GB 14907—2002《钢结构防火涂料》。

本标准与 GB 14907—2002 相比，除编辑性修改外主要技术变化如下：

——增加了截面系数术语及定义（见 3.2）；

——修改了产品的分类和型号（见第 4 章；2002 年版的第 4 章）；

——修改了产品的一般要求（见 5.1；2002 年版的 5.1）；

——增加了隔热效率偏差要求和试验方法（见 5.2、6.4.7）；

——增加了 pH 值要求和试验方法（见 5.2、6.4.8）；

——修改了耐水性、耐冷热循环性、耐曝热性、耐湿热性、耐冻融循环性、耐酸性、耐碱性、耐盐雾腐蚀性、耐火性能要求和试验方法（见 5.2、6.4.9、6.4.10、6.4.11、6.4.12、6.4.13、6.4.14、6.4.15、6.4.16、6.5；2002 年版的 5.2、6.4.8、6.4.9、6.4.10、6.4.11、6.4.12、6.4.13、6.4.14、6.4.15、6.5）；

——修改了理化性能试件的制备（见 6.3；2002 年版的 6.3）；

——增加了耐紫外线辐照性要求和试验方法（见 5.2、6.4.17）；

——删除了附加耐火性能（见 2002 年版的 6.6）；

——修改了检验规则（见第 7 章；2002 年版的第 7 章）；

——增加了钢结构防火涂料隔热效率试验（见附录 A）；

——修改了钢结构防火涂料耐火试验加载量计算（见附录 B；2002 年版的附录 A）；

——删除了钢结构防火涂料腐蚀性的评定（见 2002 年版的附录 B）。

本标准由中华人民共和国应急管理部提出并归口。

本标准起草单位：公安部四川消防研究所、公安部消防产品合格评定中心、四川天府防火材料有限公司、杭州西子防火材料有限公司、江苏兰陵高分子材料有限公司、北京金隅涂料有限责任公司、北京茂源防火材料厂、厦门市大平工贸有限公司、昆山市宁华防火材料有限公司、广州督江防火材料有限公司、江苏海龙核科技股份有限公司。

本标准主要起草人：李风、东靖飞、孟志、聂涛、程道彬、覃文清、濮爱萍、周晓勇、张才、姚建军、徐晓奕。

本标准所代替标准的历次版本发布情况为：

——GB 14907—1994、GB 14907—2002。

钢 结 构 防 火 涂 料

1 范围

本标准规定了钢结构防火涂料的术语和定义、分类和型号、技术要求、试验方法、检验规则及标志、包装、运输和贮存。

本标准适用于建（构）筑物钢结构表面使用的各类钢结构防火涂料。

2 规范性引用文件

下列文件对于本文件的应用是必不可少的。凡是注日期的引用文件，仅注日期的版本适用于本文件。凡是不注日期的引用文件，其最新版本（包括所有的修改单）适用于本文件。

GB/T 191 包装储运图示标志

GB/T 706—2016 热轧型钢

GB/T 1728—1979 漆膜、腻子膜干燥时间测定法

GB/T 3186—2006 色漆、清漆和色漆与清漆用原材料 取样

GB/T 6388 运输包装收发货标志

GB/T 9779—2015 复层建筑涂料

GB/T 9978.1—2008 建筑构件耐火试验方法 第1部分：通用要求

GB/T 9978.6 建筑构件耐火试验方法 第6部分：梁的特殊要求

GB/T 11263—2017 热轧H型钢和剖分T型钢

GB/T 14522—2008 机械工业产品用塑料、涂料、橡胶材料人工气候老化试验方法 荧光紫外灯

GB 15930—2007 建筑通风和排烟系统用防火阀门

GB 50017—2003 钢结构设计规范

GA/T 714—2007 构件用防火保护材料快速升温耐火试验方法

3 术语和定义

下列术语和定义适用于本文件。

3.1

钢结构防火涂料 fire resistive coating for steel structure

施涂于建（构）筑物钢结构表面，能形成耐火隔热保护层以提高钢结构耐火极限的涂料。

3.2

截面系数 section factor

无保护钢构件每单位长度外表面面积与单位长度对应体积的比值。

4 分类和型号

4.1 分类

4.1.1 按火灾防护对象分为：

GB 14907—2018

a) 普通钢结构防火涂料:用于普通工业与民用建(构)筑物钢结构表面的防火涂料;

b) 特种钢结构防火涂料:用于特殊建(构)筑物(如石油化工设施、变配电站等)钢结构表面的防火涂料。

4.1.2 按使用场所分为:

a) 室内钢结构防火涂料:用于建筑物室内或隐蔽工程的钢结构表面的防火涂料;

b) 室外钢结构防火涂料:用于建筑物室外或露天工程的钢结构表面的防火涂料。

4.1.3 按分散介质分为:

a) 水基性钢结构防火涂料:以水作为分散介质的钢结构防火涂料;

b) 溶剂性钢结构防火涂料:以有机溶剂作为分散介质的钢结构防火涂料。

4.1.4 按防火机理分为:

a) 膨胀型钢结构防火涂料:涂层在高温时膨胀发泡,形成耐火隔热保护层的钢结构防火涂料;

b) 非膨胀型钢结构防火涂料:涂层在高温时不膨胀发泡,其自身成为耐火隔热保护层的钢结构防火涂料。

4.2 耐火性能分级

4.2.1 钢结构防火涂料的耐火极限分为:0.50 h、1.00 h、1.50 h、2.00 h、2.50 h 和 3.00 h。

4.2.2 钢结构防火涂料耐火性能分级代号见表1。

表 1 耐火性能分级代号

耐火极限(F_r) h	耐火性能分级代号	
	普通钢结构防火涂料	特种钢结构防火涂料
$0.50 \leqslant F_r < 1.00$	$F_p 0.50$	$F_t 0.50$
$1.00 \leqslant F_r < 1.50$	$F_p 1.00$	$F_t 1.00$
$1.50 \leqslant F_r < 2.00$	$F_p 1.50$	$F_t 1.50$
$2.00 \leqslant F_r < 2.50$	$F_p 2.00$	$F_t 2.00$
$2.50 \leqslant F_r < 3.00$	$F_p 2.50$	$F_t 2.50$
$F_r \geqslant 3.00$	$F_p 3.00$	$F_t 3.00$
注:F_p 采用建筑纤维类火灾升温试验条件;F_t 采用烃类(HC)火灾升温试验条件。		

4.3 型号

钢结构防火涂料的产品代号以字母 GT 表示;钢结构防火涂料的相关特征代号为:使用场所特征代号 N 和 W 分别代表室内和室外,分散介质特征代号 S 和 R 分别代表水基性和溶剂性,防火机理特征代号 P 和 F 分别代表膨胀型和非膨胀型;主参数代号以表1中的耐火性能分级代号表示。

钢结构防火涂料的型号编制方法如下:

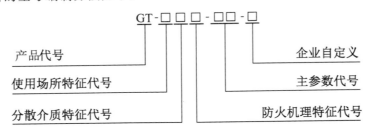

494

示例 1：

GT-NRP-F_p1.50-A,表示室内用溶剂性膨胀型普通钢结构防火涂料,耐火性能为 F_p1.50,自定义代号为 A。

示例 2：

GT-WSF-F_t2.00-B,表示室外用水基性非膨胀型特种钢结构防火涂料,耐火性能为 F_t2.00,自定义代号为 B。

5 技术要求

5.1 一般要求

5.1.1 用于生产钢结构防火涂料的原材料应符合国家环境保护和安全卫生相关法律法规的规定。

5.1.2 钢结构防火涂料应能采用规定的分散介质进行调和、稀释。

5.1.3 钢结构防火涂料应能采用喷涂、抹涂、刷涂、辊涂、刮涂等方法中的一种或多种方法施工,并能在正常的自然环境条件下干燥固化,涂层实干后不应有刺激性气味。

5.1.4 复层涂料应相互配套,底层涂料应能同防锈漆配合使用,或者底层涂料自身具有防锈性能。

5.1.5 膨胀型钢结构防火涂料的涂层厚度不应小于 1.5 mm,非膨胀型钢结构防火涂料的涂层厚度不应小于 15 mm。

5.2 性能要求

5.2.1 室内钢结构防火涂料的理化性能应符合表 2 的规定。

表 2 室内钢结构防火涂料的理化性能

序号	理化性能项目	技术指标		缺陷类别
		膨胀型	非膨胀型	
1	在容器中的状态	经搅拌后呈均匀细腻状态或稠厚流体状态,无结块	经搅拌后呈均匀稠厚流体状态,无结块	C
2	干燥时间(表干)/h	≤12	≤24	C
3	初期干燥抗裂性	不应出现裂纹	允许出现 1~3 条裂纹,其宽度应≤0.5 mm	C
4	粘结强度/MPa	≥0.15	≥0.04	A
5	抗压强度/MPa	—	≥0.3	C
6	干密度/(kg/m³)	—	≤500	C
7	隔热效率偏差	±15%	±15%	—
8	pH 值	≥7	≥7	C
9	耐水性	24 h 试验后,涂层应无起层、发泡、脱落现象,且隔热效率衰减量应≤35%	24 h 试验后,涂层应无起层、发泡、脱落现象,且隔热效率衰减量应≤35%	A
10	耐冷热循环性	15 次试验后,涂层应无开裂、剥落、起泡现象,且隔热效率衰减量应≤35%	15 次试验后,涂层应无开裂、剥落、起泡现象,且隔热效率衰减量应≤35%	B

注 1：A 为致命缺陷,B 为严重缺陷,C 为轻缺陷；"—"表示无要求。

注 2：隔热效率偏差只作为出厂检验项目。

注 3：pH 值只适用于水基性钢结构防火涂料。

5.2.2 室外钢结构防火涂料的理化性能应符合表3的规定。

表 3 室外钢结构防火涂料的理化性能

序号	理化性能项目	技术指标		缺陷类别
		膨胀型	非膨胀型	
1	在容器中的状态	经搅拌后呈均匀细腻状态或稠厚流体状态,无结块	经搅拌后呈均匀稠厚流体状态,无结块	C
2	干燥时间(表干)/h	≤12	≤24	C
3	初期干燥抗裂性	不应出现裂纹	允许出现1～3条裂纹,其宽度应≤0.5 mm	C
4	粘结强度/MPa	≥0.15	≥0.04	A
5	抗压强度/MPa	—	≥0.5	C
6	干密度/(kg/m³)	—	≤650	C
7	隔热效率偏差	±15%	±15%	—
8	pH 值	≥7	≥7	C
9	耐曝热性	720 h 试验后,涂层应无起层、脱落、空鼓、开裂现象,且隔热效率衰减量应≤35%	720 h 试验后,涂层应无起层、脱落、空鼓、开裂现象,且隔热效率衰减量应≤35%	B
10	耐湿热性	504 h 试验后,涂层应无起层、脱落现象,且隔热效率衰减量应≤35%	504 h 试验后,涂层应无起层、脱落现象,且隔热效率衰减量应≤35%	B
11	耐冻融循环性	15 次试验后,涂层应无开裂、脱落、起泡现象,且隔热效率衰减量应≤35%	15 次试验后,涂层应无开裂、脱落、起泡现象,且隔热效率衰减量应≤35%	B
12	耐酸性	360 h 试验后,涂层应无起层、脱落、开裂现象,且隔热效率衰减量应≤35%	360 h 试验后,涂层应无起层、脱落、开裂现象,且隔热效率衰减量应≤35%	B
13	耐碱性	360 h 试验后,涂层应无起层、脱落、开裂现象,且隔热效率衰减量应≤35%	360 h 试验后,涂层应无起层、脱落、开裂现象,且隔热效率衰减量应≤35%	B
14	耐盐雾腐蚀性	30 次试验后,涂层应无起泡,明显的变质、软化现象,且隔热效率衰减量应≤35%	30 次试验后,涂层应无起泡,明显的变质、软化现象,且隔热效率衰减量应≤35%	B
15	耐紫外线辐照性	60 次试验后,涂层应无起层、开裂、粉化现象,且隔热效率衰减量应≤35%	60 次试验后,涂层应无起层、开裂、粉化现象,且隔热效率衰减量应≤35%	B
注 1:A 为致命缺陷,B 为严重缺陷,C 为轻缺陷;"—"表示无要求。				
注 2:隔热效率偏差只作为出厂检验项目。				
注 3:pH 值只适用于水基性的钢结构防火涂料。				

5.2.3 钢结构防火涂料的耐火性能应符合表 4 的规定。

表 4　钢结构防火涂料的耐火性能

产品分类	耐火性能										缺陷类别
	膨胀型				非膨胀型						
普通钢结构防火涂料	$F_p0.50$	$F_p1.00$	$F_p1.50$	$F_p2.00$	$F_p0.50$	$F_p1.00$	$F_p1.50$	$F_p2.00$	$F_p2.50$	$F_p3.00$	A
特种钢结构防火涂料	$F_t0.50$	$F_t1.00$	$F_t1.50$	$F_t2.00$	$F_t0.50$	$F_t1.00$	$F_t1.50$	$F_t2.00$	$F_t2.50$	$F_t3.00$	

注：耐火性能试验结果适用于同种类型且截面系数更小的基材。

6　试验方法

6.1　取样

抽样、检查和试验所需样品的采取,除另有规定外,应按 GB/T 3186—2006 的规定进行。

6.2　制样条件

除另有规定外,试件的制备、养护均应在环境温度 5 ℃~35 ℃,相对湿度 50%~80% 的条件下进行。

6.3　理化性能试件的制备

6.3.1　试件基材

采用 Q235 钢材作为试件基材,彻底清除锈迹后,按规定的防锈措施进行防锈处理(适用时)。试件基材的尺寸及数量见表 5。

表 5　试件基材的尺寸及数量

序号	试件用途	尺寸 mm	数量 块
1	干燥时间试验	150×70×6	3
2	初期干燥抗裂性试验	300×150×6	2
3	粘结强度试验	70×70×6	5
4	耐曝热性试验	150×70×6 500×500×6	1 1
5	耐湿热性试验	150×70×6 500×500×6	1 1
6	耐冻融循环性试验	150×70×6 500×500×6	1 1

表 5（续）

序号	试件用途	尺寸 mm	数量 块
7	耐冷热循环性试验	150×70×6 500×500×6	1 1
8	耐水性试验	150×70×6 500×500×6	1 1
9	耐酸性试验	150×70×6 500×500×6	1 1
10	耐碱性试验	150×70×6 500×500×6	1 1
11	耐盐雾腐蚀性试验	150×70×6 500×500×6	1 1
12	耐紫外线辐照性试验	150×70×6 500×500×6	1 1
13	基准隔热效率测定	500×500×6	1
14	标准隔热效率测定	500×500×6	1

6.3.2 试件的涂覆和养护

按委托方提供的产品施工工艺(除加固措施外)进行涂覆施工,试件涂层厚度分别为:对于小试件
(尺寸小于 500 mm×500 mm),P 类(1.50±0.20)mm、F 类(15±2)mm;对于大试件(尺寸为 500 mm×
500 mm),P 类(2.00±0.20)mm、F 类(25±2)mm,且每块大试件的涂层厚度相互之间偏差不应大于
10%。达到规定厚度后应抹平和修边,保证均匀平整。对于复层涂料,还应按委托方提供的施工工艺进
行面层和底层涂料的施工。涂覆好的试件涂层面向上水平放置在试验台上干燥养护,除用于试验表干
时间和初期干燥抗裂性的试件外,其余试件的养护期规定为:P 类不低于 10 d、F 类不低于 28 d,委托方
有特殊规定的按委托方的规定执行。养护期满后方可进行试验。

6.3.3 试件预处理

将用于 6.4.9、6.4.10、6.4.11、6.4.12、6.4.13、6.4.14、6.4.15、6.4.16 及 6.4.17 试验的试件养护期满后
用 1∶1 的石蜡与松香的溶液封堵其周边(封边宽度不得小于 5 mm),再次养护 24 h 后方可进行试验。

6.4 理化性能

6.4.1 在容器中的状态

用搅拌器搅拌容器内的试样或按规定的比例调配多组分涂料的试样,观察涂料是否均匀,有无
结块。

6.4.2 干燥时间

将依据 6.3 要求制作的试件,按 GB/T 1728—1979 规定的指触法进行测试。

6.4.3 初期干燥抗裂性

按 GB/T 9779—2015 的 6.10 进行试验。目测检查有无裂纹出现或使用适当的器具测量裂纹宽度。2 块试件均符合要求判为合格。

6.4.4 粘结强度

将依据 6.3 要求制作的试件的涂层中央 40 mm×40 mm 面积内,均匀涂刷高粘结力的粘结剂(如溶剂型环氧树脂等),然后将钢制联结件粘上并压上 1 kg 重的砝码,小心去除联结件周围溢出的粘结剂,继续在 6.2 规定的条件下放置 3 d 后去掉砝码,沿钢制联结件的周边切割涂层至板底面,然后将粘结好的试件安装在试验机上;在沿试件底板垂直方向施加拉力,以 1 500 N/min~2 000 N/min 的速度施加荷载,测得最大的拉伸荷载(要求钢制联结件底面平整与试件涂覆面粘结)。每一试件的粘结强度按式(1)计算。粘结强度结果以 5 个试验值中剔除粗大误差后的平均值表示。

$$f_b = F/A \qquad \cdots\cdots\cdots\cdots\cdots\cdots\cdots\cdots\cdots\cdots\cdots\cdots (1)$$

式中:

f_b ——粘结强度,单位为兆帕(MPa);

F ——最大拉伸荷载,单位为牛顿(N);

A ——粘结面积,单位为平方毫米(mm²)。

6.4.5 抗压强度

6.4.5.1 试件的制作

先在规格为 70.7 mm×70.7 mm×70.7 mm 的金属试模内壁涂一薄层机油,将拌和后的涂料注入试模内,轻轻摇动并插捣抹平,待基本干燥固化后脱模。在规定的环境条件下养护期满后,再放置在 (60±5)℃的烘箱中干燥 48 h,然后再放置在干燥器内冷却至室温。

6.4.5.2 试验程序

选择试件的某一侧面作为受压面,用卡尺测量其边长,精确至 0.1 mm。将选定试件的受压面向上放在压力试验机(误差小于或等于 2%)的加压座上,试件的中心线与压力机中心线应重合,以 150 N/min~200 N/min 的速度均匀施加荷载至试件破坏。记录试件破坏时的最大荷载。按式(2)计算每一个试件的抗压强度。抗压强度结果以 5 个试验值中剔除粗大误差后的平均值表示。

$$R = P/A \qquad \cdots\cdots\cdots\cdots\cdots\cdots\cdots\cdots\cdots\cdots\cdots\cdots (2)$$

式中:

R ——抗压强度,单位为兆帕(MPa);

P ——最大载荷,单位为牛顿(N);

A ——受压面积,单位为平方毫米(mm²)。

6.4.6 干密度

试件制作同 6.4.5.1。

采用卡尺和电子天平测量试件的体积和质量,按式(3)计算每一个试件的干密度。干密度结果以 5 个试验值中剔除粗大误差后的平均值表示。

$$\rho = m/V \qquad \cdots\cdots\cdots\cdots\cdots\cdots\cdots\cdots\cdots\cdots\cdots\cdots (3)$$

式中:

ρ ——干密度,单位为千克每立方米(kg/m³);

m ——质量,单位为千克(kg);

V ——体积,单位为立方米(m^3)。

6.4.7 隔热效率偏差

6.4.7.1 基准隔热效率的测定

型式检验时,按附录 A 的规定,对依据 6.3 要求制作的"基准隔热效率测定"用试件进行隔热效率试验,其隔热效率(T_0)为钢结构防火涂料的基准隔热效率。

6.4.7.2 隔热效率偏差测试

出厂检验时,按附录 A 的规定,对依据 6.3 要求制作的"标准隔热效率测定"用试件进行隔热效率试验,其隔热效率($T_标$)为钢结构防火涂料的标准隔热效率。隔热效率偏差按附录 A 的规定进行计算。

6.4.8 pH 值

按产品施工工艺要求,首先用搅拌器搅拌容器内的试样或按规定的比例调配多组分涂料的试样至混合均匀状态,然后采用 pH 计测量其 pH 值。

6.4.9 耐水性

6.4.9.1 将依据 6.3 要求制作的试件全部浸泡于盛有自来水的容器中。试验期间应观察并记录小试件表面的防火涂料涂层外观情况,直至达到规定的试验时间。

6.4.9.2 取出经过 6.4.9.1 试验的大试件,放在(23±2)℃的环境中养护干燥后,按附录 A 的规定测试其隔热效率并计算衰减量。

6.4.10 耐冷热循环性

6.4.10.1 将依据 6.3 要求制作的试件置于(23±2)℃的空气中 18 h,然后将试件放入(−20±2)℃低温箱中冷冻 3 h,再将试件从低温箱中取出立即放入(50±2)℃的恒温箱中 3 h。此为 1 次循环,按此反复循环试验。试验期间,每一次循环结束时应观察并记录小试件表面的防火涂料涂层外观情况,直至达到规定的循环次数。

6.4.10.2 取出经过 6.4.10.1 试验的大试件,放在(23±2)℃的环境中养护干燥后,按附录 A 的规定测试其隔热效率并计算衰减量。

6.4.11 耐曝热性

6.4.11.1 将依据 6.3 要求制作的试件垂直放置在(50±2)℃的烘箱中。试验期间,每隔 24 h 应观察并记录小试件表面的防火涂料涂层外观情况,直至达到规定的试验时间。

6.4.11.2 取出经过 6.4.11.1 试验的大试件,放在(23±2)℃的环境中养护干燥后,按附录 A 的规定测试其隔热效率并计算衰减量。

6.4.12 耐湿热性

6.4.12.1 将依据 6.3 要求制作的试件垂直放置在湿度 90%±5%、温度(45±5)℃的试验箱中。试验期间,每隔 24 h 应观察并记录小试件表面的防火涂料涂层外观情况,直至达到规定的试验时间。

6.4.12.2 取出经过 6.4.12.1 试验的大试件,放在(23±2)℃的环境中养护干燥后,按附录 A 的规定测试其隔热效率并计算衰减量。

6.4.13 耐冻融循环性

6.4.13.1 将依据 6.3 要求制作的试件置于(23±2)℃的自来水中 18 h,然后将试件放入(−20±2)℃低温箱中冷冻 3 h,再将试件从低温箱中取出立即放入(50±2)℃的恒温箱中 3 h。此为 1 次循环,按此反复循环试验。试验期间,每一次循环结束时应观察并记录小试件表面的防火涂料涂层外观情况,直至达到规定的循环次数。

6.4.13.2 取出经过 6.4.13.1 试验的大试件,放在(23±2)℃的环境中养护干燥后,按附录 A 的规定测试其隔热效率并计算衰减量。

6.4.14 耐酸性

6.4.14.1 将依据 6.3 要求制作的试件全部浸泡于 3‰的盐酸溶液中。试验期间,每隔 24 h 应观察并记录小试件表面的防火涂料涂层外观情况,直至达到规定的试验时间。

6.4.14.2 取出经过 6.4.14.1 试验的大试件,放在(23±2)℃的环境中养护干燥后,按附录 A 的规定测试其隔热效率并计算衰减量。

6.4.15 耐碱性

6.4.15.1 将依据 6.3 要求制作的试件全部浸泡于 3‰的氨水溶液中。试验期间,每隔 24 h 应观察并记录小试件表面的防火涂料涂层外观情况,直至达到规定的试验时间。

6.4.15.2 取出经过 6.4.15.1 试验的大试件,放在(23±2)℃的环境中养护干燥后,按附录 A 的规定测试其隔热效率并计算衰减量。

6.4.16 耐盐雾腐蚀性

6.4.16.1 将依据 6.3 要求制作的试件按 GB 15930—2007 的 7.11 的规定进行试验。试验期间,每一次循环结束时应观察并记录小试件表面的防火涂料涂层外观情况,直至达到规定的循环次数。

6.4.16.2 取出经过 6.4.16.1 试验的大试件,放在(23±2)℃的环境中养护干燥后,按附录 A 的规定测试其隔热效率并计算衰减量。

6.4.17 耐紫外线辐照性

6.4.17.1 将依据 6.3 要求制作的试件按 GB/T 14522—2008 的表 C.1 规定的第 2 种暴露周期类型进行试验。试验期间,每二次循环结束时应观察并记录小试件表面的防火涂料涂层外观情况,直至达到规定的循环次数。

6.4.17.2 取出经过 6.4.17.1 试验的大试件,放在(23±2)℃的环境中养护干燥后,按附录 A 的规定测试其隔热效率并计算衰减量。

6.5 耐火性能

6.5.1 试验装置

符合 GB/T 9978.1—2008 中第 5 章对试验装置的要求。

6.5.2 试验条件

普通钢结构防火涂料采用建筑纤维类火灾升温条件,试验炉内温度及压力应符合 GB/T 9978.1—2008 中 6.1 和 6.2 的相关规定;特种钢结构防火涂料采用烃类(HC)火灾升温条件,试验炉内温度应符合 GA/T 714—2007 中 5.1.2 的相关规定,炉内保持正压。

GB 14907—2018

试验炉内用于温度和压力测量的仪器设备,其数量、布置方式及测量要求应符合 GB/T 9978.1—2008 和 GB/T 9978.6 的相关规定。

6.5.3 试件制作

采用 GB/T 11263—2017 规定的 HN400×200 热轧 H 型钢(截面系数为 161 m⁻¹)和 GB/T 706—2016 规定的 36b 热轧工字钢(截面系数为 126 m⁻¹)作为试验基材。试件制作时,首先按 GB/T 9978.6 的相关规定设置试件热电偶(均用于测量试件的平均温度),然后依据产品使用说明书规定的工艺条件对试件受火面进行涂覆,形成涂覆的钢梁试件,并放在 6.2 规定的条件下养护,养护期由委托方确定。

6.5.4 涂层厚度的确定

涂层厚度应在试件各受火面进行测量,且沿试件长度方向每米不少于 2 个测量截面。每个截面上共 7 个测量点(见图 1),其中腹板两侧中部各一个,上翼缘下表面两侧中部各一个,下翼缘上表面两侧中部各一个,下翼缘下表面中部一个。涂层厚度(包括防锈漆、防锈液、面漆及加固措施等厚度在内)以剔除测量值中的最大值和最小值后的平均值表示。涂层厚度精确至:0.1 mm(P 类),1 mm(F 类)。

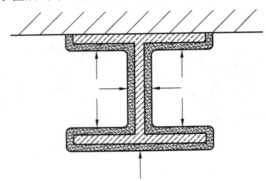

图 1　试件截面上涂层厚度测量点位置

6.5.5 试件安装、约束与加载

6.5.5.1　试件应水平、简支安装在水平燃烧试验炉上。试件三面受火,上表面覆盖标准盖板,盖板可采用密度为(650±200)kg/m³ 的加气混凝土板或轻质混凝土板,每块盖板的厚度为(150±25)mm、长度不大于 1 m、宽度大于或等于梁上翼缘的 3 倍宽度且不小于 600 mm。盖板与梁的上翼缘之间设一层硅酸铝纤维棉,其宽度等于梁的上翼缘宽度。试件受火长度不小于 4 000 mm,试件的支撑点间距(净跨度)及总长度应符合 GB/T 9978.6 中对试件尺寸的相关规定。试件的其他安装和约束要求应符合 GB/T 9978.6 的相关规定。

6.5.5.2　试件加载条件应符合 GB/T 9978.6 的相关规定,试件承受四点集中荷载模拟的均布荷载,荷载总量对应设计弯矩极限值(按 GB 50017—2003 中 4.1 规定进行计算)的 60%,且应符合整体稳定性的要求。计算时应采用钢材的设计强度。实际加载量为总荷载量扣除钢梁、标准盖板自重(试验前进行称量)而得出的荷载量。加载量在整个试验过程中应保持恒定(偏差在规定值的±5% 以内)。HN400×200 热轧 H 型钢和 36b 热轧工字钢的实际加载量的计算示例见附录 B。

6.5.6 判定准则

6.5.6.1 判定条件

钢结构防火涂料的耐火极限以试件失去承载能力或达到规定的平均温度的时间来确定。

6.5.6.2 承载能力

在整个耐火试验时间内,试件的最大弯曲变形量不应超过 $\dfrac{L_0{}^2}{400h}$ mm(L_0 为试件的净跨度,h 为试件截面上抗压点与抗拉点之间的距离)。

6.5.6.3 试件温度

在整个耐火试验时间内,试件的平均温度不应超过 538 ℃。

6.5.7 耐火性能的表示

钢结构防火涂料的耐火性能试验结果应包括升温条件、试验基材类型、截面系数、涂层厚度、耐火性能试验时间或耐火极限等信息,并注明涂层构造方式和防锈处理措施。耐火性能试验时间或耐火极限精确至 0.01 h。

7 检验规则

7.1 检验分类

7.1.1 出厂检验

出厂检验项目分为常规项目和抽检项目两类。常规项目应至少包括:在容器中的状态、干燥时间、初期干燥抗裂性和 pH 值,且应按批检验。抽检项目应至少包括:干密度、隔热效率偏差、耐水性、耐酸性、耐碱性,且应在每季度或每生产 500 t(P 类)、1 000 t(F 类)产品(先到为准)之内至少进行一次检验。

7.1.2 型式检验

型式检验项目为 5.1.5、5.2 规定的全部项目。

有下列情形之一,产品应进行型式检验:

a) 新产品投产或老产品转厂生产时试制定型鉴定;

b) 正式生产后,产品的配方、工艺、原材料有较大改变时;

c) 产品停产一年以上恢复生产时;

d) 出厂检验结果与上次型式检验结果有较大差异时;

e) 发生重大质量事故整改后;

f) 质量监督机构依法提出要求时。

7.2 组批与抽样

7.2.1 组批

组成一批的钢结构防火涂料应为同一次投料、同一生产工艺、同一生产条件下生产的产品。

7.2.2 抽样

出厂检验样品应分别从不少于 200 kg(P 类)、500 kg(F 类)的产品中随机抽取 40 kg(P 类)、100 kg(F 类)。

型式检验样品应分别从不少于 1 000 kg(P 类)、3 000 kg(F 类)的产品中随机抽取 300 kg(P 类)、500 kg(F 类)。

7.3 判定规则

7.3.1 出厂检验判定

出厂检验的常规项目全部符合要求时判该批产品合格;常规项目发现有不合格的,判该批产品不合格。抽检项目全部合格的,产品可正常出厂;抽检项目有不合格的,允许对不合格项进行加倍复验,复验合格的,产品可继续生产销售;复验仍不合格的,产品停产整改。

7.3.2 型式检验判定

型式检验项目全部符合要求时,判该产品合格。有缺陷时的合格判定规则如下,检验结论中需注明缺陷类别和数量:

a) A＝0;

b) B≤2;

c) B＋C≤3。

8 标志、包装、运输和贮存

8.1 产品标志应包含产品名称、型号规格、执行标准、商标(适用时)、制造商、生产厂、生产地址、生产日期或生产批号、出厂日期、贮存期等。

8.2 产品包装运输的相关标志应符合 GB/T 191 及 GB/T 6388 的规定,包装内应附产品合格证和产品使用说明书。

8.3 产品说明书中应明示产品的涂覆量、施工工艺[包括钢基材的处理要求、防锈底漆(适用时)、加固措施(适用时)、面漆(适用时)]及警示等。

8.4 产品运输时应防止雨淋、曝晒、装卸时应轻拿轻放,并应遵守运输部门的有关规定。

8.5 产品应贮存在干燥、通风、防止日光直接照射的场所。

附　录　A
（规范性附录）
钢结构防火涂料隔热效率试验

A.1　试件

本试验所采用的试件为 6.4.7 中提及的"基准隔热效率测试"用试件和"标准隔热效率测试"用试件，以及 6.4.9.2、6.4.10.2、6.4.11.2、6.4.12.2、6.4.13.2、6.4.14.2、6.4.15.2、6.4.16.2、6.4.17.2 中提及的大试件。

A.2　试验装置

试验装置应至少包括水平燃烧试验炉、热电偶、炉压测量探头等。试验炉开口尺寸不应小于 1 000 mm× 1 000 mm，其内衬材料应采用耐高温隔热材料（密度应小于 1 000 kg/m³，厚度不小于 50 mm）。试验炉可采用液体或气体燃料，炉内的温度及压力能得到有效的监视和控制。热电偶（丝径不小于 0.5 mm）、炉压测量探头等应符合 GB/T 9978.1—2008 中 5.5 的相关规定。

A.3　试验程序

A.3.1　组批

按试验炉开口尺寸大小的不同，在满足 A.3.2 规定的安装条件下，可一次试验一块或多块试件。

A.3.2　安装

试件涂覆面向下水平安装在试验炉上，涂覆面应与试验炉炉盖下表面基本平齐，试件的背火表面覆盖一层名义厚度为 50 mm、体积密度为 128 kg/m³ 的干燥硅酸铝纤维毯。试件的受火尺寸不应小于 450 mm×450 mm，其边缘与炉膛内壁之间的距离不应小于 250 mm。当多块试件同时进行试验时，相邻试件边缘之间的间距不应大于 500 mm。试件的周边与安装框架之间的间隙处应填塞硅酸铝纤维棉。

A.3.3　试验条件

试验炉内温度及压力应符合 GB/T 9978.1—2008 中 6.1 和 6.2 的相关规定。

A.3.4　温度测量

A.3.4.1　试验炉内温度

在试验炉内距离每块试件下表面 100 mm 处的水平面上至少应布置 1 支炉内热电偶，热电偶与炉膛内壁之间的距离不应小于 300 mm，热电偶的总数量不应少于 4 支。

A.3.4.2　试件背火面温度

每块试件的背火面温度采用 2 支热电偶进行测量，其中 1 支位于试件背火表面中心，另 1 支位于试件背火表面中心线上距中心 125 mm 处。热电偶与试件背火面的固定方式应符合 GB/T 9978.1—2008

的相关规定。

A.4 试验结果

试件的隔热效率以试件背火面平均温度达到 500 ℃时的试验时间来表示,单位为分钟(min)。

A.5 隔热效率偏差

钢结构防火涂料的隔热效率偏差采用式(A.1)计算:
$$\eta = (T_{标} - T_0)/T_0 \times 100\% \quad\quad\quad\quad\quad (A.1)$$
式中:

η ——隔热效率偏差,%;

T_0 ——基准隔热效率,单位为分钟(min);

$T_{标}$——标准隔热效率,单位为分钟(min)。

A.6 隔热效率衰减量

钢结构防火涂料的隔热效率衰减量采用式(A.2)计算:
$$\theta = (T_0 - T)/T_0 \times 100\% \quad\quad\quad\quad\quad (A.2)$$
式中:

θ ——隔热效率衰减量,%;

T_0 ——基准隔热效率,单位为分钟(min);

T ——耐久性试验后大试件的隔热效率,单位为分钟(min)。

注:当 $T \geq T_0$ 时,表示试件的隔热效率无衰减。

附　录　B

（规范性附录）

钢结构防火涂料耐火试验加载量计算

B.1　已知条件

钢梁为 Q235 钢材，抗弯强度为 f（N/mm²）。钢梁安装方式为水平简支，计算跨度为 L_0（mm）、受压翼缘宽度为 b_1（mm）、翼缘厚度为 t_1（mm）、腹板厚度为 d（mm）、截面高度 h（mm）、截面回转半径为 i_y（mm）、截面模量为 W_x（mm³）、强度折减系数为 k、屈服强度为 f_y（N/mm²）、自重为 g（N/m）。标准盖板自重经称量为 q_0（N/m）。

B.2　均布荷载计算

钢梁受载后其截面上实际产生的最大弯矩 M_{max} 采用式（B.1）计算：

$$M_{max} = (1/8)q_{max}L_0{}^2 \quad\cdots\cdots\cdots\cdots\cdots\cdots\cdots\cdots（B.1）$$

按 GB 50017—2003 中 4.1 规定，钢梁截面上的设计弯矩 M_x 应符合式（B.2）的要求。

$$M_x/(\gamma_x W_x) \leqslant kf \quad\cdots\cdots\cdots\cdots\cdots\cdots\cdots\cdots（B.2）$$

式中，对于工字形截面 $\gamma_x = 1.05$，当梁受压翼缘自由外伸宽度与其厚度之比大于 $13\sqrt{235/f_y}$ 而不超过 $15\sqrt{235/f_y}$ 时，$\gamma_x = 1.0$。

由式（B.2），钢梁截面上的设计弯矩极限值 $M_{极限}$ 应采用式（B.3）计算：

$$M_{极限} = k\gamma_x W_x f \quad\cdots\cdots\cdots\cdots\cdots\cdots\cdots\cdots（B.3）$$

依据 6.5.5 的规定，$M_{max} = M_{极限} \times 60\%$，由式（B.1）和式（B.3）推出均布荷载 q_{max}：

$$q_{max} = 4.8k\gamma_x W_x f/L_0{}^2 \quad\cdots\cdots\cdots\cdots\cdots\cdots\cdots\cdots（B.4）$$

B.3　稳定性验证

B.3.1　验证原则

按 GB 50017—2003 中 4.2.1 规定，若 $L_0/b_1 > 13$，则应计算梁的整体稳定性。

B.3.2　稳定系数的计算

按 GB 50017—2003 中 B.5 规定，对于均匀弯曲的受弯构件：

（1）当 $\lambda_y < 120\sqrt{235/f_y}$ 时，对于双轴对称的工字形截面（含 H 型钢），其稳定系数 φ_b 可按式（B.5）计算。

$$\varphi_b = 1.07 - \frac{\lambda_y{}^2}{44\,000} \cdot \frac{f_y}{235} \quad\cdots\cdots\cdots\cdots\cdots\cdots（B.5）$$

式中：

$\lambda_y = L_0/i_y$。

（2）当 $\lambda_y \geqslant 120\sqrt{235/f_y}$ 时，其稳定系数 φ_b 应按 GB 50017—2003 中 B.1 和 B.2 的规定进行计算，并且当计算所得的 $\varphi_b > 0.6$ 时，应采用式（B.6）对其进行修正计算。

$$\varphi'_b = 1.07 - 0.282/\varphi_b \quad\cdots\cdots\cdots\cdots\cdots\cdots（B.6）$$

B.3.3 验证条件

按 GB 50017—2003 中 4.2.2 规定,在处于整体稳定的条件下,钢梁截面上的最大弯矩 M_{max} 应符合式(B.7)的要求。

$$M_{max} \leqslant kf\varphi_b W_x \qquad \cdots\cdots\cdots\cdots\cdots\cdots\cdots\cdots\cdots\cdots\cdots\cdots (\text{B.7})$$

当稳定系数经过修正后,应采用 φ_b' 代替式(B.7)中的 φ_b。

若不符合以上验证条件,应按 GB 50017—2003 中 4.2 规定,以梁的整体稳定性计算均布荷载 q_{max}。

B.4 加载量计算

依据 6.5.5 的规定,试件的实际加载量 F 采用式(B.8)计算:

$$F = (q_{max} - g - q_0)L_0 \qquad \cdots\cdots\cdots\cdots\cdots\cdots\cdots\cdots\cdots\cdots\cdots\cdots (\text{B.8})$$

示例 1:

已知:试验基材为 GB/T 11263—2017 规定的 HN400×200 热轧 H 型钢,$f = 215$ N/mm²、$L_0 = 4\ 200$ mm、$b_1 = 200$ mm、$t_1 = 13$ mm、$d = 8$ mm、$h = 400$ mm、$i_y = 45.4$ mm、$W_x = 1\ 190\ 000$ mm³、$k = 0.9$、$f_y = 235$ N/mm²、$g = 646.8$ N/m,所用标准盖板自重经称量 $q_0 = 573.3$ N/m。求钢梁的实际加载量 F。

计算程序如下:

(1) 均布荷载计算:

由于梁受压翼缘自由外伸宽度与其厚度之比为 $\dfrac{b_1 - d}{2t_1} = \dfrac{200 - 8}{2 \times 13} = 7.38$,而 $13\sqrt{235/f_y} = 13$、$15\sqrt{235/f_y} = 15$,所以 $\gamma_x = 1.05$。由式(B.4)得:

$q_{max} = 4.8k\gamma_x W_x f/L_0{}^2 = 4.8 \times 0.9 \times 1.05 \times 1\ 190\ 000 \times 215/4\ 200^2 = 65.790$ kN/m

(2) 稳定性验证:

因 $L_0/b_1 = 4\ 200/200 = 21 > 13$,应计算梁的整体稳定性。

$\lambda_y = L_0/i_y = 4\ 200/45.4 = 92.51 < 120\sqrt{235/f_y} = 120$,由式(B.5)得:

$$\varphi_b = 1.07 - \frac{\lambda_y{}^2}{44\ 000} \cdot \frac{f_y}{235} = 1.07 - \frac{92.51^2}{44\ 000} \cdot \frac{235}{235} = 0.88$$

由式(B.1)得:

$M_{max} = (1/8)q_{max}L_0{}^2 = (1/8) \times 65.790 \times 4\ 200^2 = 145\ 067$ N·m

而,$kf\varphi_b W_x = 0.9 \times 215 \times 0.88 \times 1\ 190\ 000 = 202\ 633$ N·m

所以,$M_{max} < kf\varphi_b W_x$,满足稳定性要求。

(3) 加载量计算:

由式(B.8)得:

$F = (q_{max} - g - q_0)L_0 = (65\ 790 - 646.8 - 573.3) \times 4.2 = 271$ kN

示例 2:

已知:试验基材为 GB/T 706—2016 规定的 36b 热轧工字钢,$f = 215$ N/mm²、$L_0 = 4\ 200$ mm、$b_1 = 138$ mm、$t_1 = 15.8$ mm、$d = 12.0$ mm、$h = 360$ mm、$i_y = 26.4$ mm、$W_x = 919\ 000$ mm³、$k = 0.9$、$f_y = 235$ N/mm²、$g = 643.8$ N/m,所用标准盖板自重经称量 $q_0 = 573.3$ N/m。求钢梁的实际加载量 F。

计算程序如下:

(1) 均布荷载计算:

由于梁受压翼缘自由外伸宽度与其厚度之比为 $\dfrac{b_1 - d}{2t_1} = \dfrac{138 - 12.0}{2 \times 15.8} = 3.99$,而 $13\sqrt{235/f_y} = 13$、$15\sqrt{235/f_y} = 15$,所以 $\gamma_x = 1.05$。由式(B.4)得:

$q_{max} = 4.8k\gamma_x W_x f/L_0{}^2 = 4.8 \times 0.9 \times 1.05 \times 919\ 000 \times 215/4\ 200^2 = 50.808$ kN/m

(2) 稳定性验证:

因 $L_0/b_1 = 4\ 200/138 = 30 > 13$,应计算梁的整体稳定性。

$\lambda_y = L_0/i_y = 4\ 200/26.4 = 159.09 > 120\sqrt{235/f_y} = 120$，按 GB 50017—2003 中 B.2 的规定计算梁的整体稳定系数：

查表（见 GB 50017—2003 中表 B.2），当 $L_0 = 4\ 000$ mm 和 $L_0 = 5\ 000$ mm 时，其对应稳定性系数分别为 0.93 和 0.73。采用线性插值法计算，当 $L_0 = 4\ 200$ mm 时，梁的稳定性系数 $\varphi_b = 0.89 > 0.6$，按式（B.6）对其进行修正：

$\varphi_b' = 1.07 - 0.282/\varphi_b = 1.07 - 0.282/0.89 = 0.75$

由式（B.1）得：

$M_{max} = (1/8)q_{max}L_0^2 = (1/8) \times 50.808 \times 4\ 200^2 = 112\ 032$ N·m

而，$kf\varphi_b'W_x = 0.9 \times 215 \times 0.75 \times 919\ 000 = 133\ 370$ N·m

所以，$M_{max} < kf\varphi_b'W_x$，满足稳定性要求。

（3）加载量计算：

由式（B.8）得：

$F = (q_{max} - g - q_0)L_0 = (50\ 808 - 643.8 - 573.3) \times 4.2 = 208$ kN

ICS 07.060
A 45

GB/T 14914.1—2018

中华人民共和国国家标准

海洋观测规范 第1部分：总则

The specification for marine observation—Part 1:General

2018-09-17 发布

2019-04-01 实施

国家市场监督管理总局
中国国家标准化管理委员会
发 布

前　言

GB/T 14914《海洋观测规范》分为以下 6 部分：
——第 1 部分：总则；
——第 2 部分：海滨观测；
——第 3 部分：浮标潜标观测；
——第 4 部分：雷达观测；
——第 5 部分：卫星遥感观测；
——第 6 部分：数据处理和质量控制。
本部分为 GB/T 14914 的第 1 部分。
本部分按照 GB/T 1.1—2009 给出的规则起草。
本部分由中华人民共和国自然资源部提出。
本部分由全国海洋标准化技术委员会(SAC/TC 283)归口。
本部分起草单位：国家海洋标准计量中心、国家海洋技术中心、国家海洋信息中心、国家海洋局北海
分局。
本部分主要起草人：袁玲玲、司建文、王颖、孙仲汉、武双全、王炜阳。

GB/T 14914.1—2018

引　言

随着海洋观测技术的发展,我国的海洋观测手段已经从传统的海滨观测,逐步扩大到浮标潜标观测、雷达观测、航空观测、卫星遥感观测等多种手段,初步形成了对海洋的立体观测。为适应海洋观测发展的需要,规范海洋观测活动,贯彻《海洋观测预报管理条例》(国务院 615 号令),现将《海滨观测规范》(GB/T 14914—2006)修订为《海洋观测规范》,内容暂分为 6 个部分,其中海滨观测为修订部分,总则、浮标潜标观测、雷达观测、卫星遥感观测、数据处理和质量控制 5 个部分为新增部分。随着航空观测等新技术的发展,相关标准将适时增补。

海洋观测规范　第 1 部分:总则

1　范围

GB/T 14914 的本部分规定了海洋观测的观测原则、观测内容、质量控制、资料报送的要求。

本部分适用于海洋观测活动中海滨观测、浮标潜标观测、雷达观测、卫星遥感观测。

2　规范性引用文件

下列文件对于本文件的应用是必不可少的。凡是注日期的引用文件,仅注日期的版本适用于本文件。凡是不注日期的引用文件,其最新版本(包括所有的修改单)适用于本文件。

GB/T 8170—2008　数值修约规则与极限数值的表示和判定

GB/T 12763.2　海洋调查规范　第 2 部分:海洋水文观测

GB/T 12763.3　海洋调查规范　第 3 部分:海洋气象观测

GB/T 12763.5　海洋调查规范　第 5 部分:海洋声、光要素调查

GB/T 12763.7　海洋调查规范　第 7 部分:海洋调查资料交换

GB/T 13972　海洋水文仪器通用技术条件

GB/T 15918　海洋学综合术语

GB/T 15920　海洋学术语　物理海洋学

HY/T 059　海洋站自动化观测通用技术要求

3　术语和定义

GB/T 12763.2、GB/T 12763.3、GB/T 12763.5、GB/T 12763.7、GB/T 13972、GB/T 15918、GB/T 15920、HY/T 059 界定的术语和定义适用于本文件。

4　一般规定

4.1　海洋观测的目的

获取观测海域的海洋基础数据,为海洋经济建设、海洋权益维护、海洋防灾减灾、应对全球气候变化和促进海洋科学研究提供基础支撑。

4.2　海洋观测的原则

海洋观测应遵循以下原则:

——真实反映海洋状况,最大限度保证观测数据质量;

——具有代表性、可行性、科学性;

——符合具体观测项目的技术要求。

4.3　海洋观测的内容

4.3.1　海洋观测应包括以下项目:

——海洋水文观测项目:潮汐、海浪、海流、海冰、海水温度、盐度、深度;
——海洋气象观测项目:风、气压、气温、相对湿度、降水量、海面有效能见度、云、雾、天气现象;
——海洋其他观测项目:海发光、水色、噪声、辐照度、海面照度、海面高度等。

4.3.2 在具体观测工作中,应根据观测目的和工作任务确定具体观测项目。

4.4 观测时间与频次

4.4.1 观测时间应根据观测类型、观测地区确定采用北京时间或世界时(协调世界时,UTC)。采用24时制。根据观测项目资料整理和统计的具体要求确定观测日界。

4.4.2 观测频次按照观测手段、观测目的和观测方法确定,具体按照各部分相关规定执行。

4.5 海洋观测的分类

4.5.1 分类

本部分按照观测载体的类型,将海洋观测分为海滨观测、浮标潜标观测、雷达观测、卫星遥感观测四种。

4.5.2 海滨观测

海滨观测是指在沿岸、岛屿、平台上设置的海洋观测站(点)开展的海洋水文气象要素观测。

4.5.3 浮标潜标观测

浮标潜标观测主要是指以锚系浮标、漂流浮标、潜标和海床基观测系统为载体开展的海洋水文气象观测。

4.5.4 雷达观测

雷达观测主要是指利用雷达系统开展的海洋要素观测。

4.5.5 卫星遥感观测

卫星遥感观测主要是指从人造地球卫星上用遥感器感测来自海洋要素信号,以监视、分析和研究海洋环境等要素的观测。

5 海洋观测站位布设原则

5.1 合理性原则,海洋观测站(点)布设应满足海洋观测网规划需求,统筹兼顾、突出重点、合理布局。
5.2 代表性原则,站位获取的观测数据应能反映该海域的水文气象特征;
5.3 连续性原则,设置的站位应能实现长期运行,满足连续观测要求;
5.4 可行性原则,站位布设应能注意保障观测仪器设备的安全和观测人员正常工作的安全,站位布设应考虑环境的兼容性,既符合海洋观测的要求,又不破坏当地的海洋环境。

6 质量控制

6.1 一般要求

海洋观测活动应符合海洋观测业务流程,实现全程质量控制,要求如下:
——观测机构应建立质量管理体系;

——观测仪器设备应符合业务和技术管理要求；
——海洋观测应保持数据的真实性；
——海洋观测数据应进行质量控制；
——海洋观测数据的存储和传输应符合相关规定要求；
——海洋观测数据和成果应按时汇交。

6.2 观测仪器设备要求

海洋观测所使用的仪器设备应满足以下要求：
——应符合 GB/T 13972、HY/T 059 的要求；
——应进行计量检定校准，所使用的仪器设备应在检定周期内；
——应对仪器设备定期检查、维护保养，发生故障应及时排除故障或更换，并记录；
——相关性能指标应满足各要素观测技术要求；
——观测仪器设备应性能可靠、操作维护方便；
——观测仪器应按要求备品备件。

6.3 观测人员要求

观测人员应满足以下要求：
——掌握海洋观测基础知识、专业知识与海洋观测操作技能；
——应进行海洋观测技能培训，并通过考核合格；
——遵循相关安全作业要求。

6.4 观测资料处理

6.4.1 数据处理

6.4.1.1 海洋观测数据处理包括数据获取、数据审核和汇交数据处理。每个观测项目的具体参数、数据指标和类型应明确，数据处理的方法在数据处理时应说明。
6.4.1.2 数据处理及导出量计算应使用法定计量单位，数值修约应符合 GB/T 8170 的要求。

6.4.2 建立文档和图件绘制

按以下要求建立文档和绘制图件：
——观测数据汇编、图件及其他资料中数字、线条、符号应准确、清楚、端正、规格统一、注记完整；
——图件绘制数据应按照本标准其他部分相关条款规定的格式建立数据文档。

6.4.3 观测日志

观测日志应以日为单位，观测日志的主要内容应包括观测仪器设备运行状况，天气、海况及灾害状况，观测人员，注意事项等。

6.4.4 观测资料格式要求

观测数据应保证准确性和完整性，观测资料应统一格式，便于资料存储使用。

7 资料报送

7.1 报送内容

资料报送内容包括原始资料和成果资料。原始资料是指采用各种观测手段获取的观测数据记录。

成果资料是指根据原始资料整理的观测记录簿、原始报表资料、图形图表等。

7.2 报送流程

获取的海洋观测资料按规定要求按时向有关海洋主管部门统一报送。

———————————————

ICS 73.060.20
D 32

中华人民共和国国家标准

GB/T 14949.8—2018
代替 GB/T 14949.8—1994

锰矿石　湿存水量的测定
重量法

Manganese ores—Determination of hygroscopic moisture content—
Gravimetric method

（ISO 310：1992，Manganese ores and concentrates—Determination of
hygroscopic moisture content in analytical samples—Gravimetric
method，MOD）

2018-09-17 发布

2019-06-01 实施

国家市场监督管理总局
中国国家标准化管理委员会　发 布

前　言

GB/T 14949《锰矿石化学分析方法》分为 12 个部分：

——GB/T 14949.1　锰矿石化学分析方法　铬量的测定；

——GB/T 14949.2　锰矿石化学分析方法　镍量的测；

——GB/T 14949.3　锰矿石化学分析方法　氧化钡量的测定；

——GB/T 14949.4　锰矿石化学分析方法　钒量的测定；

——GB/T 14949.5　锰矿石化学分析方法　钛量的测定；

——GB/T 14949.6　锰矿石化学分析方法　铜、铅和锌量的测定；

——GB/T 14949.7　锰矿石化学分析方法　钠和钾量的测定；

——GB/T 14949.8　锰矿石　湿存水量的测定　重量法；

——GB/T 14949.9　锰矿石化学分析方法　硫量的测定；

——GB/T 14949.10　锰矿石化学分析方法　钴量的测定；

——GB/T 14949.11　锰矿石化学分析方法　二氧化碳量的测定；

——GB/T 14949.12　锰矿石化学分析方法　化合水量的测定。

本部分为 GB/T 14949 的第 8 部分。

本部分按照 GB/T 1.1—2009 给出的规则起草。

本部分代替 GB/T 14949.8—1994《锰矿石化学分析方法　湿存水量的测定》。本部分与 GB/T 14949.8—1994 相比，主要技术变化如下：

——将标准名称由"锰矿石化学分析方法　湿存水量的测定"修改为"锰矿石　湿存水量的测定
　重量法"（见封面，1994 年版的封面）；

——修改了范围的表述及内容，增加了"其结果用于湿存水试样组分分析结果的校正"（见第 1 章，
　1994 年版的第 1 章）；

——增加了规范性引用文件内容（见第 2 章）；

——修改了原理的表述及内容（见第 3 章，1994 年版的第 2 章）；

——增加了"分析天平"[见第 4 章 a)]、"干燥器"[见第 4 章 d)]；

——增加了取样和制样的要求（见第 5 章）；

——增加了"称量瓶的准备"（见 6.1）；

——修改了试料称样量的要求（见 6.2，1994 年版的 5.1）；

——增加了结果计算数值修约要求（见第 7 章）；

——修改了允许差的要求（见第 8 章，1994 年版的第 7 章）；

——增加了对试验报告的要求内容（见第 9 章）。

本部分使用重新起草法修改采用 ISO 310:1992《锰矿石和锰精矿　分析试样中湿存水量的测定
重量法》。

本部分与 ISO 310:1992 相比在结构上有所调整，附录 A 中列出了本部分与 ISO 310:1992 的章条
对照一览表。

本部分与 ISO 310:1992 相比存在技术性差异，附录 B 中给出了本部分与 ISO 310:1992 的技术性
差异及其原因的一览表。

本部分还做了下列编辑性修改：

——为与现有标准系列一致，标准名称改为《锰矿石　湿存水量的测定　重量法》。

本部分由中国钢铁工业协会提出。

本部分由全国生铁及铁合金标准化技术委员会(SAC/TC 318)归口。

本部分起草单位:上海出入境检验检疫局工业品与原材料检测技术中心、中国地质大学(武汉)、冶金工业信息标准研究院。

本部分主要起草人:张琳琳、李晨、刘曙、严德天、高强、卢春生。

本部分所代替标准的历次版本发布情况为:

——GB/T 1505—1979;

——GB/T 14949.8—1994。

锰矿石　湿存水量的测定
重量法

警告:本部分有可能涉及到有害物质、危险操作和设备的安全。本部分并未指出所有可能的安全问题。使用者有责任采取适当的安全和健康措施,并保证符合国家有关法规规定的要求。

1　范围

GB/T 14949 的本部分规定了用重量法测定湿存水量的方法。

本部分适用于锰矿石试样中湿存水量的测定,测定范围(质量分数):0.10%～10.00%,其结果用于湿存试样组分分析结果的校正。

2　规范性引用文件

下列文件对于本文件的应用是必不可少的。凡是注日期的引用文件,仅注日期的版本适用于本文件。凡是不注日期的引用文件,其最新版本(包括所有的修改单)适用于本文件。

GB/T 8170　数值修约规则与极限数值的表示和判定

ISO 4296-1　锰矿石　取样　第 1 部分:份样取样(Manganese ores—Sampling—Part 1:Increment sampling)

ISO 4296-2　锰矿石　取样　第 2 部分:试样的制备(Manganese ores—Sampling—Part 2:Preparation of samples)

3　原理

将在空气中预干燥平衡后的试料置于 105 ℃～110 ℃ 的干燥箱中干燥至恒重,根据干燥前后试料的质量变化计算湿存水量。

4　仪器与试剂

除一般的实验室仪器外,还包括:

a)　分析天平,感量 0.1 mg;

b)　扁形称量瓶,直径 30 mm,并配有严密的磨口盖;

c)　烘箱,能保持温度在 105 ℃～110 ℃ 范围内;

d)　干燥器。

5　取样和制样

分析用实验室样品应按照 ISO 4296-1 和 ISO 4296-2 的规定进行取样和制样,粒度应小于 100 μm,并在实验室条件下风干。

6 分析步骤

6.1 称量瓶的准备

将称量瓶[见第 4 章 b)]敞口放于 105 ℃~110 ℃的烘箱[见第 4 章 c)]内干燥 1 h;将称量瓶盖好,取出,放入干燥器[见第 4 章 d)]中冷却 20 min~30 min;从干燥器中取出称量瓶,稍开瓶盖,再迅速盖好,然后称重。重复干燥(每次 30 min)、冷却和称重操作直至两个连续称重的质量差不超过 0.000 5 g为止。

6.2 试料

按表 1 根据湿存水含量,向干燥的称量瓶(见 6.1)内称取相应质量的,已在空气中预干燥的试料,精确至 0.000 1 g,平摊在称量瓶中。

表 1 称样量

湿存水量(质量分数) %	试样量 g
0.10~2.00	2.0
>2.00~10.00	1.0

同时进行试料的平行测定。

6.3 测定

将装有试料(见 6.2)的称量瓶敞口放于 105 ℃~110 ℃的烘箱[见第 4 章 c)]内干燥 2 h;将称量瓶盖好,取出,放入干燥器[见第 4 章 d)]中冷却 20 min~30 min;从干燥器中取出称量瓶,稍开瓶盖,再迅速盖好,然后称重。重复干燥(每次 30 min)、冷却和称重操作直至两个连续称重的质量差不超过 0.000 5 g为止。如果重复干燥后的试料质量增加,则应将增加之前的质量作为最终质量。

7 结果计算

按式(1)计算湿存水量的质量分数:

$$w_{H_2O} = \frac{m_1 - m_2}{m} \times 100 \qquad\qquad\cdots\cdots\cdots\cdots\cdots\cdots\cdots\cdots\cdots(1)$$

式中:

w_{H_2O}——湿存水的质量分数,%;

m_1　　——试料、称量瓶和瓶盖在干燥前的总质量,单位为克(g);

m_2　　——试料、称量瓶和瓶盖在干燥后的总质量,单位为克(g);

m　　——试料的质量,单位为克(g)。

采用试料平行测定结果的算术平均值为试样的湿存水量。

数值修约按 GB/T 8170 的规定执行,所得结果保留至小数点后两位。

8 允许差

实验室内分析结果的差应不大于表 2 所列允许差;若超出表 2 所列的允许差,则应按附录 C 中的流程处理。

表 2　允许差　　　　　　　　　　　　　　　　　　　（质量分数）%

试料湿存水量	平行测定 3 次	平行测定 2 次
0.10～0.20	0.04	0.03
＞0.20～0.50	0.06	0.05
＞0.50～1.00	0.10	0.08
＞1.00～2.00	0.15	0.13
＞2.00～5.00	0.20	0.17
＞5.00～10.00	0.30	0.25

9　试验报告

试验报告应包括下列内容：

a)　测试实验室名称和地址；

b)　试验报告发布日期；

c)　本部分的编号；

d)　试样本身必要的详细说明；

e)　分析结果；

f)　测定过程中存在的任何异常特征和在本部分中没有规定的可能对试样的分析结果产生影响的任何操作。

附　录　A

（资料性附录）

本部分章条号与 ISO 310:1992 章条号的对应关系

表 A.1 给出了本部分章条号与 ISO 310:1992 章条号的对应关系。

表 A.1　本部分章条号与 ISO 310:1992 章条号的对应关系

本部分章条号	ISO 310:1992 章条号
1	1
2	2
3	3
4	4
5	5
6	6
7	7
8	附录 A
9	8
附录 A	—
附录 B	—
附录 C	—

附　录　B
（资料性附录）
本部分与 ISO 310:1992 的技术差异

表 B.1 给出了本部分与 ISO 310:1992 的主要技术差异。

表 B.1　本部分与 ISO 310:1992 的主要技术差异

本部分章条号	主要技术差异	原因
2	增加了"GB/T 8170 数值修约规则 与极限数值的表示和判定"	符合我国实际,并方便使用
6.1	增加了称量瓶准备的准备	方便使用
7.1	增加了结果计算数值修约要求	增加了标准的严谨性
9	修改了对试验报告的要求内容	符合我国实际,并方便使用
附录 C	增加了试样分析值接受程序流程图	使方法更加完善

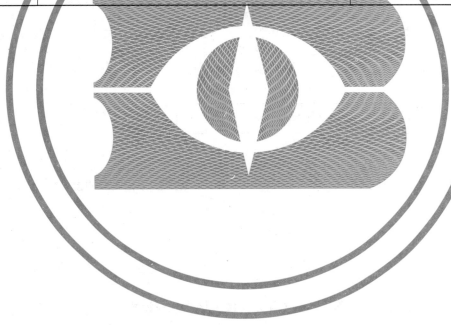

附　录　C
（规范性附录）
试样分析结果接受程序流程图

图 C.1 为试样分析结果接受程序流程图。

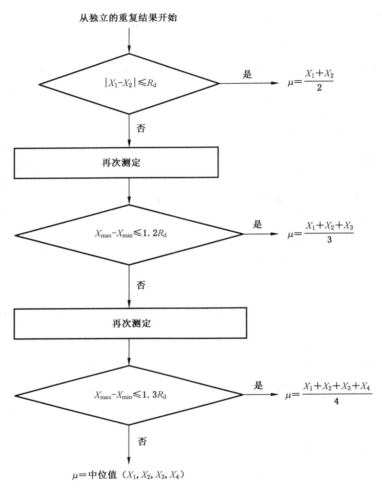

图 C.1　试样分析结果接受程序流程图